The Illustrated Encyclopedia of
DINOSAURS
恐竜
イラスト百科事典

The Illustrated Encyclopedia of
DINOSAURS

恐竜
イラスト百科事典

ドゥーガル・ディクソン……著　小畠郁生……監訳

朝倉書店

Dougal Dixon: The Illustrated Encyclopedia of Dinosaurs

This edition is published by Lorenz Books

Lorenz Books is an imprint of Anness Publishing Ltd
Hermes House, 88-89 Blackfriars Road, London SE1 8HA
tel. 020 7401 2077; fax 020 7633 9499

www.lorenzbooks.com; www.annesspublishing.com

Publisher: Joanna Lorenz
Editorial Director: Helen Sudell
Editor: Simona Hill
Designer: Nigel Partridge
Illustrators: Andrey Atuchin, Peter Barrett, Alain Beneteau,
Stuart Carter, Julius Csotonyi, Anthony Duke
Editorial Readers: Rosanna Fairhead and Lindsay Zamponi
Production Controller: Wendy Lawson

Copyright in design, text and images © Anness Publishing Limited, U.K., 2005

All rights reserved. No part of this publication may be reproduced, stored in a retrieval system, or transmitted in any way or by any means, electronic, mechanical, photocopying, recording or otherwise, without the prior written permission of the copyright holder.

A CIP catalogue record for this book is available from the British Library.

Copyright © Japanese translation, Asakura Publishing Company Ltd., 2008

監訳者
小畠郁生
訳者
池田比佐子 (p.6-91)
舟木嘉浩・舟木秋子 (p.92-175)
加藤　珪 (p.176-249)

目　次

はじめに　6

恐竜の時代　8

地質年代区分　10
初期の進化　12
恐竜の分類　18
獣脚類　20
竜脚類と古竜脚類　22
鳥脚類　24
武装恐竜　26
糞石と食べ物　28
恐竜の足跡　30
恐竜の卵　32
恐竜の赤ん坊と家族の生活　34
死んで化石になるまで　36
砂漠や乾燥地　38
オアシスと砂漠の川　40
静かな潟湖　42
水辺の森　44
湖　46
湿　地　48
沼沢林　50
広々とした平野　52
海岸線と島　54
山　地　56
絶　滅　58
化石化の過程　60
野外での発掘作業　62
古生物学者　64

恐竜の世界　66

三畳紀　68
板歯類　70
魚竜類　72
ノトサウルス類　74
翼竜類　76
初期の肉食恐竜　78
敏捷な肉食恐竜　80
コエロフィシス類　82
原始的な竜脚形類　84
典型的な古竜脚類　86
その他の古竜脚類　88
さまざまな植物食恐竜　90

ジュラ紀　92
魚竜類　94
首長竜類　96
翼竜類　98
コエロフィシス類の肉食恐竜　100
多様化する肉食恐竜　102
後期の古竜脚類　104
原始的な竜脚類　106
小型の鳥脚類　108
原始的な武装恐竜　110
メガロサウルスとかつてメガロサウルスに分類されたもの　112
獣脚類　114
中国・大山鋪採石場の竜脚類　116
ケティオサウルス類　118
鳥脚類　120
初期の装盾類　122
首長竜類　124
ランフォリンクス類の翼竜類　126
プテロダクティルス類の翼竜類　128
モリソン層の肉食恐竜　130
クリーヴランド・ロイドの獣脚類　132
小型の獣脚類　134

ブラキオサウルス類とカマラサウルス類　136
ディプロドクス類　138
ディプロドクス類（続き）　140
鳥脚類　142
剣竜類　144
剣竜類（続き）　146

白亜紀　148
翼竜類　150
大型の翼竜類　152
白亜紀前期のカルノサウルス類　154
中型の獣脚類　156
小型の羽毛恐竜　158
俊足のハンター　160
スピノサウルス類　162
後期のディプロドクス類とブラキオサウルス類　164
ティタノサウルス類－新たな巨大恐竜　166
ヒプシロフォドン類とイグアノドン類　168
イグアノドン類　170
初期の角竜類　172
ポラカントゥス類とその他の初期のよろい竜類　174
モササウルス類　176
首長竜類　178
巨大な翼竜類　180
基盤的なアベリサウルス類　182
進化したアベリサウルス類　184
さまざまな獣脚類　186
トロオドン類　188
オルニトミムス類　190
進化したオルニトミムス類　192
オヴィラプトル類　194
テリジノサウルス類　196

アルヴァレズサウルス類　198
ドロマエオサウルス類　200
ティラノサウルス類　202
最後のティラノサウルス類　204
巨大なティタノサウルス類　206
さまざまなティタノサウルス類　208
さまざまなティタノサウルス類（続き）　210
小型の鳥脚類　212
イグアノドン類とハドロサウルス類をつなぐ恐竜　214
ハドロサウルス科ランベオサウルス類　216
ハドロサウルス科ランベオサウルス類（続き）　218
頭飾りをもつハドロサウルス科ハドロサウルス類　220
頭飾りをもつハドロサウルス科ハドロサウルス類（続き）　222
頭の平らなハドロサウルス類　224
石頭（厚頭竜類）　226
後期の厚頭竜類　228
原始的なアジアの角竜類　230
新世界の原始的な角竜類　232
短いえり飾りをもつケラトプス類　234
セントロサウルス類　236
カスモサウルス類　238
カスモサウルス類（続き）　240
ノドサウルス類　242
ノドサウルス類（続き）　244
大型のよろい竜類　246
最後のよろい竜類　248

監訳者あとがき　250
用語解説　251
索　引　252

はじめに

古生物学（恐竜の研究はその一部）はめざましい速さで進んでいる．次々と発見がなされるので，この本が書棚に載るまでにも，膨大な数の化石が新たに掘り出され，恐竜の謎がどんどん解明されているだろう．週を追うごとに，何かしら新しい報告がある．たとえば，恐竜の進化の系統樹に枝を1本まるごと加えるような骨格が出てきたり，恐竜の生活を推測させる足跡化石やえさを食べた跡が見つかることもある．最近では，糞の化石を顕微鏡で観察した結果，恐竜の食べ物やまわりに生えていた植物について新情報が得られた．

これまでに確認された恐竜の種は全部で500ほどになる．その大半は骨のかけらや1本の歯など，ほんの小さな証拠にもとづいている．500という数字は，発見から発掘，研究，科学論文に記載という手順を踏んだ種の数だ．次世代の古生物学者が発見を重ねれば，この数はさらに増えるだろう．

恐竜に関する情報は，川の近くや砂漠，湖や潟湖の岸といった，死体がすぐに埋もれて化石化しやすい場所にかたよっている．高山や山地の森など，死体がなかなか埋もれない場所に恐竜がすんでいたことを示す直接の証拠はまだ見つかっていない．

実際に生息していた恐竜の数については，いろいろな要素を数式に加えることで推定値が出されている．たとえば，新発見がなされる速度を過去と現在で比較したり，今や世界中に広がる発掘地を研究の初期と比べたり，恐竜時代のさまざまな生息環境や陸地の状態なども計算に入れられる．ある推計によると，過去に生存していた恐竜は1500種におよぶ［訳注：推測方法はいろいろあるが，少なくとも6000種はいたといわれることもある］．

完全な復元図を描くために，この恐竜百科事典では同時代の動物もいっしょに扱った．恐竜時代は爬虫類の時代であり，恐竜のほかにも主要な爬虫類グループが存在した．空中には翼竜類が舞い，恐竜時代の半ばに恐竜から鳥類が進化するまで空を支配していた．海の水生爬虫類も多岐にわたっていた．たとえば首の長い首長竜類，魚類のような体形の魚竜類，モササウルス類という海トカゲ竜，カメやセイウチに似た姿で貝を食べていた板歯類．みな主だった動物たちである．これらは恐竜ではなく，ほとんどが恐竜とはまったく関係ないが，世間では恐竜として扱われることがある．その存在から，恐竜時代の動物の世界がどれほど多様で豊かだったかがわかる．

下：2頭のデイノニクスに襲われ，尾で反撃する武装恐竜のガストニア．

次の概論「恐竜の時代」では，恐竜時代の全体を見渡し，復元図の手がかりとなった主要な研究分野を紹介する．化石の証拠をもとにすれば，恐竜の生活や食べ物，集団でくらしていたかどうかや家族のつながり，まわりの風景などをはっきりと思い描くことができる．

本書の後半部分「恐竜の世界」は現在までに確認された恐竜を網羅した百科事典である．355の項目が年代順に並べられている．恐竜時代は中生代（恐竜化石が見つかった岩石層の年代区分）という名前で知られ，3つの紀に分けられる．恐竜の歴史の最初にあたる三畳紀と，その次におとずれるジュラ紀，そして最後が白亜紀である．この3つの紀はさらに細かく区分される．

ひとつひとつの項目には興味深い情報が盛りこまれ，恐竜を見分ける特徴が簡潔に説明されている．囲み記事には恐竜の生息時期や大きさ，発見者など，専門的な資料を載せた．それぞれに，恐竜の姿を描いた美しい水彩画が添えられている．恐竜の外見は手に入っている証拠をもとに復元した．ときにはこれがたった1個の骨という場合もあるが，類縁関係にある動物の研究を利用しながら，生きていたときの姿にできるかぎり近づけた．

動物の学名は「二名法」で表される．たとえば，ヒトの学名はホモ・サピエンス（*Homo sapiens*）である．ホモは属名で，サピエンスは種名だ．学名は普通，ラテン語か古典ギリシャ語からつくられ，たいていイタリック（斜字体）で表記し，属名の頭だけを大文字に

上：砂嵐から子供を守ろうとするシャンシーアの母親．

する．恐竜については，一般書では属名のみで表すのが慣例になっている．しかし，ティラノサウルス・レックス（*Tyrannosaurus rex*）の場合は強烈なイメージを呼び起こすので，属名と種名の両方を用いることが多い．一度属名が出たあとは，属名の頭文字と種名で表すことができるので，*T. rex* と表記するだけでよい．多くの場合，1つの属に複数の種が含まれる．こうした原則を参照すれば，この百科事典における名前の使われ方が理解できるだろう．

では，最新の科学論文の分析にもとづく情報や図解とともに，これまで見たこともない動物たちの世界を楽しんでほしい．

下：山火事にあって逃げ出すモノクロニウスの群れ．こうした小さなドラマを，化石記録から推測することができる．

1 オヴィラプトル
2 翼竜
3 ヴェロキラプトル
4 オヴィラプトルの赤ん坊
5 オルニトイデス

恐竜の時代

　恐竜が生きていたのは2億3000万年前から6550万年前までである［訳注：本訳書では国際層序委員会（ICS）（2004）による提案にもとづき年代尺度を改訂した］．恐竜時代の様子は，科学研究によってずいぶん明らかになった．過去200年のあいだに恐竜の骨や生痕化石の発掘と研究が進み，1つ発見があるごとに新しい情報が加わっている．

　鉱化し，化石となって保存された骨そのものは，恐竜の外見を知るための主要な手がかりとなる．しかし，こうした化石の科学的解釈はここ数十年のあいだに変化してきた．現在の研究者が化石骨から組み立てた復元像は，その骨を最初に掘り出したビクトリア朝時代の科学者がみても何だかわからないかもしれない．

　皮膚や筋肉などやわらかい組織が化石になることはめったにないが，このような化石があれば，恐竜の解剖学的構造を知る貴重な情報が得られる．その構造を現在の動物のものと比べることで，恐竜の体の機能を解明できる．

　恐竜の生活を知る証拠はほかにもある．糞化石を分析すれば，食べ物を確認できる．恐竜に殺され，食べられた動物の骨に残る歯形も，研究の対象になる．

　足跡化石は恐竜が動いた跡である．古生物学のなかには，こうした歩（走）行跡を専門に研究する分野がある．歩（走）行跡を調べると，恐竜がどのような動きをしたかがわかる．恐竜の家族構成や社会構造を伝える証拠もある．卵や巣の化石は長年にわたって世界中のさまざまな場所で見つかり，家族のくらしや集団の様子を再現するのに役立っている．

　もちろん，恐竜の生息地は1つではなく，生息していた期間も全体ではきわめて長期にわたる．恐竜の種類によって生活する場所が異なり，環境が違えば遺骸が化石になる過程も異なる．それでも，こうした多種多様な証拠から，恐竜や，同じ地域にいた他の動物をとりまく状況が頭に浮かぶ．その結果，知りえた情報を利用して，恐竜がすんでいた場所の風景を正確に再現することができる．

　では皆さん，ようこそ恐竜時代へ．

左：1億年前，白亜紀後期のゴビ砂漠．えさを探し，獲物をとりあい，子供の世話をする恐竜たち．

地質年代区分

地質年代は信じられないほど長く，実感するのがむずかしい．何百万年，何千万年，何億年という単位である．このとほうもない長さの時間はしばしば「ディープ・タイム（太古の時間）」とよばれる．古生物学者や恐竜に関心のある人たちは，このような時間の尺度を使わなくてはならない．

恐竜が出現したのはいつ？　およそ2億3000万年前．恐竜が絶滅した時期は？　およそ6550万年前．2億3000万年や6550万年前といってしまえば簡単だが，もっといい方法を使うこともできる．

時間の流れが把握しやすいように，地質学者や古生物学者は以前から地質年代を，名前のついた時代に区分してきた．人類の歴史について語るときと同じである．150年前，200年前，600年前という表現もできるが，ビクトリア朝時代のロンドンやナポレオン時代のヨーロッパ，コロンブスに発見される前の北アメリカなどと名づけ，これを年代順に並べたなかでできごとを扱ったほうがわかりやすい．

地質時代の名称は，その時期につくられた一続きの岩石をもとに，代表的な露頭のある地域を最初に調べた（ほとんどが約150年前，ビクトリア朝時代の）科学者がつけた．

恐竜に興味をもつ人たちにとってかかわりがあるのは，三畳紀（ドイツにあるこの時代の岩石層が3つに分かれていることから），ジュラ紀（フランスとスイスの国境にあるジュラ山脈で，この時代の地層が最初に研究されたことから），白亜紀（この時代にイギリス南部で形成された岩石で最も顕著な，チョーク（白亜）を意味するラテン語から）である．この3つの紀をあわせたのが中生代だ［訳注：中生代・白亜紀は年代区分．年代層序区分では中生界・白亜系となる］．それぞれの紀は数千万年におよぶので，参照しやすいようにさらに細かく，年代層序では階に区分される．階の名称は向かい側のページの下に年数とともに記されているので，必要に応じて確認していただきたい［訳注：年数は2004 ICSで提案された表にもとづき改訂］．階はさらに帯に区分されるが，この年代層序区分はここで扱うには細かすぎる．

地質学的事件が起きた年代を測定する方法は2つある．1つ目は「相対年代推定法」で，事件どうしの前後関係から，地質年代区分のなかでの位置づけを決める方法である．この方法は過去の研究の大半で利用されてきた．Aという化石が，Bという化石が含まれていた岩石層の上にある岩石層から見つかったとする．この場合，化石Bは化石Aより古いと考えられる．堆

上：積み重なっていく堆積物に死んだ動物が埋もれると，化石ができる．堆積物が堆積岩に変わる過程で，埋没した死体の硬組織に含まれる有機物が鉱物に置きかわる．この翼竜はジュラ紀後期に浅い潟湖のうえを飛んでいる最中に死んだのだろう．そして湖底に沈み，当時の堆積物に埋もれたのだ．

積岩の積み重なりが乱されていなければ，最も古いものはいつでもいちばん下にある．ある化石がいつもとは別の大陸でも見つかるなら，年代を示す手がかりがほかになくても，両者を含む岩石層は同じ年代と見なされる．つまり，化石によって岩石の年代を測定するのだ．

下：地球の誕生から現在までの時間はあまりにも長いので，図に表すにはある程度ゆがめないといけない．地球の起源は約46億年前で，生命の痕跡は38億年前にさかのぼるが，肉眼で識別できる化石の時代はおよそ6億年前に始まる．その後も大陸は常に新しい場所へ移動し続け，地球の地理は変化している．

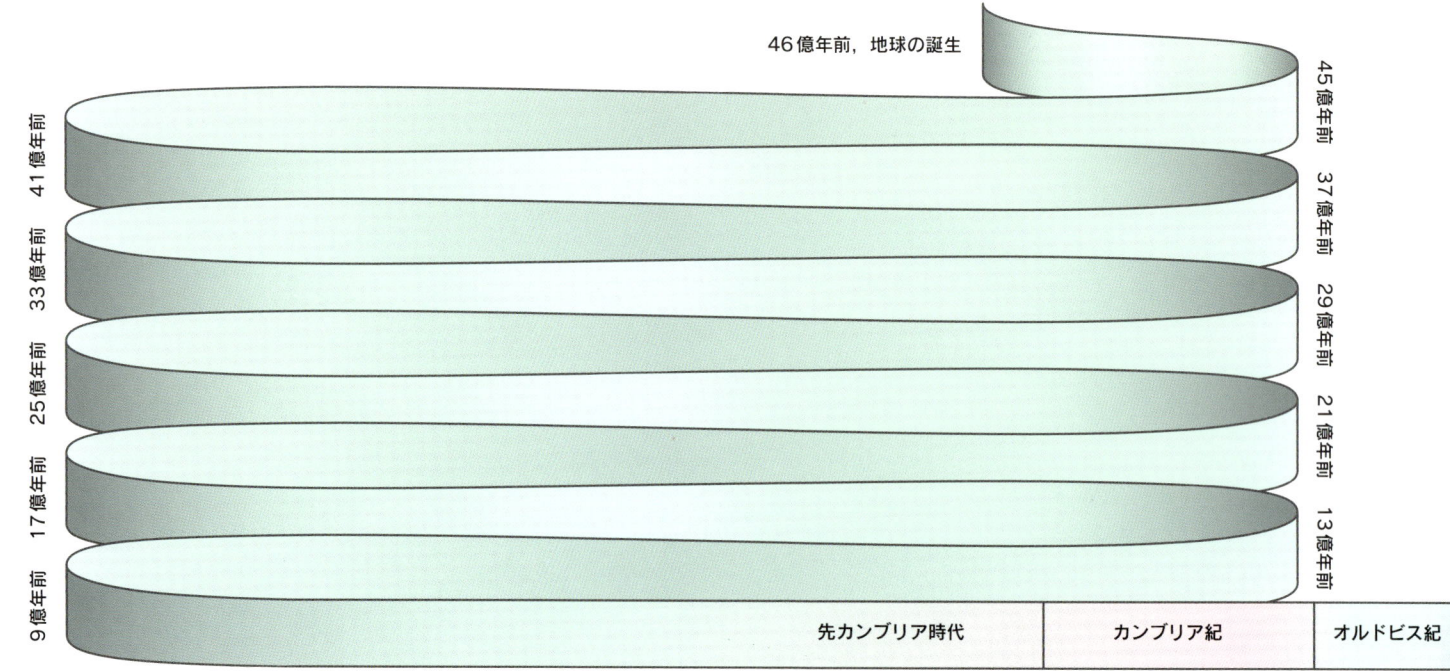

2つ目の地質年代測定法は絶対年代測定法である．こちらのほうがもっと面倒で，ある特定の岩石に含まれる放射性鉱物の崩壊を調べる必要がある．放射性鉱物はある一定の割合で崩壊する．残っている鉱物の量を調べて，これをいわゆる「崩壊残留物」の量と比べれば，崩壊しつづけていた時間や，形成された時期がわかる．この方法ではいくつかの放射性元素が利用される．

しかし，地質年代については混乱を招いている問題がある．それは，絶対年代がしょっちゅう変わっているという点だ．そのわけは，科学技術が進歩し，理解が深まったおかげで，絶対年代を決定する科学がどんどん高度になり，精度が増しているからである．1世紀前には何千万年しかないと思われていた期間が，今では数億年にもおよぶ長さだと見なされるようになっている．本によって時代区分の年数が異なる背景には，こういう理由がある．

上：地質時代は，ある特定の期間に形成された堆積岩に含まれる化石によって決定される．堆積岩とは，泥や砂の層が積み重なり，圧縮され，長い時間をかけてかたくなったものである．この写真では，2つの岩石累層のあいだに傾斜不整合がみられる．デボン紀の岩石層が40度傾いたうえに，三畳紀の岩石層が水平に載っている．デボン紀の堆積岩もできたときには水平に積もったが，地球内部の運動によって傾いてしまったのだ．

下：恐竜が生きていた時代は，三畳紀，ジュラ紀，白亜紀という3つの紀からなる中生代である．恐竜は三畳紀の後半に進化し，白亜紀の終わりに絶滅した．紀は期に区分される［訳注：地質年代区分の紀は期に細分され，年代層序区分の系が階に細分される］．地質時代を細かく区分して言い表すとき，「上部」白亜系や「下部」ジュラ系という表現が使われる．これは，その期間中にできた岩石の連なりを指す言葉である．この時代区分のなかで起きたできごとに言及するときには，「後期」白亜紀や「前期」ジュラ紀という言葉を使う．

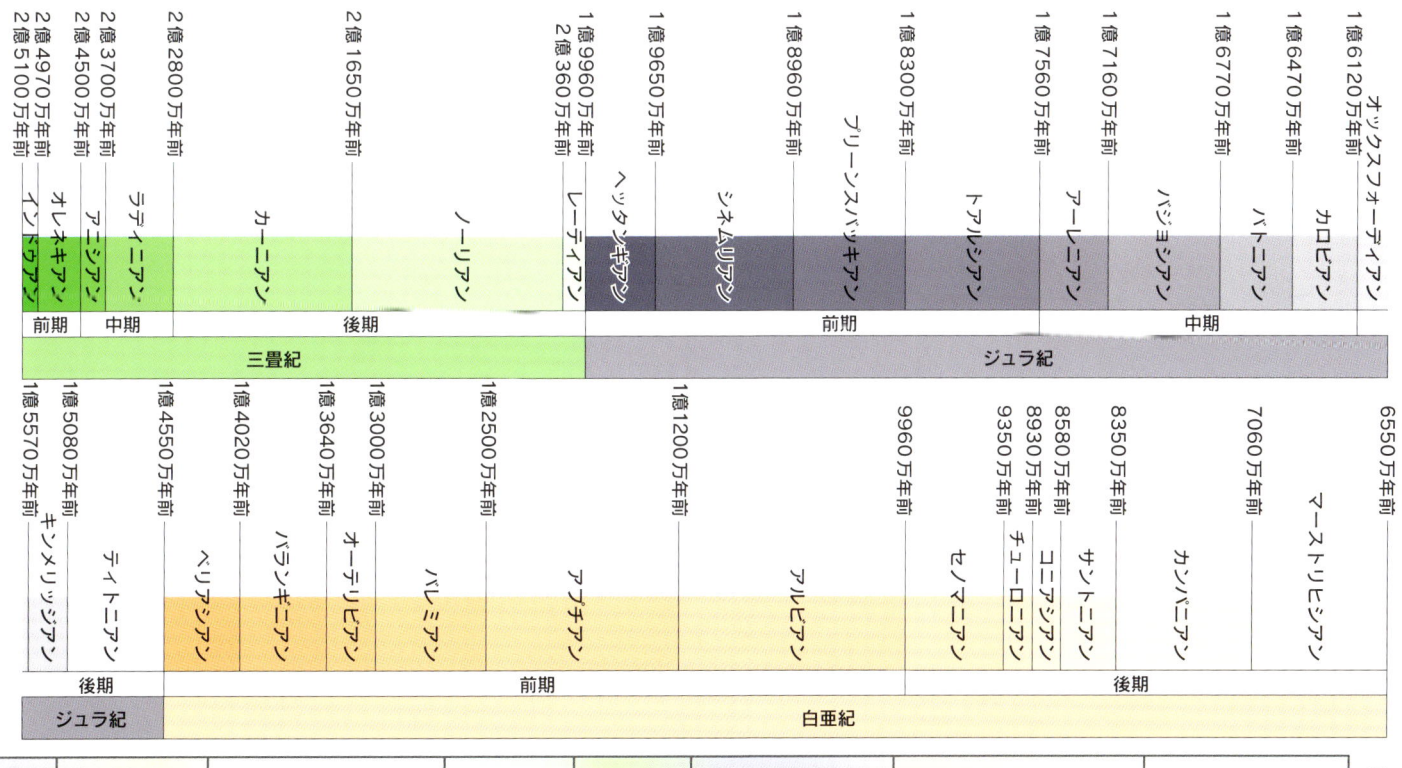

初期の進化

生命はどこからきたのか？ はっきりとはわからないが，何らかの生き物が現れたのは，水が液体のまま地表にとどまる温度まで地球が冷えたあたりのようだ．進化の過程を眺めると，それ以降，生物の流れはとぎれなく続いていることがわかる．

生命とは何か？ これにはいくつか定義があるが，生き物が物質とエネルギーを吸収して成長し，繁殖するという点では一致している．ごく小さな細菌類でも単細胞生物はこの定義にあてはまる．これらは地球が冷えはじめたばかりのはるか昔から存在していた．

地球の歴史の大部分は先カンブリア時代に含まれるが，この時代の生き物について教えてくれる直接の証拠はとぼしい．細菌類などの単細胞生物には化石に残る部分があまりない．しかし，この時代に生きていた何かが次第に進化し，やわらかい体をもつ多細胞生物になったことを示す，間接的な証拠はある．この非常に長い期間は，「生命が隠れていた時代」を意味する，隠生代という名称でよばれている．先カンブリア時代が終わり（5億4200万年前），昔からよく知られている化石記録が現れはじめる境目は，普通，「カンブリア紀の爆発的進化」とよばれる事件が目安とされている．

このカンブリア紀の初めに，かたい殻が完成する．生物は海水から鉱物の方解石を吸収して生体の殻をつくったり，有機化合物からキチンとよばれる一種の天然プラスチックを形成する能力を獲得した（私たちの指の爪もこのキチンからできている）．ここから2つの結果がもたらされた．ひとつは進化に突然，軍拡競争が加わったことだ．それまでにも動物たちは互いに食うか食われるかの戦いを続けてきた．しかし，一部の動物が自分の身を守ることができるようになったので，ハンターたちはより優位に立つため，新しい構造の体と技術を進化させはじめた．

海のなかの進化

海はにわかに生物で満ちあふれ（というのも，この時期の生物はすべて海中にいたからだが），ありとあらゆる種類が現れた．この生物たちは実に奇妙だった．脚がたくさんあったり，まったくなかったり，殻のついた頭や尾，スパイクをもつものもいれば，穴掘り道具をもつものもいた．役に立つかどうかを確かめるために，自然が手当たりしだいにいろいろなものを試してみたかのようだった．カンブリア紀の終わりまでに，このたくさんの奇妙な生物たちは，選びぬかれた十数種類の進化系列にしぼりこまれ，今に至っている．かたい殻をもつ動物はしっかりとした化石を残す．これが2つ目の結果につながった．かたい殻が進化したあとの生命の歴史は十分な資料に裏づけされているので，カンブリア紀から現在までの期間は顕生代（「顕わになった生命」という意味）と呼ばれている．

生き残ったもののなかに，ミミズに似た動物がいた．その体には前後に神経系が走り，つぎ合わされた軸組みがこれを支えていた．脳は前方にあり，保護用の箱に入っていた．目と感覚器官も前方にあった．こうした単純な動物から最初の脊椎動物，つまり背骨をもった最初の動物が進化した．

最初の脊椎動物

魚類は間違いなく脊椎動物といえる最初の動物で，オルドビス紀からシルル紀（4億8830万年前～4億1600万年前）に目立つ存在になった．

最初の魚類は「無顎類」である［訳注：「無顎類」は原始的脊椎動物だが，分岐論ではいわゆる「魚類」（顎口類）には含まれない］．現在のヤツメウナギ類にやや似ていて，あごのかわりに吸盤がある．たぶん海底を泳ぎながら，栄養分を含む有機堆積物を吸いこんでいたのだろう．尾の下側にそってヒレがついているので，頭を下へ向けても安定した泳ぎができた．本物のあごともっと整った骨格はこのあと発達した．最初の骨格は硬骨ではなく，軟骨からできていた．軟骨魚類としては現在，サメ類やエイ類がよく知られている．その出現時期はシルル紀である．

下：先カンブリア時代（5億4200万年前より昔）の生命の証拠ははっきりしない．しかし，カンブリア紀が始まる頃（5億4200万年前）までにはすでに生物のおもな進化系統がすべて現れていたこと，そして保存状態のよい化石という形で地球にその痕跡を残そうとしていたことはわかっている．

この時期に生息していた動物も，化石を残した動物も，大部分が無脊椎動物である．

先カンブリア時代（5億4200万年前まで） カンブリア紀（5億4200万年前～4億8830万年前）

次の段階で、軟骨質の骨組みのまわりに硬骨が進化する．硬骨からは骨格だけでなく、防御のための装甲板もつくられた．さらに、現在の魚類にみられるようなうろこも現れた．骨質の装甲板をもつ魚類やうろこでおおわれた魚類は、デボン紀に登場する．このころまでにさまざまな種類の魚類が出現していたので、デボン紀（4億1600万年前～3億5920万年前）はしばしば「魚類の時代」とよばれる．

環境の変化

この間に、水の外では変化が起きていた．先カンブリア時代の初めの大気は有毒ガスが混じり合った刺激の強いものだったので、初期の生物はすべて海中で進化した．初期の生物が生み出す副産物が大気中に少しずつ送りこまれると、大気も徐々に変化してきた．植物は生きていくために光合成を行うが、その過程で生じる酸素が大気中に蓄積され、陸上も生物がすめる状態になった．潮の満ち干に合わせて陸上に緑の部分が見え隠れしだしたのはシルル紀だろう．植物が陸上に進出すると、動物もそのあとに続いた．ある種の魚類は肺を進化させて、大気中の酸素を呼吸できるようになった．さらに、対をなす筋肉質のひれが発達し、水中を泳ぐだけでなく、かたい面のうえをはうようになる．脊椎動物が陸へ1歩踏みだす用意ができたのだ．大陸がすみやすくなるとすぐに、生物は海から陸へ広がり、おびただしい数の動物が現在までそこにすみつづけている．

陸上生活

動物は何億年ものあいだ上陸を試みていた．オルドビス紀にできた浜辺の堆積物からは、節足動物（陸にすみついた最初の動物）がつけた跡が見つかっている．さらに昔のカンブリア紀でも、乾いた陸の堆積物にオートバイのタイヤ痕に似た不思議な跡が残っていた．こうして陸に上がる行為はしばらくのあいだ試験的に続いたらしいが、植物が地盤をかためるまで、動物が水から完全に抜け出すことはなかったようだ．シルル紀には、小川のほとりをおおう初期の原始的な植物に、昆虫類やクモ類がたかっていた．続くデボン紀に、魚類が初めて上陸という冒険に挑む．

魚類が陸に上がった理由は定かではない．新しく進化した昆虫群が植物のあいだに定着し、魚類の食欲をそそったからだという科学者もいる．その一方で、陸上生活は非常手段だったという科学者もいる．どんどん干あがっていく水たまりに取り残された魚は、生きのびるために陸上を移動し、もっとたくさん水がある場所を見つけなくてはならなかったというのだ．捕食動物のせいで水中があまりにも危険な場所になったからだという説もある．当時は、大きさがワニほどもあり、かぎ爪をそなえた節足動物が水中にいたので、一部の魚は陸上生活を選んだほうが安全だと判断したのかもしれない．

ユーステノプテロン（*Eusthenopteron*）は、陸で過ごすことができた魚類の代表である．おもな改造点は肺だった．魚類は普通えらで呼吸する．えらは水中に溶け込んだ酸素をこしとる毛状構造である．だが、肺をもったことで空気中の酸素を直接とりこめるようになった．あとはどうやって移動するかだ．典型的な魚類のひれは、放射状の支持物のあいだに膜が張り、筋肉質の基部から広がった構造になっている．ユーステノプテロンとそのなかまのひれは、筋肉質の葉状突起を入り組んだ骨が支えるつくりで、いわゆるひれの部分はその端を縁どっているにすぎない．このようなひれが体の下側に2対ついていて、泳ぐ際にも、また体を引きずって陸上を動くのにも使われた．

下：オルドビス紀（4億8830万年前～4億4370万年前）やシルル紀（4億4370万年前～4億1600万年前）までに、背骨をもつ動物が進化していた．それは最も原始的な魚類である．背骨が体全体を支え、四肢は対をなして左右につき、脳は骨の箱に収められていた．こうした遊泳動物が空気を呼吸できるように進化したときに、次の段階がおとずれた．

無顎類

軟骨魚類

オルドビス紀（4億8830万年前～4億4370万年前）

シルル紀
（4億4370万年前～
4億1600万年前）

最初の両生類

デボン紀の終わりまでに、陸生脊椎動物の進化は次の段階に到達し、現在の両生類に似た最初の動物が出現していた。この動物たちは「両生類」というひとつの用語でくくりきれないほど、多種多様で関係も複雑だった。イクチオステガ (*Ichthyostega*) はこうした最初期の動物のひとつである。イクチオステガと、肉質のひれをもつ魚類の違いは四肢にあった。ひれにははっきりとした関節ができ、脚と足指の骨がそなわったのだ。これは浅い水のなかで植物をかきわけながら進むために進化したようだが、陸へはいあがるのにも適していた。イクチオステガのうしろ足は今の基準からすると奇妙だった。なぜなら、指が8本ついていたからである。陸生脊椎動物の指は普通、最大で5本だが、こうした基準が確立していなかったのだ。陸上で生活する能力はあっても、イクチオステガとそのなかまはまだ魚類のような頭と尾をもち、繁殖のために水中へ戻る必要があった。

次の大きな進化は、動物が陸上で繁殖する能力を身につけたことである。これを成し遂げたのは最初の有羊膜類だった。羊膜とは、卵のなかで発育していく赤ん坊を包む膜である。かたい殻をもつ卵が進化すると、必要なものがほぼそろった液体のなかで赤ん坊が育つようになった。このような卵は水の外で産むことができる。ついに、祖先の海とのつながりが断たれたのである。こうした初期の例としては、スコットランドで見つかったウェストロティアナ (*Westlothiana*) や、ノヴァスコシアで見つかったヒロノムス (*Hylonomus*) があげられる。どちらも地質年代は石炭紀前期である。

最初の爬虫類

そのあとに、真の爬虫類が確立し、系統樹にいくつもの枝が生じる。爬虫類を分類する最も簡単な方法は、眼窩の背後にある穴の数と配置にもとづく。無弓類の頭骨にはこのような穴がなく、骨でできた天井が目のうしろにすきまなく広がっている。無弓類ではペルム紀にパレイアサウルス類というグループが目立つ存在になる。現在のなかまにはカメ類がいる[訳注：カメ類は元来が双弓類であったのに、二次的に側頭窓が閉じたのだと見なす説が有力になりつつある]。

一方、単弓類では頭骨の両側に穴が1つずつあいている。単弓類はペルム紀の主要グループである哺乳類型爬虫類になる。哺乳類型爬虫類は三畳紀に絶滅したが、その末裔は地味な哺乳類として生きのび、第三紀がおとずれるまでひっそりとくらしつづけた[訳注：分岐論では「哺乳類型爬虫類」と哺乳類はともに単弓類を構成し、有羊膜類のうち爬虫類とは別の系統をなす]。

双弓類は、目のうしろに穴が2つあるところが違っていた。現在の双弓類にはヘビ類、ワニ類、トカゲ類が含まれる。しかし、中生代（三畳紀、ジュラ紀、白亜紀）の双弓類のなかに、きわだって重要なグループが存在した。それは恐竜である。

恐竜の進化

恐竜は主竜類とよばれる双弓類の1系統から進化した。主竜類という名前は支配的爬虫類を意味している。当時の主竜類には、恐竜のほかに翼竜類や、現在も存続しているワニ類が含まれていた。三畳紀の代表的な主竜類は、動きがきびんで、二足で走る肉食動物だった。大きさはせいぜいオオカミほどで、たいていはもっと小さかった。実は、進化した三畳紀の主竜類は典型的な小型肉食恐竜によく似ていたはずだ。恐竜とこのような祖先の主竜類との違いは、もっぱら脚や腰の構造にあった。

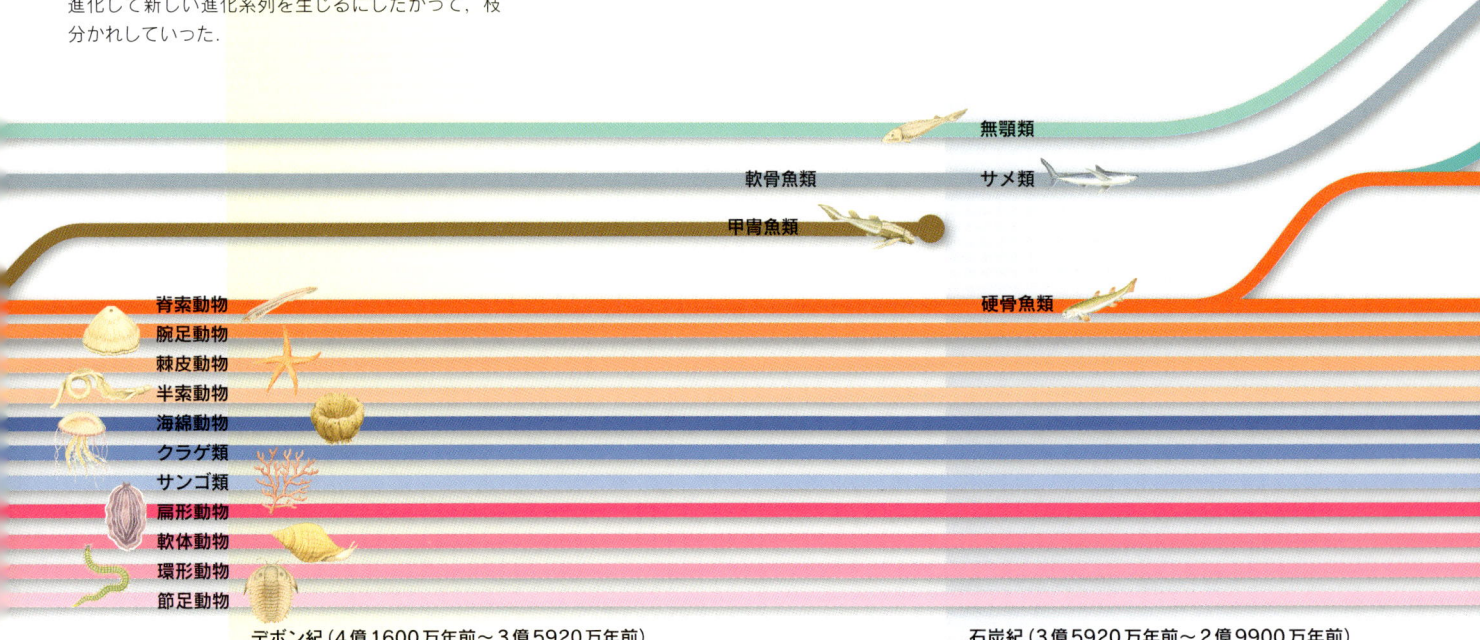

下：カンブリア紀の初めに存在した進化系統の多くはそのまま進化しつづけた。甲冑魚のように、一部の系列は絶滅する。その他の系列は、新しい動物が進化して新しい進化系列を生じるにしたがって、枝分かれしていった。

デボン紀（4億1600万年前〜3億5920万年前）　　　石炭紀（3億5920万年前〜2億9900万年前）

ほとんどの爬虫類は体の両横に脚を突き出し，体重を両脚のあいだにかけている．そうすると，はい歩く姿勢になる．すばやく走るためには体をS字型にくねらせて，横向きについた四肢が動く範囲を広げなくてはならない．これに対して，恐竜の脚は体の真下にのびている．脚は腰のわきにはめこまれ，棚状の骨で固定されている．その結果，恐竜の体重は脚のてっぺんからまっすぐ下向きにかかることになる．直立した四肢ははい歩く姿勢の四肢より大きな重みを支えられる．このような骨の配置は現在，典型的な哺乳類にみられるが，この直立した姿勢は，二足歩行，四足歩行をとわず，すべての恐竜にみられた．

竜盤類と鳥盤類

このように，最初の恐竜は主竜類らしく，走るのが得意だったと思われる．ここから，恐竜は2つの主要系統に分かれる．竜盤類と鳥盤類である．両者の違いは腰の構造に認められる．

竜盤類の腰の骨はトカゲのものに似た配置で，脚の骨がはまるくぼみから腰の骨が放射状に張り出し，恥骨が下側前方に突き出ている．この系列はさらに2つのグループに分けられる．最初のグループはもっと前の主竜類，つまり二足歩行のハンターたちが切り開いた道筋にそって進化する．この恐竜たちには，ビクトリア朝時代の科学者たちによって，「けものの足」を意味する獣脚類という名前がつけられた．足の骨が哺乳類のものに似ていたからである．ニワトリほどの大きさしかなく，昆虫を追いかけまわす小さな恐竜から，体長15mに達する巨大な恐竜まで，肉食恐竜はすべてこの獣脚類である．

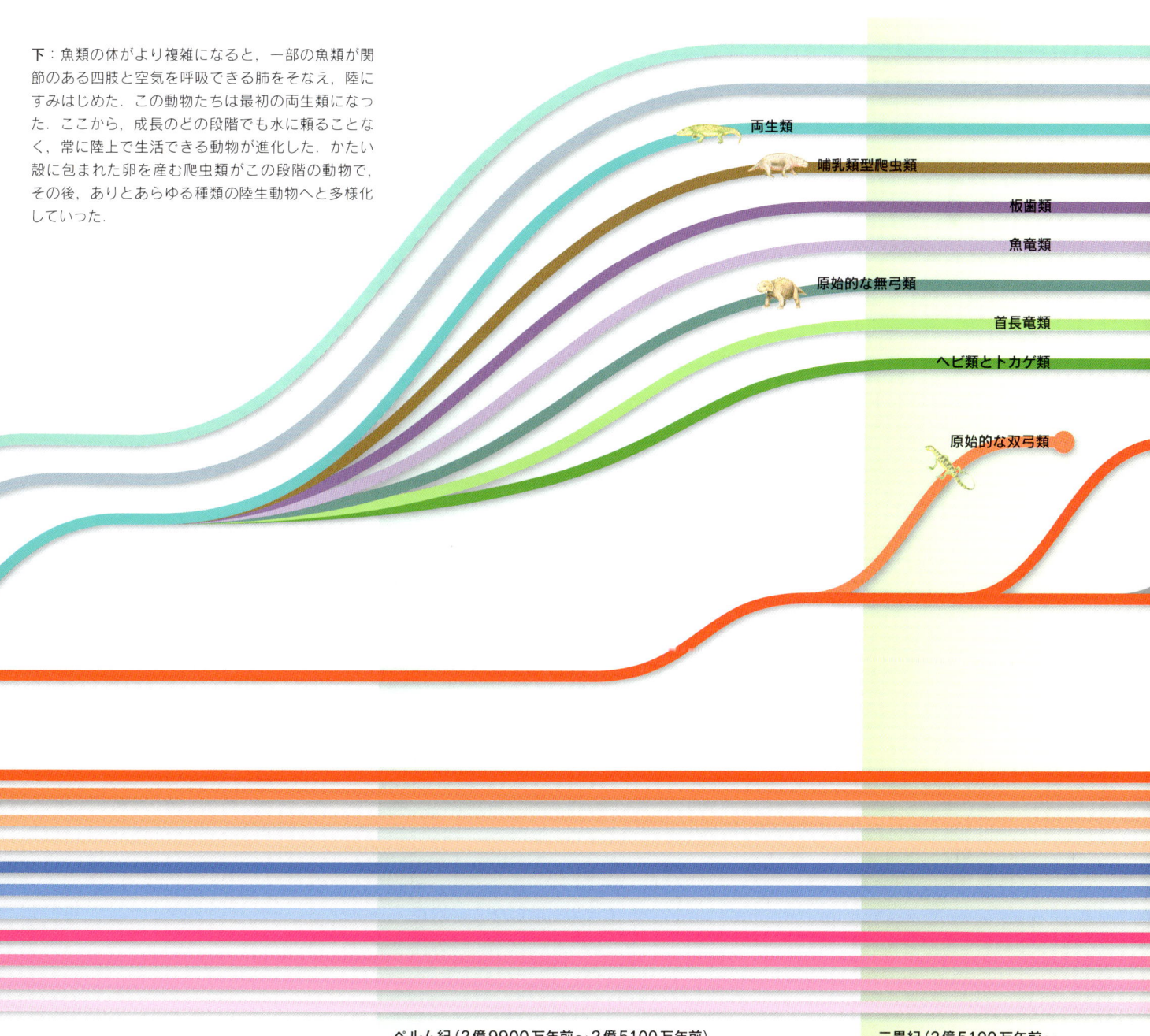

下：魚類の体がより複雑になると，一部の魚類が関節のある四肢と空気を呼吸できる肺をそなえ，陸にすみはじめた．この動物たちは最初の両生類になった．ここから，成長のどの段階でも水に頼ることなく，常に陸上で生活できる動物が進化した．かたい殻に包まれた卵を産む爬虫類がこの段階の動物で，その後，ありとあらゆる種類の陸生動物へと多様化していった．

ペルム紀（2億9900万年前～2億5100万年前）　　三畳紀（2億5100万年前～1億9960万年前）

もうひとつの竜盤類グループは竜脚類である．竜脚類とは「トカゲの足」という意味で，足の構造が現在のトカゲのものに似ているところから名づけられた．竜脚類は巨大で首の長い植物食恐竜である．この体型はえさになる植物の内容が変わっていくのに合わせて進化した．竜盤類の腰は恥骨が前に突き出た形をしているので，竜盤類は，うしろ脚の前方に植物食動物特有の大きな消化系を抱える必要があった．その結果，うしろ脚だけでは歩くことができず，小さめの前脚にも体重をかけられるように，前脚が強くなったのだろう．これによって体の動きが悪くなったため，十分な量のえさを口にできるように，首が長くなった．竜脚類という恐竜グループには過去最大の陸上動物が含まれている．

下：恐竜は現れるとすぐにさまざまなグループに進化した．肉食恐竜もいれば，植物食恐竜もいた．四足歩行も二足歩行もみられた．三畳紀後期から白亜紀の終わりまでのあいだ，恐竜は最も勢力のある陸上動物だった．しかし白亜紀の終わりに，恐竜を含めて多くの動物グループが絶滅した．

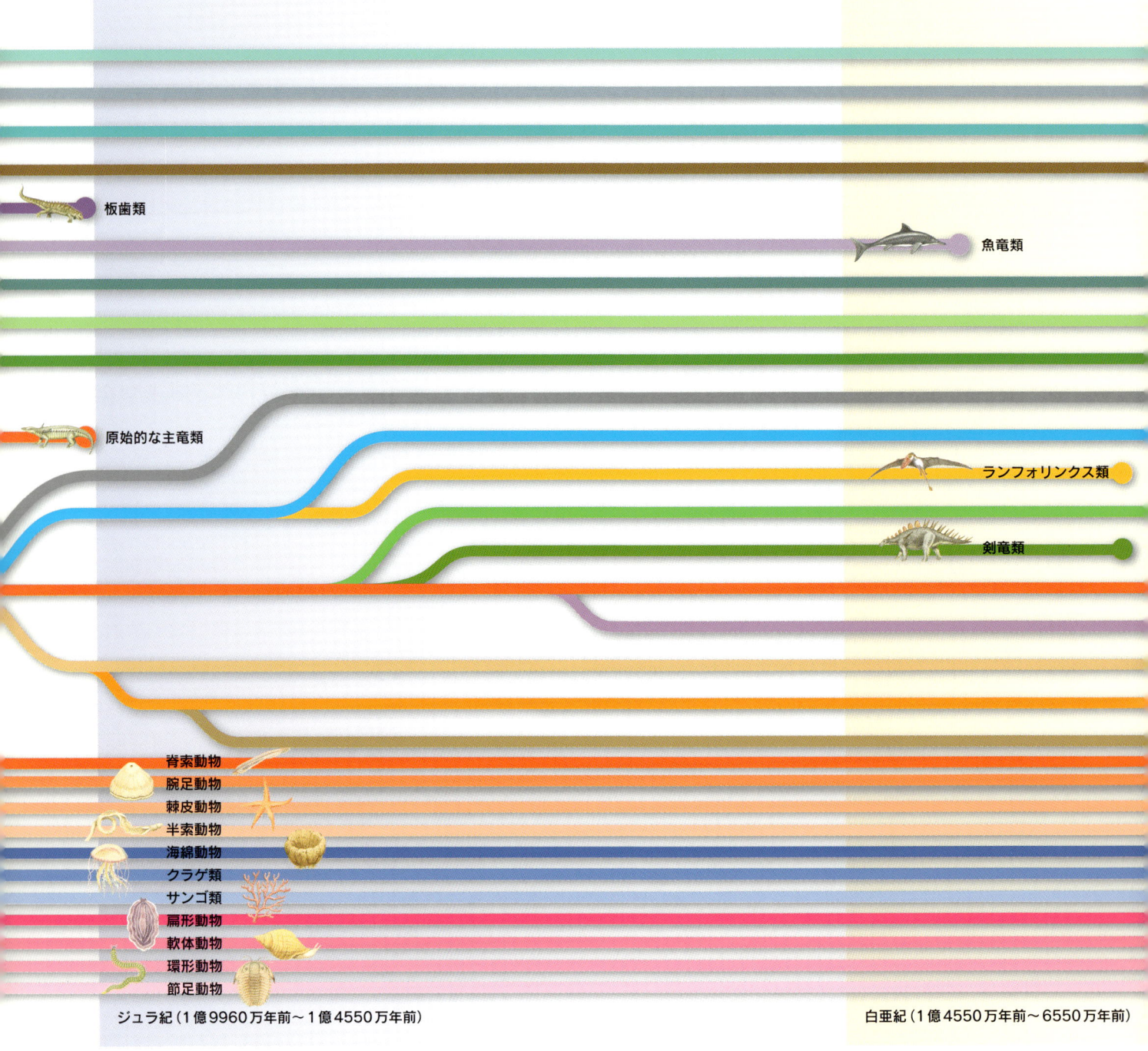

恐竜の2つ目の系統は鳥盤類である．鳥盤類は植物食恐竜だが，腰の骨の配置が異なっている．恥骨は後方へ突き出し，うしろ向きにのびる坐骨に並んでいる．そのため，典型的な鳥盤類は腰で体重を支えることができ，したがって，重い尾でバランスをとりながら，うしろ脚で歩けたと思われる．代表的な二足歩行の鳥盤類恐竜は鳥脚類である．鳥脚類は，3本の指が広がってついた，鳥のようなうしろ足をもっていた．

竜脚類と鳥脚類ではえさの食べ方も違っていた．竜脚類はかむことができなかったが，えさを大量に食べる必要があったため，かんでいる余裕もなかった．竜脚類の歯をみると，植物の葉や小枝を枝からすきとり，そのままのみこんだことがわかる．一方，鳥脚類はえさをかみつぶすことができる歯をもっていたので，しっかりかんでからのみこんだ．

基本的な形の鳥脚類から発達したものとしては，このほかに装甲があげられる．剣竜類は装甲用の板を，よろい竜類はよろいを身につけ，角竜類は角を生やしていた．

哺乳類

出現から1億6450万年後に恐竜は絶滅するが，その前に獣脚類から鳥類が生まれていた．また，恐竜の絶滅で哺乳類に道が開かれた．白亜紀の終わり以降，哺乳類は勢力を拡大し，かつて恐竜がしめていた生態的地位に入りこんだ．

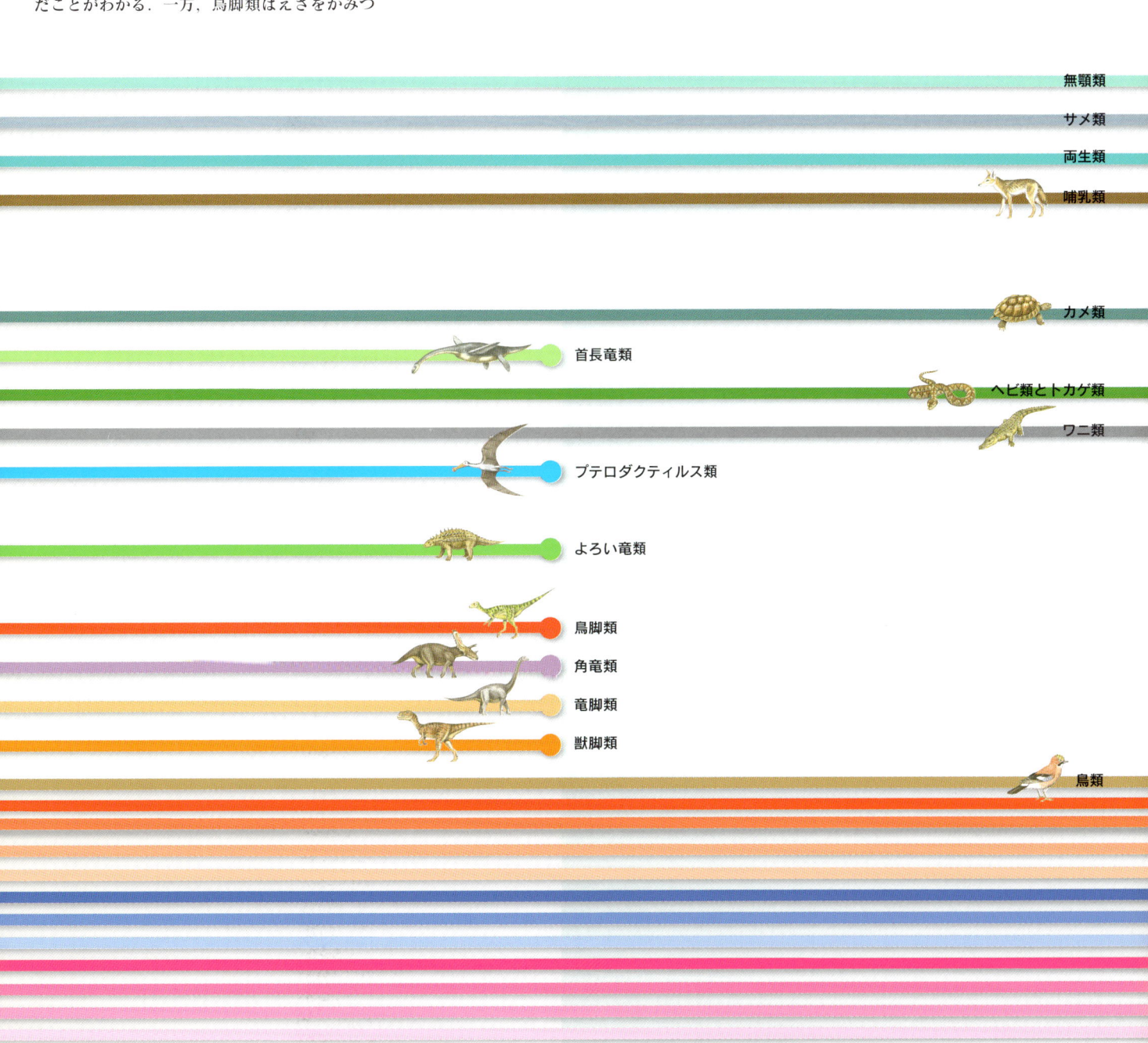

古・新第三紀（6550万年前〜現在）

恐竜の分類

多種多様な恐竜たちは共通の祖先から進化した．専門用語を使うと，恐竜は「単系統」だった．進化の初期に恐竜は2つの主要な進化系統に分かれ，これらがさらに，独自の特徴をもち特殊化した，いくつもの異なる科に分かれていった．

恐竜は竜盤類と鳥盤類という2つの主要グループに区分される．竜盤類は植物食の竜脚形類と肉食の獣脚類に分けられ，鳥盤類はさまざまな種類の植物食恐竜に分けられる．本書では全体を通じて，公式の分類群名称（Theropoda獣脚亜目など）と非公式の名称（theropods獣脚類など）を併用しているが，これは古生物学の慣例である．

恐竜類
この支配的爬虫類は次のような特徴で識別される．
- 頭骨に含まれる骨の数．
- 強力な筋肉をつなぎとめる上腕骨の突縁．
- 前足の第4指の指骨が3個以下．
- 腰の骨にくっついた椎骨が3個以上．
- 脚の骨が腰にはまるくぼみに穴がある．
- 大腿骨の頭部が球状．
- 後肢の足部と脚部の関節がしっかりしている．

獣脚類

肉食恐竜はすべて獣脚類に属している．獣脚類はみな体形が似ている．胴体が小さく，二足歩行である．頭は前方に突き出し，重い尾でバランスを保つ．腕は小さく，獲物をつかんだり殺したりするのに使われた．前足には普通，指が3本ある．

獣脚類は三畳紀後半，恐竜時代の初めに現れた．初期の獣脚類の外見は祖先の槽歯類［訳注：かつてワニ類・翼竜類・恐竜類・鳥類の別々の祖先が1グループと見なされまとめられていた．しかし，これに属する全動物に共通する固有の特徴がないため，現在では分類群としては放棄された］に近かっただろう．槽歯類は爬虫類の1グループで，歯がトカゲ類のように溝にはまっているのではなく，歯槽に入っているのが特徴である．恐竜とのおもな違いは立ち方と頭骨の構造にあったようだ．槽歯類は活発なハンターだったが，初期の獣脚類もこの伝統を受け継いでいた．

獣脚類の体形はハンターにぴったりだ．頭とあご，歯が前へ突き出ているので，獲物にかみつきやすい．腕とかぎ爪も前のほうについている．肉食動物らしく，胴体はかなり小さい．トカゲに似た腰の骨にたくましい筋肉が付着し，脚を力強く動かすことができた．尾は大きくて重く，上半身を前へ傾けたままバランスを保つ役割を果たした．

少なくとも一部の獣脚類は温血だったことがわかっている．温血という用語は必ずしも血液の温度をいうわけではなく，まわりの温度に左右されずに体温を一定に保つしくみを意味する．現在の温血動物としては，哺乳類と，獣脚類の直接の子孫である鳥類があげられる．

温血か冷血か？

恐竜が温血だったかどうかは，その生活を知るうえで重要な意味をもつ．温血動物は体温維持に必要なエネルギー源として，同じ大きさの冷血動物より10倍もえさを食べなくてはならない．肉食恐竜が冷血なら，現在のニシキヘビのように，獲物を1頭殺して腹を満たせば数週間は休んでいられただろう．しかし，温血であれば，ほとんどとぎれなく狩りをしなくてはならなかったはずだ．温血動物には体温調節用の断熱材も必要だ．哺乳類は体毛，鳥類は羽毛で

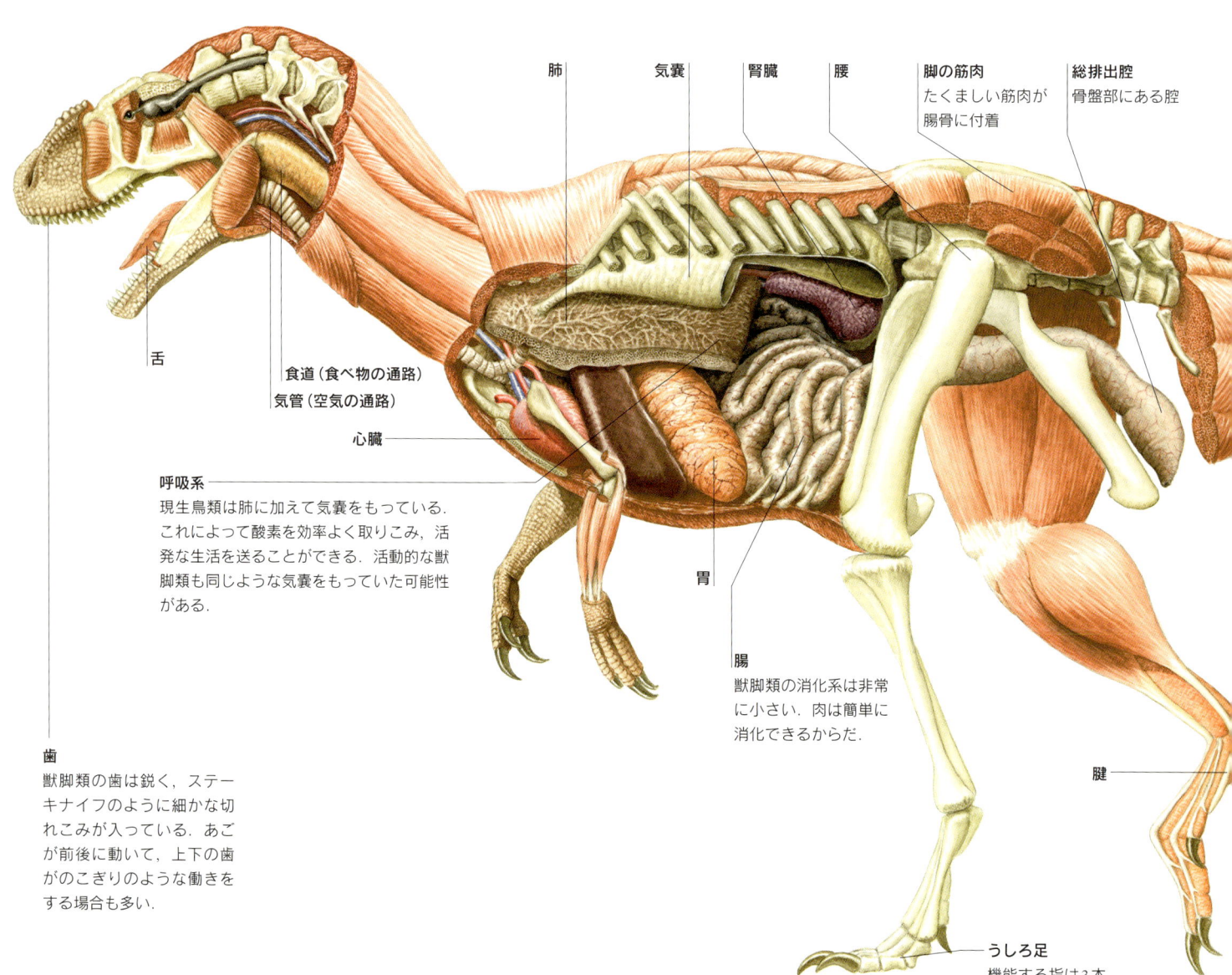

できた断熱材を身につけている．遅い時期に現れた肉食恐竜の一部が体毛や羽毛におおわれていた証拠はある．中国東北部の遼寧省の湖成堆積層にはこれを示す化石が含まれており，ダチョウ恐竜（オルニトミムス類）の一部で，腕の骨に孔があいた骨格も見つかった．これは羽毛が付着していたあとと思われる．以上はすべて白亜紀の小型恐竜だが，こうした特徴がどのくらい前に出現したのかはわからない．大型恐竜の場合は，温血だったとしても断熱材にはあまり頼らずにすんだだろう．たとえば，現在のゾウにはごくわずかしか体毛がない．

テリジノサウルス類

テリジノサウルス類は獣脚類の主流からはずれたグループである．頭は植物食恐竜に近く，腰の骨は鳥のものに似ている．前足には強力なかぎ爪があり，これで食べ物をかき集めたのだろう．

左：アラシャサウルス（*Alxasaurus*）は典型的なテリジノサウルス類．

アルヴァレズサウルス類

モノニクス（*Mononykus*）などを含むアルヴァレズサウルス類は，鳥に似た小型獣脚類である．目立つ特徴は小さく縮んだ前腕で，大きなかぎ爪が1本だけ生えている．腕は退化した翼のようにみえるが，そうなった理由は謎のままだ．

左：シュヴウイア（*Shuvuuia*）．背丈は1mに満たない．

外皮
普通はうろこ状だが，小型恐竜では羽毛の場合もある．

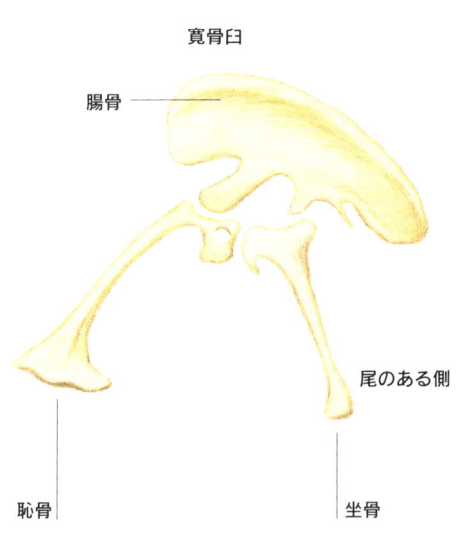

寛骨臼
腸骨
尾のある側
恥骨　　坐骨

腰（左）肉食の獣脚類は竜盤類の腰をもっていた（腰の骨の配置がトカゲのものに似ていた）．左右のてっぺんに腸骨とよばれる骨があり，ここに脚の筋肉が付着していた．寛骨臼から下側前方に恥骨が突き出し，うつぶせになったときに体重を支えた．下側後方へのびた坐骨に，尾の筋肉と脚の内側の筋肉が付着していた．

頭骨（上）恐竜の頭骨は骨の支柱でできた軽いつくりだった．
歯はたえず生えては抜け落ち，下から生えてくる歯に置きかわっていた．

竜脚類と古竜脚類

竜脚類は恐竜時代の大型植物食動物で，巨体に，長い首とムチに似た尾をもつ．竜脚類は三畳紀後期に古竜脚類とともに進化し，ジュラ紀には中心的な植物食恐竜になった．そして白亜紀の終わりまで存在しつづけた．

竜脚類と，その類縁関係にある獣脚類のあいだで目につく類似点は，腰の骨の配置だけである．どちらもトカゲに似た腰をもち，恥骨が下側前方へ向いている．肉食恐竜もこの恥骨の前に内臓を抱えていたが，竜脚類の場合は植物を消化する巨大な腸をもっていたので，内臓が非常に重くなりがちだった．腰の前方に大きな体重がかかり，後肢で立ってバランスを保つのが難しかったため，竜脚類はほとんどいつも四足歩行だった．前肢はたいてい後肢より短く，祖先が二足歩行だったことを示している．首はずばぬけて長く，頭は小さかった．尾は非常に長くて，先のほうが細いムチのようになっていることが多く，武器として使われたようだ．

竜脚類は温血か冷血かという問題は大きな議論をよんでいる．温血論者は獣脚類との近い関係に注目する．獣脚類の一部が温血だったことは間違いないからだ．しかし一方で，数十トンにもなる巨体動物は小型動物より楽に体温を保てるので，温血性の代謝は必要なかっただろう．それに，温血動物として生きていくには，あの小さなあごで相当な量のえさを食べなくてはならないことも問題．中間的な説では，温血や冷血という言葉から一般に思い浮かべる状態は両極端であって，そのあいだにはいろいろな段階が存在する，という指摘がなされている．獣脚類は温血側の端に近く，竜脚類は冷血側の端に近かったのかもしれない．いずれにせよ，竜脚類が羽毛や体毛におおわれていたとは考えにくい．

上：竜脚類が残したこの皮膚の印象から，うろこにおおわれた比較的なめらかな皮膚だったことがわかる．

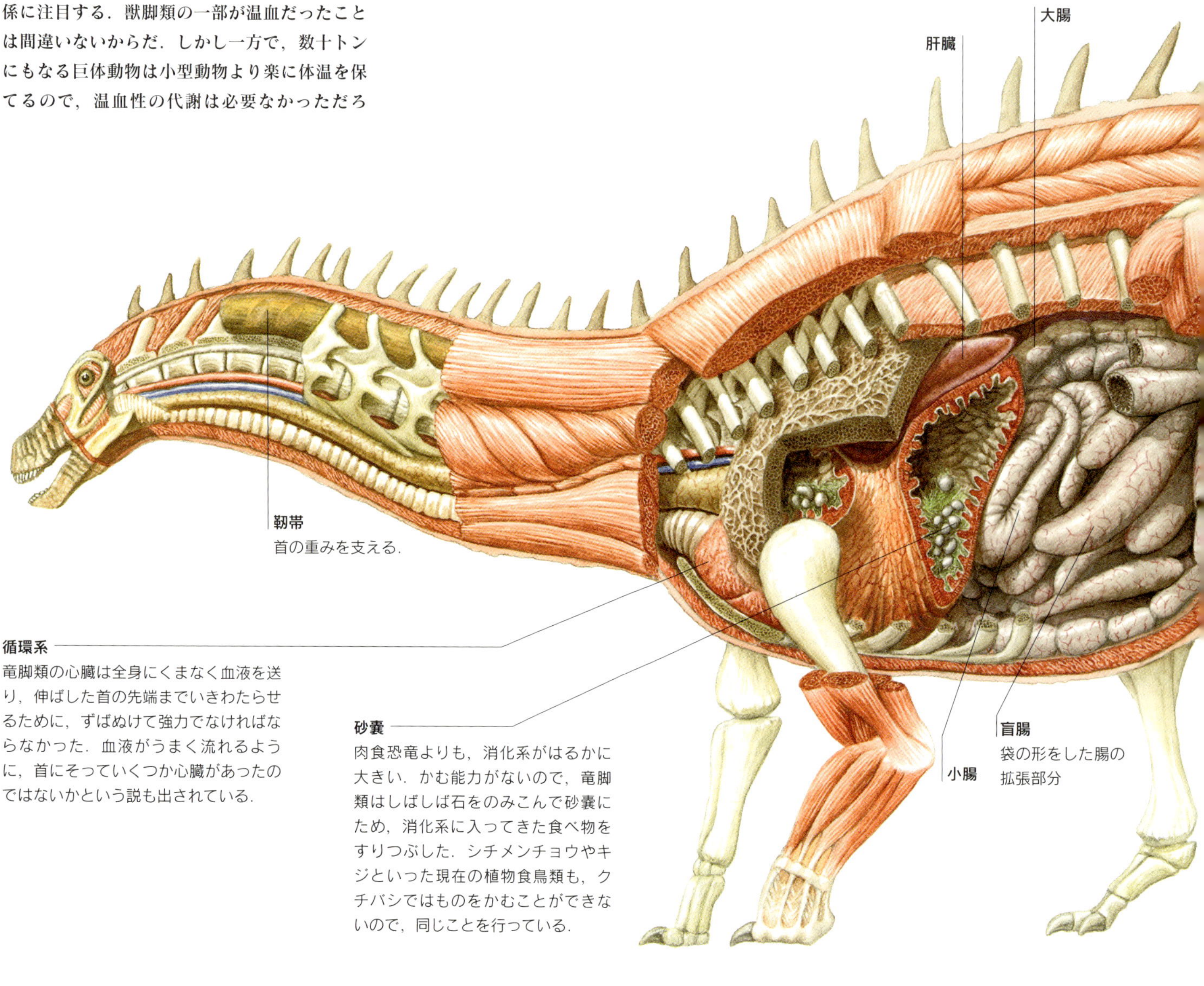

靭帯
首の重みを支える．

循環系
竜脚類の心臓は全身にくまなく血液を送り，伸ばした首の先端までいきわたらせるために，ずばぬけて強力でなければならなかった．血液がうまく流れるように，首にそっていくつか心臓があったのではないかという説も出されている．

砂嚢
肉食恐竜よりも，消化系がはるかに大きい．かむ能力がないので，竜脚類はしばしば石をのみこんで砂嚢にため，消化系に入ってきた食べ物をすりつぶした．シチメンチョウやキジといった現在の植物食鳥類も，クチバシではものをかむことができないので，同じことを行っている．

肝臓

大腸

小腸

盲腸
袋の形をした腸の拡張部分

竜脚類の体が何におおわれていたかということも、ちょっとした論争になっている。これまでの復元図ではたいてい、ゾウのようなしわだらけの皮膚が描かれている。ところが、化石の断片から推測すると、トカゲに似たうろこ状の皮膚で、背中にそって角質のスパイクまで生えていた可能性がある。こうした議論にはまだ決着がついていない。

古竜脚類の歯
古竜脚類の歯は木の葉型で、互いに重なりあい、おろし金のような粗いギザギザがついていた。このような歯はきめの粗い植物を切り取るために進化した。これに対し、のちに現れる竜脚類の歯はかなり単純である。
竜脚類の歯はかむのではなく、すきとるような配置になっていた。ディプロドクス (*Diplodocus*) のような恐竜はくいに似た歯をもっていたが、カマラサウルス (*Camarasaurus*) のようにスプーン型の歯をもつものもいた。あごの骨の特徴は、関節が低い位置についていることだ。ほとんどの植物食恐竜と同様、これがてこの役目を果たし、かたい植物を折り取ることができた。

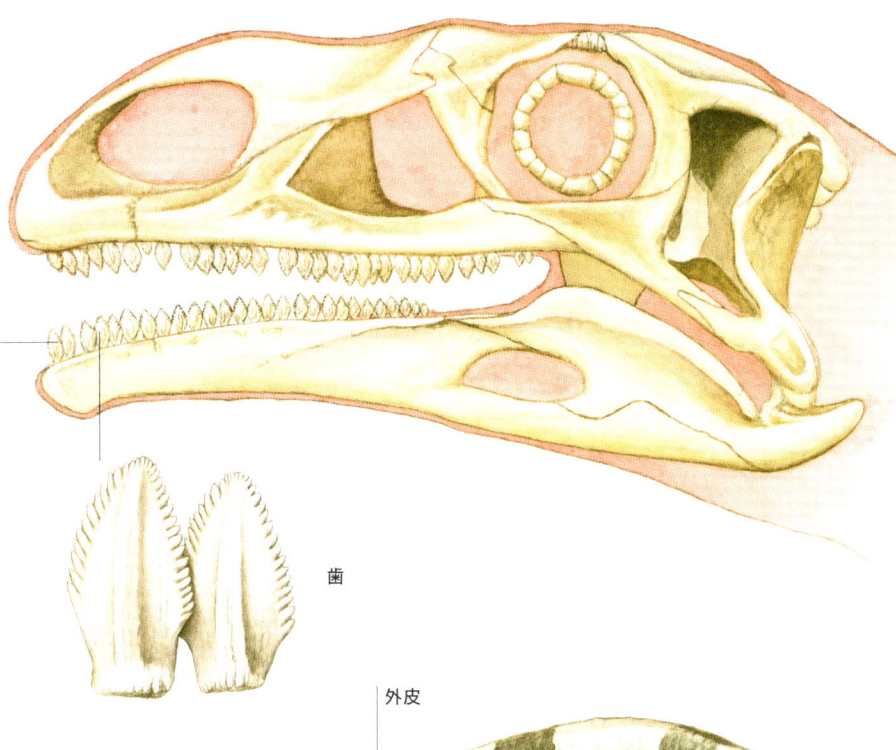

歯

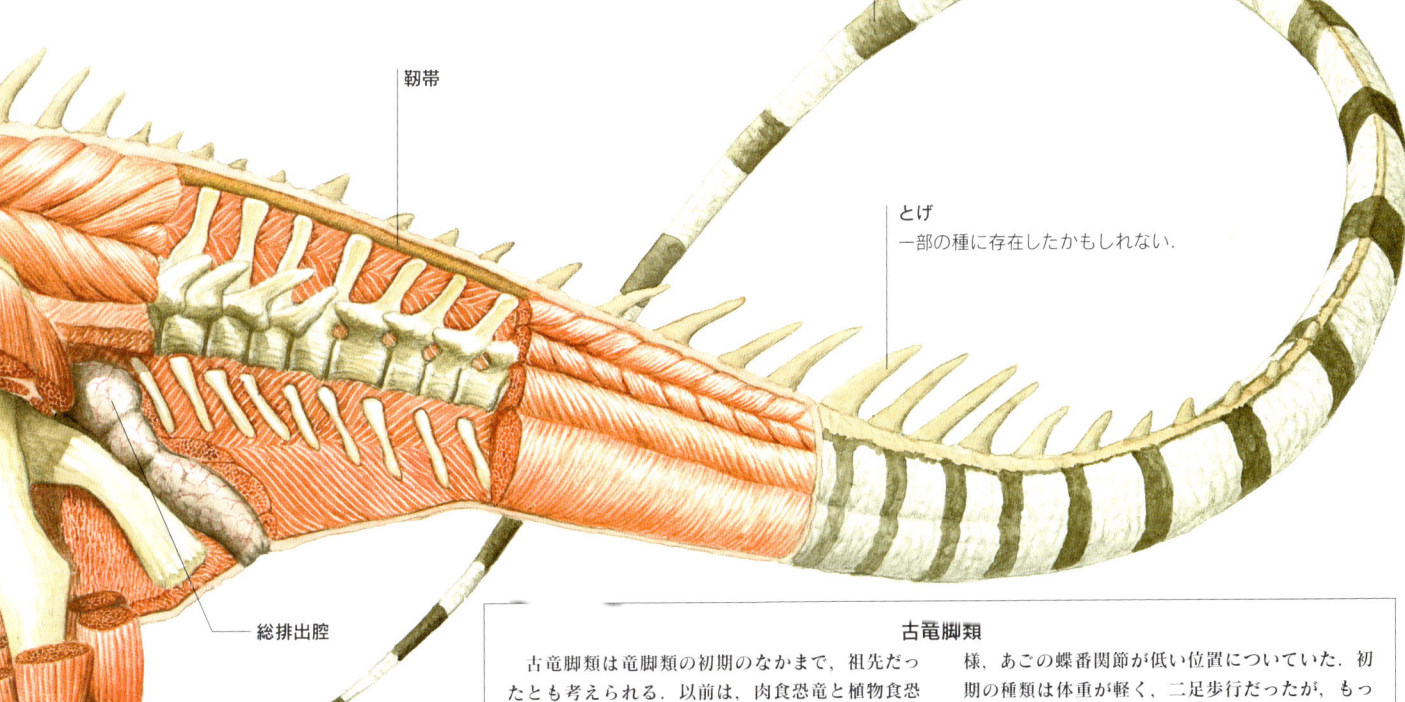

靭帯

外皮

とげ
一部の種に存在したかもしれない。

総排出腔

軟骨
体重がかかるくさび形の部分

古竜脚類
古竜脚類は竜脚類の初期のなかで、祖先だったとも考えられる。以前は、肉食恐竜と植物食恐竜をつなぐ存在で、植物も動物もえさにできたと思われていた。現在の研究によると、古竜脚類の歯は完全な植物食用で、のちに現れる竜脚類と同様、あごの蝶番関節が低い位置についていた。初期の種類は体重が軽く、二足歩行だったが、もっとあとに現れた古竜脚類の一部は、典型的な竜脚類と同じように体が大きく、四足歩行だった。

上：エフラアシア (*Efraasia*) は代表的な初期の古竜脚類。

鳥脚類

2番目の主要な恐竜グループは鳥に似た腰をもち，恥骨が後方へのびていた．このグループは装甲や角をもつ種類を含むさまざまな系列に進化したが，解剖学的な基本構造は，二足歩行の植物食である鳥脚類にみられる．

鳥脚類はすべて植物食である．「鳥に似た腰をもつ」恐竜の基本型は二足歩行の植物食恐竜で，ニワトリ大の小型恐竜から，体長15 mを超す巨大恐竜までここに含まれる．

鳥脚類は植物食なので，大きく複雑な消化系をもっていた．この消化系は体の後方にある腰の下に抱えこまれていた．これが可能だったのは，腰の骨が新しい配置になっていたからだ．そのおかげで，この恐竜類は，ずっしりとした腸をもつ植物食恐竜でありながら，獣脚類のように重い尾でバランスをとって後肢で立つことができた．

遠くから眺めると，体の軽い鳥脚類は獣脚類のように見えたかもしれないが，両者のあいだには違いがあった．まず第一に，鳥脚類のほうが胴体がはるかに大きく，たいこ腹だ．さらに，前足でも区別できる．獣脚類の前足には指が3本しかないが，鳥脚類の指は5本そろっている．頭もかなり異なる．ものをかむあごのしくみがこれまで見てきた他の恐竜とは違っている．

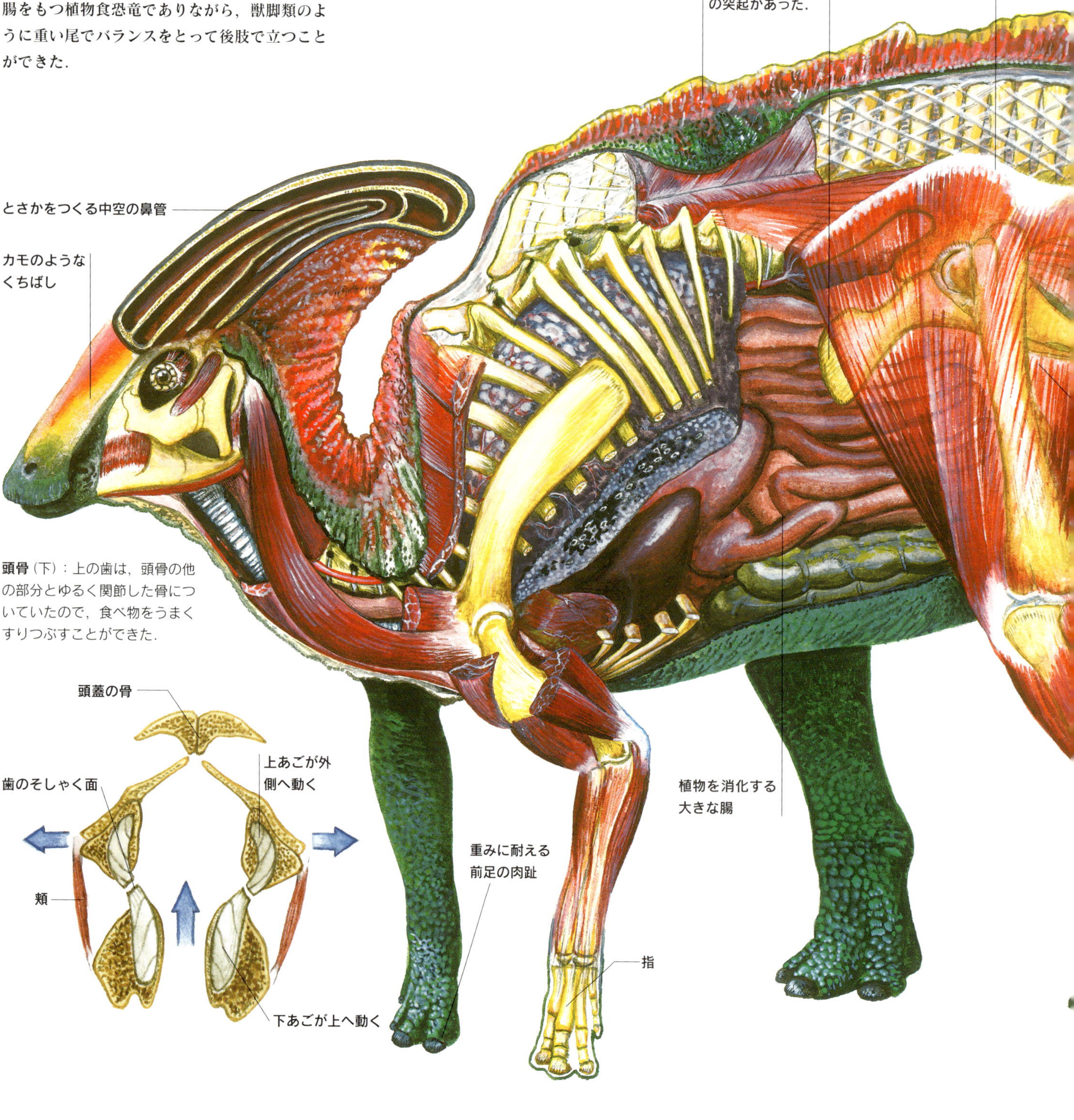

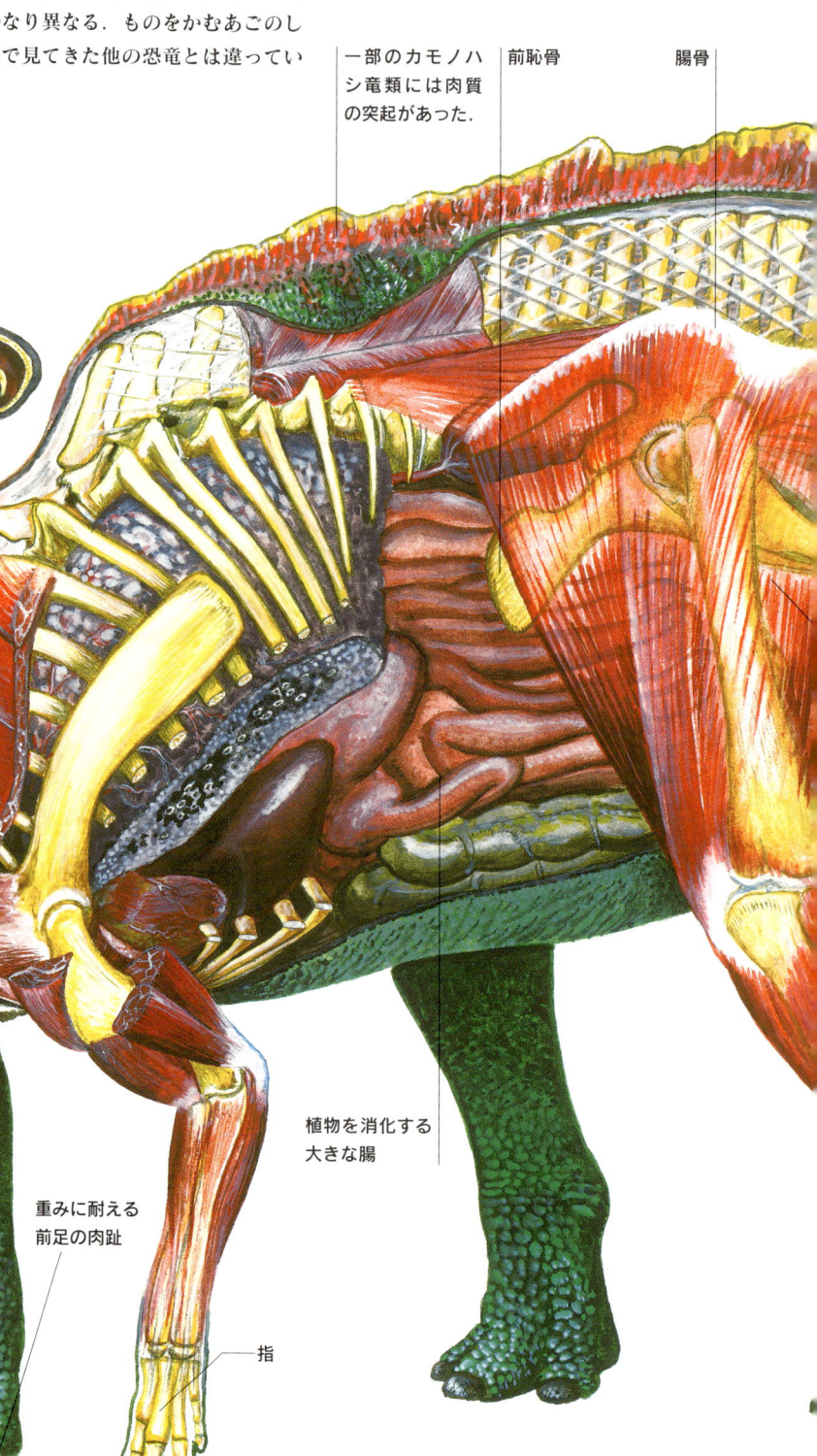

一部のカモノハシ竜類には肉質の突起があった．

前恥骨

腸骨

とさかをつくる中空の鼻管

カモのようなくちばし

頭骨（下）：上の歯は，頭骨の他の部分とゆるく関節した骨についていたので，食べ物をうまくすりつぶすことができた．

頭蓋の骨

歯のそしゃく面

上あごが外側へ動く

頬

下あごが上へ動く

重みに耐える前足の肉趾

植物を消化する大きな腸

指

鳥脚類は恐竜時代の早い時期に進化したが，三畳紀からジュラ紀のあいだは，大半がかなり小型のままだった．この時期の巨大植物食恐竜は，長い首をもつ竜脚類だった．鳥脚類が全盛期を迎えたのは白亜紀に入ってからである．衰えていく竜脚類を尻目に，鳥脚類は世界各地に分散し，一部は巨大化した．最大級の鳥脚類は体があまりにも重かったので，うしろ足だけで長時間立ち続けることができず，四本足で動きまわるようになった（ただし，子供の時期はまだ二本足で走っていた）．

鳥脚類の頭は他の恐竜とはまったく異なる．あごには，ものをすりつぶす歯がまとまって生えている．この歯は普通，しわのよったエナメル質でおおわれ，たえず生えかわったので，そしゃく面がいつでも表に出ていた．より進化した種類では，上のあごが頭骨にゆるくはまっていた．その結果，下あごが上へ押しつけられると，上あごが外側へ動き，上の歯と下の歯が互いに引っかきあい，傾斜した表面でものをすりつぶすことができた．頭骨の両側から歯列が生えているので，頬があったと考えられる．この頬にできた袋に食べ物をためて，すりつぶしたのだろう．口の先についた鋭いくちばしは，獣脚類や竜脚類にはない骨で支えられ，食べ物をうまく口に運ぶのに役立った．このように，ものをかむための複雑なしくみがあったため，消化を助ける胃石は必要なかった．装甲や角をもつ恐竜もこうした特徴をそなえていた．

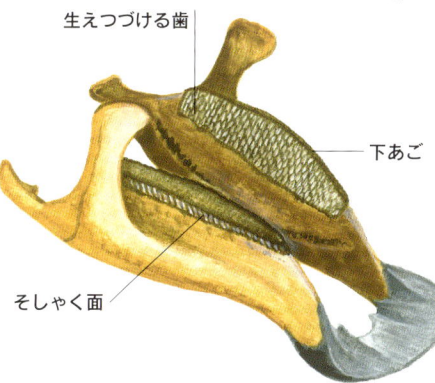

歯（上）：カモノハシ竜類にはたくさんの歯があったが，1度に使われるのはごく一部だけだった．歯は箱詰めにされた果実のように密生し，とぎれなく生えつづけた．そしゃくするふちにある歯はたえずすり減って，下から生えてくる歯に置きかわっていた．

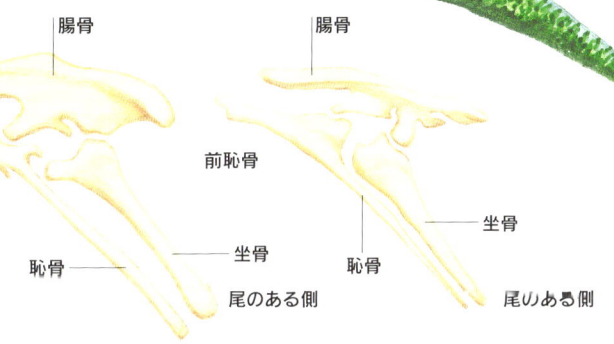

腰（右）：鳥脚類の腰（右）は鳥のもの（左）に似ている．

ヒプシロフォドン

典型的な小型鳥脚類．丸々とした胴体を後肢で支え，尾でバランスをとっていた．頭部にはものをかむことができる歯と頬，くちばしがあった．後肢が長いので，危険を感じたときは走って逃げることができたと思われる．

下：ヒプシロフォドン

オウラノサウルス

大きめの鳥脚類．体重がかなりあったため，ほとんどの時間を四足歩行で過ごした．背中にそって生えた長いとげには帆が張っていたか，ラクダのように，栄養源の脂肪をためこむこぶがあったのかもしれない．

下：オウラノサウルス

テノントサウルス

白亜紀前期に北アメリカの平野でとりわけ多くみられた恐竜．大きさはヒプシロフォドンとオウラノサウルスの中間で，尾がきわだって長かった．

下：テノントサウルス

武装恐竜

植物食動物らしいずっしりとした胴体と鳥類に似た腰をもつ，鳥脚類の基本構造から武装恐竜は進化した．剣竜類は装甲用の板を，よろい竜類はよろいを，そして角竜類は角をもっていた．

鳥脚類の基本型から，装甲をもつ恐竜類が3グループ進化した．剣竜類，よろい竜類，角竜類である．装甲を発達させた鳥盤類のさまざまな系統は，体重が増したせいで，鳥脚類型の二足歩行から四足歩行へ逆戻りする．こうした例の最初が剣竜類だった．剣竜類は2列に並んだ装甲板ととげで武装していた．次に現れたのはよろい竜類である．よろい竜類の背中はモザイク状の装甲でおおわれていた．最後に進化した角竜類は，頭部にだけ装甲をもっていた．

左：ポラカントゥスは背中と首にとげがあり，尾にそって板が走り，腰を装甲板がおおっていた．比較的軽い装甲をもつよろい竜類の一種である．

剣竜類

背中に板をもつ剣竜類は，ジュラ紀と白亜紀前期の地層から見つかる．背中にそって板が走っているほかに，尾にとげが生えていることも多い．このとげは武器として使われ，敵に襲われたときにこれでなぐりかかった．肩にもとげが生えていることもある．

板の機能については，以前から意見が対立している．伝統的な見方によると，防御のための道具で，骨質におおわれていたのは間違いなく，先がとがり，ふちが鋭くなっていたとも推測されている．背の高い捕食者が襲いかかってきたときには，これで背骨を保護できただろうが，横腹は守れない．2つ目の説は熱交換機構の一部だったというものである．板に皮膚がかぶさり，血管がたくさん通っていたとしたら，朝は太陽の熱を吸収し，真昼には板を風にあてて熱を逃がすことができただろう．ステゴサウルス（*Stegosaurus*）についているような幅広の板の説明としては，この説は魅力的だが，ケントロサウルス（*Kentrosaurus*）のようにもっと小型で原始的な種類では，板の幅が狭いので，これは理にかなった説とはいえない．

よろい竜類

よろい竜類は白亜紀に剣竜類が衰退すると同時に進化してきた．武装恐竜の一種で，その装甲は，皮膚に埋もれ角質でおおわれた骨質の小突起でできていた．

よろい竜類にはいくつか種類がある．ポラカントゥス（*Polacanthus*）のようなタイプでは，小さな突起がかたく厚い装甲をつくって腰をおおい，とげが横に突き出ている．一方，エドモントニア（*Edmontonia*）などでは，両側に恐ろしいスパイクがずらりと並び，肩から前方にも突き出ている．また，エウオプロケファルス（*Euoplocephalus*）の場合は尾のあたりに防御手段が集中し，尾の先端の骨が融合して巨大なこん棒をつくり，尾椎骨がくっつきあってかたい軸になっている．

右：ステゴサウルスがもつ幅広の板は，シグナルを送るために赤く色づいたかもしれない．

右：ケントロサウルスの板は小さめで，目立たなかった．

右：エドモントニアは肩に防御用のとげを生やしたよろい竜.

下：エウオプロケファルスの装甲板は頭から背中，尾までおおい，尾の先には巨大なこん棒がついていた．

わ目を引く角竜類は白亜紀の終わりに生息し，北アメリカの平野を群れで歩きまわっていた．それぞれの種類で角やえり飾りの形が異なり，互いを識別するのに役立っていた．

系統樹で角竜類のわきに位置する枝が石頭恐竜類である．石頭恐竜の装甲は頭のてっぺんにのった，すきまのない骨のドームで，角質でおおわれていた可能性がある．石頭恐竜の大半はティロケファレ（*Tylocephale*）のようにヤギほどの大きさしかなく，かなり小型だが，パキケファロサウルス（*Pachycephalosaurus*）など，近いなかまのトリケラトプスなみに成長した種類もいる．

よろい竜類のずんぐりとした胴体には，非常に高度な消化系が収められている．たぶん現在のウシのように，発酵をうながす消化器官があり，かたい植物をしっかりと消化できるように，前もって細菌の働きで分解したのだろう．

脚類と同じようなくちばしと頬をもっていた．しかし，角竜類の歯はかむのではなく，切り刻むように進化していた．

トリケラトプス（*Triceratops*）のようにひとき

下：カスモサウルスのような角竜類の首についた装甲は，防御のほかに，シグナルを送る役目も果たした．このえり飾りは旗のように鮮やかに色づいただろう．

角竜類

最後に進化してきた武装恐竜は角竜類，つまり角をもつ恐竜である．角竜類は装甲がすべて頭にあるところから区別できる．頭の装甲は頭骨後部の隆起から発達したと思われる．この隆起は非常に強力なあごの筋肉をつなぎ止めていた．えさになるソテツの葉がかたかったので，これをかむために強い筋肉が必要だったのだ．プシッタコサウルス（*Psittacosaurus*）は初期の角竜類の典型例である．これらの恐竜はみな鳥

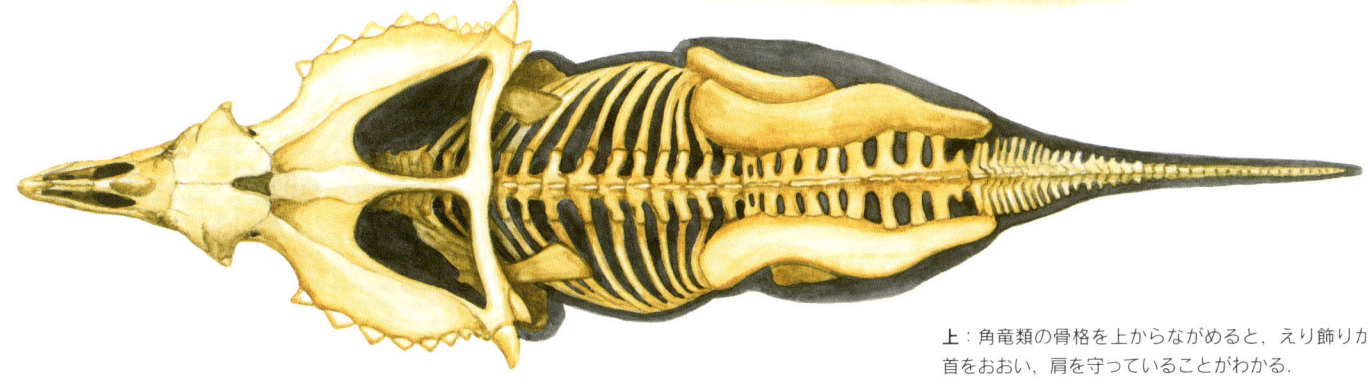

上：角竜類の骨格を上からながめると，えり飾りが首をおおい，肩を守っていることがわかる．

糞石と食べ物

恐竜の食べ物や食べ方を知る情報はたくさんある．化石になったあごや歯，胃の内容物，そして糞石とよばれる糞の化石を細かく観察すれば，証拠が得られる．

肉食恐竜の獣脚類が肉を切りさくための特殊な歯とあごをそなえていたことはわかっている．竜脚類の歯は木の葉をすきとるのに適したつくりになっていた．鳥脚類や武装恐竜類の歯とあごは，植物をかみ，切り刻み，そしゃくし，細かくしてからのみこむようにできている．歯とあごは，えさの種類を教えてくれる具体的な証拠だ．しかし，他にも調べる対象はある．

古生物学者は糞の化石を「糞石（コプロライト）」とよぶ．糞石は，死んで化石になった動物の食べ物を探り出す際にたいへん貴重な手がかりとなる．恐竜の糞石はめずらしい．見つかる糞石の大半は，魚類など海生動物のものである．他の化石もそうだが，陸上のどんな生息地よりも，海のほうが保存環境としてすぐれている．陸上に落ちた糞は踏みつぶされ，細菌や菌類などの生物によって分解されたり食べられたりするだろう．さらにいえば，陸生動物の糞化石であるかどうかの確認は，糞虫があけた穴の有無が手がかりになる．糞はある種の動物にとって栄養たっぷりのえさである．こうした不利な条件のもとでも，発見された恐竜の糞石は相当数に達し，恐竜の食べ物についてかなりのところまで探りが入れられている．

獣脚類の糞石は植物食恐竜のものより見つかりやすいようだ．その理由は，骨を多く含み，植物食恐竜の糞よりしっかりしているからだろう．骨の種類を明らかにする研究も以前からなされている．食べ物の化学成分は糞の化学成分に現れるので，ティラノサウルスやそのなかまの糞石を化学的に分析すると，もっぱら鳥脚類のカモノハシ竜を食べていたことがわかる．

植物食恐竜の糞石はもっとやっかいである．識別しにくく，糞石だとわかっても，糞を落とした恐竜を特定するのは不可能に近い．イギリスのヨークシャー地方でジュラ紀の地層から見つかった糞石は，サイズだけをもとに恐竜の糞と断定された．当時，それだけの量の糞を出せる植物食動物は恐竜以外にいなかったからだ．この糞化石はシカのものに似た大量の糞粒で，ソテツのような植物の残骸がある程度消化された状態で含まれている．アメリカのモンタナ州では，カモノハシ竜類の営巣地の近くで糞石が見つかっている．この糞には細かく刻まれた球果植物の茎が入っていた．カモノハシ竜類は木質の小枝をかんで栄養分を吸収できるほど，強力な歯をもっていた．インドで見つかった竜脚類の糞石にはイネ科植物の組織が含まれていたので，白亜紀後期にイネ科植物が存在したことがわかる．これは，最初に考えられていたイネ科植物の出現時期よりもはるかに早い．

上：ティラノサウルスの上あご

下：巨大な糞の形をした糞化石から，恐竜の食べ物に関する情報がたっぷり得られる．

下：一部の恐竜は石をのみこんで胃のなかにたくわえ，食べ物をすりつぶすのに利用した．このつるつるになった胃石をはき戻したあと，もっと角がとがった石をかわりにのみこんだのだろう．

コロライト (**cololite**) は糞石に似ている．コロライトは胃の内容物の化石で，運がよければ，完全な状態で保存された恐竜骨格の体腔から見つかる．胃の内容物の最もよい例は，消化されずに残った食べ物である．ドイツ南部のゾルンホーフェンでは，潟湖成石灰岩からコンプソグナトゥスの見事な骨格が掘り出され，胃があった位置から小さなトカゲの骨が見つかった．これはこの恐竜が最後に食べたえさだろう．水飲み場が干あがり，餓死したコエロフィシスのなかに，子供の骨を含んだ骨格があった．どうやら，ひもじさから共食いに走ったらしい．

　コロライトの多くはもっと保存状態が悪い．オーストラリアのよろい竜類ミンミ (*Minmi*) の骨格から見つかったものには，被子植物の種子とシダ類の胞子が含まれていた．種子の分量が多いので，このよろい竜は種子を好み，糞を通して種子の散布に大きく貢献していたことがわかる．内容物が細かく切り刻まれている場合は，のみこむ前にしっかりかんだことがうかがわれ，頬をもつ恐竜だったという裏づけになる．さらに，モンタナ州のカモノハシ竜から見つかったコロライトの例では，胃部に，腸のものとは違う植物の胞子が含まれていた．これは，食べながら動きまわっていたからだろう．

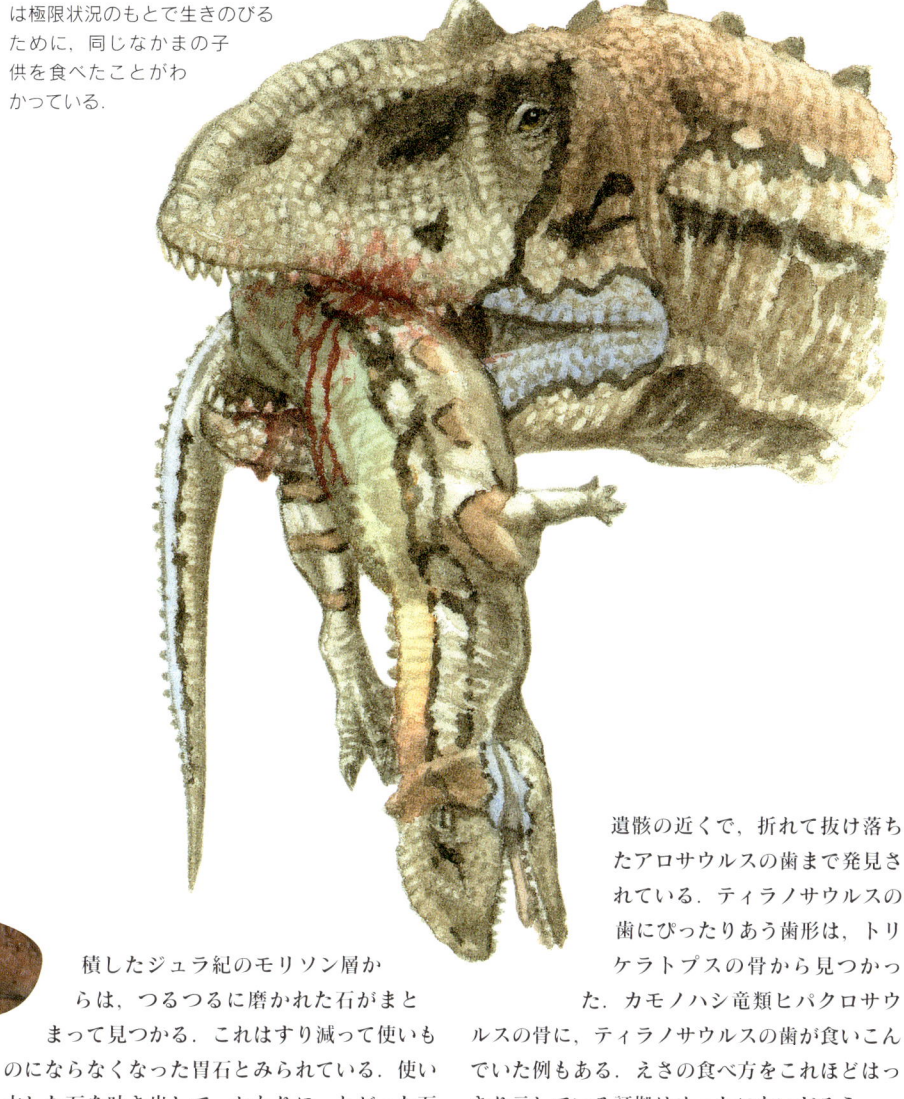

　胃の内容物のなかには，竜脚類がのみこんだ胃石もある．北アメリカの氾濫原に堆積したジュラ紀のモリソン層からは，つるつるに磨かれた石がまとまって見つかる．これはすり減って使いものにならなくなった胃石とみられている．使い古した石を吐き出して，かわりに，とがった石をのみこんだのだ．

　恐竜の食べ物を示すもっと間接的な証拠は歯形から得られる．ジュラ紀の竜脚類の骨から，アロサウルスのかみあとが見つかった例はこれまで複数報告されている．こうした遺骸の近くで，折れて抜け落ちたアロサウルスの歯まで発見されている．ティラノサウルスの歯にぴったりあう歯形は，トリケラトプスの骨から見つかった．カモノハシ竜類ヒパクロサウルスの骨に，ティラノサウルスの歯が食いこんでいた例もある．えさの食べ方をこれほどはっきり示している証拠はめったにないだろう．

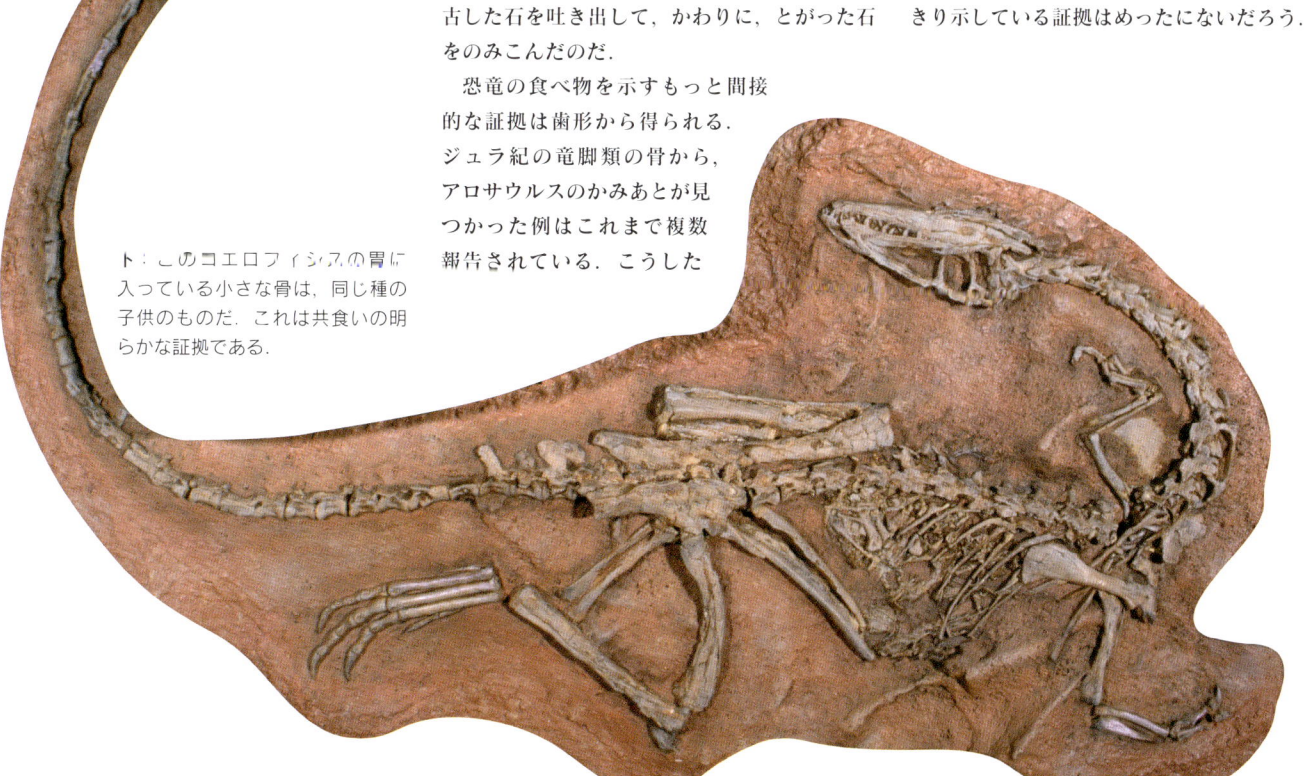

右：このマジュンガトルスのように，恐竜は極限状況のもとで生きのびるために，同じなかまの子供を食べたことがわかっている．

下：このコエロフィシスの胃に入っている小さな骨は，同じ種の子供のものだ．これは共食いの明らかな証拠である．

恐竜の足跡

足跡は過去の動物の生活を知るのに最上の道具である．足跡の研究は生痕学とよばれ，足跡化石の研究は生痕化石学という名で知られている．生痕化石学では，堆積物と動物の動きを分析する．

恐竜の死体が骨格化石となって保存されていることはあるが，たいていは，食べられたり浸食を受けたりしたあとに残った数本の骨しか調べられない．むしろ，遺骸が何も残らない可能性のほうが高い．よくてもせいぜい骨格が1体だけといったところだ．それでも，その1頭は生きているあいだに無数の足跡をつけただろう．こうした足跡が見つかれば，その動物の生活についてありとあらゆることがわかる．

足跡化石を専門に研究する学問は生痕化石学とよばれる．この学問には長い歴史がある．19世紀の初め，アメリカ合衆国コネティカット州で三畳紀の砂岩から3本指の足跡化石が見つかった．これを調べた地元の博物学者エドワード・ヒッチコック（**Edward Hitchcock**）は，巨大な鳥類のものと考えた（当時はまだ恐竜という概念がなかった）．現在でも，足跡とそれをつけた動物を結びつけるのは不可能に近い．生痕化石学者は足跡に「生痕種」名をつけることで，この問題を解決している．こうすれば，足跡をつけた動物に言及せずに，個々の足跡を分類，研究することができる．生痕種の名前は末尾が**opus**で終わることが多い．たとえば，アノモエプス（*Anomoepus*）は小型鳥脚類の足跡のようだが，そうでないかもしれない．テトラサウロプス（*Tetrasauropus*）は，おそらく古竜脚類がつけた足跡だろう．ブロントポドゥス（*Brontopodus*）が大型竜脚類の足跡であること

上と右：足跡化石から，単独か集団か，体の大きさが違うものがいっしょに移動していたかどうかといったことや，移動の速度がわかる．アメリカ合衆国のモリソン層から見つかったこの足跡は，アパトサウルスが数頭でつけた歩行跡だ．

はほぼまちがいないが，どの竜脚類かはわからない．ほとんどの足跡はくっきりとはしていないので，動物が通った跡ということしかわからない．

動物が移動したあとに残る連続した足跡（歩行跡，走行跡）が見つかれば，単独で移動していたのか，2頭で連れ立っていたのか，あるいはもっと大きなグループだったかを言いあてることができる．ときには，同じ種類だが大きさが異なる足跡がいっしょに見つかることもある．これはおとなと子供を含む家族が通った跡と思われる．なかには数十kmから数百km以上たどれる歩（走）行跡もある．このような歩（走）行跡は複数の露頭にまたがっている場合が多く，巨大足跡露頭とよばれる．

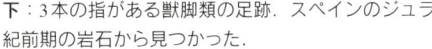

下：3本の指がある獣脚類の足跡．スペインのジュラ紀前期の岩石から見つかった．

下：最上層についた本当の足跡にはたいてい周囲の泥が押しあげられた跡がある．肌のきめまで保存されることもある．

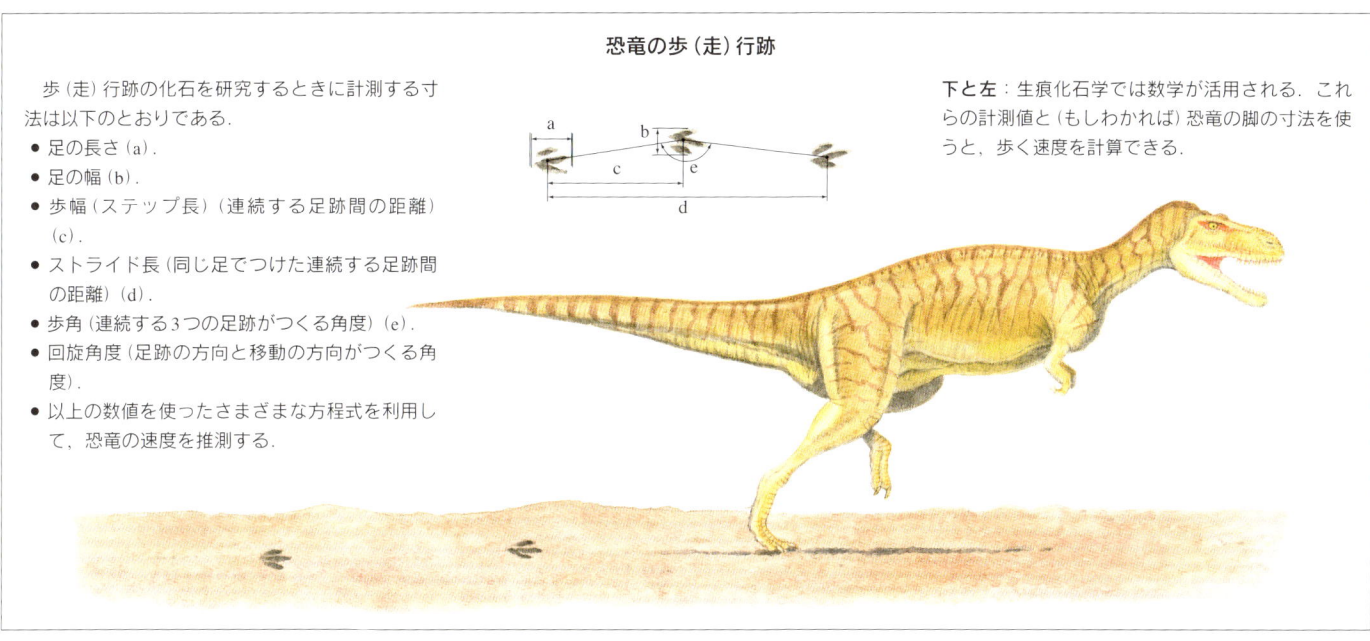

恐竜の歩（走）行跡

歩（走）行跡の化石を研究するときに計測する寸法は以下のとおりである．
- 足の長さ（a）．
- 足の幅（b）．
- 歩幅（ステップ長）（連続する足跡間の距離）（c）．
- ストライド長（同じ足でつけた連続する足跡間の距離）（d）．
- 歩角（連続する3つの足跡がつくる角度）（e）．
- 回旋角度（足跡の方向と移動の方向がつくる角度）．
- 以上の数値を使ったさまざまな方程式を利用して，恐竜の速度を推測する．

下と左：生痕化石学では数学が活用される．これらの計測値と（もしわかれば）恐竜の脚の寸法を使うと，歩く速度を計算できる．

しかし，足跡の大きさを計測するときには注意が必要だ．岩石中に化石として残った跡は，恐竜の足が実際につけた足跡ではないかもしれない．堆積物の最上層に動物が足跡を残すと，下の層にもう1つ，ぼんやりとした跡かたがつく．その後，最上層が洗い流されて下の層についた痕跡（アンダープリント）だけが保存されることがしばしばある．間違った計測結果を出さないためには，アンダープリントを見分けなくてはならない．アンダープリントは本当の足跡より小さくなる場合がよくあるので，これを本物と取り違えると，歩行速度を正しく計算できない．幸いにも，本当の足跡は細部を観察すればたいてい確認できる．足の裏の肌合いまで保存されていれば，間違いなく本当の足跡だといえる．

歩（走）行跡

ときには，歩（走）行跡があまりにも見事なため，発見の喜びに舞いあがって，根拠のない解釈へ飛躍するおそれもある．明らかに竜脚類の群れがつけた歩行跡と平行に，獣脚類の走行跡が見つかったとする．これは，竜脚類の群れを獣脚類がつけねらっていたように見えるだろう．だが，同じ道を数日後に獣脚類が通ったということもありうる．どちらが正しいか，見抜くのは難しい．竜脚類の歩行跡に前足のつま先しか残っていなければ，前足だけをさおのように使って水中を移動していたと解釈されるかもしれない．しかし，それより可能性が高いのはアンダープリントだった場合で，幅の狭い前足のほうが深く堆積物に埋もれこんだのに対し，幅の広いうしろ足は重さが拡散して表面にとどまっていたため，跡が残らなかったと考えられる．

下のいちばん上：恐竜が足跡をつけると，本当の跡かたがいちばん上の堆積層に残り，その下の層には圧迫されてできたアンダープリントが残る．

下のまん中：いちばん上の堆積層が洗い流される．

下のいちばん下：アンダープリントだけが保存される．

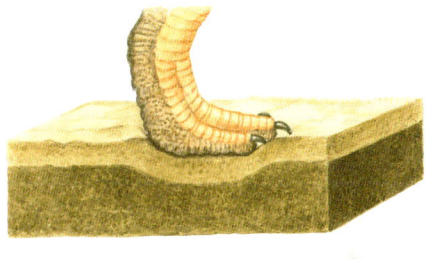

下：たくさんの跡かたがキャスト（雄型）として保存される．足跡を堆積物が埋め，この堆積物が岩石になると，層理面から盛りあがった立体的な跡かたが残る．

下：足跡の形は間違った解釈をされやすい．足の指で泥の塊を引きずると（いちばん下），非常に長い足跡（いちばん上）がやわらかい泥に残る．

左：地面の最上層についた足跡

恐竜の卵

恐竜が卵を産んで繁殖したことはわかっている．しかし，卵の化石が見つかっても，それを産んだ恐竜の種と結びつけるのは難しい．最初に見つかった恐竜の卵などは70年のあいだ，間違って同定されていた．こうした卵化石の研究により，恐竜の卵が他の爬虫類より鳥類のものに近かったことが明らかになった．

恐竜が他の大型爬虫類と同様に卵を産んだことは，以前から推測されていた．しかし，恐竜の卵が実際に見つかったのは1920年代に入ってからだった．この頃，アメリカ自然史博物館のロイ・チャップマン・アンドルーズ率いる探検隊が，ゴビ砂漠でくり返し発掘を行い，卵を含む巣の化石を数個，そして角竜類プロトケラトプス (*Protoceratops*) の骨格を多数発見した．それから70年のあいだ，この「プロトケラトプスの卵」は最も有名で重要な恐竜の卵だった．発掘現場では，巣の構造や卵の配置，複数の巣が互いに接近してつくられていることなどがすべてはっきりと見てとれた．ここには巣が攻撃を受けた証拠があるという説が当時出された．オヴィラプトル (*Oviraptor*) つまり「卵どろぼう」という名前の小型獣脚類が巣の近くで見つかり，卵を盗もうとしていたときに砂嵐に巻きこまれたように見えたからだ．その後，1980年代に入ってから，再びアメリカ自然史博物館の探検隊がこの地を訪れ，同じ種類の巣をさらにいくつか掘り出したが，今回はなんと，巣について抱卵しているオヴィラプトルの骨格が見つかった．今では，これらの巣と卵はオヴィラプトルのものと考えられている．

アメリカ合衆国モンタナ州にも，エッグ・マウンテンという名で知られる卵化石の産地がある．ここでは巣に入った卵と鳥脚類オロドロメウス (*Orodromeus*) の遺骸が見つかったほかに，獣脚類トロオドン (*Troodon*) の化石も発見された．このトロオドンは最初，巣を襲いにきたものと思われたが，これらの巣は現在，トロオドンのものとされている．オロドロメウスの遺骸は，トロオドンの親が子供に食べさせるために運んできた死体だったと考えられる．産卵した恐竜の種類を確認できたのは，卵を解剖したときにトロオドンの赤ん坊が出てきたからだ．しかし，恐竜の卵を解剖できる機会はめったにない．卵化石は，かえらずに死んだ卵である．卵がだめになると，なかの胚はたいていくずれる．甲虫が卵殻に穴をあけて卵を産みつければ，幼虫がかえったときに，恐竜の卵のなかみを食べてしまう．ほとんどの卵化石には骨のかけらしか入っておらず，それもばらばらにかき乱されているので，同定はできない．

上：竜脚類の卵は円形に近い．

左：オヴィラプトル類の親が腕を広げ，巣におおいかぶさって卵を温めている化石骨格が，モンゴルで見つかった［訳注：この恐竜はキティパティと名付けられた］．

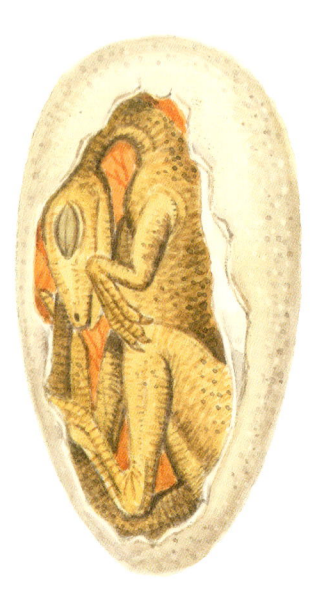

左と右：卵に入ったトロオドンの赤ん坊が化石で見つかった．他の動物と同じように，おとなに比べて頭と足の割合が大きい．

卵が成熟し孵化する営巣地で，卵殻のかけらが見つかることは多い．現在の顕微鏡技術を使って殻のかけらを観察し，恐竜の卵の殻を現生動物のものと比較する試みもなされている．恐竜の卵の殻は現生爬虫類のものと同様に柔軟だった，と以前は思われていた．しかし，卵殻化石の結晶構造を観察した結果，鳥類のものと同じようにかたかったことがわかった．

卵の同定

足跡と同様，卵化石と恐竜の種を結びつけるのは難しい．うまく結びつけられるのは，同定できる胚が卵のなかから見つかるか，巣の近くに親の骨格があるといった，ごくまれな場合である．

ドイツ南部のゾルンホーフェンでは，コンプソグナトゥス（*Compsognathus*）の骨格が，たくさんの丸い物体とともに見つかった．これは産みつけられずに終わった卵で，この恐竜が死んだあと，体腔からあふれ出てきたものと考えられている．しかし，このように卵と骨格が結びつけられることはきわめてめずらしい．

足跡と同じように，古生物学者は卵化石にも名前をつける．名前がついても，産卵者が同定されたというわけではない．このような分類は「卵種」とよばれる．

恐竜の卵の多くは巣のなかから見つかる．ときには，たいした準備もせずに，地面に穴を掘って産みつけたように見えることもある．たとえばフランスで発掘

上：あらゆる段階の営巣行動を示す，マイアサウラの巣．たとえば，完全な卵に壊れた卵殻，生まれたばかりの赤ん坊の骨，十分に成長したが巣立つ前の子供の骨格など．

された卵はらせん状に並んでいたが，これは剣竜類のもので，産みつけたあと立ち去ったと考えられている．これまで知られている巣の多くは，構造がかなり複雑で，集団繁殖地つまり営巣地でまとまって見つかっている．最も詳しく研究されているのは，モンタナ州で発見されたカモノハシ竜類の鳥脚類マイアサウラ（*Maiasaura*）の巣である．巣は普通，泥や土で塚をつくり，てっぺんをへこませた形をしている．このへこみにシダの葉や小枝をつめこみ，なかに産みつけた卵を守る断熱材にしたのだ．巣と巣のあいだはおとなの恐竜の体長分だけあいているので，互いの巣を壊すことはなかった．

上：卵殻の結晶構造だけでなく，卵殻表面の装飾も卵種を同定する手がかりになる．

右：アメリカ合衆国モンタナ州にあるエッグ・マウンテンという化石産地で，卵の入った巣が見つかった．

恐竜の赤ん坊と家族の生活

営巣地で見つかる化石は，恐竜があっというまに成長したことを物語っている．たとえば，個々の骨の構造を観察し，その成長線を分析すれば，成長の速さがわかる．成長するあいだに，恐竜が病気にかかったりけがをしたこともわかる．

アメリカ合衆国モンタナ州で見つかったマイアサウラ（*Maiasaura*）の巣は，恐竜の家族の生活を研究する際にしばしばとりあげられる．この恐竜営巣地は高地の湖畔にあった．営巣行動のほかにも，この巣の化石からは，恐竜の生活や成長に関するさまざまな情報が得られる．卵からかえったマイアサウラの赤ん坊は，体長45 cmの小さな体で，無防備だった．そのため，しばらく巣にとどまり，親が運んでくる植物の葉や実を食べて育った．巣は，大型のトカゲ類や，トロオドン（*Troodon*）をはじめとする獣脚類恐竜の襲撃から守られていた．季節ごとに気候が変化したので，マイアサウラの群れは高地の営巣地をときどき離れ，食べ物がまだたっぷりある海岸平野へ移動しなくてはならなかった．巣にとどまっている5か月ほどのあいだに，赤ん坊は誕生時の2倍にまで成長した．ここまで育つと，子供は巣を離れて親についてまわり，自力で食べ物を見つけることを覚えた．子供はさらに成長を続け，およそ1年後には体長約3.5 mに達した．

下：ごく最近，発見されたプシッタコサウルスの化石には，1頭の親と34頭の赤ん坊が含まれていた．ここから，巣のなかで赤ん坊を育てた恐竜がいたことがわかる．

上：一部の恐竜は赤ん坊にえさをやり，5か月になるまで育てた形跡がある．

骨の微細構造を観察すると，約6年でおとなと同じ7 mほどの体長になり，その後は成長速度が大きく落ちたようだ．つまり，恐竜は早い段階で急速に成長したあと，成長速度が衰えたということだ．少なくともカモノハシ竜類はそうだった．この成長パターンは現在の哺乳類や鳥類と同じだが，他の爬虫類とは異なっている．繁殖期がおとずれると，マイアサウラの群れは営巣地に戻った．移動した距離は往復でおよそ300 kmになる．

竜脚類

　竜脚類でも家族の生活を物語る同じような証拠が見つかっている．発掘地はアルゼンチンのアウカ・マウエボとよばれる場所だ．地層は白亜紀後期のもので，サルタサウルス（*Saltasaurus*）と思われるティタノサウルス類の竜脚類が氾濫原につくった巣がずらりと並んでいる．繁殖期のあいだに，卵を抱えたメスの群れはこの地域まで降りてきた．ここは，近くの小川からあふれた水がぎりぎり届かない場所にある．サルタサウルスの巣はマイアサウラのものに比べて構造が単純だ．かぎ爪のついた前足を使って，直径1mほどの浅い穴を掘り，そこへ卵を産みつけただけだ．1頭のメスが産む卵の数は15個から40個で，巣どうしの距離は1.5mから5mほど離れている．産卵を終えたメスは巣を放置し，卵からかえった赤ん坊を世話しようとはしなかった．もっとも，アウカサウルス（*Aucasaurus*）のような大型肉食恐竜があたりをうろついていたので，追いはらうために近くにとどまった可能性はある．

　卵からかえったばかりの竜脚類の赤ん坊は，体長30cmほどだっただろう．おとなの体長はその30倍になるので，ずいぶん小さい．それでも，すぐに自分で食べ物を見つける能力はそなわっていた．生まれてすぐから自力で生きていける子供を，生物学では「早成性の赤ん坊」という．現在の爬虫類は大半が早成性である．とはいえ，一度巣を離れて外の世界に出ると，多くの危険が赤ん坊恐竜を待ち受けていた．

　恐竜の化石には病気やけがのあとが残っているものがあり，多くの恐竜が長生きできなかったと思われる．大昔の病気を研究する古病理学によると，恐竜がいろいろな外傷や病気に苦しめられていたことがわかる．

　胸郭に骨折が治ったあとがある角竜化石は，たくさん見つかっている．おそらく，戦いで負った傷だろう．ある角竜類の頭骨には，角竜の角に大きさがぴったりあう穴があいていた．これは2頭の角竜が頭突きをした結果と思われる．痛風にかかっていたティラノサウルスもいる．この病気は少なくとも2例認められ，赤身の肉を食べすぎたせいだと推測される．関節炎もかなりの数の恐竜で確認されている．イグアノドン（*Iguanodon*）では，関節炎のために足の骨が癒合していた．さらに，大型の鳥脚類では，腰の近くで，尾椎骨の上に突き出たとげが折れた例が多くみられた．これは交尾の際の激しい動きが原因と考えられている．

上：マイアサウラの子供は，大きくなると年に1度の大移動に加わり，群れにくっついて豊かなえさ場を目指した．

下：マイアサウラの子供はおよそ5か月間，親に育てられたあと巣立った．

死んで化石になるまで

動物が死んでから化石になるまでを研究する学問はタフォノミー（化石生成学）とよばれている．個々の化石動物のタフォノミーは，その動物について知り，生息環境や死んだときの状況を解明するのにきわめて重要である．

化石層にはたいてい二枚貝やウニ，サンゴ，魚類までが豊富に含まれる．海生生物は化石になりやすい．死ぬとすぐに海底へ沈み，砂や泥などの海成堆積物におおわれるからだ．このような堆積物がかたまるにつれて，死んだ動物が化石化する．これに対して，陸生動物が死ぬときは，捕食動物に殺され，その場で食べられる場合が多いだろう．捕食動物が満腹になるまで食べたあとは，腐食動物が獲物をつつく．骨はばらばらになって，持ち去られ，残りは昆虫に食べられ，菌類や細菌によって分解される．数週間後には死体はすっかり消滅し，地面のシミだけが残る．化石になるものは1つもないはずだ．

恐竜の大多数は存在したことを示す証拠をまったく残していない．だが，もし恐竜の死体が川に落ち，洪水が運んできた堆積物に埋もれたら，あるいは腐食動物がすめないような毒性の高い湖で死んだり，砂嵐に巻きこまれたりすれば，遺骸が化石となって残る可能性がある．

化石発見

発見される恐竜化石の状態はさまざまだ．最もすばらしいのは「関節がつながった骨格」である．動物が死んだときと同じ状態ですべての骨がつながっていれば，これ以上の貴重な宝はない．こういう化石は見つけたときのまま残しておきたくなる．だからといって，骨格を解剖して細かく調べるのをためらえば，情報は得られない．

ステゴサウルスの運命

恐竜の完全骨格が見つかることはめったにない．死体が埋もれて化石になる前に，いろいろなことが起きるからだ．

1：大型肉食恐竜アロサウルスにステゴサウルスが殺される．アロサウルスがたらふく食べる．必ず，たくさんの食べ残しが出る．

2：アロサウルスが行ってしまうと，ケラトサウルスのような小さめの肉食恐竜が，待ってましたとばかりに死体に食いつき，残った肉の大半をあさって食べる．

3：さらに小さな腐食動物がやってきて，くずをあさり，残りは昆虫類や菌類に分解される．この頃までに骨格はばらばらになっている．

4：やがて雨季がおとずれ，平野に水があふれると，河川の堆積物に骨が埋もれる．ここから化石化作用が始まる．

上：ハドロサウルスの皮膚の印象．死体が腐る前にまわりの泥がかたまってきた．ごくまれに起きる現象．

その次にすぐれた化石は「関連のある〔共産する〕骨格」だ．これは，明らかに同じ動物のものと思われる骨が分解し，散乱している状態である．普通は一部が欠けていて，死体がばらばらになったときに運び去られている．もっとよく見つかるのは「分離した骨」である．こういう骨は起源がはっきりしているときもあるが，必ずしもそうとはかぎらず，間違った同定によって科学上の誤りを招いている．かつてドラヴィドサウルス（*Dravidosaurus*）は，インドに生息していた剣竜類と考えられていた．とこ

ろが，この場所ではほかに剣竜類の発見例はなく，この恐竜が生息していたと推測される年代も，剣竜類が絶滅したとされる時期より数千万年もあとだった．同定は分離した骨をもとに行われたが，実は海生爬虫類である首長竜類のものだった．

科学的価値がまったくない骨のかけらは「フロート」とよばれる．恐竜を発掘する場合，フロートまですべて地図に記して，カタログに載せることがある．ここから何らかの情報が得られる目がくるかもしれないと期待するからだが，ほとんどの発掘ではこうしたフロートは無視される．

最後にくるのが生痕化石だ．足跡，糞，卵な

上：竜脚類の，互いに関連のある骨格．アメリカ合衆国ユタ州にある国立恐竜記念公園内のジュラ紀堆積物に埋まっている．

ど，恐竜が存在したことを示しているが，遺骸そのものではない証拠類である．奇妙に思えるだろうが，体化石よりも，こうした生痕化石のほうが，動物の生活についてより多くを語ってくれるかもしれない．

下：ランベオサウルスの関節がつながった骨格．骨格を構成する骨が，生きていたときと同じ状態のままつながっている．

下：途中まで掘り出された竜脚類の分離した大腿骨．ジュラ系上部の赤色泥岩層に保存されていた．中国四川省の沙溪廟累層上部．

砂漠や乾燥地

恐竜化石はよく水の作用と結びつけられる．水辺にすむ動物は，水から遠く離れたところにすむ動物に比べて，死んだときに堆積物に埋もれやすいからだ．一方で，非常に乾燥した場所にすむ恐竜が化石になって発見されることも多い．

　ゴビ砂漠は白亜紀にも砂漠だった．短期間だけ現れる湖のまわりに低木の生えた平野が生じ，湖と湖のあいだにはうつろいやすい砂丘が広がっていた．ここを小型角竜類プロトケラトプス（*Protoceratops*）の群れが歩きまわっていた．群れの頭数は，「白亜紀のヒツジ」とあだ名されるほど多かった．ときどき，砂漠の乾いた風が荒々しく吹きつけ，砂嵐が群れを襲った．もろい砂丘が地滑りを起こし，恐竜たちをのみこむこともあった．こうした際にその場で命を落とし，乾いた砂の墓に埋もれて，やがて砂岩のなかでかたまった恐竜もいる．

　このようなできごとがあっというまに起きたことを物語る標本が，1970年代に見つかった．プロトケラトプスとどうもうな小型恐竜ヴェロキラプトル（*Velociraptor*）の骨格が，互いに組み合う姿で発見されたのだ．肉食恐竜ヴェロキラプトルの腕に角竜プロトケラトプスがくちばしでかみつき，プロトケラトプスの頭の装甲をヴェロキラプトルの長いかぎ爪がしっかりとつかんでいた．2頭はとっくみあいの最中に埋もれて死んだのだ．砂漠の他の場所では，恐竜の巣と卵が砂岩に保存され，獣脚類オヴィラプトル（*Oviraptor*）の巣に母親恐竜がおおいかぶさっている例まであった．砂嵐にのみこまれながらも，母親は卵を抱き，むなしい抵抗を続けたのだろう．

　さらに時をさかのぼって，恐竜時代が始まった三畳紀へ目を移そう．当時，イギリス南部はゴビ砂漠から超大陸1つ分離れており，乾いた石灰岩の台地だった．ここでも多くの化石が発見されている．テコドントサウルス（*Thecodontosaurus*）のような初期の古竜脚類は，この場所でとぼしい植物を食べながらどうにか生活していた．石灰岩の台地には裂け目や洞穴がたくさんあり，地下の湿った空気が表面へしみ出すため，洞穴の入口には植物が少しばかり多めに生えていた．そこへ引き寄せられてきた植物食恐竜が，足をすべらせて穴に落ち，死ぬこともあった．死体は洞穴にすむ動物にむさぼり食われるか，そのまま横たわり，岩屑におおわれて化石になった．そのせいで，三畳紀の恐竜化石がもっと前の石炭紀の岩石から発見されるという，異常事態が起きる．実は，石炭紀の石灰岩がつくった高地の地中で，三畳紀の動物が化石化したのが原因だったのだ．

下：白亜紀後期のゴビ砂漠では，移動する砂丘と舞いあがる砂煙が恐竜たちをいつもおびやかしていた．穴に埋もれたり，地滑りを起こした砂丘にのみこまれることも多かった．

乾いた環境で恐竜が死んだことを確認できる例は少なくない．死体が熱をあびて乾燥すると，骨をつなぐ腱が縮む．恐竜ではほとんどの場合，脊椎骨が腱でつなぎあわされ，首と尾の重みを支える役目を果たしている．この腱が乾いて収縮すると，尾が上へ，首がうしろへ引っぱられ，頭が肩や背中にかぶさるようにそりかえる．関節がつながった骨格がこの形で見つかったときは，埋没する前に死体が乾ききったことがわかる．関節がつながった骨格はしばしばこのような状態で発見される．

上：砂嵐に巻きこまれると，恐竜のような大型動物でも命を落とすことがある．そうすると，関節がつながったまま骨格がまるごと保存される可能性も出てくる．何トンもの砂に埋もれた動物はすぐさま窒息死するが，大量の堆積物におさえこまれるため，やわらかい組織が腐ったあと，骨がそのままの状態で残る．

下：乾いた石灰岩の台地には吸いこみ穴があり，そこへトカゲやテコドントサウルスがころげ落ちる．やがて，吸いこみ穴に岩屑が積もり，死んだ動物の骨が化石化する．

オアシスと砂漠の川

乾燥した地域では，生物にとって水は大きな魅力である．砂漠のへこみが帯水層に達し，水が地表へわき出てひんやりとした池をつくっているところや，ひからびた低地に山から小川が流れこんでいるところでは，植物が育ち，動物が生活している．

浸食が進む高地から流れ出た川は，砂やシルトの細かさになった岩石のかけらを大量に運んでくる．流れがゆるくなると，これが低地に広がる．その結果，肥沃な土が積み重なり，そこで植物が育つ．このように，砂漠では，川のおかげで岸辺に植物が茂り，季節ごとに起きる洪水でシルト層があたりをおおって土が肥える．ナイル川では毎年洪水が起き，エジプトの砂漠を生かしつづけている．豊かな古代農耕文明が生まれたのもそのおかげである．

広大な超大陸パンゲアは三畳紀に分裂しはじめていた．海から遠く離れた内陸部はまだ乾燥したままで，生物が元気よく生息できる場所は，川から広がる氾濫原だけだった．三畳紀は古竜脚類の時代だった．古竜脚類は最初の大型植物食恐竜で，首が長く巨大な竜脚類とつながりのある，初期のなかまだ．古竜脚類は地面近くに生えるソテツのような植物を食べ，水辺に立ち並ぶ球果植物にも口をつけた．こうしてどんどん食べられたことが，防御策として剣に似た強く鋭い葉の茂った植物の進化につながった．ナンヨウスギはその一例で，今でも南アメリカの山地やヨーロッパ中の鑑賞庭園にみられる．当時の捕食者のなかには，フィトサウルス類など，ワニ類のなかまにあたるさまざまな動物たちがいたが，初期の獣脚類にとってかわられようとしていた．水辺に引き寄せられてきた植物食恐竜が流砂に足をとられ，体が重いために抜け出せずにいると，肉食動物がここぞとばかりに襲った．こうした動物たちの遺骸は，当時の川でできた砂岩や，洪水堆積物のシルトが岩石となったところから見つかる．ときには，砂にはまって捕食者に食べられた動物や，季節変化のせいで命を落とした動物についても，化石から知ることができる．

下：水を飲みにきた古竜脚類が流砂に足をとられる．小型獣脚類とワニに似た捕食者がこの獲物をしとめようと忍び寄る．

化石の森国立公園

　三畳紀の砂漠にあった水辺の生物生息地で，化石が出てくる最も有名な場所は，アメリカ合衆国アリゾナ州にある化石の森国立公園だ．すぐ近くのゴーストランチでは，肉食の獣脚類コエロフィシスの群れが，関節のつながった骨格の状態で見つかった．これは，干あがっていく水飲み場の周辺で脱水症を起こして死んだことを物語る証拠である．古竜脚類が流砂にはまり，捕食者に殺されたことを最もよく示す証拠は，スイスのフリックブリック採石場で得られる．南アフリカのモレント累層と下部エリオット累層でもそっくりの環境が見つかっているので，こうした生息環境がパンゲア中に広がっていたことがわかる．

1　プラテオサウルス－古竜脚類恐竜
2　リリエンシュテルヌス－獣脚類恐竜
3　ルティオドン－ワニ類に似たフィトサウルス類
4　川の砂岩に縦方向にはまった竜脚類の脚の骨．ここで流砂にとらえられたのだろう．
5　骨格の残りの骨はばらばらになって散らばっている．
6　獣脚類の足跡
7　散乱する獣脚類とフィトサウルス類の歯
8　日照りで死んだ恐竜の，関節がつながった骨格
9　泥のひび割れは，水飲み場が干あがっていったことを示している．
10　ぜん虫類や節足動物が掘った穴から，もとは水があったことがわかる．

静かな潟湖

海水が礁でせき止められると，浅い潟湖（ラグーン）ができ，熱帯の熱い太陽に照らされて水が徐々に蒸発する．こうして水中の塩分濃度が増すと，生物に害をおよぼすようになり，なかに入ったものはすべて死んでしまう．恐竜時代の生物に関する細かな証拠は，このような環境でできた堆積物から得られる．

ジュラ紀後期には，パンゲアの分裂はかなり進んでいた．テーチス海とよばれる大きな湾が，ヨーロッパとアジアからなる大陸を南の陸塊から分離していた．この陸塊はのちにアフリカ，南アメリカ，オーストラリアになる．

テーチス海の北岸にそって，水深の深いところに海綿類がつくる礁が発達する．この礁のなごりは現在，スペインからルーマニアまで広がる岩石にみることができる．礁が成長し，さらに大陸の移動で海底が隆起するにつれて，礁が海面に近づいたため，深い場所に生息する海綿類は死んでいった．海綿類がつくった構造のうえにサンゴ礁が形成され，礁は大きくなりつづける．やがて礁が海面に達し，テーチス海の深みと，北側にある大陸の海岸線のあいだを切り離した．礁からこぼれ落ちたかけらが潟湖を埋め，水深が浅くなる．こうして浅くなった湖の水が太陽の熱で蒸発し，塩などのミネラルが湖底にたまる．礁を越えて入ってくる海水が湖をくり返し満たしつづけるが，底のほうの水はミネラル分が濃縮されて毒性が高まる．そのなかで泳ぐ魚類はすべて死んで水底に沈んだ．湖にもぐりこんできた節足動物も有害な水で命を落とす．死体はそのまま放置された．腐食動物も入れないほど水の毒性が高いからだ．

ゾルンホーフェン

ドイツ南部ゾルンホーフェンには潟湖の堆積物が密集している．この，いわゆる石版石灰岩の採石場から，飛行性動物や陸生動物の有名な化石が産出した．石灰質の泥にもぐりこんだアンモナイト類や，はい跡を残して急死したカブトガニ類，有害な水のなかへ流れこんで死んだクモヒトデ類やクラゲ類のような浮遊性動物の化石も見つかる．

右：この翼竜化石はドイツのゾルンホーフェンで発掘された．細かな構造がくっきりと浮かびあがっている．

下：潟湖の環境としては，ドイツのゾルンホーフェンの例が最もよく知られている．ここではきわめて質のよい化石が発見されたが，このような潟湖はヨーロッパ南部全体に存在したと思われる．

潟湖のなかには島が点在していた．陸が上昇して海岸線が乾燥すると同時に，海綿類の礁が水面から柱のように顔を出して島になったのだ．このような乾いた陸地に，翼竜類や，知られるかぎり最古の鳥類である始祖鳥，小さなトカゲ類や，ニワトリ大の獣脚類コンプソグナトゥス（*Compsognathus*）などの小型恐竜がすんでいた．こうした動物たちはすべて，潟湖に形成された堆積物のなかから，関節がつながった骨格の状態で見つかっている．

1　ランフォリンクス－翼竜類
2　プテロダクティルス－翼竜類
3　始祖鳥－原始的な鳥類
4　コンプソグナトゥス－獣脚類恐竜
5　バヴァリサウルス－トカゲ類
6　薄い層をなす石灰岩に，関節がつながった骨格が保存されている．

水辺の森

北アメリカの恐竜化石の多くはジュラ紀後期のモリソン層から産出する．モリソン層は河川堆積物と洪水堆積物から構成され，アメリカ中西部の広範囲に分布している．かつて，この地域は周期的に乾季がおとずれる環境で，植物はもっぱら川岸で成長し，雨季にだけ生い茂った．

19世紀後半に，北アメリカ大陸を渡って西部を目指した開拓者たちは，奇妙な動物の骨を見つけた．これに興味を引かれた科学者たちは，30年のあいだに，新しい種類の恐竜を100以上発見した．その大半はモリソン層とよばれる一連の岩石層から出てきた．モリソン層はジュラ紀後期の河川堆積物からできた地層である．当時，このあたりは水辺の森だった．ジュラ紀後期には，北アメリカ大陸の北から南まで浅い海が続いていた．西には，太古のロッキー山脈が海岸に沿ってそびえていた．この浅海と山脈のあいだに，山地から流れてきた堆積物が広大な平野をつくる．この平野を川が蛇行し，しばしば洪水が起きて土砂が堆積した．洪水が起きるたびに，川岸に堆積物が積み重なって自然堤防ができ，やがて川の水面がまわりの平野の地面より高くなる．川の水はしょっちゅう自然堤防を破って，堆積物を扇状に広げた．川の水が自然堤防からしみ出し，平野のあちらこちらに泉がわき出て，淡水の池や湖になることも多かった．一方，洪水でできた湖は水分が蒸発し，土からにじみ出たアルカリ性の鉱物で毒性が強くなった．

下：ジュラ紀後期のあいだ，北アメリカでは雨季に大量の雨が降り，洪水が平野に広がった．洪水堆積物があたり一帯に積もり，そこへ生い茂った植物を動物が食べた．
洪水堆積物は動物に踏み荒らされる．これを「生物擾乱（じょうらん）」とよぶ．アルカリ性の湖が石灰岩の層を形成し，そのあいだを河川堆積物が帯のように通っている．恐竜化石は分離した骨となって洪水堆積物のうえから見つかるか，河川堆積物のなかから，互いに関連のある骨格として発見されることもある．

1	川に水がみなぎり，流れが運んできた堆積物が層をなして積もる．水面がまわりの平野より高くなる．
2	川岸に洪水堆積物が積もってできた高い自然堤防
3	自然堤防からしみ出た泉がつくる，つかのまの池
4	基岩から出た石灰で毒性が高まった，アルカリ性の湖
5	植物の大半は川岸に生える．
6	淡水池の水を飲むディプロドクスとステゴサウルス
7	川べりの木をえさにするブラキオサウルス
8	洪水で流されてきた動物の死体
9	生物擾乱作用で，境界がぼやけた洪水堆積物
10	分離した骨となって氾濫原の地層に散乱する恐竜遺骸

水辺の森　45

モリソン層

アメリカ合衆国コロラド州の町モリソンから名前をとったモリソン層は、30 m から 275 m におよぶ頁岩、シルト岩、砂岩の層で、モンタナ州からニューメキシコ州まで広がっている。このあたりはその昔、水辺の森で、川岸に木が茂っていた。モリソン層で最も有名な露頭は、ユタ州の国立恐竜記念公園や、フルータ古生物学地区、ドライメサ採石場にみられる。あとの2つはコロラド州にある。タンザニアのテンダグルにもちょうど同じ頃に似たような環境が存在し、ほぼ同じ種類の動物たちが生息していた。

上：現在のロッキー山脈の山麓に広がる丘陵地帯。そのうねの部分にモリソン層がはっきり見える。

(*Brachiosaurus*) などが食べ物を求めて、茂みから茂みへと渡り歩いていたのだ。剣竜類のステゴサウルス (*Stegosaurus*) は樹木や森の下生えをえさにした。鳥脚類の中心はカンプトサウルス (*Camptosaurus*) だった。獣脚類は数多く、巨大なアロサウルス (*Allosaurus*) から中型のケラトサウルス (*Ceratosaurus*)、小型のオルニトレステス (*Ornitholestes*) やコエルルス (*Coelurus*) まで、さまざまな種類がみられた。こうした恐竜たちの化石は大量に見つかっているが、ほとんどが分離した骨で、洪水堆積物に埋もれている。しかし、河川の流路堆積物のなかには、互いに関連のある骨格や、関節のつながった骨格も含まれている。

このような土地で植物が生える場所は、おもに川岸と淡水池の周辺にかぎられていた。植物は森をつくり、原始的な球果植物やイチョウ類が点々と立っていた。森の下の層には、ソテツに似た植物や木生シダ類が生え、シダ類の下生えやトクサの茂みが水辺にせまっていた。広々とした平野にはシダ類がとぎれとぎれに育っていた。アルカリ性の池には植物は生えなかった。気候には季節周期があり、乾季のあいまに、大量の雨が降る季節がおとずれた。

こうした風景を横切って、竜脚類の群れが移動していた。ディプロドクス (*Diplodocus*) やアパトサウルス (*Apatosaurus*)、カマラサウルス (*Camarasaurus*)、そしてブラキオサウルス

下：乾季には川の水が乾いて流れが細くなり、池のなかで泥がかたまる。水分が蒸発すると、方解石の塊が生じ、表土の下にごろごろとした石灰石の層ができる。動物たちはまだ食べ物がある場所へ移動する。

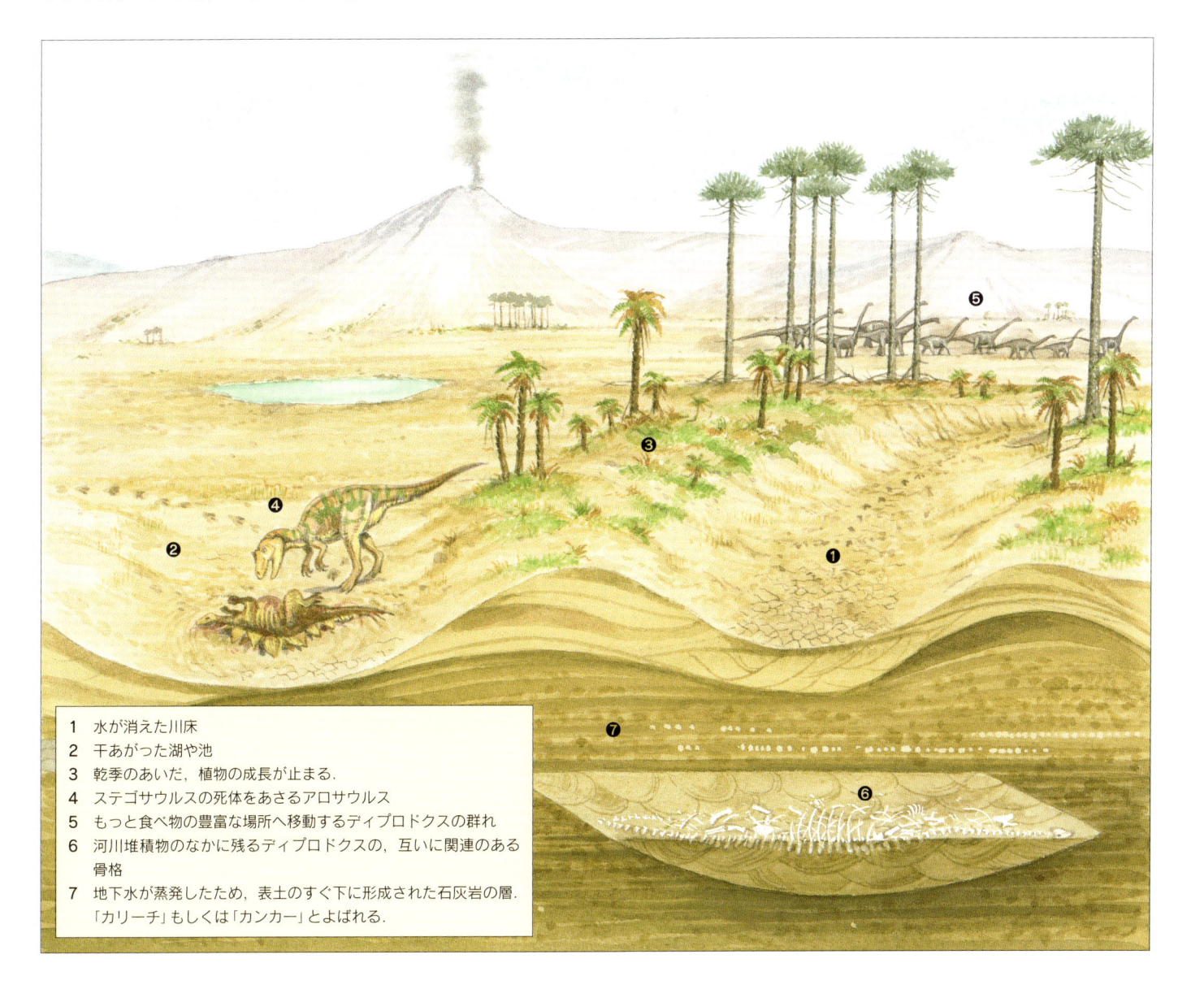

1　水が消えた川床
2　干あがった湖や池
3　乾季のあいだ、植物の成長が止まる。
4　ステゴサウルスの死体をあさるアロサウルス
5　もっと食べ物の豊富な場所へ移動するディプロドクスの群れ
6　河川堆積物のなかに残るディプロドクスの、互いに関連のある骨格
7　地下水が蒸発したため、表土のすぐ下に形成された石灰岩の層。「カリーチ」もしくは「カンカー」とよばれる。

湖

湖はあまり長続きしないものだ．氷河が削り取ったくぼ地や，地滑りでせき止められた谷に水がたまっても，すぐに堆積物で埋まって，湖は姿を消す．しかし，現在の東アフリカでみられるように，地溝にできた湖は長いあいだ変わらぬ地形を保っていることがある．質のよい化石は，このような地溝の湖沼堆積物から見つかる．

ジュラ紀の終わりから白亜紀の初めにかけて，北の大陸の東部が分裂しはじめる．ここは現在の中国がある地域だ．大陸の表面に断層線が入り，北東から南西へ向かって走る地溝をつくった．この地溝には湖があった．こうした湖の水は透明で，堆積物もごく細かな粒子だけだった．気候のおだやかな時期には，長い針のような葉をもつ球果植物やイチョウ類が青々と茂り，谷いっぱいに森をつくっていた．湖のほとりにはトクサ類やシダ類，コケ類がびっしりと生えていた．この環境のおかげで，驚くほどさまざまな動物たちが生息していた．そのうちとりわけ体が大きかったのは恐竜類だ．ウマほどの大きさの鳥脚類ジンゾウサウルス（*Jinzhousaurus*）は岸辺に生えた背の低い植物を食べ，毛の生えたテリジノサウルス類のベイピアオサウルス（*Beipiaosaurus*）は川岸の土手にすむ小さな動物をつかまえた．小型の獣脚類恐竜には，典型的な恐竜から鳥類に移行する途中の特徴をもつものが多くいたようだ．シノサウロプテリクス（*Sinosauropteryx*）はコンプソグナトゥス（*Compsognathus*）に似ていたが，体毛か羽毛におおわれていた．カウディプテリクス（*Caudipteryx*）とプロトアルカエオプテリクス（*Protarchaeopteryx*）には羽毛の生えた翼のような短い前肢があり，尾には羽毛が扇状に生えていた．ミクロラプトル（*Microraptor*）の前肢と後肢はさらに進化し，翼になっていた．本物の鳥類も存在したが，なかにはまだ翼に原始的なかぎ爪をもつものもみられた．こうした小さめの動物たちは水際にすむ昆虫の群れを追いかけていた．

1. ジンゾウサウルス－鳥脚類
2. マンチュロケリス－カメ類
3. エオシプテルス－翼竜類
4. ベイピアオサウルス－テリジノサウルス類
5. カウディプテリクス－獣脚類
6. ミクロラプトル－獣脚類
7. 孔子鳥－鳥類
8. 「綿毛におおわれたラプトル類」－獣脚類
9. ヒファロサウルス－水生爬虫類
10. プロトセフルス－魚類
11. 球果植物とイチョウ類が茂る湖畔の森
12. 粒子の細かな石灰岩層
13. 火山灰の分厚い層
14. 火山灰層の下の石灰岩層に完全な状態で保存された動物

このような動物たちが生息していたことがわかるのは，化石の保存状態がきわめてよく，微細な構造まで確認できるからだ．断層線にそって生じた火山はときどき噴火し，毒ガスが谷を包んで，降り注ぐ火山灰が湖にたっぷりたまった．火山の噴煙で命を落とし，細かな火山灰に埋もれたため，ほぼ完全に関節がつながった骨格のまわりに，皮膚や羽毛のごく細かな部分が保存されている．えさにされた昆虫や，この地域に生息していたありとあらゆる動物たち，たとえばカメ類のような水中を泳ぐ爬虫類，そして初期の哺乳類までが化石として残っている．

下：恐竜時代の風景は次々と変化したが，湖はどこにでもあった．中国遼寧省で見つかる湖沼堆積物は白亜紀前期にできた細かい凝灰岩を含む火山性堆積物と砕屑岩で構成されている．

湿　地

湿地帯は，湿度が高く熱帯性の気候で，高地に近い場所にとりわけ広くみられる．雨風にさらされる丘陵から大量の土砂が削りとられ，低地に流れこむ．この堆積物が広がって平らな泥地をつくり，そこを川が曲がりくねって流れる．

現在の熱帯で最も広大な面積をもつ湿地帯は，スーダンやウガンダのナイル川流域にみられる．この地域にはパピルスが生い茂っている．湿地帯はさらに南方の，カラハリ砂漠のふちに位置するオカヴァンゴ氾濫原にもみられる．泥地にはこの環境に特有の適応を示す植物が育つ．このような場所には，水を好むアシのようなイネ科植物が多く生えるが，アシ類が進化したのは第三紀である．中生代の川や泥の土手にはトクサ類が繁茂していた．イネ科植物と同じように，トクサ類は地下茎を張りめぐらして，堆積物がくずれるのを防ぐ．こうして土がしっかりとかためられたおかげで，その表面に，もっと寿命の長い植物が育つことができた．アシ類と同様，トクサ類も浅い水のなかでも生育できた．安定した砂州のうえには，ウェイクセリア (*Weichselia*) のようなシダ類が密生していた．地面がくずれにくくなると，そこへ球果植物やソテツ類が茂った．

白亜紀のあいだ，ヨーロッパ北部の湿地では，イグアノドン (*Iguanodon*) の群れが，びっしりと生えたトクサ類を食べながら歩きまわっていた．足の速いヒプシロフォドン (*Hypsilophodon*) など，小さめの植物食恐竜もあたりをかけまわっていた．もっと寿命が長い植物の茂みは，ポラカントゥス (*Polacanthus*) のような，武装恐竜のえさ場になっていた．植物食動物がたくさんいる場所には，それをねらう肉食恐竜もやってくる．ヨーロッパ北部のトクサが生えた沼地に姿を現したのは，メガロサウルス (*Megalosaurus*) やネオヴェナトル (*Neovenator*) だ．また，水中ではバリオニクス (*Baryonyx*) のような魚食性の獣脚類が歩きまわっていた．

下：湿地の堆積物にはさまざまな恐竜の骨が大量に含まれていることがあるが，たいていは分離した骨か，よくてもせいぜい互いに関連のある骨格でしかない．

ヨーロッパの湿地

ヨーロッパ北部の恐竜がすんでいた湿地は，白亜紀前期に堆積したウィールデン層とウェセックス層に最もよく現れている．この2つの層の露頭はイングランド南部からワイト島，パリ盆地へと続いている．当時，北方にある石灰岩と変成岩の山地から，低地へ流されてきた土砂が堆積した．その結果，砂岩，泥岩，粘土が分厚く連なり，植物をたっぷり含む層がいくつもはさまっている．恐竜化石はたいてい分離した骨の状態で出現し，かじられた形跡もみられることがある．淡水生魚類の歯がいっしょに見つかることが多く，淡水生巻貝類の卵におおわれている場合もある．これは，川床かよどみに沈んだからだろう．

ここにいた動物は恐竜だけではない．水のなかにはワニ類やカメ類もいた．ベルニサルティア（*Bernissartia*）は小型のワニ類で，キトラケファルス（*Chitracephalus*）というカメ類はディナー皿くらいの大きさだった．空では翼竜類がゆうゆうと舞っていた．コンドルほどの大きさをしたオルニトデスムス（*Ornithodesmus*）もそのひとつだ．こうした動物たちはすべて，当時の沼地に積もった堆積物のなかから，関節がはずれた骨として見つかっている．これらの堆積物に含まれる分離した化石骨は，つるつるにすり減っているので，ある程度水にもまれてから沈んだものと思われる．ときには淡水生の巻貝類の卵でおおわれていることもあり，埋没するまでしばらく川床にころがっていたことがわかる．

1 オヴィラプトル－獣脚類
2 エオティランヌス－獣脚類
3 ネオヴェナトル－獣脚類
4 ベルニサルティア－ワニ類
5 ペロロサウルス－竜脚類
6 ポラカントゥス－武装恐竜類
7 バリオニクス－獣脚類
8 イグアノドン－鳥脚類
9 ヒプシロフォドン－鳥脚類
10 河川堆積物と洪水堆積物
11 レンズ型の河川堆積物
12 河川堆積物のなかにある分離した骨化石

沼沢林

白亜紀の終わりまでに，世界中の植物は人間が見慣れた姿に近づいていた．イネ科植物はまだ出現していなかったが，森の下生えに被子植物がまじり，球果植物にかわって落葉樹が森の中心をになしはじめていた．

　うっそうとしたジャングルに恐竜がいる光景を想像するのはたやすい．深い森林があるところには，そこでの生活にうまく適応した恐竜がいた．高等な鳥脚類，とりわけカモノハシ竜類が白亜紀に進化，多様化すると，それにあわせて植物も進化した．このような鳥脚類は口幅が広く，首が低い位置についている．それは地面に近い場所の植物を食べたからだろう．これに対して植物は生き残り戦略を立て，すぐに個体数を取り戻せるようにした．たとえば花やなかに包みこまれた種子があれば，親が死んでしまってからでも発芽の本番に入れる．落葉樹林の被子植物は，遅い時期に現れた植物食恐竜たちが低い位置の植物を食べるのにともなって進化した．たとえば，幅広の口をもつカモノハシ竜類などがその例だが，こうした恐竜の多くは，鼻腔につながるはでな頭飾りをもっていた．これを使って鼻をブーブー鳴らしたり，ラッパのような音色を出せば，深い森の下生えを通して音を響かせ，互いに連絡をとりあうことができただろう．

新たに盛りあがってきたロッキー山脈と，拡大しながら北極海から北アメリカ中部までつらぬく内海のあいだには，広い平野や三角州があり，そこへ落葉樹の森が広がっていた．ここの堆積物からヘルクリーク層が形成された．もっと高い場所には背の高い原始的な球果植物などでできた森があり，下生えにはソテツ類やシダ類がみられた．このような森にすんでいたのは首の長い竜脚類である．竜脚類はジュラ紀の初めから主要な植物食恐竜でありつづけたが，とうとう最後の種類になった．

化石となって残る

カモノハシ竜類はときに，まわりの皮膚まで化石化した「ミイラ」となって見つかることがある．動物の死体が三角州のような広々とした場所に打ちあげられると，こういうことが起きる．死体の片側が泥に押しこまれ，皮膚の表面構造の形が泥に刻まれる．内側がしなびて，皮膚は乾いたなめし革のようになり，脚や胸郭の骨のまわりで縮んでいく．骨格のむきだしになった部分はすぐに壊れ，骨は腐食動物に持ち去られたり，川に流されたりする．再び洪水が起きると，水に運ばれてきた砂が骨格の内側を埋める．こうした恐竜化石の胸郭のなかから，魚類化石が発見されたこともある．その後，化石化するあいだに皮膚は失われるが，そこまでに，まわりの堆積物についた皮膚の跡かたがかたまっている可能性がある．そうすると，関節がつながった骨格の周囲に皮膚の印象が残り，恐竜の外皮を探る貴重な資料が得られる．

下：その昔，川床や沼地だったところからは，ごく小さな昆虫類から巨大な恐竜まで，ありとあらゆる動物の化石が見つかる．

1　クリトサウルス－鳥脚類
2　トロオドン－獣脚類
3　ティラノサウルス－獣脚類
4　ケラモルニス－現代型の鳥類
5　ひからびていくクリトサウルスの骨格．下側が泥に埋もれている．
6　落葉樹
7　下生えのなかに咲く，草本生の被子植物
8　沼沢堆積物
9　流路堆積物
10　関節がつながった，もしくは関連のある骨格の状態で見つかる恐竜遺骸

広々とした平野

群れをつくる動物はたいてい広々とした平野でくらしている．恐竜時代もそうだった．北アメリカの平野で形成された白亜紀後期の岩石には，角竜類に群れをつくる習性があったことを示す証拠がたくさん残っている．たとえば，「ボーンベッド〔骨層〕」とよばれる堆積層に，群れがまるごと化石になって含まれていた例もある．

現在，開けた場所には植物食動物の群れがたくさんみられる．タンザニアのセレンゲティ高原には，ヌーやインパラ，エランド，ガゼル，シマウマなどの群れがいる．白亜紀の平野も同様だった．

白亜紀の広々とした風景を包む背丈の低い植物は，おもにシダ類で，イネ科植物ではなかった．ここを角竜類の群れが歩きまわっていた．現在の動物の群れを観察すると，さまざまな種類のアンテロープ類が存在し，それぞれに角の形が異なることがわかるが，白亜紀の群れにもいろいろな種類の角竜類がいた．角竜の種類によって，角やえり飾りの配置など，頭部の装飾が違っていた．子供はみな似かよっていた．子供の時期には群れのメンバーに保護され，他の角竜類と接触する機会がほとんどなかったからだ．しかし，おとなになると，角やえり飾りの違いが目立ってくる．ここから，角竜類が緊密に組織された群れでくらし，一団となって移動し，別の種類の群れと距離を置いていたことが推測される．この点も現在の草原にくらす動物たちと同じだ．ちなみに，角竜類と同様，現在の草原動物も，季節が変わると食べ物が豊富な場所を求めて渡りをする．

広々とした平野　53

群れをつくる習性の証拠は，ボーンベッドとよばれる化石密集層から見つかる．ボーンベッドには大量の骨が含まれているが，角竜類の種類は普通，1種にかたよっている．骨は流路堆積物の底部にあり，大きさがそろっている場合が多いので，水流でえり分けられたものと思われる．同じ種の遺骸が1000体以上含まれていることもある．こうなった経緯は簡単に思い浮かべることができる．移動の季節に，角竜類の群れが川を渡ろうとして水にのまれ，死体が下流へ流される．死体は川原へ打ちあげられて腐り，他の恐竜や翼竜類に食べられる．その後，川の水があふれて死体は再び水中に戻され，腐食動物の抜け落ちた歯とともに，川底に沈んだ．

現在の植物食動物がライオンのような捕食者に襲われるように，角竜類はティラノサウルスに襲われていた．

下：白亜紀後期の北アメリカにあった平野では，さまざまな種の角竜類が群れで歩きまわり，それを当時の大型肉食恐竜が襲っていた．

州立恐竜公園

角竜類のボーンベッドで最も詳しく研究されているのは，カナダのアルバータ州立恐竜公園内の，白亜紀後期恐竜公園層である．この場所にはボーンベッドが8以上あり，そのうちの1つは10km近く広がっている．アメリカ合衆国モンタナ州や，北はアラスカ州のノーススロープにまで，角竜類のボーンベッドが出現している．

下：アルバータ州立恐竜公園

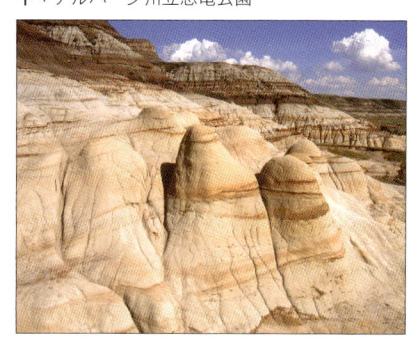

1　防御のための円陣をつくるカスモサウルス
2　アルバートサウルス
3　ケツァルコアトルス―翼竜類
4　移動するセントロサウルスの群れ
5　他の角竜類に対してディスプレイを行うスティラコサウルス
6　洪水堆積物でできた平野
7　レンズ型の流路堆積物
8　流路堆積物の基底にあるボーンベッド

ボーンベッドの形成
A　角竜類の群れが川を渡る．
B　あわてふためいて，おぼれるものがでる．
C　死体が砂州に打ちあげられる．
D　肉食動物が死体を食べる．
E　遺骸が川へ流され，底に沈む．

海岸線と島

現在の海辺には鳥がたくさんいる．鳥の祖先である恐竜も好んで海辺にすんだと思われるが，その証拠はとぼしい．海岸線の堆積物は常に波や潮流に削られているので，量が少なく，あまり長もちしない．

白亜紀には，北アメリカ大陸をつらぬく海路がアラスカからメキシコ湾まで走り，乾いた陸地を2つに分けていた．場所によっては内陸側にこんもりと森が茂り，歩きやすい浜辺にそって恐竜が移動しているところもあった．アメリカ合衆国のオクラホマ州やコロラド州，ニューメキシコ州では，南北にのびる歩行跡が見つかっている．これらの発見から「恐竜幹線道路」という概念が生まれた．白亜紀の恐竜足跡が一定方向に向かっているのは，浜辺に移動ルートがあったからだという解釈である．恐竜幹線道路は他にも見つかっている．

島に生息する動物

大陸沿いの海へ流れこむ川にはワニがすんでいた．ワニが河川堆積物をかき分けながら歩いたときについた足指の跡が，化石になって見つかっている．満ち潮が届くあたりには鳥のえさがたっぷりあったので，3本指の鳥の足跡がたくさんついている．鳥の足跡は指のあいだの広がりが大きいため，小型恐竜の足跡と区別できる．

海に浮かぶ島にはいつも，特殊化したさまざまな生物がすんでいる．動物たちは陸地から流された丸木などに乗って，新しくできた島にた

下：ダコタ層群という名で知られる白亜紀前期の岩石層は，当時の北アメリカにあった内海沿いの海岸堆積物でできている．ここは足跡化石と歩行跡で有名な場所だ．

ダイナソー・リッジ

恐竜幹線道路で最も広く世に知られている露頭は「ダイナソー・リッジ〔恐竜の尾根〕」である．場所はコロラド州デンバーから西にほんの数 km のところにある，ロッキー山脈のふもとの丘陵だ．

どりつく．海によって陸が切り離されて島になったときも，たいてい大陸の動物が一部残っている．どちらにしても，島の状態が固定化すると，動物はそこで生きのびられるように適応進化する．こうした適応の結果，小型種が生じることがある．島の天然資源は量がかぎられているが，小型動物は少ない食べ物で生きのびられるからだ．氷河時代には，地中海の島々にブタほどの大きさのゾウがいたし，カリブ海の島々には，大陸のなかまよりかなり小さい地上生オオナマケモノがすんでいた．現在の例ではシェトランドポニーがあげられる．この小型のウマはスコットランド諸島の厳しい環境にうまく適応した種類だ．ヨーロッパのテーチス海北縁には，南北大陸の接近にともなって地殻変動で生じた島々が散らばっていた．ルーマニアで発掘された恐竜の骨は，なかまに比べて3分の1の大きさしかないカモノハシ竜類や，ヒツジくらいの大きさのよろい竜がいたことを物語っている．

1　イグアノドンサー鳥脚類
2　アクロカントサウルスー獣脚類
3　プテロダクティルス類
4　鳥類
5　浜辺の砂と浅海堆積物が交互に積もった地層
6　砂漣（されん）
7　群れが移動したときに海岸線にそってできた鳥脚類の歩行跡
8　海岸線に対して直角についた獣脚類の歩行跡．腐肉をあさるためか，移動中の群れを襲うために，森から出てきたときのもの
9　手当たりしだいにえさをついばんだときにできた，鳥類の歩行跡
10　ばらばらになり海成堆積物に埋もれた恐竜の骨．ひどく摩滅し，海生生物におおわれている．

山　地

中生代の山地には，空気が薄く，乾燥した寒い高所に適応した，特殊な動植物が生息していただろう．このような場所の生物が化石として発見されることはまれなので，当時の山地にいた動物や植物に関しては推測することしかできない．

中生代の世界は常に動き続けていた．移動するプレートがパンゲアを引き裂き，大陸を動かし，プレートのふちにそって山が盛りあがった．当時つくられた堆積岩は，こうした山から削りとられた岩屑がもとになっている．現在と同じように，中生代の山地にも動物がいたと思われる．そのなかには恐竜も含まれていたにちがいない．

堆積する場所ではなく，浸食される地域にすんでいた動物について，どんな情報が得られるだろうか？　堆積物が積み重なることもなく，岩石もつくられない山地の動物について，何がわかるのか？

現在の山地をみれば，特殊な生息環境だということはわかる．雨はほとんど低地に降る．それも山の風上側にかたよっている．標高が高くなると雨量は減り，温度が下がる．これが山地に育つ植物，ひいては動物にまで影響をおよぼす．山地の動物は厳しい寒さに耐え，むきだしの岩をよじ登れるように適応しなくてはならない．現生種ではアイベックスがいい例だ．山地の恐竜は，低地にすんでいたおなじみの恐竜とはまったく異なっていたはずだが，あくまで推測の話だ．

石頭恐竜の存在がわかったのは，頭骨化石が見つかったおかげだ．しかし，こういう例はめずらしい．恐竜の頭骨は普通，まっ先に壊れ，化石になるときには消滅している．石頭恐竜の頭骨はぶ厚いため，化石化の過程でいろいろな目にあっても耐えられた．その多くはひどく摩滅し，長いあいだ川床をころがったあと，止まって埋もれたことがうかがわれる．もしかすると石頭恐竜の行動圏はかなり内陸で，川の源がある山岳地帯だったのかもしれない．

山地 57

　よろい竜類の骨格は腹を上に向けて海成堆積物に埋もれていることがよくある．これは死体がしばらく川に流され，腐敗が始まるくらい時間が経っていたからだろう．腐敗作用で体腔にガスがたまると，水面を漂うよろい竜類はあお向けにひっくり返り，よろいが船の竜骨の役目を果たす．やがて，死体はこの姿勢で水底に沈んだ．ここでもやはり，死体が生息地の山岳地帯から川下へ流された可能性が考えられる．しかし，これはすべて単なる推測だ．遺骸が見つかる恐竜は，過去に生息していた数のごく一部でしかないが，その裏にはこうした理由もあるのだ．

下：山地では堆積より浸食作用のほうが大きいので，堆積岩は蓄積されず，したがって化石は保存されなかっただろう．石頭恐竜の群れと単独行動のよろい竜類が斜面をうろつき，翼竜類が頭上を舞っていたかもしれない．

1　山地の球果植物
2　ヒースの生えた荒れ地を思わせる原野
3　ケツァルコアトルス－翼竜類
4　ステゴケラス－石頭恐竜
5　エドモントニアー よろい竜類
6　岩屑におおわれた斜面－浸食作用で山の岩が削りとられてできた小石

絶 滅

6550万年前，白亜紀の終わりに起きたできごとはこれまでずっと謎だった．地球上で最も目立つ動物として1億6450万年を過ごしたあと，恐竜は突然絶滅する．恐竜とともに，飛行性爬虫類や水生爬虫類，そしてかなりの種類の魚類など，他の動物もごっそりいなくなった．

恐竜絶滅の原因については，たくさんの説が出されている．これらの説は大きく2つのグループに分けられる．絶滅は徐々に進行したとする漸移説と，突然起きたとする激変説である．「突然」といっても，地質学的な意味では50万年にわたる可能性があり，あくまで地質学的記録において瞬時にみえるということだ．

漸移論者は，白亜紀後期には環境がきわめて安定した時期が長く続き，数千万年のあいだ気候がほとんど変化しなかった点を強調する．当時の動物は特殊化があまりにも進み，このような安定した環境に適応しすぎていたのかもしれない．そのため，温度の上昇や大気の寒冷化といった環境のわずかな変化が，恐竜にとって耐えがたいストレスとなり，対処できなかったのだろう．気候変化にともなって植物も変化し，その結果，恐竜の食物源がとぼしくなって，飢え死にしたとも考えられる．

漸移説にはもうひとつ，大陸がゆっくりと移動して，陸塊が互いに近づいたことに原因を求める説もある．動物たちが別の陸塊へ移動できるようになったため，病気もいっしょに新たな地域へ入りこみ，その地域に固有の動物をおびやかしたのかもしれない．

上：恐竜が滅んだのは白亜紀の終わりに気候が変化したせいだという説もある．

下と左：科学的知識に裏づけられた別の説では，隕石が地球に衝突した結果，地球の大気が激変し，恐竜の絶滅につながったとされる．この隕石がメキシコ湾岸のチクチュルブ・クレーターをつくったといわれている．

上：第3の説は，火山活動が恐竜の絶滅を引き起こしたというものだ．

上：白亜紀のインドで大量の溶岩流を放出した噴火により，気候が大きく変わったのかもしれない．

　一方で，恐竜の絶滅は突然起きたとみるものもいる．火山の激しい噴火で大変動が起きたか，地震のせいで環境が極度に悪化し，それに恐竜がついていけなかったのではないか，と想像したのだ．ところが，1970年代に入ってから，この議論に決定的な変化をもたらす発見がなされた．白亜紀の終わりと第三紀初めのあいだ（地質学用語ではK/T境界）に，イリジウムを豊富に含む層があることがわかったのだ．イリジウムは地球の表面にはめったにみられない元素だが，隕石にはごく普通に含まれている．こうして，巨大隕石が6550万年前に地球に衝突したという新説が出された．衝突直後には衝撃波と火事が起きただろう．爆発で大量のちりと蒸気が大気中に放出され，地球をおおったために，太陽光がさえぎられて気温が下がったにちがいない．植物は枯れ，植物食恐竜は餓死した．さらに，植物食恐竜をえさにしていた肉食恐竜も滅びた．数か月後か数年後に，空が晴れ，植物が生長しはじめる．その頃には，恐竜はすべて死にたえていた．

　メキシコのユカタン半島では海岸に巨大なくぼ地が埋もれているのがわかり，白亜紀の終わりにできた隕石のクレーターであることが確認された．カリブ海の周辺では，砕け散った岩石と波による被害の跡が確かめられた．確証はどんどん集まっていた．

　別の説も出された．イリジウムは地殻の下からも発見されるので，火山活動で放出されたのかもしれないというのだ．当時は確かに火山活動がさかんだった．インド大陸の半分はまさにこの頃噴出した溶岩流でできている．そのくらい激しく火山が活動すると，噴煙が地球を包みこみ，隕石の衝突とまったく同じ影響をおよぼす．6550万年前，インドとユカタンは地球のちょうど反対側にあった．巨大隕石がその一方に衝突すれば，衝撃波が地殻を伝わり，もう一方に火山活動を起こさせただろう．あるいは，隕石が2つに割れて，片方はインド，もう片方はユカタンに落ちたとも考えられる．いずれにせよ，激変を信じる説のほうが一般的だ．

　ところが，難しい問題がほかにもあった．発見される化石を統計的に分析すると，恐竜は白亜紀が終わる数百万年前から徐々に姿を消していたのだ．おそらく，すでに絶滅しつつあったところへ，一撃でとどめを刺されたのだろう．その原因がなんであれ，恐竜王国は終わりを告げた．陸上の恐竜は一掃され，別の動物がすみつく用意ができた．それが哺乳類だった．哺乳類は，恐竜が生きていた頃は小さくとるにたりない生き物だったが，恐竜が消えたとなれば，あとがまにすわるだけの適応力をもっていた．その結果，哺乳類は進化放散し，かつて恐竜がしめていた生態的地位をすべて引き継いだ．

下：恐竜時代全体を通じて，火山は噴火をくり返していた．ここにみられる三畳紀の火山灰層もそうしたなかで形成された．しかし，恐竜時代の終わりに起きた噴火はそれまでとは比べものにならないほど大規模だった．

化石化の過程

動物の死体が化石生成のさまざまな破壊作用にさらされたのちに，残ったものが化石となる．この過程は遺骸の埋没と保存からなっている．遺骸が埋没した堆積物は堆積岩となり，もとの遺骸は鉱物に変わる．

タフォノミー（化石生成学）は生物が死んだ直後から化石になる前までに起きることを研究する学問である．遺骸の残りが埋没したあと，時の経過に耐えられるものに変化する過程で起きることを続成作用とよぶ．

岩石から掘り出されたり，博物館で目にする化石は，生体の一部だったときからなかみや外見が大きく変化している．

化石の形成

化石は，生物が埋もれた堆積物が堆積岩に変わると同時に形成される．この続成作用は普通，圧縮とセメント化（膠結）という2つの過程から成り立っている．圧縮は上にのっている堆積物の重みで起こり，堆積物の粒子が押しかためられて，より緊密な塊になる．セメント化作用では，堆積した岩石の鉱物，たいていは方解石（建築用セメントと同じ鉱物）を通して，地下水が粒子のあいだにしみこみ，粒子どうしを結びつけてしっかりとかためる．さらに圧密が進み，地球内部からの熱が加わると，岩石中の鉱物が変化することがある．そうなると，岩石は堆積岩から変成岩という新しい種類に移行し，その過程で化石はすべて破壊される．

埋没した生物が堆積岩のなかで化石になるとき，ごくまれに，さまざまな過程のうちのひとつがかかわってくることがある．生物，もしくは生物の一部が変化せずに残る可能性があるのだ．これはきわめてめずらしい形の化石化だが，たとえば琥珀のなかに昆虫が保存されていることがある．そうなる流れは簡単だ．樹木からしみ出た樹脂の塊に昆虫がとまり，抜け出せなくなる．そのままのみこまれ，腐る前に保存される．その後，樹脂が埋没し，堆積物が岩石に変わる通常の過程を経て琥珀になると，昆虫がそのなかに保たれる．ただし，このように完璧な状態で残っているものと期待しながら，夢に終わるときもある．なぜなら，なかに閉じこめられた昆虫に細菌が付着し，その働きで腐敗しているかもしれないからだ．このような形で琥珀に守られた恐竜化石はなく，蚊の化石の内臓に恐竜の血液が残っていたこともない．

しかし，生物のかたい部分は変化せずに残ることがある．たとえば，サメ類の歯は数千万年前のものまで見つかっている．歯は骨格の他の部分よりはるかにじょうぶなので，長い年月に耐えることができるのだ．ロサンゼルスでは，氷河時代の哺乳類の骨がタールにとりこまれた状態で見つかった．これについても，恐竜では例がない．ときには，もともと含まれていた有機物の炭素のみが残る場合もある．植物化石に葉の形が黒く残っているのがそれにあたる．この過程が極端になると，石炭ができる．

下：それから数年経つあいだに，洪水で運ばれてきた泥や砂が積み重なる．堆積物が動くと，骨格は壊れてばらばらになりはじめる．骨はまだ白く，新しい．

下：次の乾季に植物が枯れ，川は干あがり，川床の泥にひびが入る．恐竜の死体は骨がむきだしになっている．腱が乾いて収縮したため，首と尾が背中のほうへ引っぱられている．他の恐竜が死体をあさり，最後に残ったわずかばかりの栄養分を骨から引きはがしている．

下：恐竜の死体が川の砂州に打ちあげられる．死後数日が経過し，腐敗で腹部がふくれている．死体の下側には川の砂がある．

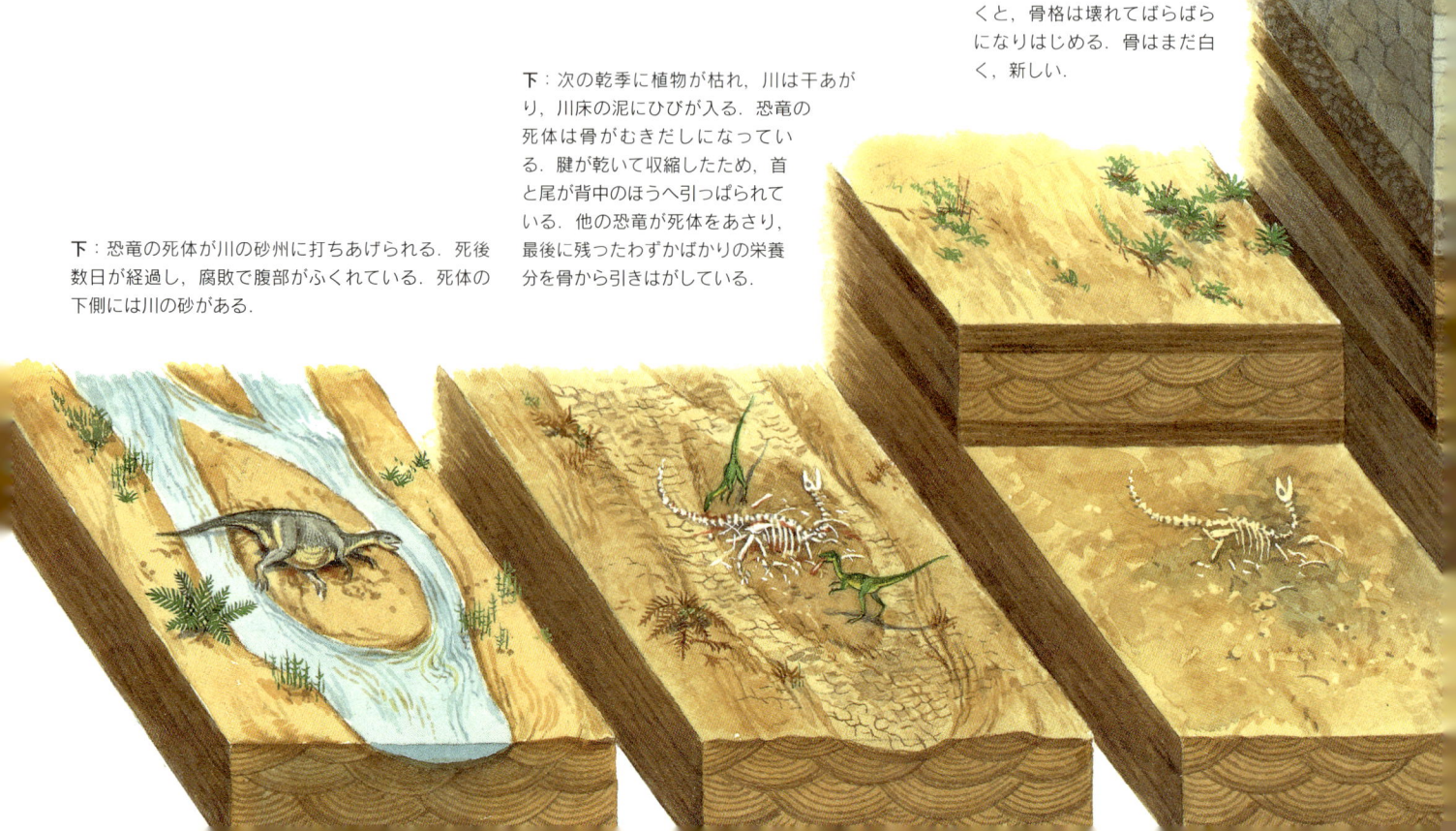

化石化の過程　61

　長い期間が経つうちに、もとの細胞構造がすっかり別の物質に置きかわることがある。岩石を通してきた地下水中のシリカが、有機物中の炭素に少しずつとってかわると、もとの微細構造を写しとりながら、シリカでできた化石がつくられる。珪化木がそのいい例だ。オーストラリアの首長竜類で、骨がオパールに置きかわった化石もある。

　岩石をしみ通る地下水によって、もとの生物のなごりがすべてとけてなくなることもある。その結果、もとの生物とぴったり同じ形をした「雌型」とよばれるへこみが岩石にできる。スコットランドのエルギンでは、砂漠で形成された砂岩から、ペルム紀の爬虫類がこのような化石として見つかり、「雌型」にラテックスを流しこんで、もとの骨のキャスト（雄型）が作成されている。地下水に溶け込んだ鉱物が雌型を満たし、このようなキャストが自然にできることもある。チョークのなかのウニ類は、ときに、フリント（すい石）に置きかわった化石として発見される。さらに、もとの動物の体や形がまったく残っていない化石もある。そのような化石は生痕化石とよばれ、足跡や歩（走）行跡、糞石、卵などがこれに含まれる。

　化石が地表に戻らなければ、こうした過程はすべて意味がない。化石が地表に戻るのは、化石を含む岩石が地殻変動で隆起したときだけだ。このような状況は普通、構造プレートの運動にともなって造山運動が起きたときに生じる。その後、上にかぶさる岩石が浸食を受けて全部消え去らないと、化石は露出しない。もし浸食が激しすぎれば、露出した化石は長もちせず、岩石と同じように消えてしまう。すべてを考えあわせると、恐竜が化石になったとしても、人間がそれを見つけて発掘する確率は非常に低い。恐竜化石がめったに見つからないのも当然だ。

下：やがて骨格が地中の奥深くへ埋没したため、堆積物は岩石に、骨は化石になる。骨が鉱化するにつれて、以前は白かった骨格が黒くなる。恐竜化石のうえに、川の砂や泥、礫岩（固結した砂利）の層、海成石灰岩などがかぶさっていることもある。

下：山が隆起していく。堆積岩は押しあげられ、ねじ曲げられる。骨格もねじ曲げられる。

下：何千万年ものちに、岩石が浸食され、化石化した骨格が現れる。

野外での発掘作業

恐竜化石が発見されたら，次は，軍隊さながらの実行計画にもとづいて発掘作業を行うことになる．骨格を傷つけずに掘り出すだけでなく，できるだけ全容が解明されるように，まわりの状況や岩石も分析しなくてはならない．

恐竜の骨格は，散歩中の人間や，採石場で岩石を掘り返していた作業員が偶然見つけることが多い．コロラド州で最近発掘されたステゴサウルス (*Stegosaurus*) は，別の化石を発掘中の古生物学者が，たまたまハンマーを崖に打ちこんだときに見つかった．モンタナ州では，柵柱を立てるために穴を掘っていた農民が化石を見つけている．化石骨格が見つかると，博物館や大学など，発掘手段をもっている研究機関に報告される．発掘計画を立てるためには，数か月，ときには数年を要する．その大部分は作業資金の調達にあてられる．なぜなら，実際の古生物学は非常に金のかかる研究であるからだ．

現場ではまず最初に，埋まっている骨格の量を把握する．骨格のすぐうえにかぶさっている岩石，つまり表土はとりのぞかなくてはならない．この岩石は土木機械で除去できる．骨格を含む層から数cmのところまで掘り下げたら，化石表面の最後の砂泥は，細かな道具やブラシなどを使って手作業でていねいにとりのぞく．

骨格が露出したところで，そこにあるものをカタログに記録するという次の段階に入る．そして発掘地図を描く．ひとつひとつの骨の位置を示し，その他にも重要な意味がありそうなものを何でも描きこんで，地図に起こすのだ．この作業がすべて終わるとやっと，発掘作業にとりかかることができる．初めて空気にさらされる化石は非常にもろくなっているおそれがある．不安定な状態で，なかに含まれる化学物質

上：石膏に包まれ，作業室へ運ばれるのを待つ骨．

下：骨のうえに目印のマス目をかぶせて，発見物すべてと照らし合わせ，発掘地図を描く準備をする．

が大気と反応を起こし，化石があっというまに壊れてしまうかもしれない．むきだしになった骨はできるだけ速やかに化学薬品で処理するか，ワニスで密封し，空気に触れて劣化するのを防がなくてはならない．化学薬品やワニスの性質は正確に記録し，研究室や博物館の技術者に報告する必要がある．

化石骨が非常にもろいため，持ちあげたはずみで粉々にくだけることもある．これを避けるために，ジャケットで包みこむ．ジャケットは，湿った紙を重ねたあと，石膏包帯をさらに重ねてつくる．四肢の骨折治療で使われるギプス包帯と同じようなものだ（化石争奪戦がくり広げられていた時代に化石ハンターが開発した技術で，当時は遠征隊の常食だった米が使われていた）．骨のむきだしになった部分はこの石膏ジャケットでおおう．その後，化石のまわりや下にある岩石を掘ってとりのぞき，骨をひっくり返して，もう片面も残りのジャケットで包む．ジャケットの数や一度に包みこむ部分の大きさは，骨格の状態による．互いに関連のある骨格の場合は，ほとんどの骨を1個ずつジャケットで包む必要がある．関節のつながった骨格で，持ちあげるための重機を運びこめる場合

は，骨格をまるごと1つのジャケットでくるんで持ち出すこともある．前述したコロラド州のステゴサウルスは完全骨格だったが，ヘリコプターで宙づりにして現場から運び出した．しかし，このように費用のかかる手段を恐竜発掘で使えることはめったにない．

骨格を取り出したあと，今度は，近辺の砂泥をふるいにかけて他の標本を探す．骨格の持ち主の腐肉をあさったと思われる動物の歯や，当時生えていた植物の種子など，生活の様子を明らかにするためのありとあらゆる情報が見つかるかもしれない．

作業室では，プレパレーターとよばれる，化石の扱いにたけた技術者が剖出作業を行い，古生物学者が研究できるように化石を処理する．骨格からジャケットをはがし，化石を安定させるために使った化学薬品をとりのぞいたり，研究に適した化学薬品に取り替えたりするのだ．

かつては，スチールを溶接してつくった枠組みを博物館の展示スペースに設置し，そこへ化石骨を固定して，骨格を組み立てれば完成だった．しかし今の展示骨格は実物化石ではなく，キャストでつくられている．技術者は化石から雌型をとり，軽くて扱いやすい材料で骨の複製をつくる．そのほうが効率よく模型を組み立てられる．これにより，実物化石を管理の行き届いた環境で研究用に保管しておくことができる．欠けている骨は別の骨格からとったキャストか，彫刻技術者がつくったもので補う．

上：展示用に組み立てられるバリオニクスの骨格．ガラス強化プラスチックでできたキャストの素材は軽量で，実物より展示に適している．

下：生きていたときのような姿勢で組み立てられた，トリケラトプスの展示用骨格．化石のキャストでできている．

古生物学者

化石を発見し研究してきた古生物学者で，このリストに載せるべき人は何百人もいる．みな，古生物学の最先端を押し広げたり，今でも開拓しつづけている人たちばかりだ．ここにあげた名前は古生物学に貢献した研究者のごく一部にすぎない．

コープが発見したカマラサウルス

ウィリアム・バックランド（William Buckland）（1784－1856）

オックスフォード大学で最初の地質学教授．恐竜の科学的記載を公表した初めての人物．恐竜はメガロサウルス（*Megalosaurus*），記載年は1824年だった．それ以前にも恐竜の骨に目をとめた人物はいたが，真剣な研究は行われなかった．バックランドは，自分のところへ持ちこまれた化石のあごの骨と歯が巨大爬虫類のものであることに気づいた．まだ恐竜という概念が確立する前のことだ．

ギデオン・マンテル（Gideon Mantell）（1790－1856）

イングランド南東部の地方に暮らす医師だったマンテルは，余暇に化石を収集していた．妻のメアリー・アンとともにイグアノドン（*Iguanodon*）を発見し，1825年に命名する．時が経つにつれて医者としての活動時間を減らし，ブライトンにたくわえた化石コレクションを増やすほうに時間を注ぐようになった．

ヘルマン・フォン・マイヤー（Herman von Meyer）（1801－96）

最古の鳥類である始祖鳥を記載，命名したドイツ人初の古生物学者．そのほかにも，ドイツ南部の同地区で発見された翼竜類を記載．また，プラテオサウルス（*Plateosaurus*）を発見し，ドイツやヨーロッパ北部の無脊椎動物化石に加えて，恐竜類の研究においても先駆者となった．

リチャード・オーウェン（Richard Owen）（1804－92）

大英（自然史）博物館（現在の自然史博物館）に勤めていたイギリス人解剖学者，サー・リチャード・オーウェンは，恐竜という概念を作り出した人物として名高い．1841年に開かれた英国科学振興協会の会合で，メガロサウルス（*Megalosaurus*），イグアノドン，そして同じくマンテルが見つけたよろい竜ヒラエオサウルス（*Hylaeosaurus*）をもとに，ディノサウリア（恐竜類）という新しい動物グループを提唱した．

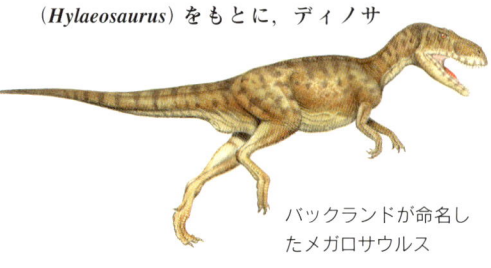

バックランドが命名したメガロサウルス

ジョゼフ・ライディ（Joseph Leidy）（1823－91）

北アメリカで初めて研究された恐竜の発見場所はニュージャージー州で，その命名者はライディだった．この恐竜，ハドロサウルス（*Hadrosaurus*）は同定できる頭骨がないので，現在は「疑問名」と見なされている．ライディはフィラデルフィアを拠点に活動し，次々と恐竜を命名した．第三紀の化石哺乳類研究で最もよく知られている．

オスニエル・チャールズ・マーシュ（Othniel Charles Marsh）（1831－99）

イエール大学を拠点に，化石争奪戦でコープと競争をくり広げ，調査隊を発掘地へ送って互いにしのぎを削りあった．それ以前に記載された恐竜類はわずか6属だったが，化石争奪戦の騒ぎがおさまる頃には，130を超えていた．

ハリー・ゴヴィア・シーリー（Harry Govier Seeley）（1839－1909）

イギリス人古生物学者．古生物学へのいちばんの貢献は，腰の構造をもとに恐竜類を竜盤目と鳥盤目に分けたこと．数多くの恐竜を命名したが，大半は断片的だったため，命名しなおされたり，疑問名と判断された．翼竜類に関して初期の先駆的な報告を行った．

エドワード・ドリンカー・コープ（Edward Drinker Cope）（1840－97）

19世紀の化石争奪戦で，オスニエル・チャールズ・マーシュと長きにわたって戦いをくり広げた．2人は，開拓されたばかりの北アメリカ中西部で，できるだけ多くの恐竜標本を発見，記載しようとして張りあった．アメリカ合衆国フィラデルフィアを拠点に活動．

チャールズ・H・スターンバーグ（Charles H. Sternberg）（1850－1943）とその息子チャールズ・M（Charles M.），ジョージ（George），リーヴァイ（Levi）

父親のチャールズはコープのために発掘を行い，化石争奪戦に参加．1912年から1917年のあいだに，スターンバーグ一家はカナダの恐竜発見ブームの先鋒となる．彼らが掘り出した骨格は世界中の博物館に展示されている．

フロレンティノ・アメギーノ（Florentino Ameghino）（1857－1911）

南アメリカのめずらしい化石哺乳類研究のほうが有名．19世紀後半のアルゼンチンで，恐竜をはじめとする古脊椎動物の研究や発掘の先駆者となった．発見した化石の多くは現在，アルゼンチンのラプラタ博物館に収められている．

エーベルハルト・フラース（Eberhard Fraas）（1862－1915）

かつて，恐竜化石の大半はヨーロッパと北アメリカで発見されていた．恐竜研究におけるドイツの権威者フラースは，1907年，ヴェルナー・ヤネンシュ（Werner Janensch）をリーダーとする遠征隊をドイツ領東アフリカ（現在のタンザニア）に送り，テンダグルでジュラ紀の恐竜化石層を発見する．ここで掘り出された

巨大なブラキオサウルス（*Brachiosaurus*）（現在名はギラファティタン（*Giraffatitan*））は長いあいだ，世界最大の組み立て骨格としてベルリンのフンボルト博物館に展示されていた．

アール・ダグラス（Earl Douglass）（1862－1931）

アメリカ合衆国ピッツバーグのカーネギー博物館（スコットランド生まれの実業家で慈善家のアンドルー・カーネギーが，19世紀末に中西部で発見された恐竜化石を収めるために設立）に勤務し，ユタ州の恐竜化石層を開拓．ダグラスが研究した発掘地はのちに国立恐竜記念公園になる．

エルンスト・シュトローマー・フォン・ライヘンバッハ（Ernst Stromer von Reichenbach）（1870－1952）

ミュンヘン出身のドイツ人古生物学者．エジプトで初めて恐竜を発掘．30年にわたって発掘を続け，エジプトサウルス（*Aegyptosaurus*），カルカロドントサウルス（*Carcharodontosaurus*），スピノサウルス（*Spinosaurus*）といった恐竜を発見．第二次世界大戦中にミュンヘンの博物館が爆撃され，集めた標本は失われた．発掘地も忘れ去られていたが，2000年にワシントン大学の調査隊が再び発見．

ロイ・チャップマン・アンドルーズ（Roy Chapman Andrews）（1884－1960）

1920年代に，アメリカ自然史博物館からゴビ砂漠へ数回にわたって送られた探検隊を指揮．最古の人類化石を発見するのが目的だったが，そのかわりに白亜紀の岩石に埋まった新種の恐竜を山ほど見つけた．なかでも最も重要なのは，卵の入った恐竜の巣を初めて発見したことだろう．アンドルーズは，化石発掘地までの移動に自動車を使用した草分けでもある．

エドウィン・コルバート（Edwin Colbert）（1905－2001）

アメリカ自然史博物館と，のちに北アリゾナ博物館のキュレーターを務める．1960年代に南極大陸で哺乳類型爬虫類リストロサウルス（*Lystrosaurus*）を発見したことで有名．この発見は，プレートテクトニクスによって引き起こされる大陸移動について，確証を得るのに役立った．ニューメキシコ州で発見されたコエロフィシス

ニューメキシコ州で発見されたコエロフィシス

バルスボルドが発見したアンセリミムス

ジョン・R・ホーナーが命名したマイアサウラ

（*Coelophysis*）のボーンベッドを研究したことでも名を知られている．

ジョン・H・オストロム（John H.Ostrom）（1928－2005）

デイノニクス（*Deinonychus*）を発見，1969年に記載したアメリカの古生物学者．鳥類と恐竜類の進化的つながりを明らかにした．ここからさらに恐竜類，少なくとも獣脚類は鳥類と同じく温血だったという説が生じる．この説の正しさはやがて，中国での羽毛恐竜や恐竜に似た鳥類の発見により証明された．

ホセ・F・ボナパルテ（José F. Bonaparte）（1928－）

現在のアルゼンチンの古生物学者で最も有名．南アメリカの恐竜に関する知識を増やすのに大きく貢献．装甲をもつ白亜紀後期のティタノサウルス類の研究や，南アメリカ産翼竜類の調査で知られ，この分野が再び活気づくきっかけをつくった．

リンチェン・バルスボルド（Rinchen Barsbold）（1935－）

モンゴル人古生物学者．1980年代からウランバートルのモンゴル科学アカデミー古生物学センターで研究を行い，中央アジアの恐竜をたくさん発掘し，命名した．

薫枝明（1937－）

現在の中国で最も有名な古生物学者．四川省と中国北西部で広大な恐竜化石層を開拓．北京の古脊椎動物古人類研究所で研究を行い，20年のあいだに恐竜の新属を約20命名した．数多くの発見を行ったなかで，石頭恐竜のホマロケファレ科を設定する．

ロバート・T・バッカー（Robert T.Bakker）（1945－）

温血の恐竜という発想は，他の誰よりも，カリスマ的なバッカーと結びつけられることが多い．1960年代以降，バッカーは比較解剖学や化石の個体数研究などさまざまな種類の証拠を利用して，恐竜は活発な動物であると主張してきた．恐竜の新属もいくつか命名している．

ジョン・R・（ジャック）ホーナー（John R. (Jack) Horner）（1946－）

アメリカ合衆国モンタナ州の地質研究官として，エッグマウンテンとエッグアイランドの恐竜営巣地を調査した中心人物で，マイアサウラ（*Maiasaura*）を命名．その研究結果は恐竜の家族と社会生活に関する新たな解釈につながった．

ポール・セレノ（Paul Sereno）（1957－）

今，若くして最も成果をあげていると思われる恐竜研究者．アメリカ合衆国のシカゴを拠点とし，北アフリカや中央アジアで新種の恐竜を発見．1986年に，現在も用いられている新方式の分岐論で鳥盤類の再分類を行い，恐竜類について理解を深めるのに貢献．

コエロフィシスはコープが命名したが，幅広い研究を行ったのはコルバート．

1	イグアノドン
2	イスティオダクティルス
3	ヒプシロフォドン
4	ネオヴェナトル
5	ベルニサルティア
6	エオティランヌス

恐竜の世界

　1億6450万年のあいだに恐竜は進化し，この世で最も繁栄した動物グループのひとつとなった．まわりの世界が変化するにつれて，恐竜も変化していった．

　三畳紀後期，恐竜時代の初めには，地球上の陸地がすべて1つに合体し，超大陸パンゲアを形成していた．超大陸の中央には灼熱の砂漠があり，すむのに適した場所は大陸の周辺部にかぎられていた．このような世界を背景に恐竜は出現した．大陸が1つしかなかったので，生息できる地域すべてに同じ種類の恐竜がすんでいた．そのため，ドイツの三畳紀層から見つかる古竜脚類は南アフリカで見つかるものとだいたい同じで，アリゾナ州にいた小型獣脚類はジンバブエのものにほぼ等しい．

　その後，ジュラ紀に入ると，超大陸が分裂しはじめ，地溝帯が走って，大陸の中心部に海が入りこむ．浅海が大陸のふちに広がり，広大な大陸棚ができた．気候は湿潤になった．この環境で，新しい種類の恐竜が現れる．

　最後の白亜紀になるとパンゲアは複数の大陸に分裂し，現在の形に近づく．その結果，さまざまな場所で多種多様な恐竜が進化した．たとえば，北アメリカの巨大獣脚類は南アメリカの巨大獣脚類とはまったく違うグループ（科）に属し，南の大陸にいた首の長い竜脚類のかわりに，北部ではカモノハシ竜類が中心的な植物食恐竜となった．恐竜時代が終わるころ，世界の生物多様性はこの時代の初めよりはるかに大きくなっていた．

　こうした背景の移り変わりをふまえながら，序論で紹介したありとあらゆる証拠を利用して，各時代のいろいろな場所にすんでいた恐竜について研究することができる．このあとに続く恐竜図鑑には，今までに知られている恐竜のほとんどを収録した．しかし，新しい恐竜が次々と見つかっているので，図鑑の情報は最新のものにたえず書きかえていく必要がある．まだ発見されていない恐竜は山ほどいるのだ．

左：白亜紀前期のヨーロッパ．大型，小型の植物食恐竜の群れを，大型や小型の肉食恐竜がねらっている．同じ爬虫類のワニ類や翼竜類もいる．

三畳紀

三畳紀の地球

　三畳紀は恐竜時代の始まりと見なされている．ただし，恐竜が現れたのはこの時代が終わろうとするころだった．

　当時，世界の陸地は合体してパンゲアとよばれる1つの超大陸を形成していた．その中心部は海から遠く離れていたため，砂漠ばかりで，すむのに適した地域は沿岸部だけだった．この場所で恐竜が進化した．のちに恐竜にとってかわる哺乳類も同じころに現れた．恐竜は，やがて生活の支えとなる植物（三畳紀前期のシダ種子類から三畳紀後期の球果植物まで）とともに進化し，その植物を食べる動物を襲うようになった．

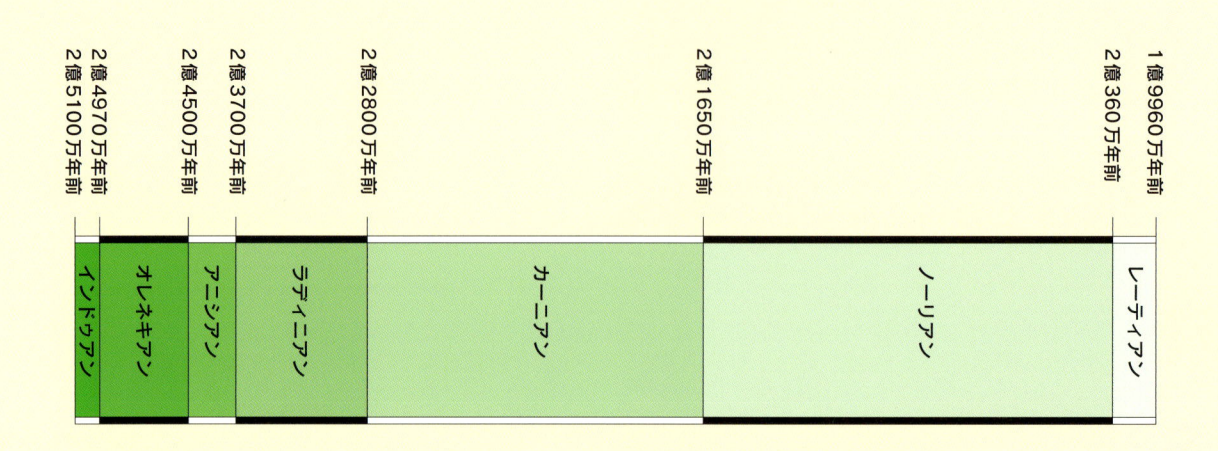

2億5100万年前 / 2億4970万年前	2億4500万年前	2億3700万年前	2億2800万年前	2億1650万年前	1億9960万年前 / 2億360万年前
インドゥアン	オレネキアン	アニシアン	ラディニアン	カーニアン	ノーリアン	レーティアン

三畳紀の階を示した地質年代区分

1 エウディモルフォドン
2 プラテオサウルス
3 プラケリアス
4 リリエンシュテルヌス
5 プロガノケリス

板歯類

板歯類は奇妙な水生爬虫類で，三畳紀中期に現れ，三畳紀とジュラ紀の境界で絶滅した．ずっしりとした体で泳ぎ，おもに貝類をえさにした．歯は岩についた貝を拾い，殻をかみ砕けるように特殊化していた．三畳紀の海では，現在のセイウチ類に等しい存在だったようだ．

パラプラコドゥス *Paraplacodus*

板歯類はいくつかのグループから構成される．装甲をもたないプラコドゥス類は巨大なイモリのようで，装甲をもつキアモドゥス類はカメのような体形に進化した．パラプラコドゥスは典型的なプラコドゥス類だ．テーチス海沿岸の浅海や潟湖で，大量に生息する貝類を食べていた．

特徴：パラプラコドゥスのあごは貝を拾いあげるのに適した独特の形をしている．上に3対，下に2対の歯が突き出し，口の前方にはみ出ている．上下のあごには丸みを帯びた歯がずらりと並び，ものをかみ砕くことができる．太い肋骨のせいで体は特徴のある箱形をしているので，胴体の断面は正方形に近い．腹部にじょうぶな肋骨があり，体の下側は平らになっている．ずっしりとしたつくりの体で，海底近くにとどまることができた．

左：サウロスファルギスという，よく似た板歯類の標本があったが，第二次世界大戦中に破壊された．これは近いなかまだった可能性がある．

分布：イタリア北部
分類：鰭竜類－板歯類－プラコドゥス上科
名前の意味：プラコドゥス（下を参照）に近い
記載：Peyer, 1931
年代：アニシアン～ラディニアン
大きさ：1.5 m
生き方：貝を食べる
主な種：*P. broilii*

プラコドゥス *Placodus*

水生動物が浮力を調整する手段はいくつかある．板歯類はパキスタシスとよばれる方法を使い，体を沈めておくために非常にぶ厚い骨を発達させた．そして，容量の大きい肺で浮力を調整した．この方法は，現在のジュゴンやラッコのように，海底を歩きながらえさをとる動物によくみられる．

特徴：パラプラコドゥスと同様，プラコドゥスも歯が前に突き出ている．しかし，形は短くて太く，スプーン形に近い．ものをかみ砕く歯は口のふちにかたよらず，口蓋全体に生えている．頭骨は貝殻をかみ砕く衝撃に耐えられるよう，きわめてがんじょうにできている．背中にそってギザギザの骨質板が並んでいる．頭骨のてっぺんにあるすきまには，光を感知する器官が入っていたと思われる．

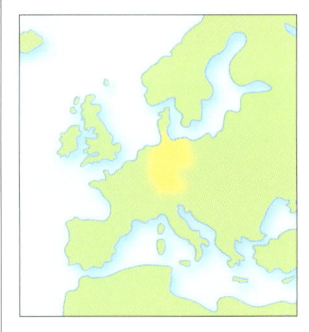

分布：ドイツ
分類：鰭竜類－板歯類－プラコドゥス上科
名前の意味：平らな歯をもつ
記載：Agassiz, 1833
年代：アニシアン～ラディニアン
大きさ：3 m
生き方：貝を食べる
主な種：*P. gigas*

左：1830年に初めて歯が見つかったとき，魚類学者のルイ・アガシは魚類の歯と間違え，プラコドゥスと命名した．1858年，リチャード・オーウェンが爬虫類の歯であることを確認．

キアモドゥス *Cyamodus*

板歯類のなかには皮膚に装甲板が埋めこまれたものもみられるが、極端な例がキアモドゥス類である。その体はまるでカメのように幅広で平らだ。たぶん、大半の時間を浅海の海底で過ごし、現在のエイ類と同じように、砂のうえをはって貝類を探したのだろう。

特徴：明らかな特徴は、体の上面にある2つの殻、つまり背甲だ。大きいほうの殻は胴体を腰まで包み、左右に広がって、四肢が動く範囲をほぼカバーしている。2つ目の殻は腰と尾の付け根にかぶさっている。殻は六角形もしくは円形の装甲板におおわれている。頭骨は幅広のハート型で、後部がとりわけじょうぶにできている。

分布：ドイツ
分類：鰭竜類－板歯類－キアモドゥス科
記載：Meyer, 1863
年代：アニシアン～ラディニアン
大きさ：1.3m
生き方：貝を食べる
主な種：*C. rostratus*, *C. hildegardis*, *C. kuhnschneyderi*

左：キアモドゥスの幼体標本は、おとなと違って、口蓋にも歯が生えているようだ。成熟するにつれて歯の数が減ったのかもしれない。

いろいろな板歯類

板歯類の祖先や起源は不明だ。最近の解釈によると、双弓類（頭骨の目のうしろに穴が2対ある爬虫類）で、首長竜類の祖先と関係がありそうだ。ただし、四肢はそれほど泳ぎに適した形にはなっていない。

ヘルヴェティコサウルス・ゾリンゲリ *Helveticosaurus zollingeri* スイスの三畳紀アニシアン期から産出。原始的な板歯類で、このグループの祖先かもしれないと、かつては考えられていた。プラコドゥスに外見が似ているが、今は、類縁関係はまったくないと思われている。

プセフォデルマ・アルピヌム *Psephoderma alpinum* ヨーロッパにいくつか化石産地がある。2つの部分からなる背甲をもつ点がキアモドゥスに似ている。殻には縦方向にはっきりとした3本の隆起が走っている。

プラコケリス・プラコドンタ *Placochelys placodonta* ハンガリーの三畳紀ラディニアン期から産出。あごの先がとがっていて、前歯はない。骨質のくちばしをもち、岩礁をつついて貝類を食べた可能性がある。

プロテノドントサウルス・イタリクス *Protenodontosaurus italicus* キアモドゥスと、カメに姿が似た、もっと進化したプラコケリス類との中間にみえる。

右：パラプラコドゥス（上）とプラコドゥス（下）の頭骨。外見は似ているが、頭骨はまったく異なる。

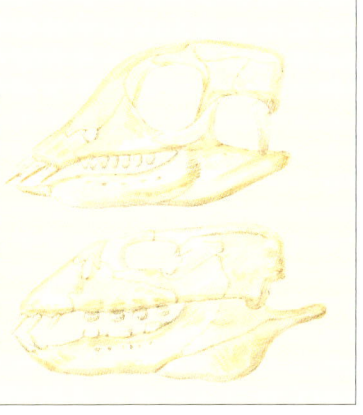

ヘノドゥス *Henodus*

エイ類に似た爬虫類で、幅が広く平らな体で浅い潟湖の水底をはいまわりながら、細かく波打つ砂のあいだを幅広の口でまさぐり、えさを探していたものと想像される。他のなかまは貝類がびっしりついた礁をえさ場にすることが多かったが、ヘノドゥスの体は板状なので、平らな海底のほうに向いていた。四肢が弱々しいため、陸上で長時間過ごすことはなかったと思われる。

特徴：最もカメに似た板歯類。体全体を背甲がおおい、四肢が動く範囲よりずっと外側にまではみ出している。他のキアモドゥス類と同様、体の下側も腹甲でおおわれていた。背甲も腹甲も幾何学的な板がつなぎあわさってできている。頭は前方が角張り、目より先が短い。

分布：ドイツ南部
分類：鰭竜類－板歯類－キアモドゥス科
名前の意味：装甲をもつ
記載：Huene, 1936
年代：カーニアン
大きさ：1m
生き方：海底でえさを探す
主な種：*H. chelyops*

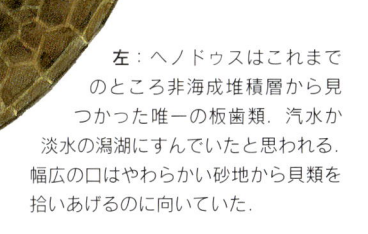

左：ヘノドゥスはこれまでのところ非海成堆積層から見つかった唯一の板歯類。汽水か淡水の潟湖にすんでいたと思われる。幅広の口はやわらかい砂地から貝類を拾いあげるのに向いていた。

魚竜類

絶滅した海生爬虫類で最も有名なのは「魚トカゲ」，すなわち魚竜類だろう．最良の化石はジュラ紀の岩石から見つかるが，その歴史は三畳紀までさかのぼる．イルカに似た典型的な外形にいきつくまでのあいだ，初期の魚竜には特徴ある体形がいくつかみられた．ウナギに似たものもいれば，巨大なクジラ型の魚竜もいた．

キュムボスポンデュルス *Cymbospondylus*

公式には原始的魚竜類のシャスタサウルス類に分類されるが，最近の研究によると，初めに考えられていたより原始的なようだ．あまりにも原始的なので，魚竜類とは見なせないかもしれない．実際，のちに現れる魚竜類とは違って，背びれや魚類に似た尾といった外見上の特徴がみられない．キュムボスポンデュルスはネバダ州の化石に指定されている．

特徴：体が細長く，しなやかで長い尾が体長のおよそ半分をしめるため，他の魚竜に比べると，よりウナギに近い形をしている．四肢はすでにひれ足に進化していたが，泳ぐときには体をくねらせて勢いをつけたので，ひれ足の役割としては安定を保つほうが大きかっただろう．体のわりに頭がかなり小さいが，いかにも魚竜類らしいつくりで，吻部が長く，魚類をつかまえるための鋭い歯がすでにそなわっていた．

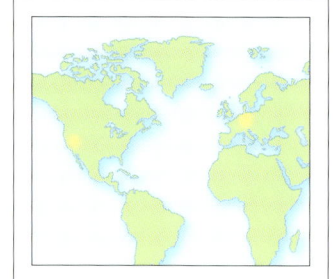

分布：ネバダ州（アメリカ合衆国），ドイツ
分類：魚竜類－シャスタサウルス科
名前の意味：ボート脊椎
記載：Leidy, 1868
年代：三畳紀中期
大きさ：6m
生き方：魚を捕らえる
主な種：
C. natans, *C. germanicus*, *C. nevadanus*, *C. parvus*, *C. piscosus*, *C. grandis*, *C. petrinus*, *C. buchseri*

ミクソサウルス *Mixosaurus*

外見は，キュムボスポンデュルスに代表されるウナギ型と，イクチオサウルスのような，おなじみのイルカ型の中間．そこから，この名前がついた．丈の低いひれのついた長い尾をもつので，尾をくねらせてゆっくりと前進したものと思われる．

特徴：胴体と尾が長く，尾のひれは丈が低い．のちに現れる魚竜類では，尾びれがサメのように発達しているので，この点が異なる．背中には体を安定させるための背びれがある．船のかいに似た足はまだ5本指の構造で，あとから出現する魚竜類のようにたくさんの指はない．しかし，それぞれの指に含まれる骨の数は通常より多く（多指骨性），前肢が後肢より長い．

分布：中国，ティモール，インドネシア，イタリア，アラスカ，カナダ，ネバダ州（アメリカ合衆国），スピッツベルゲン（スヴァールバル諸島）
分類：魚竜類－ミクソサウルス科
名前の意味：混じったトカゲ
記載：Baur, 1887
年代：三畳紀中期
大きさ：1m
生き方：魚を捕らえる
主な種：*M. atavus*, *M. kuhnschnyderi*, *M. cornalianus*

左：キュムボスポンデュルスと同時代に生きていたミクソサウルス

ショニサウルス *Shonisaurus*

1920年代に，ネバダ州で鉱山労働者が大きな骨の堆積層を見つけた．30年後に発掘された化石は巨大魚竜類37体の遺骸であることがわかり，ショニサウルスと名づけられた．群れで浜辺に打ちあげられたのか，海から隔離されてしまったのかもしれない．最近の科学的見解によると，死んで海底に沈んだとされている．

特徴：クジラのような体形で，細長いひれ足をもつ．歯はあごの前方にのみ生えている．ショニサウルス・ポプラリス *S. popularis* は魚竜類で最大と記録されていたが，ブリティッシュコロンビア州で1990年代にさらに大きな種ショニサウルス・シカンニエンス *S. sikanniensis* の骨格が発見された．こちらは推定体長が21mにもなるので，上空からしか全体をみることができなかっただろう．この新種の研究結果からすると，ショニサウルスの体は最初に考えられていたほど上下幅が大きくはなかったようだ．

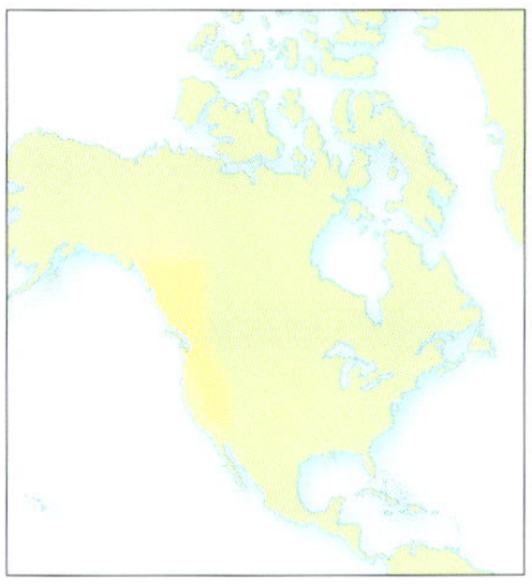

分布：ネバダ州（アメリカ合衆国）からブリティッシュコロンビア州（カナダ）
分類：魚竜類－シャスタサウルス科
名前の意味：ショーショーニ（山）のトカゲ
記載：Camp, 1976
年代：ノーリアン
大きさ：15m
生き方：海で狩りをする
主な種：*S. popularis*, *S. sikanniensis*

右：見つかった頭骨のうち，小さいものにだけ歯があった．ショニサウルスは成長すると歯がなくなったようだ．

魚竜類の分類

魚竜類の厳密な分類には常に謎がつきまとっていた．魚竜類の研究史では長いあいだ，他の爬虫類とはまったく異なる進化系統に属すると考えられてきた．また，外見の起源や生き方もよくわからなかった．これほど魚類に似た動物がどのようにして陸生動物から進化したのか？ そもそも魚竜類の祖先は陸にすんでいたのか？ 陸上生活期を全然経験せずに，古生代後期のどこかで水生両生類から直接進化したのかもしれない，といわれた時期もあった．

この興味深い説に終止符が打たれたのは，1998年，ウタツサウルスのオリジナル骨格を，カリフォルニア大学バークレー校の藻谷亮介と北海道大学の箕浦名知男が研究しなおしたのがきっかけだった．2人はコンピューター画像を使って，オリジナル標本のゆがみを修整し，綿密に調べた．その結果，魚類そっくりの体形にもかかわらず，実際には，ペトロラコサウルス *Petrolacosaurus* のような，トカゲに似た双弓類の爬虫類にかなり近いことがわかった．トカゲ類やヘビ類の祖先の遠いなかまにあたり，恐竜類ともつながりがあったことになる．魚竜類は，海生爬虫類のもうひとつの主要系統であるカメ類よりも，これらの動物のほうに近かったのだ．

ウタツサウルス *Utatsusaurus*

知られているかぎり最古の魚竜類．1982年，日本で発見されたが，1998年に骨格の研究結果が公表されて初めて，最も原始的な魚竜類としての重要性に注目が集まった．原始的な魚竜類の多くと同様，尾で水をかくのではなく，体をくねらせて泳いだ．大陸棚の浅海に生息していたと思われる．

特徴：他の魚竜類はたいていあごが細いが，この魚竜の頭は幅が広めで，吻部へ向かってだんだん細くなっている．頭の大きさのわりに歯は小さく，溝にはまっている．これは原始的な特徴である．ひれ足は小さく，めずらしいことに，前肢より後肢が大きい．他の魚竜類はひれ足に指が5本あるのが普通だが，この魚竜では4本しかない．非常に薄く狭い椎骨がたくさん連なって，柔軟な体をつくっているので，身をくねらせて泳いだことがわかる

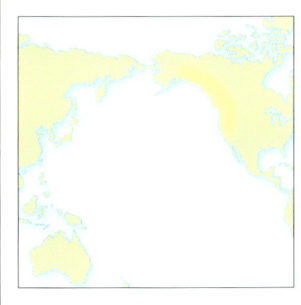

分布：日本，カナダ
分類：魚竜類
名前の意味：歌津トカゲ
記載：鹿間・亀井・村田，1998
年代：オレネキアン
大きさ：3m
生き方：泳いで狩りをする
主な種：*U. hataii*

左：左右に体をくねらせるウタツサウルスの泳ぎ方はかなり効率が悪いため，大陸棚の浅海でしか生活できなかっただろう．

ノトサウルス類

魚竜類が中生代のクジラやイルカなら，首長竜類はアザラシやアシカにあたる．首長竜類がゆるぎない地位を確立するまで，当時の魚類捕食者で最も数が多かったのは，この系列ではもっと原始的な側枝にあたるノトサウルス類だった．ノトサウルス類も長い首をもっているが，首長竜ほど水にうまく適応してはいなかった．

ケレシオサウルス *Ceresiosaurus*

長い体と力強い尾をもち，体をくねらせて泳ぐ動物の特徴がみられる．しかし，骨の構造，特に太い尾とじょうぶな腰から推測すると，ペンギンのように獲物を追いかけて水にもぐり，強力なひれ足で巧みに泳ぎながら水中で狩りをしたと思われる．胃の内容物を分析した結果，海生爬虫類を襲っていたことがわかった．

特徴：他のノトサウルス類に比べて指がはるかに長い．どの指も骨の数が多いので（多指骨性），それだけ指が長くなっている．指はくっつきあって遊泳用のひれ足をつくっている．尾の骨は太く，力強い筋肉を支えるように進化している．頭は他のノトサウルス類よりずいぶん短く，プレシオサウルス類によく似ている．鼻孔はかなり前のほうにある．前のひれ足はうしろのものより大きく，移動するときに前足に大きく頼っていたことがわかる．

左：ケレシオサウルスの胃に保存された内容物にはパキプレウロサウルス類の化石が含まれていた．このように機敏な獲物をつかまえられるほど動きが速かったにちがいない．

分布：ヨーロッパ
分類：ノトサウルス科
名前の意味：ケレスのトカゲ
記載：Peyer, 1931
年代：アニシアン
大きさ：4m
生き方：泳いで狩りをする
主な種：*C. calcagnii*, *C. russelli*

ノトサウルス *Nothosaurus*

三畳紀にテーチス海北岸で主要な魚食動物だったのはノトサウルス類だ．その代表例であるノトサウルスは，打ち寄せる波や沿岸の浅海のなかで泳いだが，休息や繁殖の際には浜辺や海岸の岩穴で過ごした．現在のウミガメ類と同様，砂に卵を産みつけたかもしれないが，海で出産した可能性もある．

特徴：頭は平らで長く，長いあごに鋭い歯がかみあうように生えていた．対をなす牙もあり，魚類を捕らえる恐ろしいわなになっていた．足には水かきと5本の長い指があり，これを使って陸上を歩くことも水中を泳ぐこともできた．胴体と首，尾は長くてしなやかだった．筋肉質の尾は泳ぐのに役立った．

分布：ヨーロッパ，北アフリカ，ロシア，中国
分類：ノトサウルス科
名前の意味：偽トカゲ
記載：Munster, 1834
年代：アニシアン～ラディニアン
大きさ：3m．ただし，新しく発見された *N. giganteus* は6mに達した
生き方：泳いで狩りをする
主な種：*N. mirabilis*, *N. giganteus*, *N. procerus*

パキプレウロサウルス *Pachypleurosaurus*

本物のノトサウルス類ではないが，近いなかま．かなり小型で，現在のウミイグアナのように，岸辺近くか潟湖でくらしたと思われる．中国で出現し，テーチス海北岸に沿ってヨーロッパへ移動したのだろう．頭が小さいので，小型の魚類か貝類をつかまえたらしい．

特徴：尾は上下に厚みがあり，明らかに遊泳器官として使われたことがわかる．腰と肩にも泳ぎに適した変化がみられるが，まだ陸上で体を支えるだけの強さはある．頭は非常に小さく，耳の構造から推測すると，水中よりも海面の上で音をとらえていたようだ．骨の一部が太くなっているのは，水生動物の浮力調整に関係した適応である．

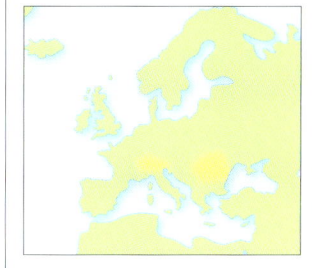

分布：イタリア，ルーマニア，スイス
分類：パキプレウロサウルス科
名前の意味：太い肋骨のトカゲ
記載：Cornalia, 1854
年代：アニシアン〜ラディニアン
大きさ：1m
生き方：泳いで貝を食べる
主な種：*P. edwardsi*

右：パキプレウロサウルス類は，ノトサウルス類と首長竜類からなるグループと，板歯類をつなぐ動物だったようだ．しかし，このグループは骨格がずいぶん特殊化しているので，はっきりとしたことはわからない．

海生動物

両生類のように繁殖のために水中に戻る必要がなくなると，脊椎動物は水を離れて陸にすみはじめた．ところが不思議なことに，その後すぐに一部が海へ戻る方向へ進化しだした．流線形の体やひれの働きをする四肢，浮いたりもぐったりできるような体の比重など，すっかり捨ててしまった海中生活への適応が再び進化しはじめたのだ．

魚竜類などでは，この再適応がほぼ全体に及んだ．その一方で，ノトサウルス類のようなグループでは再適応が一部にとどまっている．ノトサウルス類は海陸両方の環境を利用するために，中間段階を選んだように見える．たとえば，遊泳用の水かきはあるが，まだ陸上で動きまわれる骨の構造と筋肉組織を保持している．また，魚類のようにすべりやすい獲物をつかまえるための特殊化した歯をもっていた．

これは二次的な海生脊椎動物すべてに共通する特徴だが，魚竜類のように適応が大きく進んだ種類でも，空気を呼吸する必要があった．水中で呼吸するためのエラは，祖先がいったん失ったあと，二度と進化しなかったからだ．

下：水面に顔を出して呼吸するノトサウルス

ラリオサウルス *Lariosaurus*

ノトサウルス類のうち，少なくともこの属は胎生だった（赤ん坊を産めた）ようだ．胚と関連のある骨格がいくつか見つかったので，赤ん坊が成熟するまで体内に抱えていたことがわかる．ある標本では，胃のあたりから板歯類キアモドゥスの幼体が2体見つかり，ラリオサウルスのえさについて知る手がかりが得られた．ノトサウルス類について現在わかっている情報の多くは，シカゴのフィールド博物館のオリヴィエ・リッペルの研究にもとづく．リッペルは現在，この三畳紀特有の海生爬虫類における専門家として知られている．

特徴：短い首と足指は，この小型ノトサウルス類の原始的な特徴である．後肢にはかき爪のついた指が5本あり，わずかに水かきがみとめられる．前肢はひれ足に変化している．前肢も後肢もかなり短いので，力強く水をかく構造にはみえない．前肢は後肢よりもたくましく，パキプレウロサウルスとは違って，主要な遊泳器官だったと推測される．幅の広い頭の前方に牙があり，あごを閉じるとかみあって，魚類などの水生動物をつかまえる恐ろしいわなになった．

分布：スペイン，フランス，イタリア，ドイツ，スイス，中国
分類：ノトサウルス科
名前の意味：ラリオ湖のトカゲ
記載：Curioni, 1847
年代：アニシアン〜ラディニアン
大きさ：60cm
生き方：魚や甲殻類を食べる
主な種：*L. valceresii*, *L. balsamii*, *L. curioni*, *L. xingyiensis*

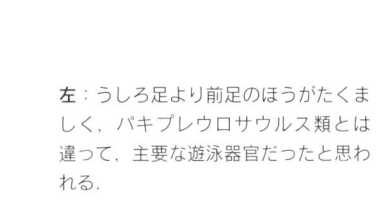

左：うしろ足より前足のほうがたくましく，パキプレウロサウルス類とは違って，主要な遊泳器官だったと思われる．

翼竜類

爬虫類が進化するとすぐに，飛行生活の可能性を切り開くものがいくらか現れた．ペルム紀と三畳紀には，皮膚弁を使って滑空する爬虫類が数種類いた．しかし，三畳紀後期に翼竜類が進化するまで，爬虫類のあいだに本当の飛行は発達しなかった．

シャロヴィプテリクス *Sharovipteryx*

翼竜類ではないが，翼竜類の飛膜に相当する原始的な膜がみられる．後肢が長いので，バッタのように跳びはね，空中に浮きあがったところで，膜で空気をとらえて滑空したと推測される．この膜はディスプレイ用にも使われた可能性がある．

下：1971年にシャロヴがつけた最初の名前は翼竜のポドプテリクスだったが，この名前はすでに甲虫類につけられていたことがわかった．

特徴：非常に長い脚で飛膜を支えた．飛膜は平たく広がった皮膚で，後肢から尾，後肢から小さな前肢へとのび，滑空用の表面を形成していたことは明らかだ．脚の骨は軽いつくりなので，力を加えて飛ぶことはできない．前肢は小さく，飛行中は飛膜のふちを調整するためだけに使われたと思われる．

分布：マディゲン（キルギスタン）
分類：主竜形類－鳥頸類
名前の意味：シャロヴの翼
記載：Cowen, 1981
年代：三畳紀
大きさ：体長30cm
生き方：滑空して昆虫を食べたと思われる
主な種：*S. mirabilis*

エウディモルフォドン *Eudimorphodon*

分布：イタリア北部
分類：主竜形類－鳥頸類－翼竜類－ランフォリンクス上科
名前の意味：真の2つの形の歯
記載：Sambelli, 1973
年代：ノーリアン
大きさ：翼開長1m
生き方：魚を食べる
主な種：*E. ranzii*

知られているなかでは最古級の翼竜類．飛行性動物としての体が完成していた．幼体を含めて，関節のつながった骨格がいくつか見つかっている．かぎ爪があるので，崖や木の幹のような急斜面にすみ，そこから飛び立って水面近くで魚類をつかまえたことがわかる．胃のあたりから魚類のうろこも見つかっている．

特徴：ほとんどの歯が小さく，あごに密生し，口全体で100本以上にもなるので，魚食性だとわかる．とがった先端が複数ついた歯もある．口の前方には，他の歯より大きい牙状の歯も生えている．すべりやすい獲物をつかまえるのに適した配置だ．のちに現れる翼竜類には，これほどよくできた配列の歯はみられない．体のわりに後肢がたくましく，尾はかたくてまっすぐのびている．

ペテイノサウルス Peteinosaurus

エウディモルフォドンと同時期の翼竜類だが、体はやや小さく、魚食よりも昆虫食の可能性が高い。ここから、出現したばかりの翼竜類がすでにさまざまな生き方をするように多様化し、テーチス海の海岸域にあったいろいろな生息地で、種類の異なる食べ物を探すようになっていたことがわかる。もっと有名なジュラ紀前期のディモルフォドンの祖先だったかもしれない。

特徴：エウディモルフォドンより体のつくりがやや原始的。下あごの前方に小さな牙が2対生えているが、それ以外の歯はほとんど同じ大きさで、どの歯にもとがった先端が1つずつある。翼の長さは後肢の約2倍（原始的な翼竜類としては短い）。ほとんどのランフォリンクス類（翼竜類の主要グループ）では、翼の長さが後肢の3倍以上あった。

分布：イタリア北部
分類：主竜形類－鳥頸類－翼竜類－ランフォリンクス上科
名前の意味：翼のあるトカゲ
記載：Wild, 1978
年代：ノーリアン
大きさ：翼開長60cm
生き方：空を飛んで昆虫を食べる
主な種：P. zambelli

上：ペテイノサウルスは、体重がたった100gしかなかったと思われる。

翼竜類の進化

上：原始的な主竜類で、翼竜類の祖先かもしれないヘレオサウルス

翼竜類の大きな謎は、三畳紀後期にできた岩石の化石記録に、十分進化した状態で突然現れることだ。間違いなく祖先といえる動物の記録はない。飛行力の進化についてもわからない。だが、これはそれほど驚くことではない。どんな動物でも化石になる確率は低く、よほど運がよくなければ標本は手に入らない。特に、体の軽い飛行性動物の骨はきゃしゃなので、めったに化石にならない。

原始的な主竜類のなかに翼竜類の祖先がいた可能性はある。たぶん、うしろ足で走るトカゲのような動物だっただろう。こうした動物の一部が、樹木にすむ昆虫類を追いかけて木にのぼり、樹上生活に適応して、長い四肢と軽い体を進化させたのかもしれない。次の段階で、四肢のあいだに滑空用の飛膜が発達し、木から木へと移動できるようになった。ここからどのようにして、巧みに操れる筋肉質の翼をもった、温血で活動的な飛行性動物に進化したかはまだ解明されていない。

プレオンダクティルス Preondactylus

部分骨格が2体と、前肢の断片がいくつか知られている。骨がごたまぜの状態でひとかたまりになった面白い化石も発見されている。これは魚が吐き出した不消化物と推測される。大きな魚がプレオンダクティルスの死体をのみこんで消化したあと、かたい部分を塊にして吐き出したものが、その後、化石になったのだ。

特徴：知られているかぎり最古の翼竜類。頭骨は一部しか発見されていないが、そこから推測すると、ジュラ紀のドリグナトゥスによく似ていたようだ。尾の保存状態はよく、他のランフォリンクス類と同様、骨化した腱によって長い椎骨がつなぎ合わされて、かたい棒状になっていた。この尾で体を安定させたり、舵をとったりした。

分布：イタリア北部
分類：主竜形類－鳥頸類－翼竜類－ランフォリンクス上科
名前の意味：プレオネ谷の指
記載：Wild, 1983
年代：ノーリアン
大きさ：翼開長1.5m
生き方：魚を食べる
主な種：P. buffarinii

左：ドリグナトゥスとの比較

左上：プレオンダクティルスの部分頭骨をコンピューター画像で処理すると、まっすぐなあごに大きさの異なる歯が生え、前方とあごの中ほどに大きな牙があり、眼窩に強膜輪（細かな骨でできた強化用の輪）があることがわかる。

初期の肉食恐竜

最初の恐竜はどんな動物だったのだろう？ 実はよくわからない．見つかったなかで最古の化石を観察し，最も原始的な最古の恐竜類を推測することしかできない．現在わかっているかぎりでは，南アメリカで小型肉食恐竜が出現したときが恐竜王国の始まりだとされているが，他の場所にも恐竜がいたかもしれない．

エオラプトル *Eoraptor*

アルゼンチン北西部にある「月の谷」は，三畳紀後期に堆積した砂岩と泥岩の露頭でできている．ほこりっぽい場所だが，かつては川が流れ，森が生い茂る谷だった．こうした川岸で，キツネほどの大きさのエオラプトルを含む最初の恐竜たちや，獲物にされたさまざまな爬虫類がうろついていた．

特徴：尾以外は完全にそろった骨格がみつかっている．体形や大きさの点で，エオラプトルは原始的な恐竜という概念にぴったりあう．他の肉食恐竜の下あごは，歯列の背後の骨に関節があるが，エオラプトルにはない．歯に複数の種類がみられるのも，肉食恐竜としてはめずらしい．

しかし，それを別にすると，腰の形や直立姿勢，前肢の指の数が減っている点など，骨格上の特徴から，間違いなく初期の獣脚類だといえる．

右：どれほど完全な恐竜骨格でも，皮膚や色についてはほとんどわからない．たいていの復元図と同様，色と模様は推測による．

分布：アルゼンチン北西部
分類：竜盤類－獣脚類
名前の意味：夜明けの略奪者
記載：Sereno, 1993
年代：カーニアン
大きさ：1 m
生き方：狩りをする
主な種：*E. lunensis*

ヘレラサウルス *Herrerasaurus*

エオラプトルと同様，三畳紀後期にアルゼンチンの川岸にすんでいたが，もっと大きく進化した獣脚類．体の大きさが違うので，エオラプトルとは違う獲物を襲っていたはずだ．骨格が発見されたのは1959年だが，科学的に研究されたのは数十年後のことだった．完全な頭骨が見つかったのは1988年．

分布：アルゼンチン北西部
分類：竜盤類－獣脚類－ヘレラサウルス科
名前の意味：ヘレラ（発見者ヴィクトリオ・ヘレラ）のトカゲ
記載：Sereno, 1988
年代：カーニアン
大きさ：5 m
生き方：狩りをする
主な種：*H. ischigualestensis*

特徴：ずっしりとしたあごと，ギザギザのついた長さ5 cmの歯をもつ大きな恐竜で，見かけも生き方も，あとから現れる大型獣脚類に似ていただろう．他の獣脚類と同じように，下あごに蝶番関節がある．うしろ足の骨はかなり原始的で，第1指と第5指が残っている．のちの獣脚類ではこの2本の指が消失している．耳の骨が複雑なので，聴覚が鋭く，狩りにも役立っただろう．

初期の肉食恐竜

恐竜はまず南アメリカで進化した可能性がある。初期の恐竜の化石は、大半がブラジルのサンタマリア層やアルゼンチンのイスキグアラスト層で見つかっている。どちらも三畳紀後期カーニアン期の地層だ。たしかに、初期の恐竜の最も完全な骨格はここで発見された。ただし、ばらばらの化石は世界の他の地域からも採集されている。南アメリカは、恐竜にきわめて近い関係にある主竜類、ラゴスクス類の産地でもある。両者にとって共通の祖先がこの地域にいたようだ。

この2ページに載せた恐竜の多くはあまりにも原始的なので、竜盤類や鳥盤類という恐竜の主要グループのどちらかに位置づけるのは無理だとされていた時期がある。しかし、1990年代にシカゴ大学のポール・セレノを主として行われた研究の結果、頭骨やうしろ足の骨の構造から、原始的な竜盤類だったことがわかった。

こうした初期の肉食恐竜には興味深い特徴がはっきりとみてとれる。下あごの歯列のすぐうしろに関節があり、もがく獲物にかみつくときの衝撃を吸収できる。前足の最初から3番目までの指にカーブしたかぎ爪があり、ものをつかむことができる。脚の骨が中空でスピードを出しやすい。これらはすべて、のちに現れる肉食恐竜にもみられる特徴だ。

下：ラゴスクスは恐竜類の祖先に近い主竜類

スタウリコサウルス *Staurikosaurus*

1936年、アメリカ合衆国、ハーバード大学比較動物学博物館から派遣された調査隊が、ブラジル南部のサンタマリア層を調べた。そして大型肉食恐竜の骨格を発見したが、この骨格が科学的に研究され、アメリカの偉大な古生物学者エドウィン・H・コルバートによって命名されたのは1970年のことだった。そのとき以来、スタウリコサウルスの分類については、大きく異なる意見が出されている。

特徴：同時期のアルゼンチンにいた恐竜ヘレラサウルスによく似ているが、もっと軽量で首が細長い。頭はかなり大きく、大きな獲物をつかまえることができるつくりになっている。ヘレラサウルスと同様、5本指の原始的なうしろ足をもつが、知られている唯一の骨格には腕や前足の骨がない。ヘレラサウルスと同じ恐竜だという科学者がいる一方で、非常に原始的なので、獣脚類にも竜脚類にも分類できないと考える科学者もいる。したがって、ここでの分類は確定したものではない。

分布：ブラジル南東部
分類：竜盤類－獣脚類－ヘレラサウルス科
名前の意味：南十字星のトカゲ
記載：Colbert, 1970
年代：カーニアン
大きさ：2m
生き方：狩りをする
主な種：*S. pricei*

左：獣脚類のような見かけをしていたはずだが、スタウリコサウルスはまったく異なるグループに属していたのかもしれない。竜盤類ですらなく、竜盤類と鳥盤類、両方の祖先だった可能性がある。

チンデサウルス *Chindesaurus*

チンデサウルスの話は、初期の恐竜が原始的だったことからくる混乱をよく表している。この恐竜はアメリカ合衆国カリフォルニア大学バークレー校のブライアン・スモールにより1980年代に発掘され、初期の植物食恐竜である古竜脚類と見なされた。マスコミのあいだでは、昔のアニメ映画に出てくる恐竜にちなんで「ガーティー」とよばれた。その後、1985年に獣脚類のヘレラサウルス類であることがわかる。

右：この恐竜は三畳紀後期カーニアン期の北アメリカにすんでいた。残念ながら、南アメリカにある同様の岩石層との年代対比が難しいため、出現時期が南アメリカの種類より前かあとかは不明だ。

特徴：初期の他の恐竜に似ているが、脚がずいぶん長く、尾はムチにそっくりだ。北半球で見つかった最初のヘレラサウルス類である点が重要。化石の森国立公園のチンリー層から、他の肉食動物とともに見つかったので、当時の川岸の森には獲物になる動物がいろいろいたことがわかる。

分布：アリゾナ州とニューメキシコ州（アメリカ合衆国）
分類：竜盤類－獣脚類－ヘレラサウルス科
名前の意味：チンデ（地名）のトカゲ
記載：Murray and Long, 1985
年代：カーニアン
大きさ：3m
生き方：狩りをする
主な種：*C. bryansmalli*

敏捷な肉食恐竜

肉食恐竜の標準的な体形はすばしこい生き方に適していた．力強いうしろ脚は勢いをつけて攻撃をしかける推進力となり，歯とかぎ爪は武器に使われただろう．小型恐竜の一部はかなり軽い体になり，見るからにスピードを出せるつくりで，すらりとした胴体と機敏に動かせる長い脚をもつようになった．

アリワリア *Aliwalia*

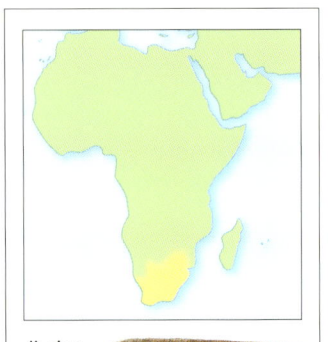

分布：南アフリカ
分類：竜盤類－獣脚類
名前の意味：アリワリア（南アフリカの地名）のもの
記載：Galton, 1985
年代：カーニアン～ノーリアン
大きさ：8m
生き方：狩りをする
主な種：*A. rex*

特徴：非常に大きな肉食恐竜で，巨大肉食恐竜の先がけと思われるが，それ以外のことはほとんどわかっていない．唯一見つかった化石はうしろ脚の一部とあごの断片だけである．巨大肉食恐竜は初期の小型恐竜から時間をかけて進化し，中生代のもっと遅い時期に出現したと思われがちだ．しかし，アリワリアのような恐竜が存在したのなら，早くからいたことになる．獲物にされたのは古竜脚類や他の大型植物食動物，たとえば，とがった歯をもつリンコサウルス類や，植物食の哺乳類型爬虫類の最後の生き残りなどだろう．

1873年に南アフリカからオーストリアの博物館へ送られた古竜脚類の化石に混じって，わずかばかりの化石が見つかった．しかし1世紀のあいだ，古竜脚類のものとされていたため，古竜脚類は植物だけでなく肉も食べたのではないかという考えが生まれることになる．現在では古竜脚類は植物食だとわかっているが．

左：ほんのひとにぎりの骨から生体復元図を描くのは難しい．しかし，初期の肉食恐竜の全体的な外見は十分にわかっているので，アリワリアの外見について，知識に裏づけられた推測をすることはできる．

シュヴォサウルス *Shuvosaurus*

分布：テキサス州（アメリカ合衆国）
分類：竜盤類－獣脚類
名前の意味：シュヴォ（発見者の息子）のトカゲ
記載：Chatterjee, 1993
年代：ノーリアン
大きさ：約3m
生き方：雑食か，卵を盗んで食べた
主な種：*S. inexpectatus*

1990年代初めに，古生物学者サンカール・チャタジーの息子が頭骨を発見し，世間を驚かせた．歯がなかったので，当初はダチョウ恐竜ではないかと考えられていた．しかし，ダチョウ恐竜は白亜紀の岩石からしか見つかっておらず，このグループが生息していた時期としては三畳紀は早すぎる．現在までに見つかった種は1種のみで，思いがけない発見だったことを意味する種名がつけられた．

特徴：歯がない頭骨があるだけで，それ以外のことは何もわかっていない．ダチョウ恐竜という最初の同定には無理があり，すぐにラウイスクス類として分類しなおされた．ラウイスクス類は初期の恐竜と同時期に生息していた陸生の捕食者で，ワニに似た姿をしていた．ラウイスクス類のなかに，頭骨を欠く化石をもとに設けられたチャタジアという属があり，シュヴォサウルスはここに入れられた．テキサス州にあるノーリアン期の上部ドッカム層群とよばれる地層から，椎骨や分離した他の骨が見つかったが，これもシュヴォサウルスのものかもしれない．現在は非常に特殊化したコエロフィシス類と考えられているが，まだ決着はついていない．

上：シュヴォサウルスのあごには歯がないので，かたよった食べ方をしていたことはわかるが，食べ物の種類を示す証拠はない．

ゴジラサウルス *Gojirasaurus*

デンバー自然科学博物館のケネス・カーペンターが発見．1954年に制作された日本のSF映画『ゴジラ』にカーペンター少年は魅了され，その後，古生物と恐竜へ興味をもつようになる．そして，子供の頃に夢中になった怪獣に敬意を表し，見つかってまもない化石をゴジラサウルスと命名した．

特徴：互いに関連のある骨格しか見つかっていない．内容は，肋骨，背骨のかけら，肩帯，腰とうしろ脚の一部，1本の歯だ．おまけに，この骨格は完全に成長しきっていない個体だったため，成体の大きさははっきりしない．したがって，この復元図はきわめて不確かなものである．ゴジラサウルスは相当な大きさに達する初期の肉食恐竜だったということしかいえない．

左：ゴジラという名前は，クジラとゴリラを合わせた日本の造語．

分布：ニューメキシコ州（アメリカ合衆国）
分類：竜盤類－獣脚類－ケラトサウルス類
名前の意味：ゴジラのトカゲ
記載：Carpenter, 1991
年代：カーニアン～ノーリアン
大きさ：未成熟の標本から推測すると，5.5m
生き方：狩りをする
主な種：*G. quayi*

肉食恐竜の体形

肉食恐竜の基本体形は初期段階で確立した．うしろ脚と尾が長く，直立した姿勢は，恐竜に関する知識が少しでもあれば，見なれているはずだ．実は，科学者が最初に考えついたのは，背中を45度傾け，尾を地面につけて引きずった立ち姿だった．これはカンガルーの姿勢である．尾をもつ二足歩行の現生大型動物で，よく知られているのはカンガルーだけだ．カンガルーをきっかけにこうした推測が生まれたのは間違いない．

1970年代のあたりで，もっと新しい見方が認められるようになった．背中を地面と水平に保ち，できるだけ大きな傷を獲物につけられるように，あごとかぎ爪を前方に突き出し，重い尾で体全体のバランスをとる姿勢だ．

この姿勢の進化に関する説のひとつに次のようなものがある．恐竜の直接の祖先はワニ類に似た半水生の動物で，泳ぎに使うたくましいうしろ脚と力強い尾をもっていた．このような動物が陸へ上がったときには，当然，たくましいうしろ脚で歩き，短い前脚は地面から離していただろう．そうすると，筋肉質の重い尾を使って体の残りの部分とのバランスを保つのは，ごく自然な成りゆきだったというのだ．

下：左側の恐竜骨格から，獣脚類の立ち姿に関する現在の見方がわかる．右側の骨格は昔の解釈による復元図．

リリエンシュテルヌス *Liliensternus*

三畳紀のヨーロッパでは最大級の肉食恐竜．大きさや見かけは，コエロフィシスとディロフォサウルスの中間である．不毛の大陸でかろうじて川岸にできた森にすんだ．この地域にいた大型で植物食の古竜脚類を襲ったと思われる．

特徴：初期の肉食恐竜はたいていそうだが，前足に指が5本ある．しかし，第4指と第5指はずいぶん小さくなっているので，大多数の獣脚類で定着した3本指タイプへ近づきつつあったようだ．体は非常に細く，首と尾がきわだって長い．頭のとさかは鮮やかに色づき，他の恐竜にシグナルを送ったりコミュニケーションをとったりするのに使われただろう．

分布：ドイツ
分類：竜盤類－獣脚類－ケラトサウルス類
名前の意味：リリエンシュテルン（人名ルーレ・フォン・リリエンシュテルン）のもの
記載：von Huene, 1934
年代：カーニアン～ノーリアン
大きさ：5m
生き方：狩りをする
主な種：*L. orbitoangulatus, L. airelensis, L. liliensterni*

コエロフィシス類

コエロフィシス類は三畳紀後期に最も広く分布していた肉食恐竜だったようだ．繁栄をきわめたので，このグループのメンバーはジュラ紀の初めまで生きのびた．コエロフィシス類は足の速い小型恐竜で，小さめの動物を獲物にしていたと思われる．大きめの獲物は，当時もまだ生息していたワニに似た大型動物にゆずっていただろう．

プロコンプソグナトゥス *Procompsognathus*

ヨーロッパに生息していた最初期の肉食恐竜．骨格から，活発なハンターだったことはわかるが，はるかに大きなヘレラサウルス類がいっしょにいたので，当時を代表するハンターではなかった．この恐竜に関する情報はほんのわずかしかなく，外見や分類が不明確であるにもかかわらず，広く名を知られたのは，マイケル・クライトンによる1995年の小説『ロスト・ワールド：ジュラシック・パーク2』と，映画版で重要な役割を演じたからだ．

特徴：骨格は1体しか知られていないうえに，ひどくつぶれ，首と尾，腕，腰の大半が欠けている．コエロフィシス類とする分類はおもに，細長い頭骨と歯をもとにしている．しかし現在，これらの化石はまったく別の動物，おそらくワニ類のものではないかとみられている．したがって，ここに載せた復元図と分類はかなりあやしい．

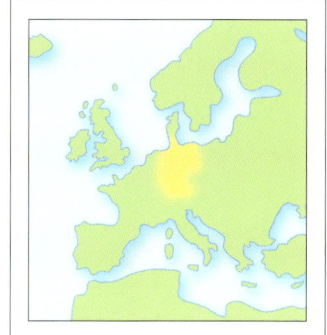

分布：ドイツ
分類：獣脚類－コエロフィシス上科（未確定）
名前の意味：コンプソグナトゥスより前
記載：Fraas, 1913
年代：ノーリアン
大きさ：1.2m
生き方：狩りをする
主な種：*P. traissicus*

キャンポサウルス *Camposaurus*

チャールズ・ルイス・キャンプ（1893～1975）はアメリカの古脊椎動物学者である．アリゾナ州にある「化石の森」発掘地で得られた三畳紀の動物に関する情報は，ほとんどがキャンプの多大な貢献にもとづいている．この小型肉食恐竜の部分化石も彼が発見し，亡くなったあとかなり経ってから，その名前にちなんだ学名がつけられた．

特徴：脚の骨と椎骨が少しだけ見つかっている．走るのに適した長い脚とかぎ爪がついた3本指のうしろ足をもつところが，コエロフィシスによく似ている．しかし，骨の形と配置がかなり違うので，近縁だがまったく別の恐竜だった．アリゾナ州の化石の森国立公園で，シダ類の茂みや球果植物の森にすむ小さめの動物をつかまえていたのだろう．

左：少しだけ見つかったキャンポサウルスの骨は，ややあとに現れるコエロフィシスの骨とは違っているので，別種とみてよい．それでも，両者はかなり似ていたはずだ．

分布：アリゾナ州（アメリカ合衆国）
分類：獣脚類－コエロフィシス上科
名前の意味：キャンプ（発見者）のトカゲ
記載：Hunt, Lucas, Heckert and Lockley, 1998
年代：カーニアン
大きさ：1m
生き方：狩りをする
主な種：*C. arizonensis*

コエロフィシスの発見

1947年，ニューメキシコ州のゴーストランチという不気味な名前の場所で，コエロフィシスの群れが発見され，この初期の肉食恐竜の生と死について知るうえで驚くべきヒントが得られた．なかには，関節がすべてつながった完全骨格もあった．どれも典型的な死のポーズをとり，頭と首が背中側へ引っぱられていた．空気にさらされて腱が乾燥するにつれて，体が折れ曲がったのだ．胸郭の内側に子供のコエロフィシスの骨が入った骨格も2体あった．おそらく，干あがっていく水飲み場の近くにコエロフィシスの群れが集まり，水がなくなると同時に死んでしまったのだろう．極度の空腹に耐えかねて，生き残るためにしかたなく子供を食べたが，むだに終わったのは明らかだ．コエロフィシスは1889年にコープによってすでに命名されており，ゴーストランチの骨格は同じ恐竜として同定された．しかし，その後の研究で，まったく別の属と見なせるほどの違いがあることがわかり，リオアリバサウルスという名前が改めてつけられた．そのときにはすでに，この発掘地が世に知れわたり，ここで発見された恐竜がコエロフィシスとして受け入れられていたので，国際動物命名審議会（ICZN）（新種の動物の学名を決める団体）は，コープが最初に発見したものではなく，ゴーストランチの化石にコエロフィシスという名前を与える決定を下した．ICZNとしては異例のことである．

コエロフィシス Coelophysis

コエロフィシス類で最も有名な恐竜であることは間違いなく、数多くの骨格が発見されている．関節のつながった完全骨格も含まれ、このグループ全体の情報源になっている．1947年にニューメキシコ州のゴーストランチで見つかったたくさんの骨格から、干あがっていく水飲み場で餓死したことがわかった．1998年に、スペースシャトル「エンデバー」号で頭骨が宇宙ステーションのミールに運ばれ、宇宙に飛び出した最初の恐竜になった．

特徴：細身の体で走って狩りをする．頭と首が長く、軽量で、尾も長い．前上顎骨（頭蓋の前方にある骨）は、あごの他の部分とゆるく関節しているので、小さな獲物をうまく扱えた．群れで狩りをしたことが、化石からわかる．骨格の重さに大小の違いがあるところをみると、オスとメスがいっしょに行動したようだ．

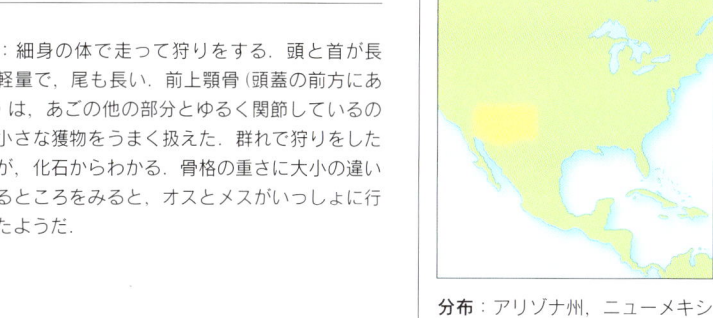

分布：アリゾナ州，ニューメキシコ州，ユタ州（アメリカ合衆国）
分類：獣脚類－コエロフィシス上科
名前の意味：中空の形
記載：Cope, 1889
年代：カーニアン〜ノーリアン
大きさ：2.7m
生き方：狩りをする
主な種：*C. bauri*（分類をめぐる論争があり、ポドケサウルスとシンタルススをコエロフィシスの種とし、ゴーストランチの化石にリオアリバサウルスという名前をつけた科学者もいる）

左：コエロフィシスという名前のもとになった中空の骨は、現生鳥類と共通する特徴である．そのおかげで体がずいぶん軽くなり、速く動けた．

エウコエロフィシス Eucoelophysis

三畳紀の恐竜で狩りをする種はごく少数だ、と以前は考えられていた．エウコエロフィシスとキャンポサウルスの発見により、いろいろ存在したことがわかった．すべてコエロフィシス類で、互いに近い関係にあり、ほぼ同時期に同じ場所にすんでいた．エウコエロフィシスは、コエロフィシスの化石を含む地層よりやや古いハトリノアイト・ノォレスト層から発見された．

特徴：この恐竜に関する知識は、1980年代初めにニューメキシコ州で見つかった脚などの骨にもとづく．骨の形から、コエロフィシスに近縁だが、別の属と見なせるほど違うことがわかる．そうすると、アマチュア化石収集家デイヴィット・ホールドウィンが1880年代に発見したオリジナルのコエロフィシス化石の一部は、本当は、この属に分類できそうに思われる．

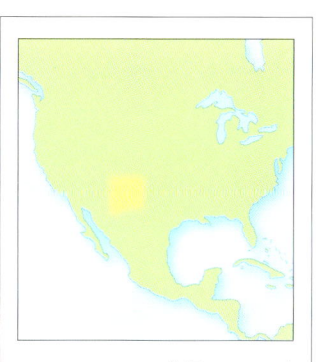

分布：ニューメキシコ州（アメリカ合衆国）
分類：獣脚類－コエロフィシス上科
名前の意味：真のコエロフィシス
記載：Sullivan and Lucas, 1999
年代：カーニアン〜ノーリアン
大きさ：3m
生き方：狩りをする
主な種：*E. baldwini*

右：コープが発見した最初のコエロフィシス化石と、コエロフィシス類とされるいくつかの種は、実はエウコエロフィシス属かもしれない．

原始的な竜脚形類

竜脚形類は最初の植物食恐竜だった．原始的な肉食恐竜から進化したと思われる最古の竜脚形類は，ウサギほどの大きさの小型恐竜だったが，中生代の時が進むにつれて，過去最大の陸上動物に進化する．竜脚形類は，先に現れた古竜脚類と竜脚類の2グループに大別される．原始的すぎるため，どちらにも分類できない種類もいる．

サトゥルナリア *Saturnalia*

初期の恐竜サトゥルナリアは，恐竜の世界でやがて起きる進化の兆候を示している．知られているかぎり最古の植物食恐竜で，最初は初期の古竜脚類と思われていた．現在は，古竜脚類より原始的だったと考えられている．竜脚形類の古いメンバーというところまでしか分類できない．

特徴：3体の部分骨格から，ウサギ大の体に長い首と尾がついた優雅な恐竜を描くことができる．頭は小さく，歯には植物を食べるのに適した粗いギザギザがある．胴体と脚はずいぶんほっそりとしている．腰の骨はかなり原始的で分類しにくいが，足首の骨は同時期の肉食恐竜のものに似ている．古竜脚類と竜脚類の祖先にきわめて近かった．

分布：ブラジル
分類：竜脚形類
名前の意味：サトゥルナリア祭（古代ローマの冬至の祭）
記載：Langer, Abdala, Richter and Benton, 1999
年代：カーニアン
大きさ：1.5m
生き方：低い植物の枝や葉を食べる
主な種：*S. tipiniquim*

右：サトゥルナリア祭は古代ローマの冬至の祭．その時期に発見されたことから，この恐竜はサトゥルナリアと命名された．種名はブラジルで使われているポルトガル語で「現地の」という意味．

テコドントサウルス *Thecodontosaurus*

見つかった時期が古く，恐竜で4番目に命名された．もとになったのは，イギリスのブリストル付近にある石灰岩採石場で見つかった，歯のついたあごだ．初めは，オーウェンがつくった恐竜類の分類には入れられなかった．イグアノドンやメガロサウルスに比べて，あまりにも小さかったからだろう．トマス・ハクスリーによって恐竜のグループに入れられたのは，1870年になってからだ．

特徴：部分骨格を含めて，幼体や成体の化石がたくさん見つかっている．残念ながら，古い標本は，第二次世界大戦でイギリスのブリストル市立博物館が爆撃されたときに消失した．他の古竜脚類と同様，小さい頭に，植物を切り刻む歯があり，うしろ脚より前脚が短い．四足歩行で動きまわることが多かったと思われるが，二足歩行で長時間過ごすこともできただろう．

分布：イングランドとウェールズ（イギリス）
分類：竜脚形類－古竜脚類
名前の意味：歯槽のあるトカゲ
記載：Riley and Stutchbury, 1836
年代：ノーリアン～レーティアン
大きさ：2m
生き方：低い植物の枝や葉を食べる
主な種：*T. antiquus*, *T. minor*, *T. caducus*

左：テコドントサウルスは二本足で走ったり，四本足で立って植物を食べたりしただろう．

原始的な竜脚形類　85

エフラアシア *Efraasia*

唯一の化石を，ドイツにおける恐竜研究の草分けエーベルハルト・フラースが1909年に発見．1973年にフラースの名前をもとに命名された．前足に古竜脚類の特徴がはっきり現れている．現在の研究者のなかには，もっと大型の恐竜セロサウルスの幼体と考える者もいるが，その一方で，サトゥルナリアと同じく，非常に原始的な竜脚形類という説も出されている．

特徴：他の古竜脚類と同様，物をつかめる長い指と動きのいい親指があり，前足を多目的に利用できた．前足の足首は関節がよく発達し，柔軟で，足の裏を地面に向けることができたので，四足歩行が可能だった．しかし，背骨を腰につなげる仙椎は2個しかない．他の竜盤類ではたいてい3個なので，この点がかなり原始的である．もしかすると，これは子供の特徴かもしれない．

分布：ドイツ
分類：竜脚形類－古竜脚類
名前の意味：（ドイツの草分け的恐竜研究者）エーベルハルト・フラースにちなむ
記載：Galton, 1973
年代：ノーリアン
大きさ：2.4 m
生き方：低い植物の枝や葉を食べる
主な種：*E. diagnostica, E. minor*

右：エフラアシアのオリジナル骨格はワニ類のあごといっしょに出てきたので，肉食動物の頭に植物食動物の体という形で復元された．1973年のピーター・ゴールトンによる研究で，現在の復元図ができあがった．

恐竜の正確な年代決定

左：テコドントサウルスの頭骨

竜脚形類に含まれる古竜脚類は古くから研究されてきた恐竜類だが，他の恐竜に比べると，まだ不明な点がたくさんある．その理由は，恐竜時代の初めに生息していたために，化石記録があまりにも古く，断片的で不完全だからだろう．

最初に見つかった古竜脚類の遺骸はテコドントサウルスのものだった．イギリス南部のブリストル近くで，石炭紀の石灰岩に入りこんだ三畳紀の地層から，断片的な化石が見つかった．石炭紀の岩石層から三畳紀の化石が見つかるという，一見矛盾したできごとは，当時の地理から説明できる．三畳紀，この地域は乾燥した石灰岩の高地で，石炭紀に堆積した岩石でできていた．そこかしこに洞穴や裂け目があり，動物たちが身を隠していたと思われる．吸いこみ穴からは湿った空気が立ちのぼり，ふちに植物が生えていただろう．他の場所より豊かに植物が茂っているので，テコドントサウルスのような植物食恐竜が誘われてきて，穴に落ちて命を落とすこともあったはずだ．穴の底に散らばる小石や骨はやがてかたまり，三畳紀の動物の化石が石炭紀の岩石に包まれる結果になった．

セロサウルス *Sellosaurus*

三畳紀のヨーロッパで砂漠に生息していた古竜脚類．かろうじて湿気のある地域に生えたチリマツのような原始的な球果植物を食べた．胃石を含む骨格もあるので，かなり高度な消化系をもち，かたい植物を発酵させて消化を助ける細菌を，大きな消化器官のなかにたくさんたくわえていただろう．

特徴：典型的な中型古竜脚類．ずっしりとした胴体に長い首，小さな頭をもつ．うしろ脚は前脚より大きく，力強い．前脚を使って木から小枝や葉をひきはがしたと思われる．尾椎の形が他の古竜脚類と異なり，神経棘が鞍型の構造をつくっているところから，この名前がついた．アンキサウルスの祖先だった可能性もあるが，証明は難しい．これまでにわかっている20体以上の部分骨格のうち，3体に頭骨がある．一部の骨格では胃石もいっしょに見つかっている．

分布：ドイツ
分類：竜脚形類－古竜脚類－プラテオサウルス科
名前の意味：優美な鞍のトカゲ
記載：von Huene, 1908
年代：ノーリアン
大きさ：6.5 m
生き方：低い植物の枝や葉を食べる
主な種：*S. gracilis*

左：初めは，別の恐竜であるエフラアシア・ディアグノスティカとプラテオサウルス・グラキリスも含めて，セロサウルスという名前が使われていた．しかし2002年，オーストラリアの古生物学者アダム・イェイツの研究により，これらは3つの異なる属だったことがわかった．

典型的な古竜脚類

竜脚形類の一グループである古竜脚類は，三畳紀後期に急成長し，主要な植物食恐竜になった．この時期，世界の陸塊はまだ合体したままだった．その結果，同じような動物の化石が世界中で見つかっている．ヨーロッパは以前から古竜脚類の中心的な発掘地だったようだが，南北アメリカやアフリカ，中国でも古竜脚類は発見されている．

エウスケロサウルス *Euskelosaurus*

アフリカで初めて発見された恐竜．1866年，南アフリカで脚の骨がまとまって見つかり，研究のためにロンドンへ運ばれた．以後，この恐竜の骨はアフリカ南部のいたるところで見つかり，当時はごくありふれた植物食恐竜だったことがわかった．南の大陸全体に乾燥した気候が広がっていた時期に生息していたらしく，南アフリカの下部エリオット層で，砂岩に含まれた化石が数多く発見されている．やわらかい川砂に足をとられてはまりこんだのだろう．スイスでもプラテオサウルスが似たような状態で化石になっている．

特徴：最大級の古竜脚類なので，このあとに続く典型的な竜脚類にきわめてよく似ている．ずんぐりとした胴体を四本足で支えながら歩いた．骨はたくさん掘り出されているが，頭骨は見つかっておらず，他の古竜脚類との関係は不明．

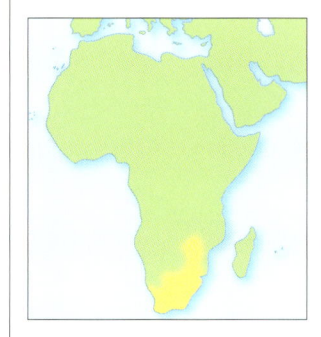

分布：レソト，南アフリカ，ジンバブエ
分類：竜脚形類－古竜脚類
名前の意味：よい脚のトカゲ
記載：Huxley, 1866
年代：カーニアン～ノーリアン
大きさ：9～12m
生き方：高い植物の枝や葉を食べる
主な種：*E. browni*, *E. africanus*, *E. capensis*, *E. fortis*, *E. molengraafi*

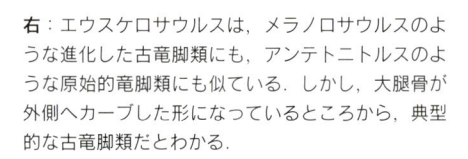

右：エウスケロサウルスは，メラノロサウルスのような進化した古竜脚類にも，アンテトニトルスのような原始的竜脚類にも似ている．しかし，大腿骨が外側へカーブした形になっているところから，典型的な古竜脚類だとわかる．

ブリカナサウルス *Blikanasaurus*

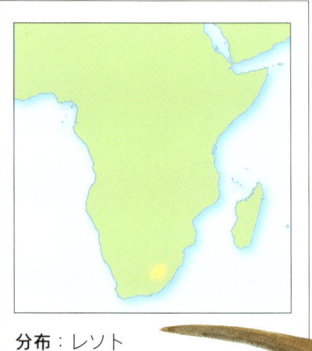

環境が新しくなれば，それに応じて新しい体形の動物が必ず進化する．古竜脚類には，より大きく重い体への変化がみられる．こうした道筋から竜脚類が進化したが，なかには進化のわき道へそれ，たまたま竜脚類に姿が似ているが，それ以上先へ進まなかった種類もいる．ブリカナサウルスはそのような恐竜のひとつだ．

特徴：ブリカナサウルスについてわかっているのは，がんじょうなつくりの後肢だけだ．脚が非常に短く，常に四足歩行で過ごしていたと推測される．この点がのちに現れる竜脚類に似ていただろう．しかし，うしろ足の第5指（すべての竜脚類に存在する）は小さいので，竜脚類へ向かう進化系統ではなく，古竜脚類の側枝であることがわかる．

分布：レソト
分類：竜脚形類－古竜脚類
名前の意味：ブリカナのトカゲ
記載：Galton and van Heerden, 1985
年代：カーニアン～ノーリアン
大きさ：5m
生き方：高い植物の枝や葉を食べる
主な種：*B. comptoni*

右：今現在知られているかぎりでは，ブリカナサウルスは常に四足歩行をしていた最初の恐竜である．同時代に生息していた他の初期古竜脚類は，ときどき二本足で歩きまわることができただろう．

プラテオサウルス *Plateosaurus*

分布：ドイツ，スイス，フランス
分類：竜脚形類－古竜脚類－プラテオサウルス科
名前の意味：幅広いトカゲ
記載：von Meyer, 1837
年代：ノーリアン
大きさ：8m
生き方：高い植物の枝や葉を食べる
主な種：*P. engelhardti*, *P. gracilis*

最も有名な古竜脚類のひとつ．ヨーロッパの恐竜すべてのなかで化石の発掘数が抜きんでて多く，**50をこす場所に化石産地がある**．たくさんの化石がまとまって見つかるので，群れをつくったことがわかる．三畳紀後期のヨーロッパには乾燥した高原や盆地が広がっていたが，群れはそうした風景を横切って移動したのだろう．地域によってはプラテオサウルスの化石が多数集中していることから，災害がしばしば群れを襲ったという説が古生物学者のあいだから出されている．しかし一方で，長い期間をかけて骨が積み重なった結果とも考えられる．この説に立てば，ある季節に特定の場所へ群れが集まったという事実が浮き彫りになる．

スイスでは興味深い化石が見つかった．川でできた砂岩に，プラテオサウルスの脚の骨が直立して埋もれ，その他の骨は，肉食の恐竜やワニに似た動物の歯と入り混じって広範囲に散らばっていたのだ．流砂にはまりこんだプラテオサウルスが，肉食動物によってばらばらにされたと考えられる．南アフリカでも，このような状態で保存されたエウスケロサウルスの化石が発見された．

下：プラテオサウルスの歯は木の葉型で，粗いギザギザがあり，木生シダ類や原始的な球果植物のかたい葉を切り刻むのに適していた．

古竜脚類の系統

古竜脚類は古足類とよばれることもある．古竜脚類は二足歩行で肉食の祖先から生じ，初期の種類はのちに現れる竜脚類へと進化していった．小型の古竜脚類は二足歩行の活動的な恐竜だったが，走るのはあまり得意ではなかった．それでも，同時代の四足歩行動物に比べれば足は速かった．最大級の古竜脚類は完全な四足歩行だった．中型の種類は四足歩行で過ごすことが多かったが，球果植物の葉やソテツのような植物の実を食べるために立ちあがるときもあっただろう．前脚は短めだが，うしろ脚はずっしりとしていて，指が5本ある．前足にも指が5本あり，親指に大きなかぎ爪がついているのがこのグループの特徴である．これを武器にすることもあれば，植物の根を掘り起こしたり木の枝をもぎとったりする道具として利用することもあったと思われる．四本足で歩くときは，特殊化した関節で親指のかぎ爪を持ちあげ，じゃまにならないようにした．

足に特徴があるので，三畳紀やジュラ紀前期の砂岩についた足跡をみれば，古竜脚類のものだとすぐにわかる．生痕属ナヴァホプス*Navajopus*の足跡は古竜脚類アンモサウルス*Ammosaurus*と結びつけられている．しかし，ここまで特定できる例はわずかだ．

右：古竜脚類の前足と，かぎ爪のついた親指

特徴：古竜脚類に関する全体的な解釈は，数多くのプラテオサウルスの化石がもとになっている．しかし，資料の分析方法はどんどん新しくなっている．古竜脚類は趾行性で，鳥のようにつま先だけを地面につけて歩いたというのが従来の見方である．ところが，最近の研究により，足裏全体を地面につけて歩く蹠行性で，クマのように体重を足全体にかけていた可能性が指摘されている．

その他の古竜脚類

三畳紀の時が進むにつれて，古竜脚類は小型や中型から大型へと進化し，巨大な胴体と長い首，小さな頭をもった四足歩行の竜脚類に姿が似てくる．大型古竜脚類の大半はメラノロサウルス類に分類される．

レッセムサウルス *Lessemsaurus*

南アフリカと南アメリカには，よく似た古竜脚類がすんでいた．三畳紀後期には大西洋が存在せず，南アメリカとアフリカはひとつの大陸に含まれていた．両者のあいだで環境や気候が分断されずにつながっていたので，両方の大陸から同じような動物の化石が見つかるのは不思議ではない．この地域の主要な植物食動物は古竜脚類だった．

特徴：部分的につながった脊柱のみが見つかっている．そこから長い棘状突起が上へ突き出ているので，背中にそって目立つ隆起があっただろう．これを鮮やかに色づかせてシグナルを送ったか，温度調節に使ったのかもしれない．背骨の構造からすると，体の残りの部分は典型的な古竜脚類の体形だったと思われる．

右：この古竜脚類は，多数の著書を出版し恐竜を有名にしたアメリカ人ドン・レッセムにちなんで命名された．

分布：アルゼンチン
分類：竜脚形類－古竜脚類
名前の意味：レッセムのトカゲ
記載：Bonaparte, 1999
年代：ノーリアン
大きさ：9m
生き方：高い植物の枝や葉を食べる
主な種：*L. sauropoides*

リオハサウルス *Riojasaurus*

南アメリカの古竜脚類で最も有名．骨格は1960年代から知られていたが，頭骨が見つかったのはごく最近．首が細長いことはわかっていたので，他の古竜脚類と同様，頭は小さいと推測されていた．頭骨の発見で，これが確かめられた．

特徴：四足歩行をすることが多い大型古竜脚類，メラノロサウルス類に属している．さまざまな成長段階にある骨格が20体以上見つかったので，外見がかなりわかっている．うしろ脚は前脚よりほんの少しだけ大きく，四足歩行だったと推測される．脚の骨は太くてすきまがないが，背骨には空洞がある．体重は1トンほどあっただろう．

分布：アルゼンチン
分類：竜脚形類－古竜脚類
名前の意味：リオハ（地域名）のトカゲ
記載：Bonaparte, 1969
年代：ノーリアン
大きさ：11m
生き方：高い植物の枝や葉を食べる
主な種：*R. incertus*

左：リオハサウルスは，竜脚類が進化する前の世界で最も重い陸上動物だっただろう．骨格はすべてアンデス山麓で見つかっている．

その他の古竜脚類 **89**

キャメロティア *Camelotia*

進化した大型古竜脚類と原始的な竜脚類のあいだに大きな違いはなく、相違点はおもに足部の骨の配置と脚の骨の曲がり具合に集中している。そのため、骨格の一部だけが見つかったときに取り違えがおきやすい。キャメロティアは両方のグループの特徴をあわせもつようにみえる。1890年代にシーリーによって初めて発見され、アヴァロニアと命名された。骨格といっしょに見つかった歯は、古竜脚類のものには思えなかった。その後、歯はアヴァロニアヌスというオルニトスクス類のものとして同定されている。

特徴：椎骨と腰の骨、うしろ脚の骨だけしかなく、ちょっとした謎をよんでいる。大腿骨のカーブと脚の筋肉の付着点が竜脚類のものに似ているので、本当は原始的な竜脚類ではないかという説が出されている。しかし、骨の残りの部分をみると、古竜脚類のなかのメラノロサウルス類に分類されることがわかる。

分布：イングランド（イギリス）
分類：竜脚形類－古竜脚類－メラノロサウルス科
名前の意味：キャメロット（伝説でアーサー王の宮廷があった場所）のもの
記載：Galton, 1985
年代：レーティアン
大きさ：9m
生き方：高い植物の枝や葉を食べる
主な種：*C. borealis*

左：アヴァロニアという名前はすでに使われていたので、発見と最初の命名から1世紀後に、ピーター・ゴールトンが持ち主の違う歯をとりのぞいて再記載し、新たな名前をつけた。

古竜脚類の進化

古竜脚類の分類は、他の恐竜類と同様、しょっちゅう塗り替えられている。原始的な主要グループはプラテオサウルス科とメラノロサウルス科である。竜脚類へとつながる系列は早くから枝分かれしたが、古竜脚類自体もより高等な種類へと進化しつづけた。マッソスポンディルス科はジュラ紀まで存続した。

下：進化した古竜脚類（上）と原始的な古竜脚類（下）

メラノロサウルス *Melanorosaurus*

南アフリカ産のメラノロサウルスやエウスケロサウルス、南アメリカ産のリオハサウルスなど、南の大陸から見つかる大型の古竜脚類は、外見がそっくりなので、全部が同じ属ではないかともいわれている。たしかに、すべてメラノロサウルス科に属している。また、生きていたときにも区別するのは難しかっただろう。

特徴：メラノロサウルス科を設けるもとになった大型の古竜脚類。巨大な四肢をもち、わかっているかぎりでは、当時の世界で最も重くて大きい陸上動物だったと思われる。他のなかまと違って、うしろ脚だけで動きまわることはできなかったようだ。その体形と、長い首を木の枝までのばしてえさを食べる生き方は、やがて現れる巨大竜脚類の姿を先取りしている。

分布：南アフリカ
分類：竜脚形類－古竜脚類－メラノロサウルス科
名前の意味：ブラックマウンテン（発見場所）のトカゲ
記載：Haughton, 1924
年代：カーニアン～ノーリアン
大きさ：15m
生き方：高い植物の枝や葉を食べる
主な種：*M. readi*, *M. thabanensis*

左：メラノロサウルスとそのなかまが巨体になったのは、防御のための初期段階の適応だったのかもしれない。当時の肉食恐竜はもっと小さかったので、相手がこれだけ大きいと、襲う気にはならなかっただろう。

さまざまな植物食恐竜

三畳紀の終わりに，まったく新しい植物食恐竜のグループ，鳥盤類が地上を歩きまわるようになる．鳥盤類は腰の形が鳥類に似ている点が竜盤類と違っていた．最も広く分布した鳥盤類は，鳥類に似た足をもつ鳥脚類で，三畳紀に初めて現れたときには二本足で走りまわる小型恐竜だった．

ピサノサウルス *Pisanosaurus*

ピサノサウルスは風変わりな恐竜である．鳥脚類は，ジュラ紀前期の南アフリカにいたレソトサウルスのような原始的グループから進化したと以前は考えられていた．このグループでは，鳥脚類全体の特徴である物をかむあごの構造や頬は発達しなかった．ところがピサノサウルスは，レソトサウルスが現れる2500万年前に，こうした特徴をそなえていた．

特徴：骨盤や足首の関節の細部は，鳥盤類より竜盤類に似ている．えさを食べるしくみは進化した鳥盤類に似ているので，鳥盤類と竜盤類の共通の祖先に近い場所に位置づけられる．一言でいえば，鳥盤類の頭と竜盤類に似た胴体をもつ恐竜である．しかし，特殊なあごは，正真正銘の鳥盤類とはまったく別個に現れた「単発的」な進化だった可能性もある．

分布：アルゼンチン
分類：鳥脚類（未確定）
名前の意味：ピサノのトカゲ
記載：Casamiquela, 1976
年代：カーニアン
大きさ：1m
生き方：低い植物の枝や葉を食べる
主な種：*P. merti*

テクノサウルス *Technosaurus*

植物食恐竜の鳥脚類は，起源や進化がはっきりしない．アメリカ合衆国テキサス州で三畳紀の岩石からあごの骨1個と歯が見つかったので，かなり早い時期に進化したと推測されるが，もっと証拠を集めないと，きちんとした経過を明らかにできない．テクノサウルスは，化石の森国立公園にかつて存在したような球果植物の森で下生えを食べ，コエロフィシスやそのなかまから獲物にされていたと思われる．

特徴：あごの骨1個しか情報がないが，ピサノサウルスと同様の問題が起きそうである．つまり，鳥盤類のあいだで物をかみつぶす高等な構造が進化するよりずっと前に，高度なしくみで植物を食べる恐竜が存在したことになるのだ．あごの骨から推測すると，テクノサウルスは小型ですばやい二足歩行恐竜で，うしろ脚を軸にして重い尾でバランスをとりながら歩いたと思われる．

分布：テキサス州（アメリカ合衆国）
分類：鳥盤類
名前の意味：テキサス大学のトカゲ
記載：Chatterjee, 1984
年代：カーニアン
大きさ：1m
生き方：低い植物の枝や葉を食べる
主な種：*T. smalli*

上：*T. smalli*という種名は，アメリカ合衆国南部の州で多くの研究を行った古生物学者ブライアン・スモールに敬意を表してつけられた．

アンテトニトルス *Antetonitrus*

古竜脚類エウスケロサウルスのある標本は，1981年に南アフリカのブルームフォンテイン付近で発掘されたあと，ウィトウォータースランド大学に置きっぱなしになっていた．その後，2001年に，オーストラリアの古生物学者アダム・イェイツが骨を細かく観察し，竜脚類のものだと気づく．この恐竜はそれまで見つかったなかで最古の竜脚類だった．イェイツと最初の発見者ジェームズ・キッチングは化石を調べ直して，新しい属を設定した．

特徴：初期の竜脚類と見なされているが，前足はまだ古竜脚類のままで，指で物をつかむことができた．しかし後肢は，大腿骨がまっすぐで足の骨が短く，常に四足歩行で重い体を支えるように適応していた．ここから原始的な竜脚類であることがわかる．正真正銘の竜脚類としては，これまで知られているかぎり最古．イサノサウルス（下）が含まれていた層よりほんの少し古い岩石層から見つかった．

分布：南アフリカ
分類：竜脚形類－竜脚類
名前の意味：雷（竜）の前
記載：Yates and Kitching, 2003
年代：ノーリアン
大きさ：10m
生き方：高い植物の枝や葉を食べる
主な種：*A. ingenipes*

右：アンテトニトルスはのちに現れる竜脚類と比べると小さいが（体重約2トン），それでも現在の陸上動物のどれよりも大きい．

恐竜の歯

テクノサウルスの基盤となった情報源は，北アメリカの三畳紀層から産出した不可解な歯だが，このような例はめずらしくない．カーニアン期の岩石からは，ほかにも植物食恐竜の歯が掘り出されている．湾曲し，粗い刻み目がついた原始的な歯で，肉食の鳥盤類かと思わせるものもある．鳥盤類は肉を食べないので矛盾しているが，進化の初期段階ではいろいろな種類が「試される」ことがあるので，ありえない話ではない．なかには，大きな刻み目のふちに，さらに小さな刻み目がついた歯もあった．これはえさの食べ方に工夫をこらした証拠だ．

ペキノサウルス*Pekinosaurus*という恐竜の歯はアメリカ合衆国のニュージャージー州とニューメキシコ州で見つかり，こうした初期の植物食恐竜がかなり広範囲に分布していたことがわかった．テコヴァサウルス*Tecovasaurus*では2種類の歯が確認されている．1種類目は頬側の歯で，2種類目は口の前方に生えていた長めで湾曲した歯だ．テコヴァサウルスの歯はよく見つかるため，示準化石として利用され，同様の化石を含む地層の年代決定に役立っている．

このように多様な歯が豊富に発見されることを考えると，鳥盤類はカーニアン期前期に登場したあと，カーニアン期後期にさまざまな種類へ急速に進化したと考えられる．北アメリカ南西部では，同時代の古竜脚類よりも鳥盤類のほうが多様だったようだ．そのうち，残りの骨格が手に入るかもしれない．そうすれば，今は歯から想像するしかない恐竜の外見について，もっと詳しいことがわかるだろう．

イサノサウルス *Isanosaurus*

竜脚類の歴史は三畳紀までさかのぼるのではないかと，何年も前から推測されていた．そう思わせる足跡化石があり，また，ジュラ紀前期に突然出現したときから種類が多様だったことも，歴史の長さを示していた．その後，イサノサウルスがタイで，そしてアンテトニトルス（上）が南アフリカで発見され，竜脚類が実際にかなり早くから存在していたことが確かめられた．

特徴：背骨の一部と肩甲骨，肋骨，大腿骨しか見つかっていない．大腿骨はカーブのついた古竜脚類型と，まっすぐな竜脚類型の中間で，筋肉の付着点も両者の中間．しかし，丈の高い背骨から，古竜脚類ではなく，竜脚類であることがわかる．背骨の骨どうしが融合していないので，成長半ばの子供だろう．

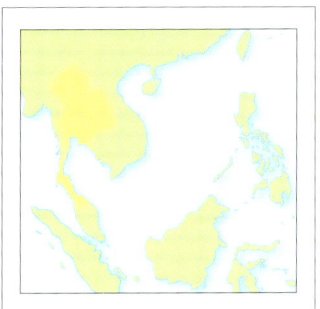

分布：タイ
分類：竜脚形類－竜脚類
名前の意味：イサン（タイ北東部の地名）のトカゲ
記載：Buffetaut, Suteethorn, Cuny, Tong, Le Loeuff, Khansubha and Jongauthariyakui, 2000
年代：ノーリアン～レーティアン
大きさ：6mだが，成長しきっていない
生き方：高い植物の枝や葉を食べる
主な種：*I. attavipachi*, *I. russelli*

左：*I. attavipachi*という種名は，タイ鉱物資源局の元局長で，古生物学研究を支援したP・アッタヴィパッチに敬意を表したものである．

ジュラ紀

ジュラ紀の地球

　ジュラ紀になると超大陸パンゲアは分裂を始めた．現代のアフリカのグレートリフトヴァレーにみられるような地溝によって大陸は裂かれ，その間には海水が侵入し，現在の海洋の初期段階が形成された．大陸の縁に浅海が広がった結果，湿度が高くなって気候が安定し，内陸域は動植物が生息できる環境になったのである．針葉樹は植物食恐竜のえさとなり，その植物食恐竜は肉食恐竜の獲物となった．空には翼竜類が飛び，ちょうど進化しはじめていた鳥類も羽ばたいていた．浅く暖かい沿海では，それぞれ類縁関係のないさまざまな海生爬虫類たちが魚類や無脊椎動物を食べていた．

1億9960万年前	1億9650万年前	1億8960万年前	1億8300万年前	1億7560万年前	1億7160万年前	1億6770万年前	1億6470万年前	1億6120万年前	1億5570万年前	1億5080万年前	1億4550万年前
ヘッタンギアン	シネムーリアン	プリーンスバッキアン	トアルシアン	アーレニアン	バジョシアン	バトニアン	カロビアン	オックスフォーディアン	キンメリッジアン	チトニアン	

ジュラ紀の階を示した地質年代表

1 翼竜類
2 マメンチサウルス
3 オメイサウルス
4 アングスティネリプトゥス
5 トゥオジャンゴサウルス

魚竜類

三畳紀にはクジラのような魚竜やウナギのような魚竜など多様な種類が存在していたが，ジュラ紀に入ると，よりイルカに近い姿へと進化していった．魚竜類の仲間が栄えたのはジュラ紀の前期で，ジュラ紀末まで残った主要な属はわずかだった．白亜紀まで生き延びたことが知られているのは，プラティプテリギウス*Platypterigius*のみである．

テムノドントサウルス *Temnodontosaurus*

ジュラ紀の魚竜類の進化傾向は，より小型で，魚のような形あるいはイルカのような形へと向かうものだった．しかし，三畳紀にみられたクジラ並みの大きさの巨大生物という伝統はテムノドントサウルスのさまざまな種で続いていた．化石として残った胃内容物は，テムノドントサウルスの主食が大陸棚の浅海性のイカ類や有殻頭足類だったことを示している．

特徴：テムノドントサウルスは長い円筒形の体，魚のような尾びれ，幅の狭いひれ脚をもち，前後のひれ脚はほぼ同じ長さである．大型種は，脊椎動物の中で知られるかぎり最も大きい眼窩をもっている．歯にはあごの溝にしっかりはまり込む丈夫な基部があり，泳いでいるアンモナイト類の殻を砕くのに適したつくりになっている．属内のさまざまな種では，あごの長さが異なっており，これは多少異なるえさを食べることへの適応であると考えられる．

分布：イギリス南部〜ドイツ
分類：魚竜類－エウイクチオサウルス類
名前の意味：鋭利な歯をもつトカゲ
記載：Conybeare, 1882
年代：ジュラ紀前期
大きさ：10 m
生き方：海で狩りをする
主な種：*T. platydon*, *T. eurycephalus*, *T. longirostris*, *T. trigonodon*

上：テムノドントサウルスは，これまで知られている魚竜類のうち，大きい方から3番目である．

イクチオサウルス *Ichthyosaurus*

「魚竜」という単語を耳にしたときに思い浮かべるのがこの生物である．イルカのような外見は，古生物図鑑などの一般的なイラストで馴染み深い．この体形は，広い海でのすばやい狩りへの完全な適応の結果である．尾を力強く動かして推進し，かい脚の四肢と背びれで安定を保っていた．

特徴：イクチオサウルスはイルカのような体形と，サメのような尾びれと背びれをもっていた．2対のかい脚があり，前の対は後ろの対よりかなり大きい．かい脚には指の本数の増加がみられる（より原始的な魚竜類と首長竜類の一部にみられる指の関節数の増加とは全く異なる）．眼は大きい．多くの歯がある上あごと下あごの長さは等しい．魚竜とイルカとサメとの類似は収斂進化の一例である．

分布：イギリス南部
分類：魚竜類－トゥノサウルス類
名前の意味：魚の（ような）トカゲ
記載：Conybeare, 1821
年代：シネムリアン
大きさ：2 m
生き方：海で狩りをする
主な種：*I. communis*, *I. intermedius*, *I. conybeari*, *I. breviceps*

エクスカリボサウルス *Excalibosaurus*

ユーリノサウルス類とよばれる魚竜のグループは、まさに当時のメカジキだった。下あごのほぼ4倍の長さのきわめて長い上あごは、武器として使われたのかもしれない。あるいは、結果として下向きになる口で、えさがいそうな砂を探りながら海底で採餌していたことを意味するのかもしれない。

右：エクスカリボサウルスの一標本が発見されて、2003年に記載された。発見された標本は新たな異なる種ではなく、おそらく既知の種の成体の化石だろうと推測される。7mという全長は、この標本に基づいている。

特徴：ユーリノサウルス類の仲間を識別する特徴は、もちろん、目立つ上あごである。口より突き出ているところに生えている歯は、ノコギリエイの歯のように横向きに生えている。全長7mのエクスカリボサウルスはユーリノサウルス類の中で格別に大きい。グループ名の由来になった近縁の動物であるユーリノサウルス *Eurhinosaurus* を含む他の多くの属は、通常3～4mだった。ひれ脚は長くて狭く、高速遊泳よりも小回りのきく泳ぎに適していたことを示唆している。

分布：イギリス南部
分類：魚竜類－ユーリノサウルス類
名前の意味：エクスカリバー（アーサー王伝説の名剣）のトカゲ
記載：McGowan, 1986
年代：シネムリアン
大きさ：7m
生き方：海で狩りをする。または、狩りをせずに残りものを食べる
主な種：*E. costini*

魚竜類の化石

19世紀の博物学者にとっては、魚竜は恐竜よりも以前からなじみがあったことは理解できる。海生の動物の方が化石として保存されやすいからである。遺骸は他のものとともに海底に沈んで堆積し、石化作用を経て最終的には堆積岩になる。

最初、魚竜は太古のワニ類の一種だと考えられ、その化石はイギリス南部の採石場や海岸の壁で熱心に採集された。女性初のプロの化石コレクターであるメアリー・アニングは多くの重要な化石を発見した。

どの全身骨格も尾部がよじれているようにみえた。尾の後端が下方に曲がっているのは何らかの損傷によるものと考えられたため、魚竜の初期の復元はワニのようなまっすぐな尾を示していた。1850年代につくられ、現在でもイギリスのロンドン南部にある水晶宮（クリスタルパレス）の構内でみられる魚竜の実物大の像も、まっすぐな尾に復元されている。

1880年代、ドイツ、ホルツマーデンのスレート採石場で何個体かの魚竜化石が発見された。これらの化石は極めて保存状態がよかったため、骨格を取り巻く薄い炭素の膜として、軟組織の跡が存在していた。これらの化石によって、魚竜の曲がった尾の骨は、上下は逆だが、サメの尾のように尾びれを支えていたことが明らかになった。また、サメのような背びれをもっていたことも初めて明らかになった。これらの骨格の中には出産中のものもあり、魚竜が胎生であったことの証拠となった。

オフタルモサウルス *Ophthalmosaurus*

最大直径10cmの大きな眼は、オフタルモサウルスが深い海で採餌したか、あるいは夜間に採餌したことを示唆している。歯のないあごは、イカなどの軟体動物を食べていたことの証拠かもしれない。オフタルモサウルスは水深約500mまで潜ることができたと推測されている。円盤のような椎骨は、かなりの水深でもしっかりと体を支えていた。

特徴：魚竜類の中で最も流線形で、ほぼ「涙のしずく」のような体形だった。尾びれは大きく半月型で、すばやい推進のための筋肉がついていた。眼は側頭部のほぼ全域を占め、水圧で潰れるのを防ぐ強膜輪（輪状の骨）を含んでいた。前のひれ脚は後ろのひれ脚より大きく、舵とりのほとんどを前のひれ脚が担っていたことを示唆している。

下：オフタルモサウルスはいわば「潜水病（ダイバーが急速に浮上したときになる障害）」になりがちだったと思われる。この障害は血流中に窒素の泡ができることで生じ、骨の損傷につながることがある。このような骨の損傷がオフタルモサウルスの化石に発見されている。

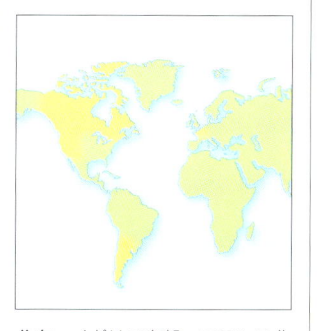

分布：イギリス南部、フランス北部、北アメリカ西部、カナダ、アルゼンチン
分類：魚竜類－オフタルモサウルス類
名前の意味：眼のトカゲ
記載：Seeley, 1874
年代：ジュラ紀後期（重要なのでここに含めた）
大きさ：3.5m
生き方：魚類を狩る
主な種：*O. discus*, *O. icenius*

首長竜類

ジュラ紀の始まりには海生爬虫類の主要な二系統，すなわち魚竜類と首長竜類が優勢だった．海生ワニ類やカメ類など，泳ぐ爬虫類は他にも存在したが，最も栄えていたのは魚竜類と首長竜類だったのである．首長竜類には，首が長くて頭部の小さいプレシオサウルス類と，首が短くて頭部の大きいプリオサウルス類という2つのグループがあった．

マクロプラタ *Macroplata*

首長竜のマクロプラタはかなり長期にわたって存続した属であると思われる．現在までに知られている2種は，ジュラ紀の始めの1500万年間を隔てた時代から発見されており，このような期間は異例の長さのために，この2種は異なる属だと考える者もいた．肩帯の構造は，前のひれ脚が高速で泳ぐための力強いストロークを生み出せたことを示している．

特徴：すべてのプリオサウルス類同様，マクロプラタの頭部は長く，首の半分の長さがある．頸椎の数は約29個と多いが，それぞれは短くて，全体としては柔軟性の乏しい構造である．頭骨は先細りで，吻端はとがっている．左右の下顎骨は，先端部だけでなく前方のほぼ全長にわたって癒合している．古生物学者は，この癒合した部分の長さによって，プリオサウルス類の種類を決定する．

分布：ヨーロッパ
分類：プリオサウルス科
名前の意味：大きい板（幅の広い肩の骨をさす）
記載：Swinton, 1930
年代：ヘッタンギアン〜トアルシアン
大きさ：5m
生き方：泳いで狩りをする
主な種：*M. tenuiceps*, *M. longirostris*

上：一般的には，プレシオサウルス類とプリオサウルス類の違いは簡単にわかる．前者は首が長く，後者は頭部が大きいという特徴をもっているからである．しかしマクロプラタは，その両方の特徴を備えているように思われる．

ロマレオサウルス *Rhomaleosaurus*

ロマレオサウルスの鼻腔は呼吸のためではなく（十分な空気が通るには小さすぎた），獲物を狩るために使われた．遊泳中に開いた口から入った海水は，頭頂ちかくにある鼻孔から体外へ出てゆく．ロマレオサウルスはこの海水の匂いか味を感知し，それを利用して獲物の位置などの周囲の環境を分析したのだろう．

特徴：外観上，ロマレオサウルスはプレシオサウルス類の長い首とプリオサウルス類の大きい頭部を結合させたような姿で，両者の過渡期の段階にあるようにみえる．歯列は一連の鋭い歯が交互に組み合うようになっている．これは獲物である魚類を捕るための効率のよいわなになっていたかもしれないし，海底の柔らかい堆積物からえさをかき集めるための一種のふるいとして使われたのかもしれない．

分布：イギリス中央部，ドイツ
分類：首長竜類－プリオサウルス上科－ロマレオサウルス科
名前の意味：強いトカゲ
記載：Stutchbury, 1846
年代：ヘッタンギアン
大きさ：6m
生き方：魚類を狩る
主な種：*R. cramptoni*, *R. megacephalus*, *R. victor*, *R. zetlandicus*, *R. propinguus*

アッテンボローサウルス *Attenborosaurus*

イギリス・ブリストル市立博物館所蔵の実物化石標本はプレシオサウルス属の一種（*P. conybeari*）と見なされたが，第二次世界大戦中に破壊された．良好な石膏模型は難を免れたため，その後の研究と新属としての記載が可能になった．しかし，残念ながら，皮膚という貴重な証拠は失われてしまった．

特徴：アッテンボローサウルスの実物化石は皮膚の痕跡を茶色がかった薄膜としてとどめており，皮膚はうろこの痕跡がなく，とぎれのない膜状だったことを示していた．しかし，腰のあたりには皮骨板と思われる複数の小さな長方形の骨があった．頭骨はかなり大きくてプリオサウルスのようだったが，首はきわめて長く，この種類のプレシオサウルス類にしては腰帯がかなり原始的だった．吻部は先細りしていた．アッテンボローサウルスの歯の数はプレシオサウルス類に標準的にみられるよりも少なく，歯冠が大きかった．

分布：ヨーロッパ
分類：首長竜類－プレシオサウルス上科
名前の意味：アッテンボローのトカゲ（自然史研究家デーヴィッド・アッテンボローにちなむ）
記載：Bakker, 1993
年代：シネムリアン
大きさ：5m
生き方：魚類を狩る
主な種：*A. conybeari*

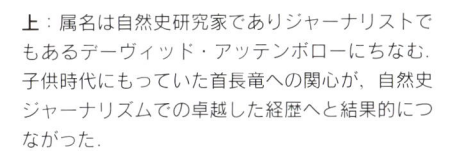

上：属名は自然史研究家でありジャーナリストでもあるデーヴィッド・アッテンボローにちなむ．子供時代にもっていた首長竜への関心が，自然史ジャーナリズムでの卓越した経歴へと結果的につながった．

首長竜類の泳ぎ方

首長竜のひれ脚は硬く，あまり柔軟性がない．5本の指趾の骨は，きわめて長くなった骨から構成されている．それぞれの指の指節骨は，四肢動物に一般的にみられる4～5個に比べて多く，最高で約20個もの指節骨がある．このような状態は多指骨性（polyphalangy）として知られている．これらのすべての骨は軟骨でしっかりとつながれ，強力な遊泳器官となっている．

首長竜は飛ぶような動きで泳ぎ，その体をうねらせるような泳法は現代のペンギンやアシカに似ていた．多くの首長竜では後ろのひれ脚が動力のために使われ，下方への動きで推進力が生じたことを流体力学は示唆している．前のひれ脚は主に安定のためや，泳ぎの角度と方向を変えるために使われた．舵とりのために，尾の後端にはひし形の垂直なひれがあったかもしれないが，これは古生物学者の間で意見が分かれている．体はがっしりとしてコンパクトで，その下面のほぼ半分を占める肩帯と腰帯が，泳ぐための筋肉のしっかりした土台となっていた．

首長竜の骨格とともに，胃石すなわち胃の中の石が発見されている．石を飲み込むことは，その動物の浮力調整の助けとなった．これは，同じく飛ぶような動きで泳ぐ現代の海生動物であるアシカやペンギンにもみられる．

「プレシオサウルス」 *"Plesiosaurus"*

プレシオサウルス類の仲間で最初に記載された属だったので，この名前がグループ全体につけられた．各種さまざまな標本がプレシオサウルス属とされていることから，くずかご的な分類群である．「カメの体内を突き通っているヘビ」というのが，プレシオサウルスを初めて研究したヴィクトリア女王時代の自然史研究家の一人ディーン・バックランドによる記載だった．

特徴：頭骨は小さい．首はきわめて長く，体部の約1.5倍の長さがあり，約40個の頸椎で構成されている．ひれ脚は長く，個々のひれ脚は5本の指からなっているが，一般的な動物よりも関節の数がはるかに多い．前肢は後肢よりもわずかに長いが，若い個体では逆である．歯は長くて鋭く，口を閉じると交互に組み合って魚類を捕らえるわなになる．

分布：ヨーロッパ
分類：首長竜類－プレシオサウルス上科
名前の意味：トカゲに似たもの
記載：de la Beche and Conybeare, 1821
年代：シネムリアン～トアルシアン
大きさ：3.5m
生き方：泳いで狩りをする
主な種：*P. dolichodeirus*, *P. guilelmiimperatoris*, *P. macrocephalus*, *P. megdeirus*, *P. winspitensis*, *P. eurymerus*

翼竜類

ジュラ紀初期の空飛ぶ生物である翼竜類に関する知識の大部分は，イギリス南部とドイツの頁岩中に発見された化石から得られたものである．ジュラ紀前期には，ヨーロッパの大部分は浅い沿海におおわれ，海底の細かい泥が密度の高い堆積物となり，後にドイツ南部のホルツマーデンで建材用石板として切り出されることになる．

ディモルフォドン *Dimorphodon*

ディモルフォドンの最初の標本は，1828年にドーセット州ライム・リージスの断崖で，有名な化石コレクターのメアリー・アニングによって発見された．数点しか発見されていない標本のすべてはドーセット州の海岸から産出したものだが，イギリス，グロスターシア州のセヴァーン川の河岸から，ディモルフォドンの可能性のある一標本が採集されている．

下：すべての化石動物同様，体色は推測である．ディモルフォドンのような高さのある顔は，現代の高さのあるくちばしをもつ鳥類のように，合図のために明るい色だった可能性がある．

特徴：属名は「2種類の歯」という意味で，上あご・下あごそれぞれに30本から40本の小さくて鋭い歯と，あごの前方に4本の大きな歯をもっていた．歯は，幅の狭い頭骨に深く植わっていた．この頭骨は体重を最小限におさえるために，大きな空洞を薄い骨の支柱が囲んでいるような構造だった．後肢はきわめて長く強力で，両手と両足にある爪も頑丈なつくりだった．これは崖や岩にしがみつくことへの適応とみられている．

分布：ドーセット州（イギリス）
分類：翼竜類－ランフォリンクス上科
名前の意味：2種類の歯
記載：Owen, 1859
年代：ジュラ紀前期
大きさ：翼開長1.4m
生き方：魚類を狩る
主な種：*D. macronyx*

カンピログナトイデス *Campylognathoides*

この翼竜はドイツのホルツマーデンの頁岩堆積物から産出した数点の骨格から知られ，一部のものは完全な全身骨格である．*C.インディクスC. indicus*という種で，インドで発見されている．ホルツマーデンの発見現場は，完全な魚竜骨格で有名な場所である．当初，この属はカンピログナトゥス *Campylognathus* と命名されたが，科学的な記載として有効ではなかったため，後に再記載・再命名された．学名は，あごの前方がやや上向きになっていることに由来している．

特徴：カンピログナトイデスの頭部は大きく，吻部はとがっている．眼窩がきわめて大きいことから，鋭い視力をもっていて，夜行性だったかもしれない．カンピログナトイデスのものと思われる腰の骨は，後肢が外側上方に張り出していたことを示しており，後肢だけでは地上を歩けなかったことを示唆している．これがランフォリンクス類のすべてに当てはまるかどうかはわかっていない．

上：カンピログナトイデスが発見されたドイツ東部のホルツマーデンの石切り場からは，ジュラ紀前期に生息した動物の化石が多数発見されている．その中に，当時の浅海で魚類を獲っていた翼竜が含まれていたのである．

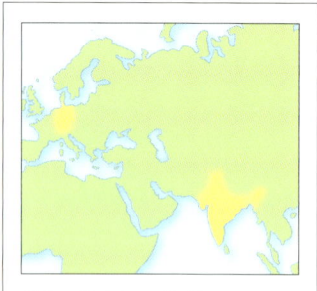

分布：ドイツ，インド
分類：翼竜類－ランフォリンクス上科
名前の意味：曲がったあごのような（当初は *Campylognathus* すなわち「曲がったあご」と命名された）
記載：Wild, 1971
年代：プリーンスバッキアン
大きさ：翼開長1.75m
生き方：魚類を狩る
主な種：*C. liasicus, C. indicus, C. zitteli*

ドリグナトゥス *Dorygnathus*

ドリグナトゥスのきわめて保存状態のよい骨格数点が，ホルツマーデンのスレート採石場で発見されている．19世紀の初め，当初はプテロダクティルスの一種として分類されたが，それは尾の長いランフォリンクス類と尾の短いプテロダクティルス類が区別される以前のことであった．

特徴：ランフォリンクス類にしては，翼が比較的短い．足には細長い第5趾があり，この趾で操縦に使う皮膚の膜を支え，短い翼の埋め合わせをしていた可能性がある．くちばしの前方のきわめて長い歯はあごを閉じると交互に組み合い，魚を捕らえるための理想的な仕掛けになっている．すべてのランフォリンクス類と同様に，尾椎が腱で固定されていたために長い尾は硬かった．

下：ドリグナトゥスは新種の翼竜であるカキブプテリクス*Cacibupteryx*に類似している．カキブプテリクスは2004年にキューバで発見され，ランフォリンクス類の仲間の分布域が広がった．

分布：ドイツ
分類：翼竜類－ランフォリンクス上科
名前の意味：槍のあご
記載：Wagner, 1860
年代：プリーンスバッキアン
大きさ：翼開長1m
生き方：魚類を狩る
主な種：*D. banthensis*, *D. mistelgauensis*

翼の構造

ランフォリンクス類の翼（下図：上）とプテロダクティルス類の翼との主な違いは，翼を支える骨の構造にある．ランフォリンクス類では手首の骨が短かったため，長い第4指が翼の重さのほとんどを支えていた．この指は腕の骨と同じくらい太かった．一般的に，ランフォリンクス類の翼は，プテロダクティルス類のものより狭くて長いのが特徴である．

一方，プテロダクティルス類の翼（下図：下）では，手首の骨と上腕骨の長さが同じくらいであることが普通で，手の指は翼の前縁の遠位寄りにあった．

両者とも，手首の基部に特別な骨があり，手首と首の基部の間で腕の前に張っている膜を支えていたと思われる．これを使って，翼の上の空気の流れを調節し，ある程度の操縦性を得ていたのだろう．

この翼竜の2つのグループにみられるもう一つの主な相違点は，ランフォリンクス類には長い尾があることだった．この尾は腱によって結ばれて硬い棒状になった多数の長い椎骨からできており，末端にひし形のひれ状の膜があった．これは飛行中に，舵をとるために使用されたのだろう．

パラプシケファルス *Parapsicephalus*

この翼竜はイギリスのウィットビーから産出した頭骨の断片しか知られていなかったが，1970年にドイツで発見された数点の骨が，より完全な骨格を表すことになるかもしれない．それは重要な発見だった．立体的に保存された初めての翼竜頭骨で，これにより，脳函（脳が収容されている部分）の研究が可能になった．その発見以来，現在ではランフォリンクスとアンハングエラの標本で，より良好な脳函が発見されている．

特徴：パラプシケファルスはランフォリンクス類の典型的な特徴をもっている．あまりにも根幹的でどの翼竜でももっている特徴のため，当初はスカフォグナトゥス*Scaphognathus*の一種として分類され，また現在でもドリグナトゥスの標本だと考える研究者もいるほどである．頭骨は，このグループで通常みられるものよりも長い．体に対する脳の比率は鳥類のものよりずっと小さいが，他のどの陸生爬虫類よりも大きかった．頭骨内部の耳の構造は，飛行中，頭部が水平に保たれていたことを示唆している．

分布：イギリス北東部，ドイツ（可能性）
分類：翼竜類－ランフォリンクス上科
名前の意味：ほぼアーチ形の頭
記載：Newton, 1888
年代：トアルシアン
大きさ：翼開長1m
生き方：魚類を狩る
主な種：*P. purdoni*, *P. mistelgauensis*

左：残されていた頭骨の内部構造は，耳の部位の半規管がよく発達していたことを示している．これはパラプシケファルスの飛行中の平衡感覚がよかったことを意味している．

コエロフィシス類の肉食恐竜

三畳紀に最も栄えた肉食恐竜だったコエロフィシス類はジュラ紀に入っても存続し，進化しはじめていた各種の新しい獣脚類にとってかわられるまでは，ジュラ紀前期の代表的獣脚類だった．北アメリカからアフリカ，中国に至るまで，コエロフィシス類は世界中に生息していた．

ディロフォサウルス *Dilophosaurus*

映画『ジュラシック・パーク』に登場したことにより，ディロフォサウルスは馴染みのある恐竜になったが，残念ながら映画でのディロフォサウルスは小さすぎるだけでなく，首のフリルを広げて毒を吹き付けるという誤った姿で描かれていた．これらの特徴は，すべて映画監督の想像の産物である．3体の骨格が一緒に発見されたことから，この恐竜は群れで狩りをした可能性がある．また，中国でも別の種が発見されており，この属はかなり広域に分布していたことを示している．

分布：アリゾナ州（アメリカ合衆国），中国
分類：獣脚類－コエロフィシス上科
名前の意味：2つのとさかをもつトカゲ
記載：Welles, 1954
年代：シネムリアン～プリーンスバッキアン
大きさ：6m
生き方：狩りをする
主な種：*D. wetherilli*, *D. breedorum*, *D. sinensis*

特徴：ディロフォサウルスを見分けるうえでの重要な特徴は，頭から前方に伸びている1対の半円形のとさかである．このとさかはかなり薄く，おそらく合図やディスプレイのために使われたのだろう．他のコエロフィシス類にもみられるように，吻部には左右が関節した先端部があり，非常に目立っている．おそらく，小型の獲物を狭い隅からつつき出すためにこの先端部を使ったのだろうが，この恐竜の大きさから考えると，あごと歯がかなり弱かったにもかかわらず，より大型の動物を獲物にしていたと考えられる．

右：ディロフォサウルスのとさかが，頭骨に付いた状態で発見されたことはない．しかし，一般的なこの復元が，最も説得力があるように思われる．

セギサウルス *Segisaurus*

鳥類のような中空の骨をもたないセギサウルスは，当初，当時の他の肉食恐竜とは異なるものと考えられた．後に，それは誤りであることが判明し，現在ではコエロフィシス類の一員として分類されている．他のコエロフィシス類同様，セギサウルスは走行にもおそらく跳躍にも適した体の構造をもっており，活動的なハンターだった．砂嵐や干ばつにも耐える能力を備えた，砂漠に生息する動物だったのかもしれない．

特徴：砂漠の砂岩中に発見された背骨，肋骨，肩帯，腰帯，四肢骨からなる1体の不完全骨格しか知られていないため，この恐竜についてわかることは残念ながら多くはない．このような初期の恐竜には珍しい鎖骨があったようで，手は長くて細い．このことは，腕が強く，獲物を捕らえるために使われたことを示している．おそらく，砂漠に生息していた小型の古竜脚類を獲物としていたのだろう．

分布：アリゾナ州（アメリカ合衆国）
分類：獣脚類－コエロフィシス上科
名前の意味：セギ渓谷のトカゲ
記載：Camp, 1936
年代：トアルシアン
大きさ：1m
生き方：狩りをする
主な種：*S. halli*

右：頭骨と歯が発見されていないため，セギサウルスの食性に関しては確信をもてない．しかし，速く走ることに適した体の構造とかぎ爪のある手の存在は，セギサウルスが肉食性であったことを示している．

コエロフィシス類の肉食恐竜 **101**

獣脚類のかつての分類

かつて，獣脚類は単純な方法で分類されていた．小型のものはコエロサウルス類，大型のものはカルノサウルス類という分類である．この分類法では，大きすぎてカルノサウルス類として分類されたディロフォサウルス*Dilophosaurus*以外のすべてのコエロフィシス類は，コエロサウルス類とされた．コエロサウルス類は，三畳紀から白亜紀末までのあらゆる小型肉食恐竜を含んでいた．しかしこの分類法では，獣脚類には共通の祖先というルーツがあったか，あったとしたらどのようなものだったか，異なる種類間での類縁関係はどうなっていたかなどは示されていなかった．

この分類は便利に思えたが，1980年代そして1990年代に新しい標本が次々に発見されるにつれ，次第に意味をなさなくなった．類縁関係がある恐竜として認められるグループ，例えばティラノサウルス類には，明らかにカルノサウルス類である非常に大型の種だけでなく，コエロサウルス類として知られていた小型で俊足なタイプも含まれるようになった．

カルノサウルス類とコエロサウルス類という名称は，今でも恐竜の分類に存在するが，現在では特定のグループに対してしか用いられず，より細かく専門的である．

下：古い分類によるカルノサウルス類（上）とコエロサウルス類（下）

ポドケサウルス *Podokesaurus*

この恐竜の唯一の標本は，1917年の博物館火災によって壊れたため，近年のあらゆる研究はそのレプリカでなされている．ポドケサウルスが発見されたアメリカ合衆国のコネチカット渓谷は，19世紀初期に発見された大規模な恐竜歩行跡化石の現場として有名な場所である．グララトル*Grallator*と命名された足跡化石は，ポドケサウルスが残したものなのかもしれない．

特徴：ポドケサウルスの体の構造は，三畳紀後期に生息していたコエロフィシス*Coelophysis*の小型標本によく似ている．北米大陸の太平洋側から産出するコエロフィシスは，ほっそりした身体と長い後肢，長い尾，長くて柔軟性のある首を備えていた．実際，ポドケサウルスとコエロフィシスは非常によく似ているため，多くの古生物学者は両者は同じ属だと考えている．しかし残念ながら，これについて確たる答えは得られないだろう．原標本が破壊されたうえ，現存するレプリカの質が悪すぎて多くの情報を得られないからである．標本は幼体のもので，成長の途中だったと思われるため，小型だったという推定は過小評価の可能性がある．

分布：マサチューセッツ州（アメリカ合衆国）
分類：獣脚類－コエロフィシス上科
名前の意味：俊足なトカゲ
記載：Talbot, 1911
年代：プリーンスバッキアン～トアルシアン
大きさ：1m
生き方：狩りをする
主な種：*P. holyokensis*

右：ポドケサウルスは，アメリカ合衆国東部で発見された最も初期の恐竜である．1910年，「恐竜婦人」というニックネームをもつ地元の大学の地質学教授だったミニョン・タルボットによって研究された．

シンタルスス *Syntarsus*

シンタルススの30体以上の骨格が，ジンバブエにある同一のボーンベッドから発見された．このことは，シンタルススの群れが鉄砲水などの災害で，急激に埋まったことを示唆している．胃の内容物の化石からは，シンタルススが小型脊椎動物をえさにしていたことがわかっている．アリゾナ州で発見された一種は，頭部に1対のとさかをもつ．それはディロフォサウルスのものに似ているが，それよりは小さい．

特徴：巧みに動かせる3本の指，長い首と尾，強力な後肢，ほっそりした体など，シンタルススとコエロフィシスはよく似ているため，両者は実は同じ属であると多くの研究者が考えている．成体には2種類のサイズがあったようで，現生鳥類から判断すると，大型のほうがメスで，小型のほうがオスだろう．シンタルススの脳函のコンピューター復元は，より初期のヘレラサウルス類の脳函と比べると，かなり大きいことを示しており，知性が増したことを示唆している．つまり，この時期に鳥類のような賢さが進化しつつあったのだろう．

分布：ジンバブエ
分類：獣脚類－コエロフィシス類
名前の意味：癒合した足首
記載：Raath, 1969
年代：ヘッタンギアン～プリーンスバッキアン
大きさ：2m
生き方：狩りをする
主な種：*S. rhodesiensis*, *S. kayentakatae*

右：シンタルススという名前は，昆虫に先取りされている可能性がある．もしもそうであった場合，属名はメガプノサウルス*Megapnosaurus*に変更され，既知の2種は*M. rhodesiensis*と*M. kayentakatae*になる．

多様化する肉食恐竜

ジュラ紀前期，恐竜は多様化しはじめた．さまざまな草食恐竜が異なる地域に姿を現しはじめた結果，それらをえさとするさまざまな肉食恐竜が進化した．それまで主要な肉食恐竜だったコエロフィシス類は，他のさまざまな肉食恐竜にとってかわられはじめた．

サルコサウルス *Sarcosaurus*

ジュラ紀前期の英国は，超大陸の北縁の浅海に散在する低い島々からなっていた．それらの島には樹木が茂り，多くの生物の暮らしを支えていただろう．サルコサウルスはその当時の大型ハンターで，化石は海成の青色石灰岩層から発見される．この地層は，海に洗い流された頁岩と石灰岩の互層である．

右：同じく英国のジュラ紀初期の地層から産出した種 *S. andrewsi* は単独で発見された1本の大腿骨に基づいて記載されたが，現在では，この骨はコエロフィシス類のものだと考えられている．

特徴：この恐竜については，骨盤の一部，大腿骨，数点の椎骨しか知られていない．軽量級で二足歩行の捕食者で，骨の状態はその個体が成体であったことを示している．骨盤は後に登場するケラトサウルス *Ceratosaurus* の骨盤と非常に似ており，一部の研究者はサルコサウルスはケラトサウルスの初期の種であると考えている．しかし一般的には，サルコサウルスは系統図において，コエロサウルス類とケラトサウルス類との間に置かれるグループであるネオケラトサウルス類に分類されている．骨の特徴はケラトサウルスとの類似だけでなく，ディロフォサウルスとリリエンシュテルヌス *Liliensternus* との類似も示している．

分布：レスターシア（イギリス）
分類：獣脚類－ネオケラトサウルス類
名前の意味：肉食のトカゲ
記載：Andrews, 1921
年代：シネムリアン
大きさ：3.5 m
生き方：狩りをする
主な種：*S. woodi*

「サルトリオサウルス」 *"Saltriosaurus"*

サルトリオサウルスは，スイスとの国境近くのイタリア北部にある石灰岩採石場で1996年に発見された．この原稿の執筆時には，まだ科学的な記載がされていないため，サルトリオサウルスという名称は非公式（学名としては無効）である．しかし，予備的な研究はサルトリオサウルスが最古のテタヌラ類であることを示しているため，非常に重要である．「硬い尾」を意味するテタヌラ類は，進歩したすべての獣脚類を含むグループである．

右：尾椎の結びつき方だけでなく，テタヌラ類には3本しか指がなく，頭骨の開孔部が1つ多いという特徴もある．

特徴：サルトリオサウルスは1体しか発見されていない．その標本は全身骨格の1割程度で，100点ほどの骨の断片からなっている．首がやや長かったようで，体重は1トンを超えていただろう．サルトリオサウルスが狩りをしていたという事実は，長さ7cmもの鋭い歯をもっていたことで証明された．発見された骨には，叉骨と3本指の手が含まれている．この2つは，後に登場する捕食性恐竜の特徴である．サルトリオサウルスは海成石灰岩層で発見されたが，その大きな体が流されてきたということは，近くに巨大な大陸があったにちがいないことを示している．

分布：イタリア北部
分類：獣脚類－テタヌラ類
名前の意味：サルトリオのトカゲ
記載：Dal Sasso, 2000（非公式）
年代：シネムリアン
大きさ：8 m
生き方：狩りをする
主な種：未定

クリオロフォサウルス *Cryolophosaurus*

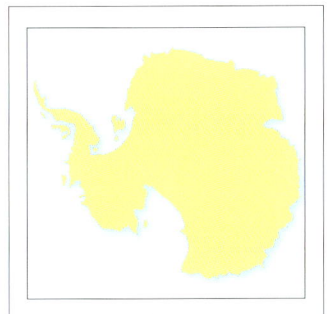

分布：南極大陸
分類：獣脚類－テタヌラ類－カルノサウルス類
名前の意味：凍ったとさかをもつトカゲ
記載：Hammer and Hickerson, 1994
年代：プリーンスバッキアン
大きさ：6m
生き方：狩りをする
主な種：*C. elliotti*

「凍ったとさかをもつトカゲ」を意味するクリオロフォサウルスという名前は、いくぶん誤った名称である．クリオロフォサウルスの骨格は南極大陸で発見されてはいるが、ジュラ紀前期の南極大陸は凍った大陸ではなかった．南極大陸地域は［現在よりも］はるか北方、太古のパンゲアが2つに分裂するにつれて形成された南方の超大陸ゴンドワナの縁に位置していた．その環境は熱帯性ではなかったかもしれないが、今日よりもずっと温暖だったことは確かである．その地域から産出した他の化石には古竜脚類や翼竜類、小型の肉食恐竜などがあり、かなり多様な動物がいたように思われる．

発見された現場が辺境の地であるため現地調査がほとんどなされなかったが、アメリカ・ジョージア州にあるオーガスタ・カレッジに在籍し、最初の標本を発見したウィリアム・ハマーが2004年に率いた発掘調査で、さらに多くの骨が発見された．

特徴：クリオロフォサウルスは大型肉食恐竜で、頭部に独特なとさかがある．とさかがある獣脚類のほとんどでは、とさかは前後方向に伸びている．それに対しクリオロフォサウルスのとさかは左右に広がりながら上方にそって独特な「ひさし」をつくっているため、公式に記載される以前に「エルヴィサウルス Elvisaurus」［訳注：リーゼントで有名なエルヴィス・プレスリーに由来する］という非公式の名前がついた．このとさかはディスプレイに使われたにちがいない．頭骨は細長く高く、下あごは厚みがあり強力だった．

恐竜の多様化

ジュラ紀前期にみられた異なるタイプの肉食恐竜の急な発展は、異なるタイプの草食恐竜の発展的な進化を反映した結果にちがいない．獲物のタイプが多いほど、その獲物を狩るために進化する捕食者の種類が多くなる．

このような発展の理由は、当時の地形に見いだせるかもしれない．ペルム紀と三畳紀の大部分にわたって存在しつづけていた単一の巨大な陸塊パンゲアは分裂しはじめていた．2つの主要な超大陸－北のローラシアと南のゴンドワナが出現しはじめていた．両超大陸が完全に分離するのはかなり後のことだが、亀裂は開きはじめていた．

亀裂沿いにできた大地溝には海の入江ができ、陸塊の奥深くまで貫いた．今日のエジプトにみられる紅海が一例である．これと同時に上昇しつつあった海水準によって、大陸の広範囲に浅海が広がり、以前は砂漠だった大陸内部に湿潤な気候が広がった．みずみずしく茂る植生が育ちはじめ、広くいきわたった草食動物の発達を促し、その結果、肉食動物の発達も促したのである．

陸塊が分裂した結果、新しい大陸が形成され、大陸棚に海が広がった結果、浅海域に多数の群島が形成された．進化は分離によって拍車がかかることが常で、遠く離れた島々で他所の生物から切り離され、異なる新種が出現した．

後期の古竜脚類

ジュラ紀前期には竜脚類が出現しはじめてはいたが，より原始的な古竜脚類が世界の多くの地域で生存しつづけていた．古竜脚類の化石は北アメリカと南アフリカのジュラ紀前期の地層から発見されているが，中国がこのグループの最後のとりでだったようで，古竜脚類のいくつかの種がアジア大陸の奥地から知られている．

アンキサウルス Anchisaurus

アンキサウルスは1818年に発見されたが，恐竜だと認識されたのは1885年になってからである．知られている2種は実は同一種の雌雄かもしれず，大きいほうがメスなのかもしれない．当初，アンキサウルスの年代はプラテオサウルス *Plateosaurus* と同じく三畳紀だと考えられていたが，化石が発見されたニューイングランドの砂岩の年代はジュラ紀であることが1970年代に明らかになった．

特徴：プラテオサウルスが中型古竜脚類のうち最大級の代表例だとすると，アンキサウルスは中型古竜脚類で最小級の代表例である．長い首と尾，ほっそりした身体，長い後肢をもち，四足歩行することも前肢を地面から離すこともできた．プラテオサウルスより歯が大きく，あごのしくみが強力で，アンキサウルスの方が硬いえさを食べたことを示している．

左：1818年に発見されてから1885年に正しく同定されるまでの間に，アンキサウルスには複数の名前がつけられ，そのうちのメガダクティルス *Megadactylus* とアムフィサウルス *Amphisaurus* はすでに他の動物につけられた学名であった．

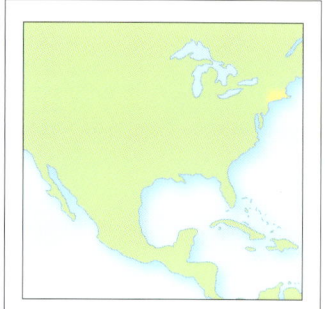

分布：コネティカット州，マサチューセッツ州（アメリカ合衆国）
分類：竜脚形類－古竜脚類－アンキサウルス科
名前の意味：トカゲに近いもの
記載：Marsh, 1885
年代：プリーンスバッキアン～トアルシアン
大きさ：2.5m
生き方：低い植物の枝や葉を食べる
主な種：A. major, A. polyzelus

ジンシャノサウルス Jingshanosaurus

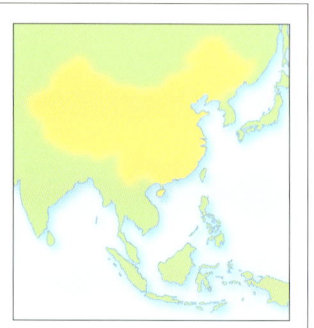

ジンシャノサウルスは中国産の古竜脚類のうち最もよく知られているもののひとつで，完全骨格が知られている．ジンシャノサウルスは中国・禄豊盆地にある「金の丘」を意味する京山（Jingshan）という町にちなんで命名された．その近くで骨格が発見されたからである．この町は中国にいくつかある大きい恐竜博物館のひとつである禄豊恐竜博物館の所在地である．

特徴：ジンシャノサウルスは重い体，長い首と尾，二足または四足での歩行が可能だったであろう四肢をもつ，典型的な大型古竜脚類だったことを完全骨格が示している．親指には竜脚類に特徴的な大きい爪がある．骨格の特徴はユンナノサウルス *Yunnanosaurus* の超大型版のようにもみえ，同じ動物かもしれない．

分布：中国
分類：竜脚形類－古竜脚類－マッソスポンディルス科
名前の意味：京山（「金の丘」の意）のトカゲ
記載：Zhang and Young, 1995
年代：ジュラ紀前期
大きさ：9.8m
生き方：高い植物の枝や葉を食べる
主な種：J. dinwaensis

左：ジンシャノサウルスは典型的な古竜脚類で，古竜脚類に典型的な歯をもち，たぶん植物食だったが，この恐竜を記載した研究者はジンシャノサウルスは軟体動物を食べたかもしれないと述べている．

ユンナノサウルス *Yunnanosaurus*

この恐竜はよく知られている中国産の古竜脚類である。約20体の骨格が発見されており、このうちの2体には頭骨がある。60本以上の歯が保存されている標本があり、大型古竜脚類の採餌のしくみに関する知見が得られる。しかし、この歯は実はユンナノサウルスではなく、竜脚類のものであるという意見もある。

特徴：ユンナノサウルスにみられる最大の特徴は歯である。ユンナノサウルスの歯は後に登場する竜脚類のひとつの歯にきわめて類似しており、歯だけが見つかっていたら竜脚類の歯列の一部だと同定されただろう。歯にみられる摩耗は竜脚類の歯にみられる摩耗と同じで、進化した古竜脚類は竜脚類と同じ摂食方法だったことを示している。一方、骨格の他の部分は典型的な中型古竜脚類の特徴をもっている。

分布：中国
分類：竜脚形類－古竜脚類－マッソスポンディルス科
名前の意味：雲南のトカゲ
記載：Young, 1942
年代：ヘッタンギアン～プリーンスバッキアン
大きさ：7 m
生き方：高い植物の枝や葉を食べる
主な種：*Y. huangi*

左：Y. ファンギ *Y. huangi* はこの属唯一の種である。ジンシャノサウルスはユンナノサウルスの大型種である可能性があり、同じ属だと判明した場合は *J. dinwaensis* は *Y. dinwaensis* と改名されることになる。

禄豊盆地

中国南西部にある禄豊（Lufeng）盆地は、厚さ1000 mに及ぶことがある大陸成堆積物の地層からなっている。当初、地層の下部の年代は三畳紀だと考えられていたが、現在では全シーケンスの年代がジュラ紀前期であることがわかっている。この地層は河川や湖に堆積したもので、ジュラ紀前期の大陸内部に存在したさまざまな動植物相の姿を示している。

ここで発見される動物は、小型哺乳類、哺乳類型爬虫類、ワニ類、恐竜類（特に古竜脚類）などである。哺乳類型爬虫類が産出することは興味深い。哺乳類型爬虫類は主にペルム紀に生息し、他所では三畳紀に絶滅しつつあったからである。他所では哺乳類型爬虫類はその子孫である哺乳類そのものにとってかわられていた。禄豊盆地のジュラ紀前期の部分にまで哺乳類型爬虫類が存在しつづけていたために、その地層の年代が三畳紀だと考えられたことがあった。

生き延びつづけていた古竜脚類と哺乳類型爬虫類がいた禄豊盆地は、一種の「ロスト・ワールド」だったと考えてもいいかもしれない。他所ではジュラ紀以前の三畳紀に絶滅した動物たちが、ここではジュラ紀前期まで生き延びていたからである。世界の他の地域では環境の状態が変化したのに対し、禄豊盆地では状態が安定したままだったのかもしれない。このようなできごとは生物学的には「レフュジア」（refugium, 退避地）として知られる。現代の例としては、低地では氷河時代の終わりに絶滅した厳寒の動物相を維持しつづけている高山があげられるだろう。

マッソスポンディルス *Massospondylus*

マッソスポンディルスの最初に発見された標本は数点の壊れた椎骨で、1854年に南アフリカからロンドンのリチャード・オーウェンに船便で送られたものだった。そのとき以来80個体以上の骨格がアフリカ南部で見つかっている。マッソスポンディルスのものとされた6個の卵が入った巣さえある。マッソスポンディルスの可能性がある標本がアリゾナ州で見つかっており、非常に広範囲に分布した動物だったかもしれないことを示している。

分布：レソト、ナミビア、南アフリカ、ジンバブエ
分類：竜脚形類－古竜脚類－マッソスポンディルス科
名前の意味：大きくて重い椎骨
記載：Owen, 1854
年代：ヘッタンギアン～プリーンスバッキアン
大きさ：4 m
生き方：低い植物の枝や葉を食べる
主な種：*M. carinatus, M. hislopi*

特徴：歯は大きく、鋸歯状の歯と平らな歯がある。通常、マッソスポンディルスは同じ大きさの他の古竜脚類よりかなりほっそりした動物として描かれる。手の指は5本だが、第4指と第5指はとても小さい。かぎ爪がある大きな第1指は親指のように曲げられ、第2指と第3指と交叉して、用途の広い手になっていた可能性がある。

原始的な竜脚類

三畳紀に登場した首の長い巨大な植物食恐竜だった．原始的な竜脚類はジュラ紀前期には目立つ存在となってきた．ヴィクトリア女王時代の古生物学者がこのグループを「竜脚類」と命名したのは，脚の骨の配置がトカゲの脚の骨の配置に似ていたためで，同時代の獣脚類の足指は3本だったのに対し，竜脚類の足指は5本だった．

「クンミンゴサウルス」 *Kunmingosaurus*

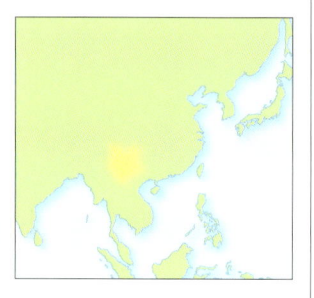

科学論文中に形式を整えてきちんと記載されていない生物の名前は疑問名（*nomen dubium* 疑わしい名前）である．これはその動物が存在しなかったことを意味するのではなく，最初の発表者の研究を他の科学者が検証する機会をまだ得ていないため，その化石についてあまり確かなことをいえないことを示している．「クンミンゴサウルス」もこの例で，和名には「　」を，学名には" "をつけ，疑問名であることを示すことにする．

特徴：「クンミンゴサウルス」はまだ科学的に正しく記載されていない．しかし，印象的な全身骨格が復元されている．この動物に関しては，原始的な竜脚類で四足歩行だったことしかいえない．

左：全身骨格は1954年に同一の採石場で見つかったバラバラの骨から組み立てられた．最初，歯はユンナノサウルス*Yunnanosaurus*のもの，あごはルーフェンゴサウルス*Lufengosaurus*のものだと考えられた．ユンナノサウルスとルーフェンゴサウルスは古竜脚類である．

分布：雲南（中国）
分類：竜脚形類－竜脚類－ヴルカノドン科の可能性
名前の意味：昆明のトカゲ
記載：Chao, 1985
年代：ジュラ紀前期
大きさ：11 m
生き方：植物を食べる
主な種："K. wudingensis"

コタサウルス *Kotasaurus*

インドのアンドラプラデシュ（Andhra Pradesh）にある単一のボーンベッドから知られるコタサウルスは，さまざまな大きさの12個体の化石が河川の砂岩中で発見された．河川を渡っている間におぼれた群れの化石かもしれない．現在ハイデラバードのサイエンスセンターに組立骨格が展示されている．

特徴：コタサウルスは古竜脚類と竜脚類の中間のように思われる．腰の骨に古竜脚類的なものと，明らかに竜脚類的なものがあり，椎骨と歯についても同様である．2001年に行われた研究により，単純な椎骨，狭い肩の骨，細い肢骨，これらすべてが原始的な竜脚類の特徴であることが示された．初期の他の竜脚類同様，コタサウルスは長い首と小さい頭部をもつ，四足歩行で重量級の恐竜だった．

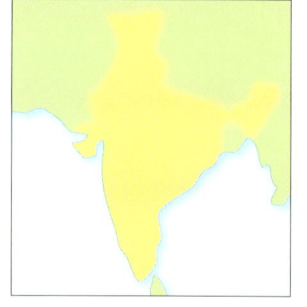

分布：インド
分類：竜脚形類－竜脚類－ヴルカノドン科
名前の意味：コタ産のトカゲ
記載：Yadagiri, 1988
年代：トアルシアン
大きさ：9 m
生き方：植物を食べる
主な種：
K. yamanpalliensis

原始的な竜脚類　107

ヴルカノドン Vulcanodon

1972年に発見されたとき，ヴルカノドンは古竜脚類だと考えられた．歯は明らかに肉食動物のもので，古竜脚類は雑食だという考えに合致していた．しかし，現在では命名の由来となった歯はヴルカノドンの死体を食べた未同定の獣脚類のものだったことがわかっている．この動物の本当の歯および頭部と首は発見されていない．

特徴：ヴルカノドンの竜脚類としての分類学上の位置は，1975年に趾骨の形状に基づいて確立された．深さのわりに幅があるという竜脚類の趾骨の特徴をもつが，他の大部分の竜脚類のものよりさらに幅が広いように思われる．ヴルカノドンを特色づけるもうひとつの特徴は前肢の長さで，他の竜脚類と比べて長い．レソト産の生痕属デウテロサウロポドプス Deuterosauropodopus は，おそらくヴルカノドンの足跡を表している．

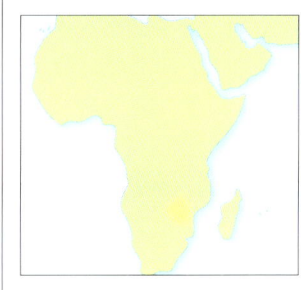

分布：ジンバブウェ
分類：竜脚形類－竜脚類－ヴルカノドン科
名前の意味：火山の歯（火山性の堆積物中で見つかったことにちなむ）
記載：Raath, 1972
年代：ヘッタンギアン
大きさ：6.5m
生き方：植物を食べる
主な種：V. karibaensis

左：ヴルカノドンの復元は困難である．発見された唯一の骨格が，ある種の獣脚類に食べられた残りだからである．

恐竜は温血だったか？　冷血だったか？

恐竜の温血説と冷血説に関する長年にわたる論争において，竜脚類はちょっとした問題を提起している．現代の哺乳類同様にすべての恐竜は温血だったという説を受け入れると，竜脚類のうち最大級のものは巨大な身体に供給しつづけるのに十分なえさを食べることは物理的に不可能だっただろう．温血動物は同程度の冷血動物の約10倍の食べ物を必要とする．竜脚類の小さい頭部とそれに対応した小さい口では十分な食べ物をとれなかっただろう．

大型竜脚類は「恒温性」だった可能性の方が高いように思われる．これは身体の表面積に比べて身体の体積が非常に大きいため，体熱がとてもゆっくり放散し，涼しい間も動物が活動的でいられたことを意味する．

私たちが「温血」「冷血」と見なすものは目盛りのついたものさしの両端にすぎず，恐竜はこの両端の間のどこかに位置するという説さえ出されている．もしそうだとしたら，活動的な獣脚類はものさしの温血側の端の近くに，それに対し竜脚類は冷血側の端の近くに位置していただろう．この考えを支持すると思われるいくらかの証拠が骨の構造にある．これは古生物の研究で現在進行中の分野である．

バラパサウルス Barapasaurus

インドではバラパサウルスはかなり一般的なジュラ紀前期の竜脚類だったように思われる．およそ6個体のさまざまな部分を表す300点以上の部分化石が見つかっている．しかし，竜脚類ではよくあることだが，頭骨は知られていない．また，足の骨も見つかっていないため，正確な分類がより困難になっている．

特徴：バラパサウルスは腰の骨に基づいて特徴づけられ，科学的にも記載されたが，それ以外の骨も多数知られている．脊椎骨には脊髄のための特徴的な深い裂け目があり，他の竜脚類からバラパサウルスを区別する特徴のひとつになっている．バラパサウルスはかなり長くて細い後肢をもっていたように思われる．後の多くの竜脚類と同様，歯はスプーン状で，枝から葉をすきとるのに使われた．腰の骨の幅が狭いことは，この恐竜がより原始的なヴルカノドン科ではなく，ケティオサウルス科に属することを示している．

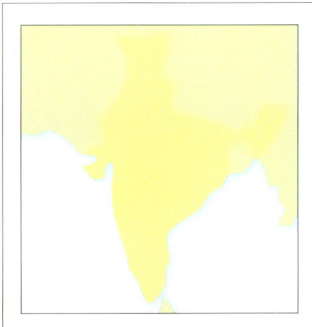

分布：インド
分類：竜脚形類－竜脚類－ケティオサウルス科
名前の意味：大きな脚のトカゲ
記載：Jain, Kutty, Roy-Chowdry and Chatterjee, 1975
年代：トアルシアン
大きさ：18m
生き方：植物を食べる
主な種：B. tagorei

右：バラパサウルスは大型竜脚類の第一号で，バラパサウルスよりも後の時代に登場した大型竜脚類に長さのうえでは匹敵する．インド・カルカッタのインド統計大学地質科学科に組立骨格が展示されている．

小型の鳥脚類

初期の植物食鳥脚類は小型で，ビーバー大の動物だった．ジュラ紀の前期までには，後に登場する種類がもっていた頬袋やかむための歯をまだ進化させていなかったものもいたが，ヘテロドントサウルス類とよばれるグループは異なる大きさの歯が哺乳類の歯のように並ぶという非常に変わった歯列を発達させていた．ヘテロドントサウルス類の化石はアフリカ南部の砂漠性堆積物の地層から知られている．

レソトサウルス *Lesothosaurus*

レソトサウルスのような最も原始的な鳥盤類は，後の種類を特徴づけることになる複雑なそしゃく機構をまだ進化させていなかった．そのかわりに単にあごを上下させて切り刻むことによって，食物を細かくつぶしたのだろう．これは特定の食物だけに特化していない採餌方法なので，このような動物は生き延びるために植物だけではなく死肉や昆虫も食べたかもしれない．

特徴：レソトサウルスは鳥盤類のうちで最も原始的なもののひとつで，そのため厳密に分類することが難しい．小型で二足歩行の植物食恐竜で，スピードに向いたつくりである．柔軟性のある首の端にある頭部は短く，側面からみると三角形で，大きな眼がある．歯列は1列に並び，他のすべての鳥脚類と異なって，口には頬がなかったように思われる．あごの動きは単純な切り刻みのひとつだった．吻部の末端にある角質におおわれたくちばしで植物をはさみとった．

右：レソトサウルスは，レソトサウルスよりも早く発見されたファブロサウルス *Fabrosaurus* にとてもよく似ている．しかし，ファブロサウルスの化石はあまりにも不十分で，直接比較することができない．もし両者が同じ属なら，最初につけられたファブロサウルスという名前が優先されなければならないだろう．

分布：レソト，南アフリカ
分類：鳥盤類−ファブロサウルス科
名前の意味：レソトのトカゲ
記載：Galton, 1978
年代：ヘッタンギアン〜シネムリアン
大きさ：1 m
生き方：低い植物の枝や葉を食べる
主な種：*L. diagnosticus*

アブリクトサウルス *Abrictosaurus*

「すっかり目ざめたトカゲ」という意味の名前は古生物学者間の論争に由来する．トニー・タルボーンはヘテロドントサウルス類は一部の現生動物がするように暑い砂漠の夏を寝て過ごしたと提案発表した．J. A. ホプソンは歯の成長の研究を根拠にこの仮説には同意せず，1年を通して活動的な動物だったという自分の考えによって，この新しい恐竜にふさわしい名前をつけた．

特徴：アブリクトサウルスに関する知識は2点の頭骨および骨格の断片数点に基づいている．頭骨はヘテロドントサウルスのものとほぼうりふたつで，さまざまな歯が並んでいる点は類似しているが，顕著な牙がないという点では異なっている．実はアブリクトサウルスの化石はヘテロドントサウルスのメスの標本なのかもしれない．現代の動物と同様，雄だけに牙があり，ディスプレイに使った可能性がある．一方，現生動物の多くのグループにはイノシシ類のように顕著な牙がある属とない属がある．イノシシの牙はイボイノシシの牙とは異なる．

右：アブリクトサウルスは頭骨および数点の骨しか知られていないため，それ以外の部分はヘテロドントサウルスの骨格に基づいて復元されている．

分布：レソト，南アフリカ
分類：鳥盤類−ヘテロドントサウルス科
名前の意味：すっかり目ざめたトカゲ
記載：Hopson, 1975
年代：ヘッタンギアン〜シネムリアン
大きさ：1.2 m
生き方：植物を食べる
主な種：*A. consors*

小型の鳥脚類　**109**

ラナサウルス *Lanasaurus*

この動物は「縮れ毛」というニックネームをもつ著名な古生物学者 A.W.クロムプトンに敬意を表して「羊毛のトカゲ」と命名された．ほとんどのヘテロドントサウルス類同様，ラナサウルスはあごと歯からしか知られていない．ラナサウルスはリコリヌス *Lycorhinus* である可能性や，ジュラ紀前期にアフリカ南部に多かったと思われるヘテロドントサウルス類のすでに知られている属である可能性もある．

下：ラナサウルスはあごの骨だけから知られているリコリヌスと近縁もしくは同一である．リコリヌスはあまりにも哺乳類に似ていたので最初は初期の哺乳類と同定された．名前は「オオカミの吻部」を意味する．

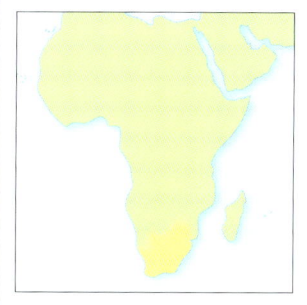

分布：南アフリカ
分類：鳥盤類－ヘテロドントサウルス科
名前の意味：羊毛のトカゲ
記載：Gow, 1975
年代：ヘッタンギアン〜シネムリアン
大きさ：1.2m
生き方：植物を食べる
主な種：*L. scalpridens*

特徴：ラナサウルスは上あごから知られるのみだが，知られているヘテロドントサウルス類の中で最も原始的である．通常，ヘテロドントサウルス類の歯の舌側（舌に面している側）には顕著なくぼみがあるが，ラナサウルスにはこれがなく，頬歯はとても鋭くのみ状だった．ヘテロドントサウルス類に共通の顕著な牙のような歯をもっていた．

ヘテロドントサウルス類の歯

さて，ヘテロドントサウルス類の風変わりな歯列の用途は何だったのか？　後方に位置する「のみ」のような歯は明らかにかむためのものだった．かむ動作によって植物素材が何度も動き回らされる間，筋肉の類が植物素材を口の中に保っていただろう．もちろん類そのものは化石に残っていないが，歯列が頭骨の両側面の内側にあり，何かでおおわれていたにちがいない．すき間がその外側にあるため，そこに類があったと推測されるのである．また，切り刻むような歯の動きは，口からこぼれることを防ぐものが何もなかったら，食べ物の半分はこぼれてしまったであろうことを意味する．

大きい牙は砂漠の植生の一部だった塊茎を掘り起こすのに使われたかもしれない．また，肉食恐竜の攻撃から家族や群れを守るための防御用の武器としても使われたかもしれない．3番目の目的は現生のイボイノシシにみられるように，群れでの階層性における儀式的な格闘や競争での使用という可能性だ．もし，そうだとしたら非常に大きい牙をもつものは一部の標本にすぎない理由の説明になるかもしれない．おそらく非常に大きい牙をもっていたのは雄だけだったのだろう．

下：ヘテロドントサウルスの歯と頭骨

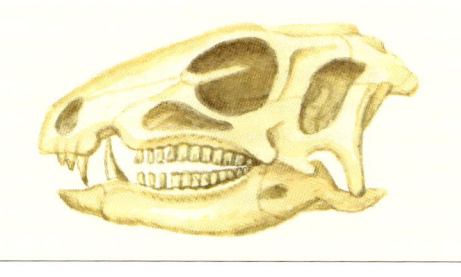

ヘテロドントサウルス *Heterodontosaurus*

1962年になされたヘテロドントサウルスの原記載は頭骨1点に基づいていたが，1976年に知られている中で最も完全で保存状態のよい恐竜骨格が発見されたことによって原記載が裏づけられた．走り去っている途中に時の流れの中で凍りついたかのような活動中のポーズでとらえられたような標本で，長い前肢と5本指の強力な手をもつ俊足な動物だったことを示している．

特徴：ヘテロドントサウルス類の典型的な歯のパターンは，口の正面にある刺すための3対の鋭い歯からなっており，このうちいちばん奥の歯はイヌの牙のように大きい．さらに後方には，せん断しかみ砕くための一連の歯が密生していた．かんでいる間，えさを口の中に保てるよう，奥の方の歯の外側には類があっただろう．上あごの正面の歯は下あごにある骨質のくちばしに押しつけられる形で作用した．

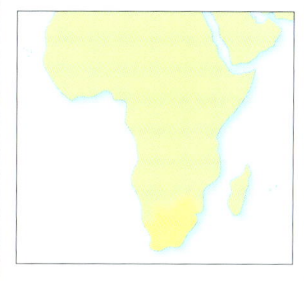

分布：南アフリカ
分類：鳥盤類－ヘテロドントサウルス科
名前の意味：異なる歯をもつトカゲ
記載：Crompton and Charig, 1962
年代：ヘッタンギアン〜シネムリアン
大きさ：1m
生き方：植物を食べる
主な種：*H. tucki*

原始的な武装恐竜

恐竜の新しいグループがジュラ紀前期に出現しはじめた．このグループの特徴は背中に装甲があることで，角質におおわれた骨板が皮膚の表面にあった．武装恐竜（装盾類）はすべてが植物食で，鳥盤類の系列から進化した．進化に拍車をかけたのは，同時代に非常に多かった大型肉食恐竜の存在だっただろう．

スクテロサウルス *Scutellosaurus*

この植物食恐竜は2つの異なる方法で敵から身を守ろうとしただろう．走り去る，あるいはうずくまってよろいで敵を防ぐという2種類である．スクテロサウルスには長い後肢とバランス用のとても長い尾があり，これらのおかげで走れたはずである．受け身の防御でうずくまったときには，強力な前肢が身体を支えただろう．

特徴：よろいがなかったら，この動物はレソトサウルス*Lesothosaurus*のようにファブロサウルス類だと考えられただろう．歯列は単純で，後肢と尾が長い．装甲の存在はスクテロサウルスが後に登場する大型装盾類の祖先に近かったことを示している．スクテロサウルスは完全に二足歩行の祖先から進化しただろう．

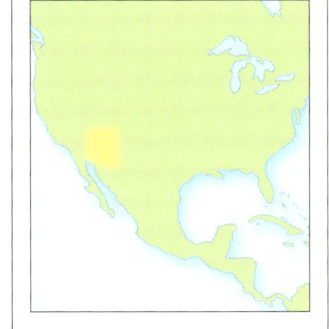

分布：アリゾナ州（アメリカ合衆国）
分類：鳥盤類－基盤的装盾類
名前の意味：小さな盾をもつトカゲ
記載：Colbert, 1981
年代：ヘッタンギアン
大きさ：1.2m
生き方：低い植物の枝や葉を食べる
主な種：*S. lawleri*

左：よろいは300以上の小さな骨の盾からなり，小さなこぶからステゴサウルス類にみられるような大きな板まで，6つの異なるタイプがあった．

スケリドサウルス *Scelidosaurus*

最初に発見され命名されたほぼ完全な恐竜骨格はスケリドサウルスのものだった．武装恐竜なので動きの遅い生物だっただろうが，後肢の長さと尾の重さは，短距離なら二足で走れたかもしれないことを示しているように思われる．

特徴：とても原始的なこの動物は，装盾類として知られるグループに属していた．装盾類は装甲板をもつ恐竜（剣竜類）とよろいをもつ恐竜（よろい竜類）からなっている．スケリドサウルス類は剣竜類の祖先に近いと考えられていたが，現在ではよろい竜類の祖先の方に近いと考えられている．スケリドサウルスの背中，側面，尾はよろいの盾が配置されておおわれており，その間には小さなよろいの盾がモザイク状になっている．

分布：ドーセット（イギリス）
分類：鳥盤類－装盾類
名前の意味：肢トカゲ
記載：Owen, 1868
年代：シネムリアン～プリーンスバッキアン
大きさ：4m
生き方：低い植物の枝や葉を食べる
主な種：*S. harrisonii*

右：スケリドサウルスのほぼ完全な骨格2体がイギリス南部から見つかっており，これらの骨格をもとに保存がより不完全な類縁動物のもっともらしい外見を推測することができる．

原始的な武装恐竜　**111**

武装恐竜の進化

武装恐竜の初期進化は多くの論争、あつれき、混乱のたねでありつづけてきた。保存状態が非常によい初期の武装恐竜スケリドサウルスは最初に発見された恐竜のうちのひとつで、1868年以来知られているという事実にもかかわらずである。

スケリドサウルスを研究し命名したのは、当時最も著名なイギリスの科学者であり、「恐竜」という用語を生み出したほかならぬリチャード・オーウェンである。1830年代と1840年代に、オーウェンは最初に発見された恐竜の科学的研究に携わっていた。肉食恐竜メガロサウルス*Megalosaurus*と植物食恐竜イグアノドン*Iguanodon*である。これらに関する彼の科学的研究は洞察に満ちて綿密で、現代の恐竜研究の基礎を築いた。しかし、スケリドサウルスが発見されたころには彼の経歴は別の方向に進んでしまっていた。このころには彼は科学界の政治的側面に深くかかわっており、ロンドンにある大英博物館（自然史）［現在の自然史博物館］の設立などのプロジェクトに取り組んでいたが、発表されたばかりのチャールズ・ダーウィンの研究が社会に与える影響についていけなかった。スケリドサウルスの科学的な記載は手際のよいものではあったが、以前の研究のような独創性と迫力を示すものではなく、科学界に同等の影響を与えはしなかった。

この初期の段階に武装恐竜の重要性を確立する機会は失われ、1世紀後にスケリドサウルスの骨格が再解釈されてやっとこの重要な恐竜グループの進化に関する現代的な考えが発表された。

エマウサウルス *Emausaurus*

エマウサウルスの科学的記載はドイツ北部で見つかったほぼ完全な頭骨と骨格の一部に基づいている。頭骨はエマウサウルスより知られているスケリドサウルスの半分くらいの大きさだったが、スケリドサウルスほど重装甲ではなかったように思われ、おそらく武装恐竜の進化の初期段階を表している。

特徴：エマウサウルスの頭骨と歯はスケリドサウルスのものにとてもよく似ているが、頭部は後方に向かって幅広になり、吻部に向かって狭まっていたように思われる。あご関節はとても単純で、口はハサミのような動きで働いたことを示しているが、歯に摩耗がなかったように思われる。おそらくエマウサウルスは単に口で植物をむしりとり、かまずに飲み込んだのだろう。

分布：ドイツ
分類：鳥盤類－装盾類
名前の意味：EMAU（エルンスト・モーリッツ・アルント大学 Ernst - Moritz - Arndt - Universität の頭文字）のトカゲ
記載：Haubold, 1990
年代：トアルシアン
大きさ：2m
生き方：低い植物の枝や葉を食べる

主な種：*E. ernsti*

左：スケリドサウルスやその類縁とともにこの分類に配置したが、頭骨には剣竜類的な点があり、フアヤンゴサウルス*Huayangosaurus*に非常に近い。

「ルシタノサウルス」 "*Lusitanosaurus*"

ヨーロッパと北アフリカのいたるところで恐竜化石を探したフランスのイエズス会士でもある古生物学者アルベール・フェリクス・ド・ラパラン（1905-75）が「ルシタノサウルス」の発見者だった。標本は長さ数cmの顎の断片が1つだけだった。その標本はスケリドサウルスのものとかなり似ているように思われ、年代もほぼ同じなため、同じ科に属している。

特徴：「ルシタノサウルス」は疑問名めいている。8本の並んだ歯のある上あごの一部しか知られていない。これらはより高さがあるという点とイギリスの標本にあるホタテガイ状の縁がないという点で、スケリドサウルスのものとは異なっている。この動物の残りの部分がスケリドサウルスに似ていたという保証はまったくないが、この考えを確かめるあるいは論破することになるかもしれない。さらなる化石が見つかるまでは、スケリドサウルスに似ていたとするのが最良の推測である。

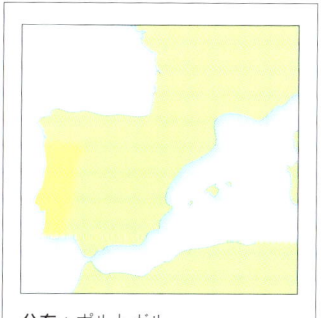

分布：ポルトガル
分類：鳥盤類－装盾類－剣竜類
名前の意味：ルシタニア（ポルトガルの古い名前）のトカゲ
記載：de Lapparent and Zbyszewski, 1957
年代：シネムリアン
大きさ：4m
生き方：低い植物の枝や葉を食べる

主な種："*L. liasicus*"

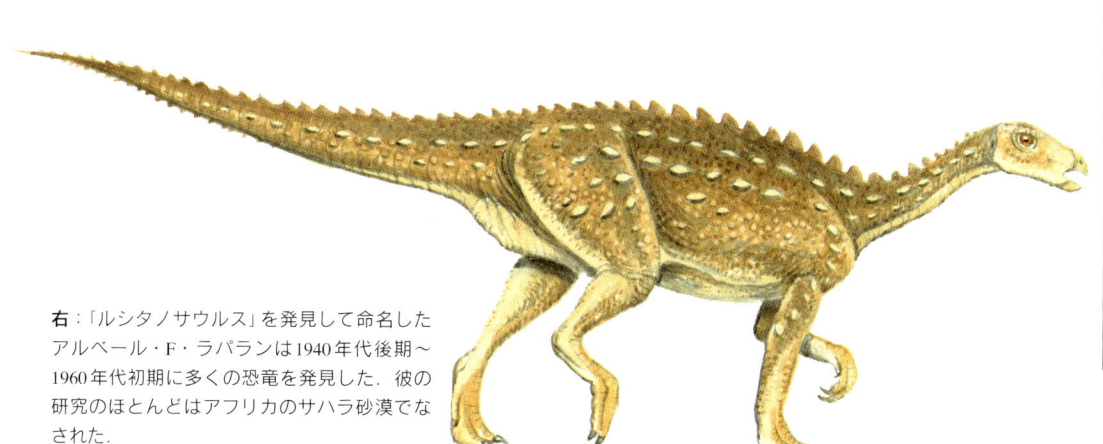

右：「ルシタノサウルス」を発見して命名したアルベール・F・ラパランは1940年代後期～1960年代初期に多くの恐竜を発見した。彼の研究のほとんどはアフリカのサハラ砂漠でなされた。

メガロサウルスとかつてメガロサウルスに分類されたもの

ジュラ紀中期の岩石中で化石が発見された大型肉食恐竜，特にヨーロッパから産出したものは，伝統的にメガロサウルス類と考えられてきた．現在，この分類は見直されつつある．これらの大型恐竜は体つきと外見がずいぶん保守的で，互いに似ているように思われるが，実はさまざまな種類に分類されるようである．

メガロサウルス *Megalosaurus*

科学的に研究され命名された最初の恐竜はメガロサウルスである．しかし，メガロサウルスは混乱の源でありつづけてきた．ヨーロッパで発見されたジュラ紀初期または中期の獣脚類はあまり研究されずにメガロサウルス属に入れられることが長い間続いたからである．「くずかご的な分類群」という科学用語がこのような属に対して使われる．

特徴：メガロサウルスの最初の化石はあごの骨，歯，数点の骨の破片だけから成り立っているが，その後の複数の発見により，一般的な大型肉食恐竜のかなり典型的なイメージがメガロサウルスから得られることが示された．予期されるとおり，頭部は大きく長いあごと鋭い歯を備えている．メガロサウルスは強力な後肢で走り，後肢より小さい前肢は地面から離れるように保たれていた．小さい手には3本の指があり，足の趾4本のうち地面に接しているのは3本だった．

分布：イギリス，フランス，ポルトガル（可能性）
分類：獣脚類－テタヌラ類
名前の意味：大きなトカゲ
記載：Ritgen, 1826
年代：アーレニアン～バジョシアン
大きさ：9 m
生き方：狩りをする，あるいは海岸線で，狩りをせずに残りものを食べる
主な種：*M. bucklandii*, "*M. dabukaensis*", "*M. phillipsi*", "*M. tibetensis*". " "のついているものは疑問名である．

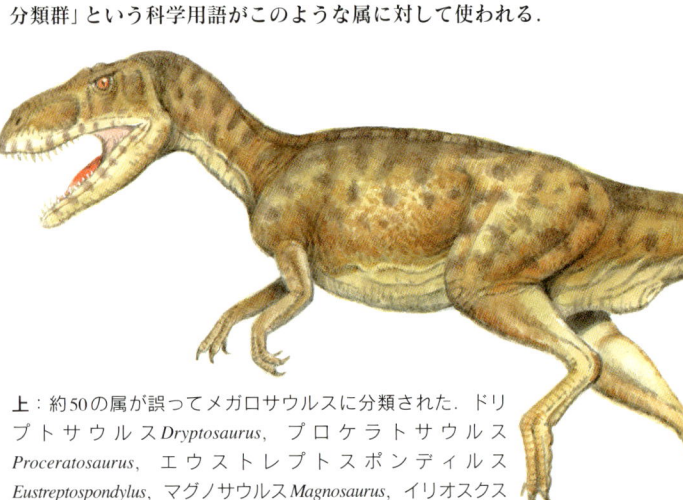

上：約50の属が誤ってメガロサウルスに分類された．ドリプトサウルス*Dryptosaurus*，プロケラトサウルス*Proceratosaurus*，エウストレプトスポンディルス*Eustreptospondylus*，マグノサウルス*Magnosaurus*，イリオスクス*Iliosuchus*，メトリアカントサウルス*Metriacanthosaurus*，カルカロドントサウルス*Carcharodontosaurus*，ディロフォサウルス*Dilophosaurus*，そして古竜脚類のプラテオサウルス*Plateosaurus*まで誤って同定されたものに含まれていた．

エウストレプトスポンディルス *Eustreptospondylus*

この恐竜は不用意にメガロサウルスにされたのち，まったく違うものだと気づかれた獣脚類のひとつだった．脊椎がメガロサウルスのものより湾曲しているため，こういう名前になった．1871年に見つかった1体のほぼ完全な骨格から知られている．現在この骨格を組み立てたものが，イギリスのオックスフォード大学博物館に展示されている．

分布：イギリス
分類：獣脚類－テタヌラ類
名前の意味：かなり湾曲した椎骨
記載：Walker, 1964
年代：カロビアン
大きさ：9 m．ただし，6 mの幼体骨格のみから知られる．
生き方：狩りをする
主な種：*E. oxoniensis*

特徴：エウストレプトスポンディルスは中型～大型のハンターで，同時代に生息したメガロサウルスより，後に登場するアロサウルス*Allosaurus*やスピノサウルス類の祖先に近縁だったように思われる．見つかった骨格の頭骨は断片的で，復元は難しい．背骨のほとんどには上部がなく，その骨格が幼体のもので骨の上下部が接合きちんと化骨するには若すぎたことを示唆している．関節していない頭骨からつくられたレプリカは，しばしば博物館に展示するメガロサウルスの頭骨の代替品として用いられている．

上：エウストレプトスポンディルスの唯一の骨格は海成の粘土中で見つかった．陸上で死に，海に流されたのだ．腐敗しつつある身体からすべてのガスが抜けたのち，海底に沈み，細かい堆積物に埋まった．

ポエキロプレウロン *Poekilopleuron*

第二次世界大戦中，フランスのカン博物館が爆撃されたときに化石のほとんどが破壊されたため，ポエキロプレウロンについてはあまり多くのことをいえない．わかっていることは，その後フランス・パリの国立自然史博物館で見つかったレプリカに基づいている．*P. valesdunensis* とされたほぼ完全な頭骨および断片は 1994 年にノルマンディーで発掘された．

特徴：前肢－最初の標本から知られているほぼすべて－はとても短いが，非常に強力で，力強い筋肉の付着域がある．骨格の残りの部分で知られているものから，ポエキロプレウロンはエウストレプトスポンディルスと同様に獣脚類のスピノサウルス類の祖先に含まれるように思われる．これは首の中央部の椎骨の長さからの判断である．より最近に発見された化石の頭骨はかなり低く，装飾がまったくない．

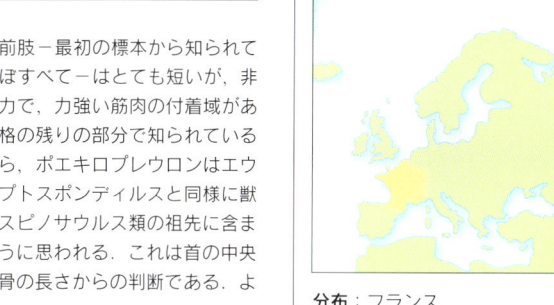

分布：フランス
分類：獣脚類－テタヌラ類
名前の意味：変化の多い体側
記載：Eudes-Deslongchamps, 1838
年代：バトニアン
大きさ：9 m
生き方：狩りをする
主な種：*P. bucklandii*, *P. valesdunensis*, "*P. schmidtii*"（ロシア産の同定不明な骨数点の疑問名）

爬虫類の新しい綱

いわゆるストーンズフィールドスレート－実際には薄い層の石灰岩－の採石場は，長期にわたり化石を産出した．採石場はイギリスのオックスフォードの近くにあり，建材が切り出されていた．1815 年ごろ，本来の位置に歯がある大きなあごの骨を含む数点の骨化石が発見され，オックスフォード大学の最初の地質学教授だったウィリアム・バックランドに渡された．彼の同僚のひとりだったジェイムズ・パーキンソンがその歯の図を公表し，1822 年にメガロサウルスと命名された．当時，恐竜という概念はまったくなかったため，そのあごの骨と歯は何らかの巨大なトカゲのものだと想定された．

しかし，他の大型動物化石の発見が続き，1841 年にリチャード・オーウェンはこれらの発見を含めるための分類「恐竜綱」を設立した．それでも恐竜は大きなトカゲだと考えられ，大型で竜のような四足歩行の動物として描かれた．

これら初期の復元のうち最も有名なのは，1854 年にロンドン南部の水晶宮の公園のためにつくられた実物大の像である．これらの像は今でもそこにあり，科学的には正しくないが，当時の科学的理解について得られる洞察という点で感動的である．

左：メガロサウルスの初期のイメージ

マグノサウルス *Magnosaurus*

マグノサウルスも最初はメガロサウルスとされていた獣脚類である．異なる属であることがわかったとき，メガロサウルス（「大きなトカゲ」の意）に似ているため，同様の意味をもつマグノサウルス（大きなトカゲ）と改名された．骨は幼体のものだったように思われる．現在，その化石はイギリス産メガロサウルスの多くが保管されているイギリスのオックスフォード大学にある．

特徴：マグノサウルスはあまりよく知られていない動物である．化石はあご，歯，骨の断片しかなく，四肢骨の一部は内部の空洞のレプリカからしか知られていない．歯はメガロサウルスのものよりも厚みがあり，あごに生えている本数は少ない．生息していた時代はメガロサウルスよりいくぶん早く，マグノサウルスが実はメガロサウルスの初期の小型種にすぎないかどうかに関しては今でも議論がある．

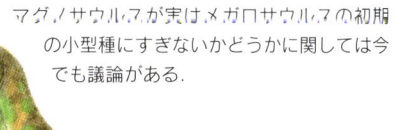

分布：ドーセット（イギリス）
分類：獣脚類
名前の意味：巨大なトカゲ
記載：von Huene, 1932
年代：バジョシアン
大きさ：4 m
生き方：狩りをする
主な種：*M. nethercombensis*, *M. lydekkeri*

獣脚類

肉食恐竜の大きさは小さなニワトリ大から巨大なドラゴンのような怪物級までの範囲にわたっていた．また，多くのものはこの両極端の間に位置していた．中国からオーストラリア，南アメリカ，そしてイギリスに至るまで，中型の肉食恐竜はジュラ紀中期に広く分布していた．当時，大陸は分裂しはじめていたが，まだ同じ種類の動物がいたるところに存在していた．

オズラプトル *Ozraptor*

これまでのところオーストラリアで見つかったジュラ紀の獣脚類はオズラプトルだけである．ジュラ紀中期，オーストラリアは超大陸パンゲア南部の細長い突起部の先端域にあった．まだ大陸塊の一部だったため，遠方ではあったが，世界の他の地域と類似の動物相を維持していなかったはずだと考える理由はない．

特徴：オズラプトルは脚の骨の一部から知られているだけだが，古生物学者たちはその化石からオズラプトルは俊足なカルノサウルス類だったと推測している．足首の関節が獣脚類の中で独特なためで，速く走ることに適応していたように思われる．この点に関しては，白亜紀に北アメリカに存在した俊足なハンターのひとつである基盤的なドロマエオサウルス類のものに似ている．おそらくオーストラリアには今後発見されるジュラ紀の獣脚類がまだかなりいるだろう．

右：オズラプトルの脚の骨は1966年に大学生が見つけ，最初はカメのものであると考えられた．母岩から取り出され，恐竜の骨であることがわかったのは，それから30年後のことだった．

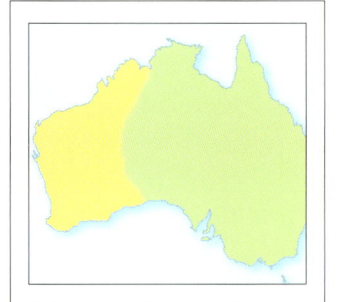

分布：オーストラリア西部
分類：獣脚類
名前の意味：オズ（オーストラリアに対する口語）の略奪者
記載：Long and Molnar, 1998
年代：バジョシアン
大きさ：おそらく3m
生き方：俊足で狩りをする
主な種：*O. subotaii*

カイジャンゴサウルス *Kaijangosaurus*

中国の有名な大山鋪化石層から出た，よく知られていない獣脚類である．興味深いものである可能性がある多くの恐竜と同様に，カイジャンゴサウルスは部分骨格から知られているだけで，そこから推理できることはわずかしかない．同時代に生息したガソサウルス*Gasosaurus*同様，ジュラ紀中期にこの地域に生息していた非常にさまざまな植物食竜脚類を捕食していただろう．

特徴：カイジャンゴサウルスについて知られているのは，ひとまとまりになっている頸椎7点だけである．これらは明らかにカルノサウルス類の椎骨だが，とても原始的で通常みられるようなボールとソケット状の関節がみられない．この特殊化していない性質は，カイジャンゴサウルスがカルノサウルス類の祖先にとても近いかもしれないことを示している．カイジャンゴサウルスは同じ年代と場所から産出するガソサウルスと同じ動物であるという説さえある．

上：カイジャンゴサウルスとガソサウルス（挿入図）は大山鋪採石場で見つかる竜脚類の主要な捕食者だっただろう．

分布：中国
分類：獣脚類－テタヌラ類
名前の意味：開江（河川名）のトカゲ
記載：He, 1984
年代：バトニアン〜カロビアン
大きさ：6m
生き方：狩りをする
主な種：*K. lini*

獣脚類 **115**

肉食恐竜の体形

1億6000万年に及んだ恐竜時代の間に，植物食恐竜はあらゆる種類の異なる体形を発達させた．巨大でどっしりとして首の長い竜脚類，危険から走って逃げられるぐらい小型あるいは群れに安全を頼った二足歩行の鳥脚類，装甲板という装飾またはよろいという防御を備えていた重量級の装盾類，そして盾や角を備えていた後期の角竜類などである．それに対し肉食恐竜はたったひとつの体形を採用し，中生代の間じゅう，その体形を変えなかったように思われる．それはうまくいく体形だったのである．肉食恐竜の単純な消化器系は巨大な身体を必要としなかった．その結果として生じる体は二足で移動できるぐらい軽量だった．獲物を殺すためのしくみであるあご，歯，爪をかなり前方に出し，後方の尾でバランスをとることができた．典型的な獣脚類はみごとに設計された殺し屋だった．

この基本的な体形から逸脱した獣脚類はほとんどいなかったということがわかるくらい十分な数の完全骨格が知られている．それゆえに新しい恐竜が見つかり，数点の骨や歯しかなくても，全体像はこの基本的な体形と大きく異なってはいなかっただろうという予想に確信をもつことができる．

右：肉食恐竜の基本体形

ピアトニツキサウルス *Piatnitzkysaurus*

このカルノサウルス類が発見されたのは1970年代で，ジュラ紀中期に北アメリカに生息していた恐竜の類縁が南アメリカに実際に生存していたことを初めて示したのがこの発見だった．これは当時の北アメリカと南アメリカはつながっていたこと，そして後に存在するようになり，南アメリカを島大陸として切り離すようになることが知られている海路がまだ形成されていなかったことを意味する．ピアトニツキサウルスは2点の部分的な頭骨と数点の骨格化石から知られている．つづりがとても難しい学名をもつ恐竜だと見なされている！

分布：アルゼンチン
分類：獣脚類－テタヌラ類－カルノサウルス類
名前の意味：ピアトニツキのトカゲ（発見者の友人にちなむ）
記載：Bonaparte, 1986
年代：カロビアン～オックスフォーディアン
大きさ：4.3m
生き方：狩りをする
主な種：*P. floresi*

特徴：アロサウルス類の初期の祖先であるこの恐竜は腰の骨がより原始的，腕の骨がより長く，そして肩がより強力であるという点で，後の類縁恐竜とは異なっていた．身体のつくりはアロサウルス *Allosaurusu* にとてもよく似ており，おそらく同じ狩猟生活様式をとっていただろう．同地域に生息していた竜脚類よりもはるかに小型なので，植物食恐竜の群れの中の幼体，弱った個体，高齢の個体を狩ることに専念していたかもしれない．

プロケラトサウルス *Proceratosaurus*

1910年，イギリスの有名な古生物学者アーサー・スミス・ウッドワードによって初めて研究されたとき，この恐竜もメガロサウルスだったと考えられた．恐竜の専門家であるドイツのフリードリヒ・フォン・ヒューネは15年後に頭骨を研究したときに誤ってその頭骨をケラトサウルスのものとした．同じ属の可能性がある別の標本が1923年にフランスで見つかった．

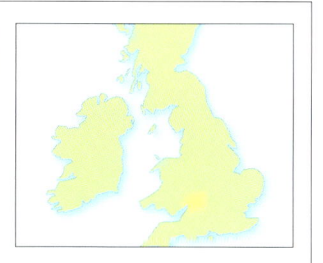

分布：グロスターシア（イギリス）
分類：獣脚類－テタヌラ類－カルノサウルス類
名前の意味：ケラトサウルス以前
記載：von Huene, 1926
年代：バトニアン
大きさ：2m
生き方：狩りをする
主な種：*P. bradleyi*, *P. divesensis*

特徴：プロケラトサウルスは断片的な頭骨のみから知られ，その化石は鼻部にある角の根本を示している．このためフォン・ヒューネはプロケラトサウルスは後に登場する角のあるケラトサウルス *Ceratosaurus* の祖先であると推測した．研究するための頭骨化石としては多くないが，確かにケラトサウルス類よりはカルノサウルス類に属するように思われる．もし本当にケラトサウルスに類縁ならばケラトサウルス類になる．

右：化石の少なさにもかかわらず，プロケラトサウルスはカルノサウルス類に入れられるように思われる．カルノサウルス類ならばそのグループでよく知られている最も初期のメンバーということになる．

中国・大山鋪採石場の竜脚類

中国四川省の自貢の近くにある大山鋪採石場は，ジュラ紀中期の恐竜化石産地としては世界で最も有名である．ここ数十年の間に40トン以上の化石，8000点以上の恐竜の骨がそこで発掘された．1987年，その豊富さを記念して自貢恐竜博物館が開館した．

オメイサウルス *Omeisaurus*

この恐竜の最初の骨格は，1939年に中国の古生物学者楊鐘健（Young Chung Chien，より正確にはYang Zhongjian）とアメリカのチャールズ・L・キャンプによって発掘された．マメンチサウルス同様，最初は首の長さが明らかではなかった．この事実がやっと明らかになったのは，より完全な骨格が1980年代に発見されたときである．長い首を木の高いところにあるえさに伸ばしたのかもしれないし，地上の広い範囲にあるえさに伸ばしたのかもしれない．同じ現場で見つかった尾の棍棒の化石はオメイサウルスのものとされた．しかし，シュノサウルスの大型標本のものである可能性の方が高い．

特徴：非常に長い頸，短い身体，ずんぐりとした四肢をもつオメイサウルスは少し早い時代に生息したマメンチサウルスにかなり似ていたにちがいない．実際オメイサウルスのいくつかの標本は誤ってマメンチサウルスと同定された．両者の違いは脊椎の形状にある．マメンチサウルスでは棘突起が左右に分かれているが，オメイサウルスでは分かれていない．このようなちょっとした特徴が古生物学者たちが属を見分けるのに役立つ．

左：ほとんどの竜脚類同様，オメイサウルスの腰の位置は肩の位置よりも高かった．鼻孔は頭骨のかなり前方にあったが，これは竜脚類としてはめずらしい特徴である．

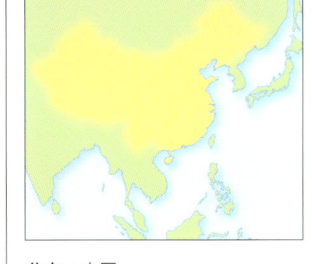

分布：中国
分類：竜脚類
名前の意味：峨眉山のトカゲ
記載：Young, 1939
年代：キンメリッジアン～ティトニアン
大きさ：15 m
生き方：植物の枝や葉を食べる
主な種：*O. junghsiensis*, *O. tianfuensis*, *O. luoquanensis*

シュノサウルス *Shunosaurus*

シュオサウルス *Shuosaurus* として知られることもある．シュノサウルスは中国の恐竜の中で最もよく知られている．約20個体の骨格が見つかっており，いくつかは完全骨格である．恐竜ではめずらしいことだが，シュノサウルスはすべての骨が知られている．古生物学者たちはシュノサウルスはジュラ紀中期にとても一般的だった恐竜で，おそらくローラシア大陸の東部で最も豊富だったと考えている．

特徴：シュノサウルスの注目すべき特徴は尾にあるスパイクのある棍棒で，明らかに防御用の武器として使われた．1979年に最初に見つかったときにはケガをしたところにできた病的なものだったと考えられた．しかし，棍棒が本来の位置にある，完全に関節した骨格数点が発掘された．頭骨は比較的長くて低く，鼻腔は側方を向いている．通常，竜脚類の歯はスプーン状または鉛筆状だが，シュノサウルスの場合は両者の間のように思われる．

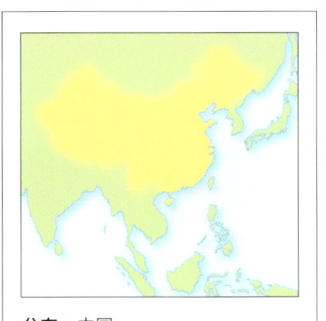

分布：中国
分類：竜脚類
名前の意味：蜀（四川省に対する古い地方名）のトカゲ
記述：Dong, Zhou and Chang, 1983
年代：バトニアン～カロビアン
大きさ：9 m
生き方：植物の枝や葉を食べる
主な種：*S. lii*, *S. ziliujingensis*

マメンチサウルス *Mamenchisaurus*

1952年に発見されたとき，マメンチサウルス・コンストルクトゥス *M. constructus* の椎骨の本来の姿は不明だった．脊椎が非常に繊細で保存状態が悪かったため，損傷を与えずに発掘できなかったのである．マメンチサウルスの初期の復元はそこそこの長さの首しか示していない．1957年に *M.*ホチュアネンシス *M. hochuanensis* が発見されてはじめて途方もない首の長さが正しく認識されるようになった．

特徴：マメンチサウルスは既知の恐竜の中で最も長い首をもっている．19の椎骨からなり（発見のもので最大数），約14mに達し全長の約3分の2を占めている．椎骨はとても薄く軽量で，後に登場するディプロドクス類の椎骨と同じように薄い支柱と薄板からできている．しかし，短くて厚みのある頭骨はマメンチサウルスがより原始的なエウヘロプス類に属することを示している．

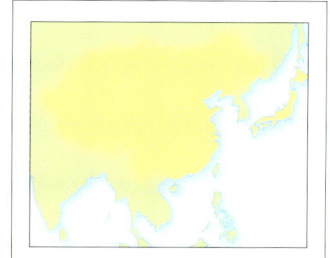

分布：中国，モンゴル
分類：竜脚類－エウヘロプス科
名前の意味：馬門渓のトカゲ
記載：Young, 1954
年代：ティトニアン
大きさ：21m
生き方：植物の枝や葉などを食べる
主な種：*M. sinocanadorum*, *M. hochuanensis*, *M. youngi*, *M. jingyaninsis*, *M. anyuensis*, *M. constructus*

左：首がきわめて長いため，マメンチサウルスは間隔が狭い木々の間に首を伸ばし，密集した森林地の下生えを食べることができたかもしれない．

大山鋪の化石産地

ジュラ紀中期の恐竜化石を含んでいる岩石はよくあるものではない．事実上ジュラ紀中期の多様な恐竜を示す唯一の産地が，中国中央部の四川省自貢地域にある大山鋪の泥岩採石場である．この現場は1960年代にガスのパイプラインを設置していた建設工事の一団によって発見された．現場が発掘される間作業は中断され，中国の著名な古生物学者である北京の董枝明が作業を率いた．

ジュラ紀にはこの地域は河川や湖があり，水が豊富な低地で，針葉樹の密林，ソテツ類，シダ類を支えていた．その地域には河川の広大な三角州があった．この三角州はジュラ紀初期から中期を通じ後期に至るまでの非常に長期間にわたって存在し，その間じゅう泥やシルトを徐々に堆積させた．このような長期間にわたり地理的な状態が特定の地域で一定でありつづけることはめずらしい．

死んだ恐竜は泥に埋まり，その骨格はバラバラにならずに保存された．翼竜類，哺乳類および両生類の化石もここで発見されている．泥岩に含まれる化石には巨大な針葉樹の幹や非常にさまざまな恐竜の骨格があり，獣脚類，ステゴサウルス類，特に首の長いさまざまな竜脚類が含まれている．

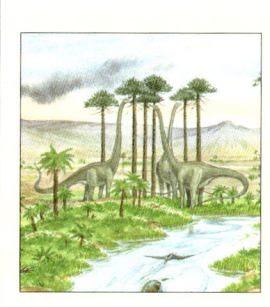

左：開けた平野の環境

ダトウサウルス *Datousaurus*

この恐竜は2体の不完全骨格から知られている．ダトウサウルスのものとされた頭骨は実は骨格からいくぶん離れたところで見つかったため，本当にダトウサウルスのものかどうかについては不確実性がある．大山鋪採石場にはさまざまな種類の竜脚類化石が豊富にあるからだ．そのため分類には多少の混乱がある．

特徴：ダトウサウルスの首は初期竜脚類のほとんどのものより長いが，後に登場するものほど長くはない．頸椎は13個である．竜脚類にしては頭骨が大きくて重く，鼻孔は正面にある．あごにはスプーン状の歯がある．骨格はディプロドクス *Diplodocus* のようだが，頭骨は一本当にこの恐竜の頭骨ならばーダトウサウルスが竜脚類のまったく異なる系列に属していることを示唆している．

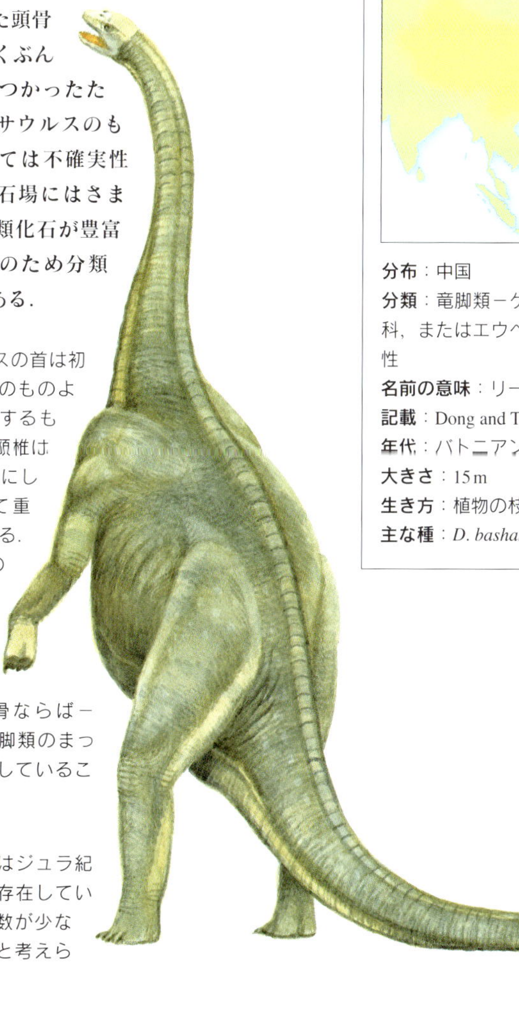

分布：中国
分類：竜脚類－ケティオサウルス科，またはエウヘロプス科の可能性
名前の意味：リーダーのトカゲ
記載：Dong and Tang, 1984
年代：バトニアン～カロビアン
大きさ：15m
生き方：植物の枝や葉を食べる
主な種：*D. bashanensis*

右：ダトウサウルスはジュラ紀中期に中国中央部に存在していた竜脚類の中で最も数が少なかったもののひとつと考えられている．

ケティオサウルス類

ケティオサウルス類は竜脚類の中で最も原始的だった．ケティオサウルス類はヨーロッパで発見され，最初のころに認められた恐竜に含まれる．しかし，今日ではオーストラリア，アフリカ，北アメリカ，そして重要なことに南アメリカ産の化石も知られている．通常，ケティオサウルス類の前肢と後肢はだいたい同じ長さで，前肢の方が短い傾向にある大部分の竜脚類と異なっている．

竜脚形類の系統の進化

三畳紀とジュラ紀前期の古竜脚類にとってかわったのは竜脚類だった．古竜脚類と同様，えさの植物を処理する巨大な消化管を備えた巨体と長い首をもち，この長い首のおかげで木の高いところや地上の広い範囲に小さな頭部を伸ばすことができた．実際，より進歩した古竜脚類の多くは原始的な竜脚類にとてもよく似ており，分類上で両者間のどこに線を引くべきかについてはしばしば混乱がある．

南アメリカには初期の非常に多様な古竜脚類がいた．そして白亜紀後期には多数の竜脚類，特に進歩したティタノサウルス類の竜脚類がいた．後期の竜脚類は恐竜時代の終わりごろ，南アメリカで繁栄した．当時，世界の他の地域では衰えかけていたにもかかわらずである．しかし，その間に何が進化していたかに関する証拠はほとんどない．少数しか知られていないジュラ紀中期の竜脚類は，当時ヨーロッパでより典型的だったケティオサウルス類に近縁であるように思われる．

ケティオサウルス *Cetiosaurus*

ケティオサウルスは最初に発見され（1825年）記載された竜脚類だった．そのためケティオサウルスは同時代の獣脚類メガロサウルス *Megalosaurus* と同じ運命を被った．つまり，長期間にわたりヨーロッパで見つかった竜脚類の化石はすべてケティオサウルスのものとされたのである．

「恐竜」という名称を創案したのと同じ1842年にケティオサウルスを命名したリチャード・オーウェンはケティオサウルスが恐竜の一種だと認識していなかった．彼は巨大なワニ類の化石であると考えていた．彼はケティオサウルスの背骨とクジラの背骨の類似に気づき，クジラにちなむ名前をつけ，ケティオサウルスは水生動物だったと考えた．1854年，これらの骨が恐竜の骨だと気づいたのは，恐竜に関する先駆者ギデオン・マンテルだった．

ケティオサウルスの化石はたいてい海成堆積物中で見つかり，この恐竜が海の近くか，少なくとも遺体が海に流し出される可能性がある河川の近くに生息していたことを示唆している．ケティオサウルスの最良の骨格はイギリス中部地方の粘土採石場で採掘していた労働者たちによって1968年に発見された．現在この骨格はレスター博物館と美術館に展示されている．

分布：イギリス，ポルトガル，モロッコ（可能性）
分類：竜脚類－ケティオサウルス科
名前の意味：クジラトカゲ
記載：Owen, 1842
年代：バジョシアン～バトニアン
大きさ：14m
生き方：植物の枝や葉を食べる
主な種：*C. mogrebiensis*, *C. medius*, *C. conybearei*, *C. oxoniensis*

特徴：ケティオサウルスの骨格は典型的な竜脚類の骨格で，頭部は小さく，首と尾は長く，重い身体はどっしりとした四肢で支えられていた．より進歩した竜脚類では体重を少なくする手段として椎骨が空洞化しており，椎骨が空洞化していないケティオサウルスはかなり原始的である．そのかわり椎骨の内部は海綿状できめが粗い．オーウェンが気づいたクジラ的な特徴である．

アミグダロドン *Amygdalodon*

アミグダロドンは南アメリカの竜脚類で知られる中で最も初期のもので，白亜紀に南アメリカ大陸で優位を占めることになる多様なティタノサウルス類竜脚類より数千万年もさかのぼる．アミグダロドンの祖先は南アメリカに存在した多くの古竜脚類の中で見つかる可能性がある．また，原始的なケティオサウルス類はヨーロッパでの起源から世界中に広がったことを示している可能性もある．属名はアーモンドのような歯の形に由来している．アミグダロドンは南アメリカから知られる最も原始的な竜脚類である．

特徴：アミグダロドンは2個体の歯，椎骨の一部，肋骨と腰の骨，および四肢の断片から知られている．例によって骨格の一部しか発見・同定できないときは，その動物全体が長い首の竜脚類という形状に従ったと仮定せざるをえない．アミグダロドンの歯は主としてヨーロッパから知られるケティオサウルス類の一員であることを示唆している．もし，ケティオサウルス類の一員ならば，すべての大陸がまだ単一の陸塊として一続きだったジュラ紀中期に，竜脚類のこの初期の系統がいかに広くいきわたっていたかを示すことになる．

分布：アルゼンチン
分類：竜脚類－ケティオサウルス科
名前の意味：アーモンド形の歯
記載：Cabrera, 1947
年代：バジョシアン
大きさ：13m
生き方：植物の枝や葉を食べる
主な種：*A. patagonicus*

右：アミグダロドンは首と尾が長かったと考えられているが，アミグダロドンの首と尾は後の時代の竜脚類のものほど長くはなかったように思われる．

パタゴサウルス *Patagosaurus*

1970年代後半，パタゴサウルスの約1ダースの骨格（そのうち5点は頭骨も伴う）がいっしょに発見された．これはパタゴサウルスが群れで移動したことを示唆している．この発見により，パタゴサウルスは南アメリカの初期竜脚類の中で最も知られるようになった．ピアトニツキサウルス *Piatnitzkysaurus* などの獣脚類が存在することに加え，パタゴサウルスも存在することは，当時の南アメリカが他の陸塊とつながっていたことを示す．

特徴：歯は，より初期のアミグダロドンのものに似ている．しかし，骨格の他の部分はアミグダロドンより進歩している．骨格はケティオサウルスのものに似ている．頸椎にケティオサウルスのものと同じような分岐していない棘突起があり，脊椎には後の竜脚類にみられる深い溝ではなく浅いくぼみしかないからである．主として，このような単純な脊椎がケティオサウルス科を定義するものになっている．しかし，パタゴサウルスの腰の骨と尾はヨーロッパの類縁恐竜とは異なっている．ブエノスアイレスのアルゼンチン自然科学博物館にはパタゴサウルスのみごとな組立骨格があり，アルゼンチンの科学者の草分けだったベルナルディーノ・リヴァダヴィアにささげられている．

分布：アルゼンチン
分類：竜脚類－ケティオサウルス科
名前の意味：パタゴニア産のトカゲ
記載：Bonaparte, 1979
年代：カロビアン
大きさ：18m
生き方：植物の枝や葉を食べる
主な種：*P. fariasi*

右：パタゴサウルスはグループで移動した．2頭の成体と3頭の幼体がいっしょに発見されたことが，グループで移動したという考えを裏づけている．

鳥脚類

鳥脚類はジュラ紀中期から存在した植物食恐竜で，竜脚類と同じ時代に生息していた．鳥脚類の化石は中国・大山鋪にある化石を多産する採石場から，ポルトガルの海岸に至るまでのさまざまな場所で見つかっている．しかし，ジュラ紀の鳥脚類は竜脚類ほど豊富でも多様でもなかった．鳥脚類の時代はまだ到来していなかった．

ヤンドゥサウルス *Yandusaurus*

頭骨を含む2体のほぼ完全な骨格が知られており，ヤンドゥサウルス・ホンゲエンシス *Y. hongeensis* がどのような外観だったかはよくわかっている．

ヤンドゥサウルスの別の種である *Y.* ムルティデンス *Y. mulutidens* はおそらく本当はアギリサウルス *Agilisaurus* であろう．ヤンドゥサウルスは竜脚類化石で有名な大山鋪採石場から産出する恐竜のひとつである．

特徴：ヤンドゥサウルスは典型的なヒプシロフォドン類である．小型で二足歩行の植物食恐竜で，後肢がとても長く，スピードに向いた体つきだった．頭部は小さく，切り刻みに向いた歯があった．食べ物をかんでいるあいだ，食べ物は頬袋の中に保たれた．ヒプシロフォドン類は白亜紀の方が一般的だったが，鳥脚類の祖先はジュラ紀中期までたどることができる．古生物学者たちは，歯の隆起によってヤンドゥサウルスを他のヒプシロフォドン類から見分ける．

上：ヤンドゥサウルスの短い前肢には5本の指があった．

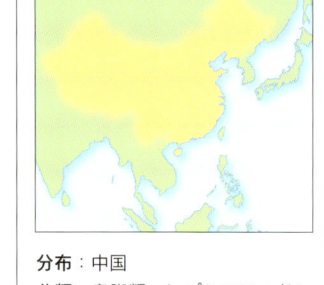

分布：中国
分類：鳥脚類－ヒプシロフォドン科
名前の意味：塩都のトカゲ
記載：He, 1979
年代：バトニアン～カロビアン
大きさ：1.5m
生き方：低い植物の枝や葉を食べる
主な種：*Y. hongheensis*, *Y. multidens*（可能性）

アギリサウルス *Agilisaurus*

アギリサウルスはほぼ完全な骨格から知られているという事実にもかかわらず，恐竜の進化の系統におけるアギリサウルスの真の位置はまだ不確かである．イギリス・ロンドン自然史博物館のポール・バレットは通常の鳥脚類としてはアギリサウルスは原始的すぎると提唱している．アギリサウルスはまだ頬袋を進化させていなかった非常に原始的な鳥脚類のひとつである．ファブロサウルス類だったかもしれないし，まったく新しい科かもしれない．

特徴：アギリサウルスの頭骨は小さく，眼は大きく，歯は葉のような形をしている．前部の歯はより大きく，とがっている．後肢は長く，前肢よりもかなり長い．脚の他の骨に比べ，大腿骨は特に短い．これは足が軽く，走るのが速い動物のしるしで，かなりの筋肉が腰の近くに集中していた．尾は長く，走行中にバランスをとるために使われた．

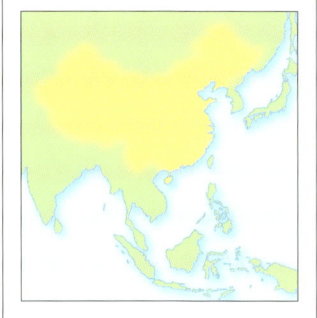

分布：中国
分類：鳥盤類－ファブロサウルス科（証明されていない）
名前の意味：敏捷なトカゲ
記載：Peng, 1992
年代：バトニアン～カロビアン
大きさ：1.2m
生き方：低い植物の枝や葉を食べる
主な種：*A. louderbecki*. *Yandusaurus multidens* はアギリサウルスの一種かもしれない

左：アギリサウルスの骨格とヤンドゥサウルス（上）の骨格は似ているにもかかわらず，両者はかなり異なる動物だったかもしれない．

「クシャオサウルス」"Xiaosaurus"

この動物は歯と顎の骨，およびそれ以外の数点の骨（後肢を含む）しか知られていない．この小型恐竜についてわかっていることは非常にわずかなため，実際のところ「クシャオサウルス」は疑問名である．アギリサウルス*Agilisaurus*の一種である可能性さえある．しかし，ジュラ紀中期の中国にはかなり多様な基盤的鳥脚類がいたことを示しているのは確かである．

特徴：大山鋪採石場で見つかった化石は非常に断片的なので，この動物について論理的に推理できることはほとんどない．しかし，大腿骨に関しては奇妙な点がある．それは脚の筋肉の付着点の位置で，原始的な角竜のものととても類似しているように思われる．このためクシャオサウルスは白亜紀後期になるまで繁栄しなかったトリケラトプス*Triceratops*などの恐竜に近い可能性があるという推測が生まれた．

分布：中国
分類：鳥脚類
名前の意味：小さいトカゲ
記載：Dong and Tang, 1983
年代：バトニアン
大きさ：1 m
生き方：低い植物の枝や葉を食べる
主な種："X. dasanpensis"

右：「クシャオサウルス」は角竜の祖先であるとわかったとしても，ここに示したような一般的な外見だったであろうことにかわりはない．

本質的な違い

遠くからみると，小型鳥脚類は小型獣脚類にとても似てみえただろう．両者とも後肢で立ち，重い尾でバランスをとっていただろう．中生代を訪れることができるのなら違いを知っておく必要があるだろう．片方は危険だからだ．

両者の最も明白な違いは身体の大きさだ．植物食である鳥脚類のより複雑な消化器系は，鳥脚類の身体の方が大きいことを意味しただろう．また，頭部の形にも違いがある．獣脚類には長いあごと鋭い歯があり，おそらく眼は前方を向いていた．鳥脚類は頭部がより小さくて，大きな眼は頭部の側面にあり，通常は口の両側には頬があり，先端にはくちばしがあった．

手も違っていただろう．獣脚類の指は3本または2本しかなく，湾曲した大きなかぎ爪があった．鳥脚類の指は4本または5本で，先端のとがっていないかぎ爪があった．最後に色だ．色については何もわかっていないが，獣脚類は鳥類やトラのように鮮やかな体色で，一方，鳥脚類は緑や茶色の迷彩だったというのがもっともらしく思われる．

下：獣脚類（左）と鳥脚類（右）との比較

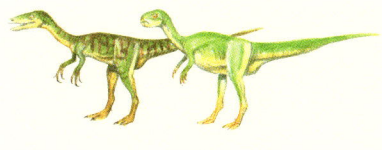

「アロコドン」"Alocodon"

残念ながら，この恐竜については数本の特徴的な歯しか知られていない．これは古脊椎動物学ではよくあることで，その歯に基づいて全体像を復元できることもあるが，得られる答えよりも生じる疑問の方が多くなる場合の方が多い．これらの歯はポルトガルの数少ない恐竜化石産地のひとつであるペドロガンの近くで発見された．

特徴：アロコドンの歯には垂直な溝があり，それが名前の由来になっている．他の恐竜の歯でこの歯に似ているのは，進化の系統で後に登場したヒプシロフォドン類のオスニエリア*Othnielia*の歯だけである．一部の古生物学者は，この動物はレソトサウルス類とヒプシロフォドン類の中間的な存在だと考えている．上あごの前部には，より鋭い歯があった．これらの歯は装甲やよろいをもつ恐竜のひとつである原始的な装盾類のものであるという説さえある．どういう分類になるにせよ，ここでは「アロコドン」を原始的な鳥脚類として取り上げることにする．

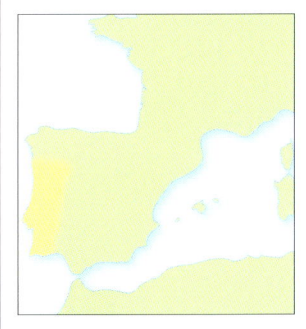

分布：ポルトガル
分類：鳥脚類
名前の意味：溝のある歯
記載：Thulborn, 1973
年代：ジュラ紀中期または後期
大きさ：1 m
生き方：低い植物の枝や葉を食べる
主な種："A. kuehni"

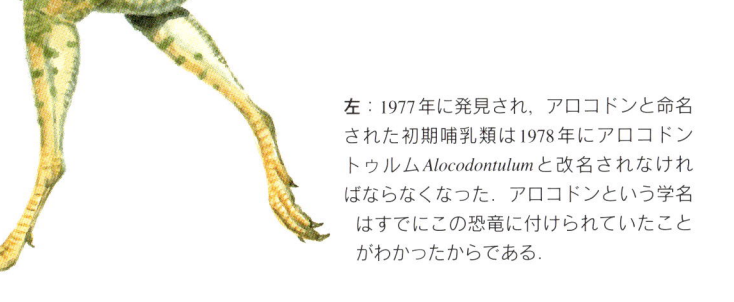

左：1977年に発見され，アロコドンと命名された初期哺乳類は1978年にアロコドントゥルム*Alocodontulum*と改名されなければならなくなった．アロコドンという学名はすでにこの恐竜に付けられていたことがわかったからである．

初期の装盾類

ジュラ紀中期，背中に尾と装飾をもつ，重量級で四足歩行の鳥盤類が広がりはじめた．それが装盾類である．ジュラ紀後期にもっとも早く目立つようになったのは剣竜類だったが，白亜紀になるとよろい竜類にとってかわられた．両者の初期のものはジュラ紀中期に存在していた．

フアヤンゴサウルス *Huayangosaurus*

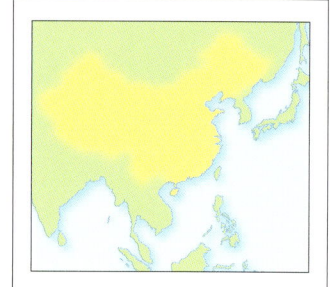

この原始的なステゴサウルス類は，1980年代初期に中国・大山鋪の採石場で見つかった成体の完全骨格から知られている．この標本は1992年に再記載された．歯の配置，そしてステゴサウルス類としては前肢が長いという事実により，後の時代のステゴサウルス類とは非常に異なるため，フアヤンゴサウルスは独自の科に入れられている．

特徴：フアヤンゴサウルスの首にはハート形の2列の装甲板があり，背中には長くて細い棘状の装甲板がある．尾にある装甲板は先端に向かうにつれて小さくなり，尾の中ほどまでしかない．尾の先端には2対の棘がある．頭骨に関しては，口の正面に歯があり（後のステゴサウルス類では失われている），目の近くに1対の角がある．

分布：中国
分類：装盾類－ステゴサウルス類
名前の意味：華陽のトカゲ
記載：Dong, Tang and Zhou, 1982
年代：バトニアン～カロビアン
大きさ：4m
生き方：低い植物の枝や葉を食べる
主な種：*H. taibaii*

レクソヴィサウルス *Lexovisaurus*

ジュラ紀中期にヨーロッパを覆っていた浅海に点在していた島々を歩き回っていた初期のステゴサウルス類の一種である．1880年代に発見されて以来，オモサウルス *Omosaurus* やダケントゥルス *Dacenturus* を含む，いくつかの異なる名前が付けられてきた．似ているステゴサウルス *Stegosaurus* やケントロサウルス *Kentrosaurus* の一種と見なされたこともあった．決定的な研究は1957年にR.H.ホッフシュテッターによってなされた．

特徴：レクソヴィサウルスの装甲板は，首と背中にあるものは狭くて短く，尾には数対の棘がある．肩から側方に突き出ている長い棘もある．古い復元では，この棘は腰から突き出ている．

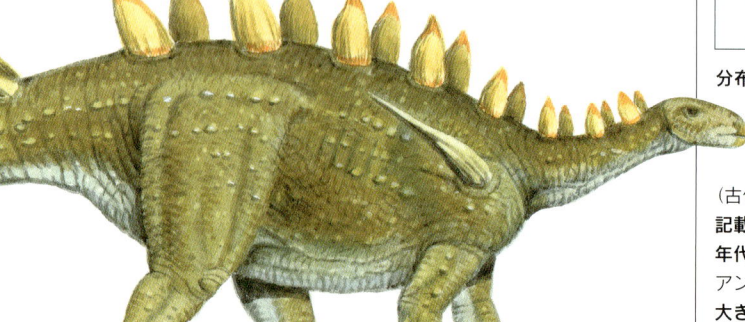

右：現代の学説によれば，棘は古い復元のように腰にあるのではなく，突き刺す動きで敵を傷つけられる位置すなわち肩にある方が理にかなっている．

分布：イギリス，フランス
分類：装盾類－ステゴサウルス類
名前の意味：レクソヴィ族（古代ガリアの部族）のトカゲ
記載：Hulke, 1887
年代：カロビアン～キンメリッジアン
大きさ：5m
生き方：低い植物の枝や葉を食べる
主な種：*L. vetustus*, *L. duobrivensis*

ティアンチサウルス *Tianchisaurus*

発見されたとき，ティアンチサウルスはジュラッソサウルス *Jurassosaurus* と命名された．ジュラ紀という早い時代の岩石中でアンキロサウルス類が見つかることはきわめて異例だったためである．やっかいな種名は映画『ジュラシック・パーク』の出演者―ニール (**Neil**)，ダーン (**Dern**)，ゴールドブラム (**Goldblum**)，アッテンボロー (**Attenborough**)，ペック (**Peck**)，フェレーロ (**Ferrero**)，リチャーズ (**Richards**)，マゼロ (**Mazello**)―の頭文字に由来する．その映画の監督であるスティーブン・スピルバーグが研究資金を援助したため，彼が命名した．

特徴：1974年に見つかった．この小型で原始的なよろい竜類には，よく発達した肩の装甲があり，背中は鱗甲で覆われている．頭部はかなり重く，尾の末端の棍棒に関しては，存在が不確かである．あごの骨はよろい竜類よりは剣竜類に似ている．将来，ティアンチサウルスはアンキロサウルス類ではなくノドサウルス類だと判明する可能性がある．ティアンチサウルスが知られているアンキロサウルス類で最初期であることは確かで，アンキロサウルス類の大部分は白亜紀後期に生息した．

分布：中国
分類：装盾類―よろい竜類―アンキロサウルス科
名前の意味：天池トカゲ
記載：Dong, 1993
年代：バトニアン
大きさ：3m
生き方：低い植物の枝や葉を食べる
主な種：*T. nedegoapeferima*

武装恐竜の分類

1842年のリチャード・オーウェンによる恐竜の分類が最初に崩されたのは1870年のことである．トーマス・ヘンリー・ハクスリーが装甲をもつ恐竜はすべて分離し，スケリドサウルス科に入れたのだ．これはスケリドサウルス *Scelidosaurus* の保存状態のよい骨格に基づいていた．ハリー・ゴヴィア・シーリーが恐竜類をトカゲのような骨盤をもつ竜盤類と鳥のような骨盤をもつ鳥盤類に分けるという，今日でも使われている分類をした際，装甲をもつ恐竜は後者（鳥盤類）に入れられた．1896年，O.C.マーシュは歯の配置と形が共有されていることに基づき，装甲をもつ恐竜が属するグループとして剣竜類を提唱した．

1927年，上記の剣竜類はアルフレッド・シャーウッド・ローマーによって二分された．装甲のある恐竜（剣竜類）とよろいのある恐竜（よろい竜類）を分けたのは，ローマーが初めてだった．ローマーの分類では，スケリドサウルスは剣竜類として分類された．

一方，フランツ・ノプシャ男爵は，1915年にそれらのすべてと角のある恐竜を装盾類というグループにまとめることを提案した．当時，この考えはあまり受け入れられなかったが，1980年代にポール・セレノによって復活させられた．彼はこの名称を使い（ただし，角のある恐竜は含まない），装甲のある恐竜とよろいのある恐竜を再び結びつけた．現行の分類体系では，スケリドサウルスは剣竜類よりもよろい竜類により近縁である．今日の分類ではこのようになっている．

「サルコレステス」 *"Sarcolestes"*

サルコレステスは下あごの左半分からしか知られていない．この動物はあまりよく知られていないため，最初は肉食恐竜だったと考えられていた．肉泥棒を意味する属名はこのためである．ほぼ1世紀のあいだ，知られる最古のアンキロサウルス類と考えられたが，それは中国でティアンチサウルスが発見されるまでのことだった．サルコレステスは疑問名と見なされることがしばしばである．

特徴：あごはノドサウルス類のサウロペルタ *Sauropelta* のあごにとても類似している．アンキロサウルス類的な特徴として，下顎骨全般にわたっていて，縁がギザギザしている小さい歯および顎骨と結合している装甲板がある．正面で左右の下顎骨がつながっている部分もアンキロサウルス類に典型的なものである．おそらく重々しいつくりの動物で，側面と肩に装甲があり，尾の棍棒はなかった．

分布：ケンブリッジシア，イギリス
分類：よろい竜類―ノドサウルス科
名前の意味：肉泥棒
記載：Lydekker, 1893
年代：カロビアン
大きさ：3m
生き方：低い植物の枝や葉を食べる
主な種：*"S. leedsi"*

左：「肉泥棒」を意味するこの恐竜の属名は不適当このうえない．肉食ではなく，動きの遅い植物食恐竜だった．

首長竜類

ジュラ紀中期およびジュラ紀末までに，首長竜類は繁栄したといえる状態になっていた．長い首のプレシオサウルス類と大きい頭のプリオサウルス類の違いはかなり顕著になっていた．当時の浅い沿海には多数の異なる生態的地位と利用できるさまざまな食料源があり，非常にさまざまな海生動物を維持することができた．

ムラエノサウルス *Muraenosaurus*

ムラエノサウルスは主にイギリスで見つかった化石から知られているが，よく似た化石がロシア，北アメリカ，南アメリカで見つかっている．ムラエノサウルスのような外洋生の動物は世界の海のいたるところに存在していたように思われる．ムラエノサウルスはかなり大型なプレシオサウルス類だったが，ムラエノサウルス・ベロクリス *M. beloclis* はまぎれもない矮小種で，全長が 2.5m しかなかった．

特徴：ムラエノサウルスの首は体部と尾を合わせたぐらいの長さで，44個の頸椎で支えられていた．小さい頭部は全長の約 1/16 の長さしかなく，かなり幅広で，吻部は短い．上あごと下あごに 19〜22 対ある歯は口の前部に向かうにつれて次第に長くなる．

上：ムラエノサウルスの分布はかなり広域で，ムラエノサウルスの可能性のある標本は遠く離れたアメリカ・ワイオミング州，南アメリカ，ロシア，そしてヨーロッパから知られている．アンドリュースはかなり平らでヘビのような形状で頭骨を復元したが，イギリスのレスター博物館のマーク・エヴァンズによる新しい復元では，高い半球形として示されている．

分布：イギリス，フランス
分類：首長竜類−プレシオサウルス上科
名前の意味：ウナギトカゲ
記載：Andrews, 1910
年代：ジュラ紀後期
大きさ：6m
生き方：魚類を狩る
主な種：*M. leedsii, M. beloclis, M. purbecki, M. elasmosauroides*

クリプトクリドゥス *Cryptoclidus*

クリプトクリドゥスはジュラ紀中期と後期の海にいた，典型的な首の長いプレシオサウルス類だった．リオプレウロドンのような何らかの大型動物の歯跡が残っている多くの化石が見つかっており，クリプトクリドゥスは海のハンターだけではなく獲物でもあったことを示している．襲われ，食べられる前に肢体を損なわれたかのように，ひれ脚の化石だけが発見されることがある．

特徴：典型的な，がっしりした身体，長くとがったひれ脚，小さい頭部，長い首を備えている．しかし，首はプレシオサウルス類の一部ほど長くなく，著しく柔軟ではなかったように思われる．すべての歯はほぼ同じ長さで，カーブした細い針に似ている．目は頭頂部の近くにあり，上方を向いている．

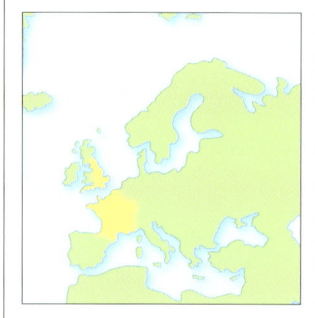

分布：イギリス，フランス
分類：首長竜類−プレシオサウルス上科−クリプトクリドゥス類
名前の意味：隠れた鎖骨
記載：Phillips, 1871
年代：ジュラ紀後期
大きさ：4m
生き方：魚類を狩る
主な種：*C. eurymerus, C. richardsoni*

リオプレウロドン *Liopleurodon*

リオプレウロドンはジュラ紀の海で最上位の捕食者だった．ジュラ紀中期と後期に現代のホオジロザメが占めているような位置を占め，海のティラノサウルスともいえる動物だった．食べかけのイクチオサウルス *Ichthyosaurus* の骨格化石やリオプレウロドンによるかみ傷に一致する歯形があるプレシオサウルス類の四肢骨が見つかっており，この巨大な動物のえさの証拠となっている．見つかりつつある巨大な標本により，全長は約**25m**と見直され，知られている肉食の脊椎動物のうち最大のものになった．

特徴：リオプレウロドンは，大きい頭部，短い首，引き締まった流線形の身体という典型的なプリオサウルス類の体形を備えている．歯の長さは20cmで，そのうちの3/4はあごに深く埋まった歯根部からなり，非常に強い力でかめるようになっている．最も強力な歯は口の前部にバラの花冠状に並んでいる．ひれ脚は大きく，すべてのプレシオサウルス類にみられる水中飛行理論ともいえるものに基づいて働き，現代のアシカ類同様，前のひれ脚を翼のように使った．

分布：イギリス，フランス，ドイツ，東ヨーロッパ，メキシコ（可能性），アメリカ（可能性）
分類：首長竜類－プリオサウルス上科
名前の意味：滑らかな側面の歯
記載：Sauvage, 1873
年代：ジュラ紀後期
大きさ：25m
生き方：海で狩りをする
主な種：*L. macromerius*, *L. ferox*, *L. pachydeirus*, *L. grossouveri*, *L. rossicus*

上：最近メキシコで見つかった頭骨は，リオプレウロドンは公式に記録されている全長よりさらに大きかったかもしれないことを示している．頭骨の鼻孔の位置は鼻孔が呼吸のためよりは水中の臭いをかぎとるために使われたことを示している．何kmも離れたところにいる獲物を感知できたかもしれない．

首長竜類の機動性

首長竜類の首の柔軟性については推測が続いている．伝統的な復元では，海面近くを泳ぎ，白鳥のように首を優雅にS字形に曲げ，頭を高い位置に保った姿で描かれている．しかし，首の骨の研究により，この姿勢は不可能だったかもしれないことが示唆されている．ここでとりあげた，長い首をもつ2属，ムラエノサウルスとクリプトクリドゥスは首のほとんどは水平より上に上げることはできず，上方をちらっと見ることのできる程度の柔軟性が首の頭部端にあっただけかもしれない．しかし，水平面より下方には45度程度首を下げられた可能性があり，首長竜類は海面近くを泳ぎ，下方にいる魚類を餌にしたことを示唆している．首長竜類の首は，上下方向よりも横方向に柔軟性があったように思われる．

ペロネウステス *Peloneustes*

短くて流線形の身体と長い頭骨をもつペロネウステスはペンギンやカツオドリのような潜水性の大型鳥類のようにみえたにちがいない．素早い動きの獲物をとらえる際，長いあごが短い首の埋め合わせをした．胃の内容物の分析により，イカ類や他の頭足類の腕にある角質の鉤が多いことが明らかになった．

特徴：このプリオサウルス類の長い吻部と比較的少ない歯は特殊化したえさを示している．後ろの大きいひれ脚は素早く機動性の高い泳ぎを示しており，ジュラ紀後期のヨーロッパの浅海で繁栄した素早くて軟体のイカ類やベレムナイト類を狩ることができた．頭部の長さと頸椎が20個ある首の長さはほぼ同じである．肩と骨盤と腹肋骨が癒合して腹側の骨格は固くなっており，体部は完全に柔軟性を欠いていた．

分布：ヨーロッパ
分類：首長竜類－プリオサウルス上科
名前の意味：泥の中を泳ぐもの
記載：Seeley, 1869
年代：ジュラ紀後期
大きさ：3m
生き方：泳いで狩りをする
主な種：*P. philarchus*

右：初期の復元では，ペロネウステスはかなり細くて柔軟性のある首をもつ姿で示された．現在では，首はこわばっていて，頭部と身体が流線形だった可能性が高いと思われている．

ランフォリンクス類の翼竜類

ジュラ紀後期は翼竜類が栄えた時代だった．2つの主要なタイプが共存していた．ジュラ紀末に繁栄する尾の短いプテロダクティルス類が定着しつつあり，一方，ここで紹介する，より原始的なランフォリンクス類はまだ豊富で多様だった．ランフォリンクス類の系列で白亜紀まで生き延びたものはなかった．ランフォリンクス類は温血で，体毛で覆われていた．

ランフォリンクス *Rhamphorhynchus*

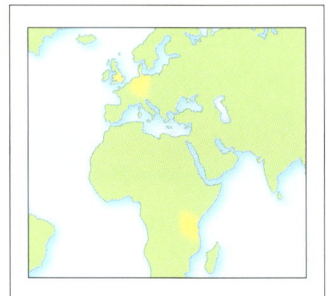

ランフォリンクス類というグループ全体の名前のもととなった動物で，ドイツのゾルンホーフェンの堆積物で見つかるうち，最も一般的な属である．多くの人が典型的な翼竜として思い起こすのはランフォリンクスで，革のような翼があり，長い尾の末端に垂直でひし形のひれ状のものがある．

特徴：ランフォリンクスのあごにはとても長い歯と先のとがったくちばしがあり，それが名前の由来になっている．上あごには10対，下あごには7対の歯があり，前方と外側に突き出ている．胸骨は幅が広く頑丈で，前方を向いている．突起があり，強力な翼の筋肉のための広い付着部になっている．首は短くひきしまっていて，頭部は鳥類の場合のように角度をなして保たれるのではなく，首をまっすぐに伸ばした状態に保たれる．鳥類の主翼羽と同じように，翼は腕の骨から放射状に伸びている軟骨の細い支柱で堅くなっている．

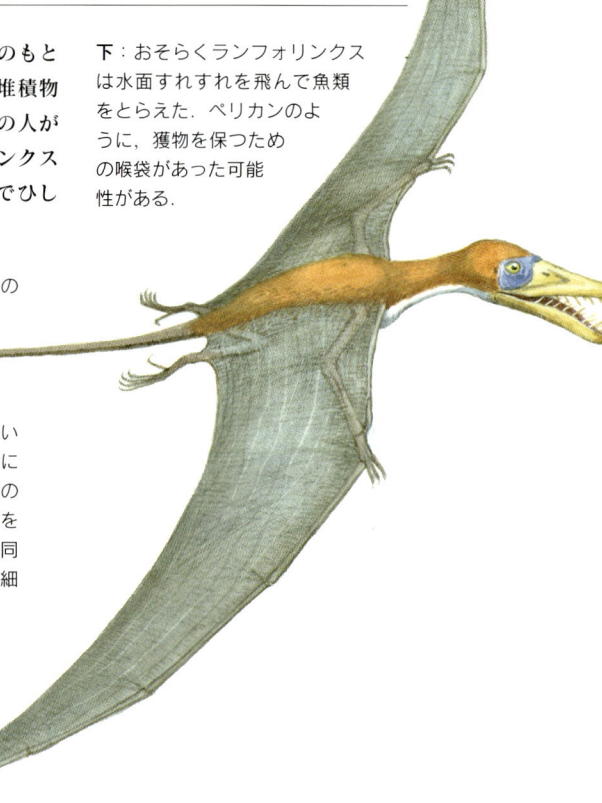

下：おそらくランフォリンクスは水面すれすれを飛んで魚類をとらえた．ペリカンのように，獲物を保つための喉袋があった可能性がある．

分布：ドイツ，イギリス，タンザニア
分類：翼竜類－ランフォリンクス上科
名前の意味：くちばしのある吻部
記載：von Meyer, 1847
年代：オックスフォーディアン～キンメリッジアン
大きさ：翼開長 1.75 m
生き方：魚類を狩る
主な種：*R. intermedius*, *R. gemmingi*, *R. jessoni*, *R. longicaudus*, *R. longiceps*, *R. muensteri*, *R. tendagurensis*

バトラコグナトゥス *Batrachognathus*

ほとんどのランフォリンクス類は魚類を狩ることに適応していた．しかし，バトラコグナトゥスのえさは完全に異なっていた．とがっていない歯は昆虫の体を砕くのに理想的で，幅の広いあごは大さじのようになっていた．身体は小さく，飛行中の機動性は高かっただろう．湖面の上を飛び，現代のツバメのように，飛びながら昆虫をとらえたにちがいない．

特徴：バトラコグナトゥスの口は幅が広くカエルのようで，木釘状の小さい歯があった．他のランフォリンクス類と異なり，頭骨は短くて厚みがある．尾は短い．尾椎は互いに癒合している．これはランフォリンクス類に予測できるものとはかなり異なっており，むしろプテロダクティルス類のようである．しかし，手首が短い翼の構造は，長い尾をもつランフォリンクス類がもつ構造である．

左：現生鳥類のさまざまなタイプ同様，翼竜類のさまざまなタイプはさまざまな採餌戦略を反映しているにちがいない．

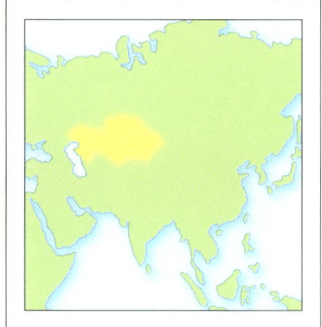

分布：カザフスタン
分類：翼竜類－ランフォリンクス上科
名前の意味：カエルのような顔
記載：Riabinin, 1948
年代：ジュラ紀後期
大きさ：翼開長 0.5 m
生き方：昆虫を食べる
主な種：*B. volans*

ジェホロプテルス *Jeholopterus*

このランフォリンクス類は極度に特殊化しているため、その生活様式について活発な考察がなされてきた。無所属の古生物学者デイヴィッド・ピータースの提案は、ジェホロプテルスは大型恐竜の脇腹に大きな爪でしがみつくことができ、広く開く口と前部にあるしっかり支えられた牙で厚い皮膚にかみつき、血管に届かせたというものだ。ジェホロプテルスは吸血鬼だった！

上：ジェホロプテルスは細粒の湖成堆積物で発見された、関節した完全骨格から知られている。その堆積物はきめ細かく保存されたため、この翼竜の体毛がある外皮や翼の膜もみることができる。

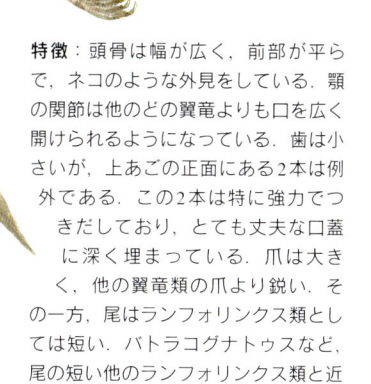

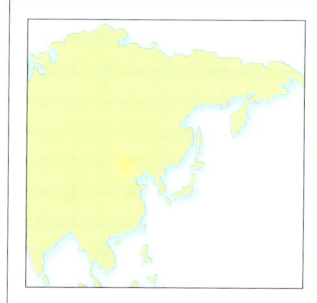

特徴：頭骨は幅が広く、前部が平らで、ネコのような外見をしている。顎の関節は他のどの翼竜よりも口を広く開けられるようになっている。歯は小さいが、上あごの正面にある2本は例外である。この2本は特に強力でつきだしており、とても丈夫な口蓋に深く埋まっている。爪は大きく、他の翼竜類の爪より鋭い。その一方、尾はランフォリンクス類としては短い。バトラコグナトゥスなど、尾の短い他のランフォリンクス類と近縁である。

分布：中国北東部
分類：翼竜類－ランフォリンクス上科
名前の意味：熱河（Jehol）の翼
記載：Wang, Zhou, Zhang and Xu, 2002
年代：白亜紀前期
大きさ：翼開長1m
生き方：昆虫を食べる、または吸血の可能性
主な種：*J. ninchengensis*

その他のランフォリンクス類

スカフォグナトゥス*Scaphognathus*の頭部はランフォリンクスの頭部より短く、長い歯は前方を向くのではなく、まっすぐに生えている。あごの前部にくちばしはない。

アヌログナトゥス*Anurognathus*はバトラコグナトゥスに似ているが、翼開長は50cmで、知られている最小の翼竜類である［訳注：2008年には中国からさらに小さい翼竜ネミコロプテルス*Nemicolopterus*が知られている。こちらは翼開長25cmにすぎない］。バトラコグナトゥス同様、頭部は短く、語るべきほどの尾はなく、飛びながら昆虫をとらえたかもしれない。

その他のプテロダクティルス類

以下で紹介するプテロダクティルス類は、ドイツ・ゾルンホーフェンの潟湖で発見された。

ゲルマノダクティルス*Germanodactylus*にはまっすぐで細いくちばしがあり、歯と歯の間隔は広く、頭部の正中に長いとさかがあった。

ディオペケファルス*Diopecephalus*は翼開長が約1.45mの大型プテロダクティルス類で、首と頭部が著しく長かった。

遠く離れた北アメリカの有名なモリソン層はジュラ紀後期の地層で、モリソン層が分布する地域でもランフォリンクス類とプテロダクティルス類が共存していた。コロラド州とユタ州にある恐竜化石を産出する地層から、ランフォリンクス類であるコモドクティルス*Comodactylus*とプテロダクティルス類のメサダクティルス*Mesadactylus*が産出している。これらは個々の骨からしか知られていないが、2つのグループが全世界に分布していたことを示している。

ソルデス *Sordes*

鳥類やコウモリのように翼竜類が温血だったか否かに関する古生物学者の議論は長期にわたって続いた。翼竜類は温血だったとする論拠はとても強力だった。空中で活発に狩りをするためには温血の代謝が必要だったはずだからである。温血の確かな証拠である体毛を伴うソルデスの化石が発見されたことにより、ついに議論に終止符が打たれた。

特徴：ソルデスは小型のランフォリンクス類で、ランフォリンクスそのものによって示される一般的な形態に類似している。最初に発見されたソルデスの化石は保存状態が非常によいため、体毛のある外皮がみられる。身体全体が長さ約6mmの短い毛で覆われているが、尾には毛は生えていない。翼の膜と趾の間にさえ毛があるが、ずっとまばらである。尾にはひし形のひれ状のものはなかったようだが、尾そのものが平らで、末端はへら状になっている。

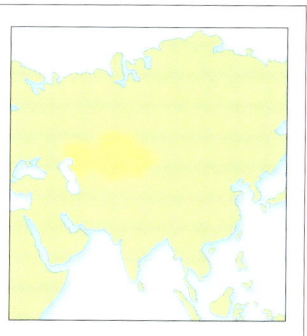

分布：カザフスタン
分類：翼竜類－ランフォリンクス上科
名前の意味：不潔なもの
記載：Sharov, 1971
年代：ジュラ紀後期
大きさ：翼開長60cm
生き方：昆虫を食べる、または魚類を狩る
主な種：*S. pilosus*

上：毛のある体皮は活発な飛行中の体温調節の助けになっただろうが、飛行音を減らすことの助けにもなっただろう。空中で狩りをするものにとっては有益だ。

プテロダクティルス類の翼竜類

ジュラ紀後期以降，ここで紹介するプテロダクティルス類が翼竜類の中で優勢なグループになった．尾は短くて太く，より原始的なランフォリンクス類よりも首が長く，より幅広で機動性のある翼を備えていることが一般的だった．頭部は鳥類のような角度に保たれていた．ランフォリンクス類同様，プテロダクティルス類は温血で，毛皮に覆われていた．

クテノカスマ *Ctenochasma*

長くて細い歯が並んでいるクテノカスマは濾過食だっただろう．浅い池に四肢で立って休息し，現代のフラミンゴのように，甲殻類や無脊椎動物の幼生のような小動物を水面からすくいとったのだろう．パリにある国立自然史博物館のステファン・ジューブによる最近の研究は，かつてプテロダクティルスと見なされた幼体の翼竜の一部は実際にはクテノカスマだったことを示唆している．

特徴：長いあごには250本以上もの細い釘状の歯があり，先端では外に扇形に広がっている．クテノカスマの2つの種は，クテノカスマ・ポロクリスタタ *C. porocristata* の頭骨にはとさかがあり，クテノカスマ・グラキリス *C. gracilis* にはないことで見分けられる．このとさかは角状のディスプレイ構造の基部をなしていたのだろう．とさかはきわめて軽量で，できるだけ飛行の障害にならないように，きわめて多孔性の骨からなっている．

左：クテノカスマの多数の歯は生まれつきあったわけではない．孵化したばかりのときの歯は約60本で，成熟に向かうにつれて完全にそろった歯に発達した．

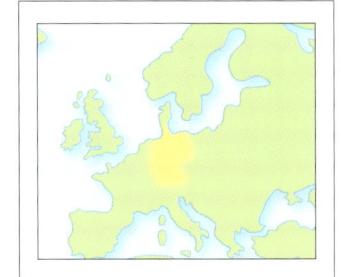

分布：ドイツ，フランス
分類：翼竜類－プテロダクティルス上科
名前の意味：櫛の口
記載：von Meyer, 1852
年代：ジュラ紀後期
大きさ：翼開長1.2m
生き方：プランクトンを濾過して食べる
主な種：*C. porocristata, C. gracilis*

グナトサウルス *Gnathosaurus*

この翼竜の長いあごにある針のような多数の歯は一部のワニ類のあごに非常によく似ているため，最初に発見されたときはワニ類のものと考えられ，1951年に2番目の標本が発見されるまでワニ類に分類されたままだった．クテノカスマ同様，グナトサウルスは水深の浅いところにいる小型無脊椎動物を食べる濾過食性動物だっただろう．グナトサウルスはドイツ南部の石版石灰岩の堆積物中で発見されたが，クテノカスマも同じところで濾過食をしていた．少なくとも2種類の濾過食者を支えられるだけのさまざまな餌があったにちがいない．

特徴：グナトサウルスの頭骨と下あごはクテノカスマのものとよく似ているが，歯の数がクテノカスマより少なく，約130本ある歯はクテノカスマのものより厚みがある．クテノカスマとは異なり，吻部が広がり，末端はスプーン状になっている．頭骨長のほぼ3/4にわたり頭骨の中線沿いにとさかがある．ドイツで発見されたのは頭骨とあごだけで，骨格のそれ以外の部分については何もわかっていない．

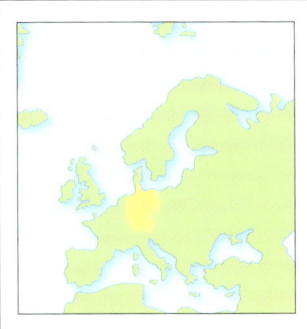

分布：ドイツ
分類：翼竜類－プテロダクティルス上科
名前の意味：あごトカゲ
記載：von Meyer, 1833
年代：ジュラ紀後期
大きさ：翼開長1.7m
生き方：濾過して食べる
主な種：*G. sublatus*

右：グナトサウルスはあごと断片的な骨からしか知られていない．しかし，プテロダクティルス類の体形は違いがほとんどないため，自信をもって全体像を復元することができる．

ゾルンホーフェンの化石含有層

ジュラ紀後期、テーチス海北方の海岸線の一部が一連の穏やかな潟湖として切り離された．海はサンゴ礁と海綿礁でさえぎられた．潟湖は有毒になり、潟湖に泳ぎこんだものや死んで潟湖に落ちたものは潟湖の湖底に堆積したきわめて細粒の石灰岩に保存された．今日、この石灰岩はドイツ南部のゾルンホーフェンに露出している．そこではローマ時代から石灰岩が採掘されており、後には印刷産業のために採掘されるようになった（細粒なため、印刷用途に理想的である）．

化石は細部にいたるまで保存されており、うろこを伴う魚、保存されている這い跡の末端で死んだカブトガニ、骨格が完全に関節しているトカゲ、完全な状態の繊細なウミユリの化石や、最初の鳥類であるアルカエオプテリクス（始祖鳥）*Archaeopteryx* の羽毛を伴う化石などがある．不毛の海岸線と潟湖の島々に生息していた多数の翼竜（ランフォリンクス類とプテロダクティルス類）が翼の膜の印象とともに保存されている．ジュラ紀後期の翼竜類に関する豊富な知識は、この堆積物のおかげである．

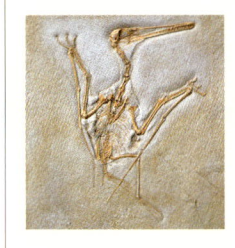

左：ゾルンホーフェン産の、細部にまで保存されたプテロダクティルス類の化石

プテロダクティルス *Pterodactylus*

pterodactyl という単語は翼竜類のすべてに対する一般的な用語として広く使われている．本来は「pterodactyle」と書かれたこの単語は、化石が最初に研究されたときにキュヴィエが生み出したものである．当初この生物はコウモリのような哺乳類だったと考えられた．また、ペンギンのように泳ぐ生物で、ひれを支えるために長い指をもっていたのだという説さえあった．

特徴：プテロダクティルスはプテロダクティルス類の典型的な翼竜で、尾が短く、手首の骨が長い．典型的なランフォリンクス類よりも首が長く、個々の頸椎が長い．頭部はランフォリンクス類のように首と一直線にではなく、鳥類のように角度をなして保たれている．翼の膜は腕と手首から放射状に伸びている繊維で強化されており、鳥類の主翼の向きと似ている．

右：プテロダクティルスは多くの種が発見されたが、違う属に再分類された．

分布：ドイツ、フランス、イギリス、タンザニア
分類：翼竜類－プテロダクティルス上科
名前の意味：翼の指
記載：Soemmering, 1812（Cuvier 1809）
年代：キンメリッジアン～ティトニアン
大きさ：最大翼開長 2.5 m
生き方：魚類を狩る
主な種：
P. antiquus,
P. arningi,
P. grandis,
P. manseli,
P. maximus,
P. pleydelli,
P. micronyx,
P. kochi,
P. cerinensis,
P. grandipelvis,
P. suprajurensis

ガロダクティルス *Gallodactylus*

この翼竜は1974年にフランス南部のヴァールで発見された標本をもとに記載されたが、その後、それより120年前にドイツで発見されていたプテロダクティルスの一種がこの属に分類された．この翼竜もドイツのゾルンホーフェンから知られており、プテロダクティルスとともにジュラ紀の翼竜類で最大級のものに含まれる．

特徴：プテロダクティルス類が進化するとすぐに、さまざまな形の頭部が出現したが、ガロダクティルスもその一例である．長いあごの先端部以外にはほとんど歯がなく、先端部には長くて、かなり細い歯が一団になっている．これも翼竜の系列で進化した、魚類をとらえるわなの一例である．頭骨の後部は伸びてとさかになっており、ディスプレイ構造として使われたと思われる．身体の他の部分は他のプテロダクティルス類と似ている．

分布：フランス、ドイツ
分類：翼竜類－プテロダクティルス上科
名前の意味：ガリア（Gaul, フランスに対するローマ時代の名前）の指
記載：Fabre, 1974
年代：ジュラ紀後期
大きさ：翼開長 1.35 m
生き方：魚類を食べる
主な種：*G. canjuersensis*

上：ガロダクティルスとプテロダクティルスの相違点はあごにある歯の配置と、頭骨後部にあるとさかの存在である．これらの特徴を除けば、プテロダクティルスのメンバーとよく似ていた．

モリソン層の肉食恐竜

19世紀の後半，先駆的な古生物学者たちが大量の恐竜化石を発見したのは，アメリカ中西部にある広大なモリソン層だった．そこではジュラ紀の地層が広範囲に及んでいる．今日でさえ，これまでにかなり発見された発掘場と，これまで調べられたことのない新しい地域の両方で新発見がなされている．肉食恐竜はモリソン層動物相のはなばなしい部分をなしている．

肉食の獣脚類

これらの恐竜およびこれより後のページで紹介する恐竜の多くは，北アメリカの有名なモリソン層で発見された．この地層の名前は，モリソン層が最初に認められた，デンバーの西にある小さな町にちなんでいる．

ジュラ紀末，北アメリカ大陸の中央には浅い内陸水路が南方へ伸びていた．西方ではロッキー山脈の原型が隆起しつつあった．崩れた山脈から洗い流された岩の断片は海に運ばれて堆積し，広い三角州と水が豊かな平原を形成した．この平原の土壌をなしていた砂，シルト，泥，小石は，今日，ニューメキシコ州から北方のカナダまで帯状に伸びている砂岩と泥岩の中にみられる．これらの岩石がモリソン層として知られるものを形成した．

平原に生息していた恐竜は，たいてい，植物が最も密生する水辺にとどまっていた．ときおり恐竜が河川や湖に落ち，堆積物で埋まった．多くの恐竜の死体がいっしょに流されることもあった．その結果が中西部にある有名な恐竜化石産地である．この地域の現代の気候はかなり乾燥しており，岩石を覆う植生がまばらなため，試掘者は浸食されつつある恐竜の骨をかなり容易に見つけることができる．ジュラ紀の恐竜に関する初期の知識のほとんどが得られたのは 1880 年代のことで，モリソン層を発掘した先駆者であり，ライバルどうしのこともあった古生物学者たちによるものだった．

ケラトサウルス *Ceratosaurus*

揺れ動く尾をもつケラトサウルス類の最後の一つがケラトサウルスそのものだった．なんと目を引く動物だったことか！ ケラトサウルスは当時の最大の肉食恐竜ではなかったが，特徴のある動物だったことは間違いない．中世のドラゴンに似ている恐竜があるとしたら，ケラトサウルスがそうだった．頭部にあった複数の角，背中にあったギザギザした突起，口のわりに大きすぎるように思える歯，これらを備えるケラトサウルスはジュラ紀後期の植物食恐竜にとって恐ろしい様相を呈していたにちがいない．当時ケラトサウルスは最も一般的だったハンターの一種で，群れや家族のまとまりで獲物を倒したのかもしれない．

特徴：この恐竜の最も目立つ特徴は鼻部にある大きな角と，目の上にある 2 本の小さい角で，ディスプレイのために使われたと思われる．手には 4 本の指がある．これはかなり原始的な特徴である．腕は短いが，かなり力強い．歯だけから知られる種ケラトサウルス・インゲンス *C. ingens* は他の種よりずっと大きく，最大の獣脚類の一つだったかもしれない．

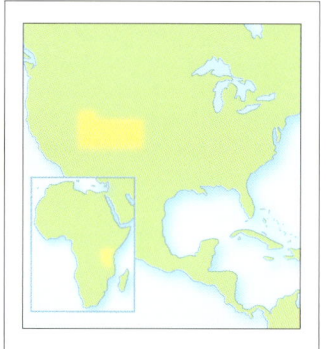

分布：コロラド州，ユタ州（アメリカ合衆国），タンザニア（可能性）
分類：獣脚類－ネオケラトサウルス類
名前の意味：角のあるトカゲ
記載：Marsh, 1884
年代：ティトニアン
大きさ：6 m
生き方：狩りをする
主な種：*C. nasicornis*, *C. dentisulcatus*, *C. ingens*, *C. magnicornis*, *C. meriani*, *C. roechlingi*

モリソン層の肉食恐竜　**131**

トルウォサウルス *Torvosaurus*

この恐竜の化石で公式に発見されているのは前肢だけだが、あごの骨、頭骨の一部、首の骨や腰の一部の骨などがこの恐竜のものとされている。これらの骨を考え合わせると、とても大型な肉食動物という姿が浮かぶ。ジュラ紀後期の北アメリカで最大だった竜脚類はコロラド州の山地にあるドライ・メサ発掘場で発見されたが、トルウォサウルスも同じところで発見された。

特徴：一部の古生物学者はトルウォサウルスはメガロサウルス *Megalosaurus* の一種だと考えている。ジュラ紀後期の肉食恐竜で最も有名なアロサウルス *Allosaurus* と同じくらいの大きさだが、アロサウルスよりどっしりしているように思える。短い腕はとても強力で、大きい爪がある。トルウォサウルスは狩りをするには重すぎた可能性があり、すでに死んでいる恐竜の死体を食べる死肉食者にすぎなかったと考える古生物学者もいる。

分布：コロラド州（アメリカ合衆国）、ポルトガル（可能性）
分類：獣脚類－テタヌラ類
名前の意味：残忍なトカゲ

記載：Galton and Jensen, 1979
年代：ティトニアン
大きさ：10 m
生き方：狩りをする、または狩りをせずに残りものを食べる
主な種：*T. tanneri*

左：ドライ・メサ発掘場の今日の姿は深い谷を見下ろす乾燥した山腹の高いところにある岩棚である。ジュラ紀の河川に積み重なった死体が化石になった。

左：1998年にポルトガルで発見された脚の骨はトルウォサウルスのものかもしれない。しかし、アロサウルスのものだという説もあり、ポルトガル産のロウリンハノサウルス *Lourinhanosaurus* のものであることに間違いないという説さえある。

エドマーカ *Edmarka*

幼体1個体を含む3個体の部分的な頭骨、肋骨数点、および肩の骨1点からしか知られていないエドマーカは、ジュラ紀の獣脚類で知名度が低い。実際、エドマーカはトルウォサウルス（または分類が正しく確立されればメガロサウルス）の一種となる可能性がある。エドマーカはアメリカ・ワイオミング州の有名な恐竜化石産地であるコモ・ブラフで発見された。当時の大型竜脚類を獲物にするか、それらの死体を食べていたのだろう。

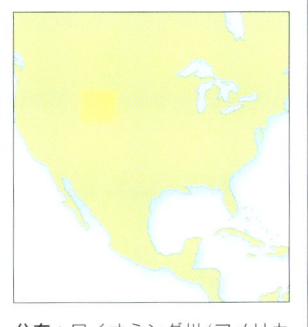

分布：ワイオミング州（アメリカ合衆国）
分類：獣脚類－テタヌラ類
名前の意味：コロラド州立大学の科学者ウィリアム・エドマークにちなむ。
記載：Bakker, Krails, Siegwath and Filla, 1992
年代：キンメリッジアン
大きさ：11 m
生き方：狩りをする
主な種：*E. rex*

特徴：2トンの体重があったかもしれないエドマーカはジュラ紀の肉食恐竜の中で最も体重が重かった可能性がある。ロバート・バッカーは各地域・各時代には支配的な捕食者となる特に大型の肉食恐竜が1種類出現し、その恐竜の存在が他の大型肉食恐竜の進化を妨げたと考えている。ワイオミング州のジュラ紀の岩石中で見つかるエドマーカの存在はバッカーの考えを支持しているように思われる。

左：他のすべての大型で重量級の肉食恐竜の場合と同様に、エドマーカが活発なハンターだったか、動きの遅い死肉食者だったか、さらにはその両方だったかについては議論がある。

クリーヴランド・ロイドの獣脚類

モリソン層にある発掘場のうち最も化石を多産する発掘場の一つが，ユタ州にあるクリーヴランド・ロイドである．そこからは11種の動物に代表される1万2000点以上の骨化石が発掘されている．完全骨格が存在しそうに思えるが，すべての骨格は関節がはずれ，ごたまぜになっている．これまでに同定された標本のほとんどは肉食恐竜である．

マーショサウルス *Marshosaurus*

この獣脚類はコロラド州のドライ・メサ発掘場とユタ州のクリーヴランド・ロイド発掘場で発見された．クリーヴランド・ロイド発掘場はより大型の獣脚類であるアロサウルス *Allosaurus* の多数の骨格が産出したことで有名である．マーショサウルスがどのような生き方をしていたにせよ，巨大な肉食恐竜アロサウルスの存在があったにちがいない．たぶんアロサウルスは，より活動的なマーショサウルスが殺した獲物を食べたのだろう．

特　徴：マーショサウルスは活動的なハンターだったにちがいない．カーブした鋭い歯の縁は鋸歯状になっている．頭骨についてわかっていることから，頭部がかなり長かったと思われる．短く，がっしりした上腕骨は，腕は小さかったが強力だったことを示している．現時点ではマーショサウルスがどのような獣脚類だったかをいうのは難しい．シンラプトル *Sinraptor* 同様，カルノサウルス類の一種だったかもしれないと考える古生物学者もいる一方，初期のドロマエオサウルス類かもしれないという人もいる．

左：*M. bicentisimus* という種名は，この恐竜が発見された年はアメリカ合衆国が建国200周年を祝っていたことを記念している．

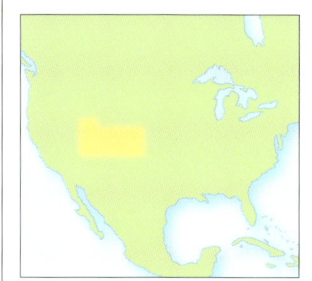

分布：ユタ州，コロラド州（アメリカ合衆国）
分類：獣脚類－テタヌラ類
名前の意味：マーシュのトカゲ（恐竜研究の先駆者であるオスニエル・チャールズ・マーシュにちなむ）
記載：Madsen, 1976
年代：ティトニアン
大きさ：5m
生き方：狩りをする
主な種：*M. bicentisimus*

ストークソサウルス *Stokesosaurus*

クリーヴランド・ロイド発掘場で発見された獣脚類の一つであるストークソサウルスは散在していた非常に少数の化石に基づいている．主として腰の骨，あごの骨，および頭骨で，これらはクリーヴランド・ロイド発掘場で発見される他の獣脚類化石のものとは非常に異なっている．一部の骨は白亜紀後期に生息した獣脚類のものに似ているように思われるため，ストークソサウルスは原始的なティラノサウルス類だった可能性があると考える科学者がいる．

特徴：ストークソサウルスは1930年代にイギリスで発見されたイリオスクス *Iliosuchus* とよばれる恐竜にとてもよく似ているように思われ，現在ではこれらは同じ恐竜だと考えられている．発見された頭蓋はティラノサウルス類の多くの特徴を備えているが，骨があまりに散在していたため，この頭蓋が本当にストークソサウルスのものなのかどうかについては，いまだに疑問がある．それが検証されれば，この恐竜の分類に影響があるだろう．もしストークソサウルスがティラノサウルス類なら，これまで発見された最も初期のティラノサウルス類ということになる．

分布：ユタ州（アメリカ合衆国）
分類：獣脚類－テタヌラ類－ティラノサウルス科（未証明）
名前の意味：（アメリカの古生物学者）リー・ストークスのトカゲ
記載：Madsen, 1974
年代：ティトニアン
大きさ：4m
生き方：狩りをする
主な種：*S. clevelandi*. *Iliosuchus incognitus* は同じ属かもしれない．

右：サウスダコタ州で発見されたあごの骨と頭蓋もストークソサウルスのものかもしれない．

アロサウルス *Allosaurus*

ジュラ紀後期の獣脚類の中で最も有名なのはアロサウルスにちがいない．オスニエル・チャールズ・マーシュによって「化石争奪戦」の間に発掘されて以来，多くの標本が発掘されており，クリーヴランド・ロイド発掘場からだけでも44個体以上が産出している．アロサウルスのものとされる種は遠く離れたタンザニアとポルトガルでも発見されている．アロサウルスの歯の跡が残っている竜脚類の骨が見つかっている．

特徴：アロサウルスはよく知られている恐竜で，がっしりした後肢，S字形の強力な首，左右にふくらんで肉の大きな塊をまるのみできるあごがある大きな頭部を備えている．ステーキナイフのように鋸歯状になっている歯は鋭く，歯冠の長さは5cmもある．短く，がっしりした腕の手の指は3本で，長さが15cmもある引き裂き用の爪を備えていた．この巨大な肉食恐竜は当時生息していた最大級の植物食恐竜を獲物にしたのだろう．獲物には巨大な竜脚類も含まれ，そのような竜脚類の化石がクリーヴランド・ロイド発掘場で発見された．

右：アロサウルスの化石はコロラド州，モンタナ州，ニューメキシコ州，オクラホマ州，サウスダコタ州，ユタ州およびワイオミング州の発掘現場で見つかっている．

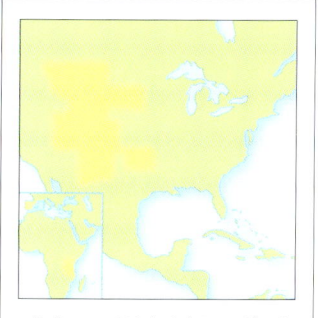

分布：アメリカ合衆国．ポルトガルとタンザニア（可能性）
分類：獣脚類－テタヌラ類－カルノサウルス類
名前の意味：異なるトカゲ
記載：Marsh, 1877
年代：キンメリッジアン～ティトニアン
大きさ：12m
生き方：狩りをする，または狩りをせずに残りものを食べる
主な種：*A. tendagurensis*, *A. fragilis*, *A. amplexus*, *A. trihedrodon*, *A. whitei*, *A. (Saurophaganax) maximus*?

クリーヴランド・ロイド発掘場

クリーヴランド・ロイド発掘場はユタ州プライスの南方38km，クリーヴランド市の近くに位置している．恐竜の発掘は1929年に始まり，フィラデルフィアの法律家だったマルコム・ロイドによる資金援助のおかげでその後10～12年にわたって発掘が続いた．

1960年，ウィリアム・リー・ストークスに率いられ，ユタ大学が徹底的な発掘を開始した．また，2001年にはユタ州の地質学者ジェイムズ・H・マドセンを責任者としての発掘が行われた．1966年，クリーヴランド・ロイド発掘場は国立自然文化財に指定された．発掘は一般に公開され，ここから産出した骨格は世界中の60以上の博物館で展示されている．

ここで発見された骨格には竜脚類と剣竜類も含まれているが，ほとんどは肉食恐竜の骨のように思われる．この場所は乾燥したジュラ紀の平原に取り残された河川の蛇行部にある水飲み場だった可能性がある．このような場所は周囲にいた植物食恐竜を引きつけ，肉食恐竜が集まり，弱ったり脱水症状になった竜脚類と剣竜類の中から，たやすい獲物を見つけたのだろう．水たまりの泥が逃げるのを妨げただろう．骨格はその場でばらばらになったように思われ，骨には踏みつけられた徴候がみられる．その後の洪水ですべてが埋まり，化石化の過程が始まったのだろう．

サウロファガナクス *Saurophaganax*

サウロファガナクスのものとして知られている少数の骨は1930年代に発掘されたが，本格的に研究されたのは1990年代になってからだった．サウロファガナクスはアロサウルスにとてもよく似ているが，ずっと大きいことが明らかになった．ドン・チュアが1995年にサウロファガナクスと命名した後，デーヴィッド・K・スミスが1998年に再検討し，サウロファガナクスはアロサウルスの特に大型の種に相当しているという結論を出した．

特徴：アロサウルスの特徴の記載はサウロファガナクスにも当てはまる．両者はそれほど類似しているのである．両者の違いは，サウロファガナクスの巨大さ，および頸椎と尾椎の形状にある．サウロファガナクスの全身組立骨格がオクラホマシティのサム・ノーブル博物館に展示されているが，その骨格の大部分はクリーヴランド・ロイド発掘場から産出したアロサウルスの骨を拡大した模型でできている．

分布：オクラホマ州（アメリカ合衆国）
分類：獣脚類－テタヌラ類－カルノサウルス類
名前の意味：最大の爬虫類食者
記載：Chure, 1995
年代：キンメリッジアン
大きさ：12m
生き方：狩りをする，または狩りをせずに残りものを食べる
主な種：*S. maximus*

小型の獣脚類

獣脚類は大型で獰猛な動物として考えられることがよくあるが，一部の獣脚類はかなり小型だった．現代の動物相にはライオンやオオカミのような大型肉食動物がいるが，イタチやアライグマなどのより小型のタイプもみられる．恐竜の時代においても同様で，さまざまな大きさの肉食恐竜が進化し，さまざまな大きさの獲物をえさにしていた．

コンプソグナトゥス *Compsognathus*

最初のころに発見された恐竜の完全骨格の一つは，最小級の骨格の一つでもあった．コンプソグナトゥスはドイツ・バイエルンの細粒石版石灰岩中に完全に保存された状態で見つかった．身体つきと外見は，同じ場所から発見された最初の鳥類であるアルカエオプテリクス（始祖鳥）*Archaeopteryx* にとても似ており，鳥類と恐竜類が近縁であることを示す先駆けになった．

右：通常コンプソグナトゥスは2本指の手で描かれる．しかし，最初の標本は指の骨の一部が欠けていて，コンプソグナトゥスは3本指だった可能性がある．

特徴：コンプソグナトゥスの全長は1mとされるが，これは誤った印象を与える．その長さの大部分は尾と首で，体部はニワトリほどの大きさである．ドイツ標本の胃のスペースにはその個体が死ぬ前の最後の食事だったトカゲ類の化石があるため，コンプソグナトゥスが肉食だったことは明らかである．ピーター・グリフィスによる最近の発見には，化石の周囲に孵化していない卵がある．この標本は雌で，死のショックにより，卵が体内から排出された．フランス標本はそれよりも少し大型の種の標本である．

分布：ドイツ，フランス
分類：獣脚類－テタヌラ類－コエルロサウルス類
名前の意味：かわいいあご
記載：Wagner, 1859
年代：ティトニアン
大きさ：約1m
生き方：狩りをする
主な種：*C. longipes*, *C. corallestris*

オルニトレステス *Ornitholestes*

この属名はこの恐竜が鳥類を狩っていたことを示し，初期の復原画の多くはオルニトレステスが鳥類を捕まえるところを描いている．そして，追いかけられているのは，必ず，実際には世界の反対側に生息していた鳥類であるアルカエオプテリクスである．実際には，オルニトレステスは小型爬虫類や地上に生息していた哺乳類を狩っていた可能性の方が高い．オルニトレステスの骨格は有名なボーン・キャビン発掘場で1900年代に発見された．初期にモリソン層の多くの恐竜化石を産出した発掘場である．

特徴：キツネぐらいの大きさで，長い首と尾をもつこの恐竜は二足歩行で狩りをした．中空の骨を備えている軽量なつくりになっている．その長い尾は体長の半分以上を占めており，狩りのとき巧みに動けただろう．頭は他の小型獣脚類よりも上下に深く，鼻の上に骨質の隆起があった．手には4本の指があり，指のひとつは小さくほとんどみえないが，もうひとつのほうは大きく，親指として使われた．

分布：ユタ州，ワイオミング州（アメリカ合衆国）
分類：獣脚類－テタヌラ類－コエルロサウルス類
名前の意味：鳥泥棒
記載：Lambe, 1904
年代：ティトニアン
大きさ：2m
生き方：狩りをする
主な種：*O. hermanni*

左：歯は引ったくるためでなく切断用にできていた．おそらくオルニトレステスは獲物を追いかけ，器用な手で獲物をつかみ，歯と爪を使って獲物を殺したのだろう．

コエルルス *Coelurus*

長い間コエルルスはオルニトレステスの別標本だと考えられていた．しかし，ジョン・オストロムによる 1976 年の研究と，ジャック・ゴーチェによる 1986 年の研究で，コエルルスの手はマニラプトル類の手のようであることが示された．それとは対照的に，コエルルスの首はマニラプトル類のものとはまったく似ていないため，この恐竜が恐竜の系統図のどこに当てはまるかははっきりしていない．

分布：ワイオミング州（アメリカ合衆国）
分類：獣脚類－テタヌラ類－コエルロサウルス類
名前の意味：中空の尾
記載：Marsh, 1879
年代：ティトニアン
大きさ：2 m
生き方：狩りをする
主な種：*C. fragilis*

右：同一の発掘現場の 4 カ所で発見されたコエルルスの標本は同一個体のものかもしれない．その個体は成長しきっていなかった可能性さえあるため，ここで示した推定全長は控えめになっている可能性がある．

特徴：コエルルスも狩りをする小型恐竜である．下方に奇妙にカーブしたあごには，カーブした鋭い歯がある．手は長いが，特に強力というわけではない．手首の関節は鳥類の手首関節に似ており，指はとても柔軟性がある．属名の「中空の尾」は脊椎と尾椎にみられる深いくぼみに関係しており，体重を減らす手段として竜脚類にみられるものに似ている．

獣脚類の餌

小型獣脚類の獲物は何だったのか？ コンプソグナトゥスの胃の中で発見されたトカゲ類の骨のように直接証拠が存在することがある．直接証拠がない場合には，その地域に生息していた他の動物から推測しなければならない．

ジュラ紀には小型爬虫類と小型両生類が豊富だったことがわかっている．モリソン層からはヘビ類，トカゲ類，カエル類，サンショウウオ類の化石が知られている．歯だけだが，小型哺乳類の化石もあり，ネズミより大きいものはいなかっただろう．これらの動物はすべて小型で活動的な獣脚類の獲物になっていただろう．アルカエオプテリクスを追いかけているオルニトレステスという初期の多くの図には疑いがかけられているが，当時，鳥類がいた可能性はある．活動的な小型恐竜は，現在のネコ類のように鳥類を地上で待ち伏せしたかもしれない．豊富だった翼竜類も小型獣脚類の餌の一部だったかもしれない．

さらに，昆虫類やその他の無脊椎動物もいた．ジュラ紀の岩石からは，トンボ類や甲虫類を含む多くの種類の昆虫化石が知られている．小型で軽量級の恐竜は一部の昆虫類を餌にしていただろう．

下：胃のあたりにトカゲ類の骨格があるコンプソグナトゥスの骨格

エラフロサウルス *Elaphrosaurus*

この獣脚類はドイツが 1920 年代に行った有名な発掘遠征によって，現在のタンザニアにあるテンダグルのジュラ紀後期の発掘現場で発見された化石の一つである．この恐竜の類縁関係に関して古生物学者たちは確信をもっていないが，ケラトサウルス類だった可能性があるように思われる．当時の大型な竜脚類を捕捉するには小型すぎたはずなので，おそらく小型の鳥脚類を獲物にしていたのだろう．

特徴：エラフロサウルスは後に登場するダチョウもどきの一種にかなり似ており，かつてはダチョウもどきの初期のメンバーとして分類されていた．しかし，身体のプロポーションという点からみると，後肢がより短く体部がとても長く，胸部が薄い．体部がどのようだったかについてはよくわかっているが，頭骨が欠けている．コエロフィシス *Coelophysis* のものに似た小さな歯が骨格の近くで発見された．この歯はエラフロサウルスのものだったように思われ，頭部もコエロフィシスのようだったことを示している．動物の全身と比較した場合の腰の位置の高さを尺度にすると，エラフロサウルスは体高が最も低い獣脚類である．

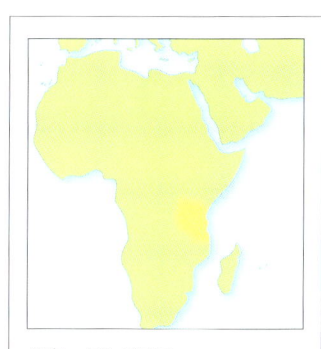

分布：タンザニア
分類：獣脚類
名前の意味：軽いトカゲ
記載：Janensch, 1920
年代：キンメリッジアン
大きさ：6 m
生き方：狩りをする
主な種：*E. bambergi*, *E. gautieri*, *E. iguidensis*

左：1982 年，ピーター・ガルトンがエラフロサウルスの骨にとてもよく似ている恐竜の骨を記載した．この骨は北アメリカのモリソン層から産出したもので，エラフロサウルスは最初に考えられたよりも広域に分布した恐竜だったのかもしれない．

ブラキオサウルス類とカマラサウルス類

竜脚類はジュラ紀後期の大型植物食恐竜だった．北アメリカの平原とヨーロッパの森林は，一つの採餌場から別の採餌場へ行き来するこれらの巨大な動物の群れでいっぱいだっただろう．当時，竜脚類にはいくつかの異なるグループがあり，そのうちの一つであるマクロナリア類はブラキオサウルス類とカマラサウルス類から成り立っていた．

ギラファティタン *Giraffatitan*

分布：タンザニア
分類：竜脚類－マクロナリア類
名前の意味：巨大なキリン
記載：Olshevsky, 1991；Janensch, 1914
年代：キンメリッジアン
大きさ：22m
生き方：高い植物の枝や葉を食べる
主な種：*G. brancai*

ギラファティタンという名前はなじみがないかもしれないが，この恐竜の姿は世界で最もよく知られている竜脚類の一つである．ブラキオサウルス・ブランカイ *Brachiosaurus brancai* という名前で，現存する最大の恐竜組立骨格として，ドイツ・ベルリンのフンボルト博物館に80年間展示されつづけているからである．この恐竜は，当時はドイツ領東アフリカにあったテンダグルで20世紀の初期に採集された多数の恐竜化石の中の一つだった．

特徴：最初はブラキオサウルスだと考えられたこの恐竜は，1988年のグレゴリー・ポールの研究と1991年のジョージ・オルシェフスキーの研究により，ブラキオサウルスの原標本とは異なることが示され，新しい名前が付けられた．主な違いは脊椎にあり，ギラファティタンでは両肩の間でウマの"き甲"のような隆起をつくる．公正を期するためにいえば，すべての古生物学者がこの考えに同意しているわけではなく，多くの本ではブラキオサウルスの一種として描かれつづけることになるだろう［訳注：Weishampel. et al., 2004によると，*Brachiosaurus* Riggs, 1903（＝ *Giraffatitan* Paul, 1988）：*B. altithorax* Riggs, 1903（＝ *Giraffatitan altithorax* Paul, 1988）；*B. brancai* Janensch, 1914（including *B. fraasi* Janensch, 1914）とされている］．

左：ドイツ・フンボルト博物館にある有名な組立骨格は，同じ場所で発見された少なくとも5個体の骨格を寄せ集めたものである．テンダグルでは全部で34個体が発見された．

ルソティタン *Lusotitan*

有名な発見のほとんどがなされたのは北アメリカとアフリカでのことだが，ブラキオサウルス類が北アメリカとアフリカに限られていなかったことは，昔から知られている．化石はヨーロッパのジュラ紀後期の地層でも発見されている．1975年，ポルトガルで部分骨格が発見され，ラパランとジブゼフスキーによってブラキオサウルス・アタライエンシス *Brachiosaurus atalaiensis* と命名された．現在では，その恐竜は別の属だと考えられている．ばらばらになった椎骨からなるルソティタンの標本がポルトガルの5カ所で発見されている．

特徴：椎骨の低い棘突起および長い腕への筋肉のつきかたから，ルソティタンはブラキオサウルス類であることがわかっている．すべてのブラキオサウルス類同様，ルソティタンは前肢が非常に長くて肩の位置が高く，えさを求めて木々の間に背伸びすることができた．頭骨は知られていないが，ブラキオサウルス類に典型的なパターンで，非常に高いところに開いた鼻孔があり，スプーン状の歯を備えていただろう．

左：一部の復元にみられる背中の棘は推測によるものである．竜脚類のもう一つの主要グループだったディプロドクス類の背中には棘があったことを示唆する証拠があり，一部の研究者はマクロナリア類の背中にも棘があったと考えている．

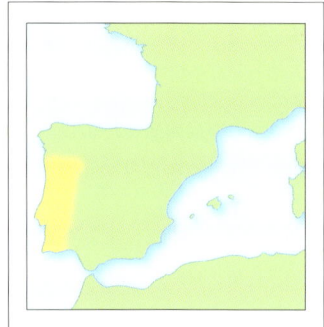

分布：ポルトガル
分類：竜脚類－マクロナリア類
名前の意味：ポルトガルの巨大動物
記載：Teles, Antunes and Mateus, 2003
年代：キンメリッジアン～ティトニアン
大きさ：25m
生き方：高い植物の枝や葉を食べる
主な種：*L. atalaiensis*

マクロナリア類

マクロナリア類は角張った頭部をもつ竜脚類である．この特徴的な頭部の形状は鼻孔に相当する頭骨の穴が眼窩よりはるかに大きいことによっている．さらに，鼻孔が頭頂部にあったため，このかなり奇妙な外観の頭骨がかなりの科学的な推測の的だった理由は容易に理解できる．

かつての考えでは，高いところにある鼻孔はその動物が湖の中に身体を沈めていられ，身体を出さずに呼吸できたことを意味したが，その考えは却下された．ゾウの頭骨の鼻孔もきわめて大きいという事実に一部の科学者が注目し，竜脚類にもゾウのような鼻があったかもしれないと考えた．しかし，この考えはあまり理にかなっていない．首が長いのだから，届く範囲をゾウのような鼻でさらに伸ばすことは不必要に思えるからだ．いずれにせよ，竜脚類の頭骨には，ゾウの鼻を構成している筋肉が付着するには必要になるであろう幅の広い板状の骨がない．

恐竜が生きていた間，鼻腔は湿った膜組織で満たされていて，北アメリカのジュラ紀後期の平原を照らしつけていた熱い太陽のもとで，頭骨の内部と小さな脳を冷えた状態に保っていただろうというというのが，いちばん可能性が高い仮説である．

ブラキオサウルス *Brachiosaurus*

世界で最もよく知られているブラキオサウルスの骨格は，現在では違う属ギラファティタンのものだと考えられている（前ページ参照）．しかし，コロラド州のドライ・メサ発掘場で発見されたさらに大型の恐竜であるウルトラサウルス *Ultrasaurus* は，現在ではブラキオサウルスの特に大きな標本だと考えられている．最初のブラキオサウルスは2点の部分骨格として発見された．1900年，ユタ州フルータの近くにあるモリソン層での，エルマー・G・リグスによる発見だった．

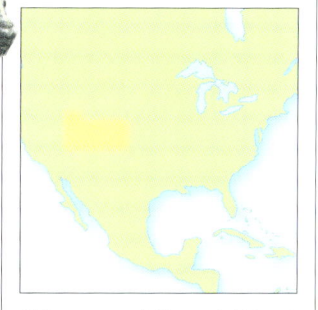

左：首は垂直だったのか，水平だったのか．首の位置に関して，研究者の間で論争が続いている．

分布：コロラド州，ユタ州（アメリカ合衆国）
分類：竜脚類－マクロナリア類
名前の意味：胸の高い腕トカゲ
記載：Riggs, 1903
年代：キンメリッジアン～ティトニアン
大きさ：22m
生き方：高い植物の枝や葉を食べる
主な種：*B. altithorax*

特徴：ブラキオサウルスの高さの約半分は首によるものである．このことと，前肢が長く肩の位置が高いことは，ブラキオサウルスが採餌のために木々の高いところに届くことができたことを意味した．前足さえも高いところに届く助けになっていた．指が長くて柱状で，垂直に並んでいた．有名であるにもかかわらず，ブラキオサウルスはモリソン層から産出する竜脚類のうち最もまれなものの一つである．

カマラサウルス *Camarasaurus*

発見された化石の数から判断すると，カマラサウルスはモリソン層で発見される竜脚類のうち，最も豊富なものの一つだったにちがいない．カマラサウルスは小型の恐竜だと考えられることがしばしばある．これは，これまでに発見された最良の骨格が幼体の骨格だからである．この骨格は完全に関節した状態で，アメリカ・ユタ州の国立恐竜記念公園に横たわっていたもので，ピッツバーグ博物館に組立骨格がある．

特徴：属名の「空洞をもつトカゲ」は体重を抑えるつくりになっている背骨の空洞に関連している．頭骨にも空洞があり，頭骨は骨質の支柱の骨組にすぎず，巨大な鼻孔とスプーン状の歯がある．前肢と後肢がほぼ同じ長さなため，背中が水平になっている．モリソン層から産出する竜脚類のうち，ブラキオサウルスほど太っていないが，ディプロドクスほどほっそりもしていない．

分布：ニューメキシコ州～モンタナ州（アメリカ合衆国）
分類：竜脚類－マクロナリア類
名前の意味：空洞をもつトカゲ
記載：Cope, 1877
年代：キンメリッジアン～ティトニアン
大きさ：20m
生き方：植物の枝や葉を食べる
主な種：*C. supremus*, *C. grandis*, *C. lentus*, *C. lewisi*

ディプロドクス類

マクロナリア類（ブラキオサウルス類とカマラサウルス類）が「高さ」で印象的だったとすると、ディプロドクス類は「長さ」で印象的だった．これまでに存在した最大の陸生動物が含まれる．全長が長かったにもかかわらず、首と尾が細かったため、ディプロドクス類はそれほど重い動物というわけではなかった．尾は体部と首を合わせた長さの2倍の長さがあり、末端はムチのようになっていた．

ディプロドクス *Diplodocus*

背がそれほど高くなく、長く、なじみのある竜脚類は、ディプロドクスとして知られている．ディプロドクスは2番目に発見された種であるディプロドクス・カーネギーイ *D. carnegii* の優雅な骨格の多数のレプリカでよく知られている．世界中の博物館でみられるこのレプリカのもとになった化石の発掘・復元・寄贈は、20世紀の初期に、スコットランド系アメリカ人であり鉄鋼王であったアンドルー・カーネギーの資金援助によって行われた．

特徴：首と尾は腰のあたりでみごとにバランスがとれていたため、ディプロドクスは後肢で立ち上がり、木々の高いところに届くことができただろう．歯にみられる摩耗はディプロドクスが木々の高いところにある葉などを食べる、もしくは下生えにある葉などを食べることができたことを示している．1990年代の発見に基づき、アメリカの古生物学者スティーブン・ツェルカスはディプロドクスの首、背中、尾には角質の棘が並んでいたかもしれないという説を発表した．

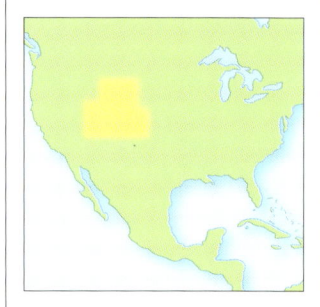

分布：コロラド州、ユタ州、ワイオミング州（アメリカ合衆国）
分類：竜脚類－ディプロドクス科
名前の意味：2本の梁
記載：Marsh, 1878
年代：キンメリッジアン～ティトニアン
大きさ：27m
生き方：低い、または高い植物の枝や葉を食べる
主な種：*D. longus*, *D. carnegii*, *D. hayi*

スーパーサウルス *Supersaurus*

スーパーサウルスは恐竜ハンターのジム・ジェンセンがコロラド州のドライ・メサ発掘場で発見した大型竜脚類の一つだった．河川の流れに丸太群が停滞することがあるが、残念なことに、ドライ・メサ発掘場はモリソン層にあった河川に骨が停滞したところだったようで、すべての骨格がごちゃまぜになっている．ジェンセンが発見した大型恐竜の一つ（当時はウルトラサウルス *Ultrasaurus* とよばれた）は、実際にはブラキオサウルスの肩甲骨とスーパーサウルスの肋骨が混ざったものだった．

特徴：椎骨、肩の一部、腰骨が発見されており、これらはスーパーサウルスがディプロドクスと近縁であることを示している．肩までの高さが8mもある、ディプロドクスの大型種である可能性さえある．いちばん高さがある椎骨は子供の身長と同じくらいの高さがある．アメリカ・ソルトレイクシティにあるブリガム・ヤング大学の地下室には、ドライ・メサから産出したさらに巨大な骨がある．この骨はまだ調べられていないため、今後この恐竜の外見に関する解釈が変わるかもしれない．

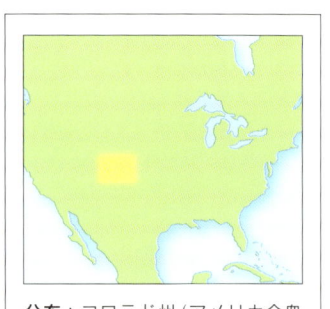

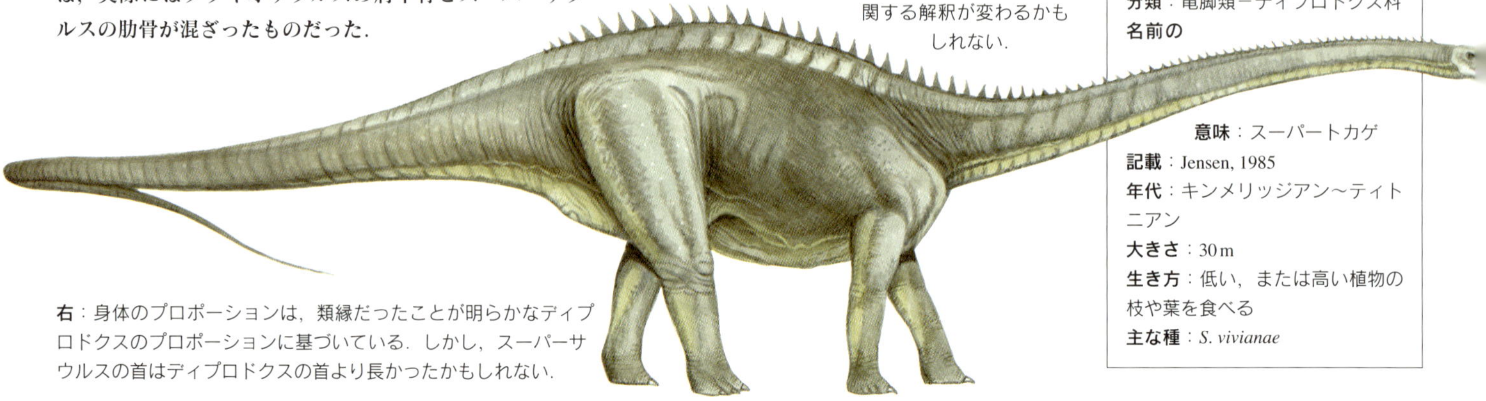

右：身体のプロポーションは、類縁だったことが明らかなディプロドクスのプロポーションに基づいている．しかし、スーパーサウルスの首はディプロドクスの首より長かったかもしれない．

分布：コロラド州（アメリカ合衆国）
分類：竜脚類－ディプロドクス科
名前の意味：スーパートカゲ
記載：Jensen, 1985
年代：キンメリッジアン～ティトニアン
大きさ：30m
生き方：低い、または高い植物の枝や葉を食べる
主な種：*S. vivianae*

セイスモサウルス *Seismosaurus*

現在知られている中で最長の恐竜という記録保持者であるセイスモサウルスの発掘には13年かかった．その大きさが主な理由である．椎骨の大部分，骨盤の一部，肋骨，数点の胃石からなる1個体の標本からしか知られていない．一部の古生物学者は，セイスモサウルスはディプロドクスの一種だと考えている．両者は確かに近縁である．

特徴：セイスモサウルスの驚くべき長さは，もっぱら首と尾の長さによっている．ディプロドクス類としては身体は特に大きいわけではない．それに比較すると，後肢はかなりずんぐりしている．背骨の下にある山形の隆起が筋肉を支え，首と尾の可動性の助けになっていたのだろう．ディプロドクス類に特徴的なムチのような尾は，腰からあまり離れていないところで下方にカーブしており，尾の末端の方は地面にひきずっていたことを示唆している．

分布：ニューメキシコ州（アメリカ合衆国）
分類：竜脚類－ディプロドクス科
名前の意味：地震トカゲ
記載：Gillette, 1991
年代：キンメリッジアン
大きさ：40m
生き方：低い，または高い植物の枝や葉を食べる
主な種：*S. halli*

右：モリソン層を産んだ河川平野に生息していた巨大竜脚類はセイスモサウルスだけではなく，スーパーサウルスやディプロドクスも生息していた．明らかに，類縁のある数種類の大型恐竜を支えるのに十分な食物がそろっていた．

ディプロドクス類の歯

上：ディプロドクスの頭骨

ディプロドクス類の歯は特徴的だった．長い顎の前部に，鉛筆状の歯が熊手の歯のように並んでいた．後部には歯がなかった．歯にみられる摩耗は，ディプロドクス類が木々の高いところにある葉または地上にある葉などを食べられたことを示している（中生代にはイネ科の植物である草がなかったため，植物食という言葉は「低いところの葉などを食べる」ことを意味する）．頸椎の関節と筋系はディプロドクス類の首は水平に保たれるのが普通だったことを示しており，低いところの葉などを食べるのが通常の採餌方式だったことを示すことになる．長い首のおかげで，巨体をあまり動かさなくても広い範囲のシダ類やトクサ類に届いただろう．

歯の並び方はディプロドクス類がえさをそしゃくできなかったことを意味している．ディプロドクス類は十分なえさを得るために，えさをかき集めて飲み込むことに時間を費やしていただろう．消化を助けるために，ディプロドクス類は石を飲み込んだ．飲み込まれた石は砂嚢に集まり，硬い植物素材をすり砕いた．石が滑らかになるとその石を吐きもどし，新しい石を飲み込んだ．小さく積み重なった滑らかな胃石がモリソン層から知られている．

バロサウルス *Barosaurus*

バロサウルスはモリソン層から産出した5体の部分骨格から知られており，このうちの3点はアメリカ・ユタ州の国立恐竜記念公園で産出した．ギガントサウルス *Gigantosaurus* として最近まで知られていたアフリカ産の種はテンダグル動物相の一部をなしていたもので，4体の骨格から知られている．アメリカ自然史博物館にある．後肢で立ち上がっているバロサウルスの骨格は高さが15mあり，世界で最も高い組立骨格である．軽量の素材で骨化石のレプリカをつくるという現代の技術によって初めて可能になった．

分布：サウスダコタ州，ユタ州（アメリカ合衆国），タンザニア
分類：竜脚類－ディプロドクス科
名前の意味：動きが遅くて重いトカゲ
記載：Marsh, 1890
年代：キンメリッジアン～ティトニアン
大きさ：27m
生き方：低い，または高い植物の枝や葉を食べる
主な種：*B. lentus, B. africanus*

左：バロサウルスや他のディプロドクス類にみられる，腰のあたりでのバランスのとれ方は，えさをとるために後肢で立ち上がれたことを示している．

特徴：バロサウルスはディプロドクスにそっくりで，実際のところ，両者の四肢骨は見分けがつかない．しかし，バロサウルスの方が尾の骨が短く，首の骨は少なくとも3割ほど長く，首の骨のうち一つは1mの長さがある．この首の長さのため，一部の古生物学者が提案した説は，高い木々からえさを食べるときに脳に十分な血がいくように，首に複数の心臓があったというものだった．

ディプロドクス類（続き）

ディプロドクス類はジュラ紀中期のケティオサウリスクス*Cetiosauriscus*などの動物とともに，ヨーロッパで最初に進化したように思われる．ディプロドクス類はジュラ紀後期に北アメリカで全盛期に達し，モリソン層はディプロドクス類の化石に満ちている．ディプロドクス類は白亜紀初期まで存在しつづけ，そのときまでに南半球まで分布を広げていた．

アパトサウルス *Apatosaurus*

最も人気のある恐竜の一つであるアパトサウルスは名前が変わりつづけてきた．ほぼ1世紀の間，アパトサウルスは「カミナリ竜」ブロントサウルス*Brontosaurus*という印象深い名前で通っていた．1877年，オスニエル・チャールズ・マーシュがアパトサウルス・アジャクス*A. ajax*を発見し，それを命名した．2年後，彼はより完全な恐竜化石を発見し，ブロントサウルス・エクセルスス*B. excelsus*と命名した．20世紀に入ってはじめて，これらが実際には同じ属の2種であることがわかった．このような混乱があり，1つの動物に2つの名前が付けられたときには，最初に付けられた名前が有効名だと考えられる．この場合はアパトサウルスで，1903年に名前が公式に変更された．

特徴：アパトサウルスはどっしりした身体つきのディプロドクス類である．椎骨には頂部に溝がある．そこに強い靭帯があり，吊り橋のケーブルのように首と尾の重さを支えていた．「惑わすトカゲ」という名前は，椎骨についている山形の骨が海生爬虫類であるモササウルス*Mosasaurus*の骨とまぎらわしい外見をしていることに関連している．頭部はウマの頭部と同じくらいの大きさだが，脳はネコの脳ぐらいの大きさしかなかった．骨格全体はディプロドクスの骨格に似ているが，ディプロドクスよりずっとずんぐり，がっしりしており，長さよりも重さが特徴だった．

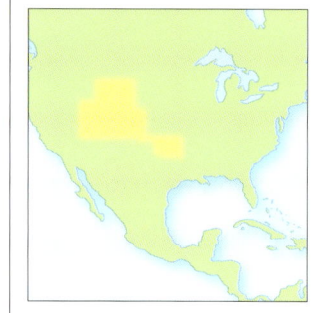

分布：コロラド州，オクラホマ州，ユタ州，ワイオミング州（アメリカ合衆国）
分類：竜脚類-ディプロドクス科
名前の意味：惑わすトカゲ
記載：Marsh, 1877
年代：キンメリッジアン～ティトニアン
大きさ：25 m
生き方：低い，または高い植物の枝や葉を食べる
主な種：*A. ajax*, *A. excelsus*, *A. louisae*, *A. montanus*

ブラキトラケロパン *Brachytrachelopan*

迷子になったヒツジを探していた農夫がパタゴニアで発見したこの恐竜は，皆を驚かせた．首が胴体より短いのに，竜脚類の仲間だったからである．ブラキトラケロパンは地表近くの植生を食べるために短い首を進化させたらしい．長い首をもつ類縁恐竜には入手できなかった食料源だった．

特徴：ブラキトラケロパンの最も驚くべき特徴は非常に短い首で，ディプロドクス類の首より，剣竜類の首に似ている．ディクラエオサウルス類の他のメンバー同様，ブラキトラケロパンの背中と腰の骨には高い棘突起があり，生きていたときには帆のような構造を支えていたと思われる．前部の方にある棘は前方にカーブしており，ブラキトラケロパンの頭部は低い位置に保たれ，地表から採餌したであろうことを示している．残念なことに，知られている唯一の骨格には頭骨と尾が欠けている．

左：ブラキトラケロパンは尾が長い剣竜類のようにみえただろう．しかし，装甲板は備えていなかった．

分布：アルゼンチン
分類：竜脚類-ディクラエオサウルス科
名前の意味：首の短い羊飼い
記載：Rauhut, Remes, Fechner, Cladera and Puerta, 2005
時代：ティトニアン
大きさ：10 m
生き方：低い植物の枝や葉を食べる
主な種：*B. mesai*

エオブロントサウルス *Eobrontosaurus*

ロバート・バッカーを含む多くの古生物学者は，もともとのブロントサウルス *Brontosaurus* という名前がアパトサウルス *Apatosaurus* に変更されたことに関して不満を抱いていた．そのため，最近発見されたアパトサウルスの一種で，フィラ，ジェイムス，レッドマンが1994年にアパトサウルス・ヤナピン *A. yahnahpin* と命名したものが独自の属名に値するくらい十分に異なっていることがわかったとき，バッカーはブロントサウルスという属名の形式を復活させ，エオブロントサウルスと命名した．

下：めずらしいことに，発見された唯一のエオブロントサウルス標本は腹肋骨を含んでいた．通常，腹肋骨は竜脚類では保存されない．エオブロントサウルスはアパトサウルスとして認められたどの種よりも原始的な恐竜のように思われる．

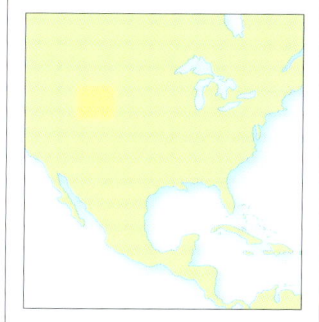

分布：ワイオミング州（アメリカ合衆国）
分類：竜脚類－ディプロドクス科
名前の意味：初期のブロントサウルス
記載：Bakker, 1998
年代：キンメリッジアン～ティトニアン
大きさ：20m
生き方：植物の枝や葉などを食べる
主な種：*E. yahnahpin*

特徴：エオブロントサウルスは2つの特徴によってアパトサウルスと見分けられる．第一はエオブロントサウルスの方が首が少し太いことで，頸椎についている頸肋骨がより大きいことによっている．第二は肩の骨の配置が多少異なることで，エオブロントサウルスの肩の骨の配置はマクロナリア類のものに多少似ている．

アパトサウルス

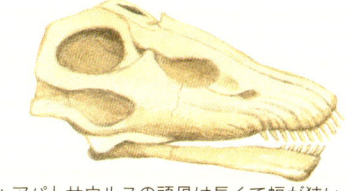

上：アパトサウルスの頭骨は長くて幅が狭い

頭部の形も不確かさを生んだ．20世紀初期に行われたアパトサウルス（またはブロントサウルス）の復元は，カマラサウルスの頭骨のような短くて角張った頭部をもつ恐竜を示している．これはアパトサウルスの頭骨が見つかっておらず，アメリカ・ニューヨークにあるアメリカ自然史博物館で骨格が組み立てられた際，専門家たちがカマラサウルス型の頭骨をつくったためである．

実際には，ディプロドクスの頭骨のような，長くて幅の狭い頭骨が国立恐竜記念公園にあった骨格の一つの近くで発見されていたが，それがアパトサウルスの本当の頭骨だと考えたのは，ピッツバーグのカーネギー博物館の館長をしていたW. J. ホランドだけだった．しかし，彼よりもはるかに影響力があったH. F. オズボーンに却下され，ついに正しい頭骨が確認されたのは1970年代のことだった．

ディクラエオサウルス *Dicraeosaurus*

ジュラ紀後期のディプロドクス類で，南半球の大陸で発見されたのはディクラエオサウルスだけである．ディクラエオサウルスはテンダグル動物相の一員で，他の恐竜とともに，その当時，同じ科の恐竜が北アメリカとアフリカに存在していたことを示している．しかし，ディクラエオサウルスは北アメリカの種類とは非常に異なるため，ディクラエオサウルス科という独自の科が与えられた．

分布：タンザニア
分類：竜脚類－ディクラエオサウルス科
名前の意味：二叉トカゲ
記載：Janensch, 1914
年代：キンメリッジアン
大きさ：20m
生き方：低い，または高い植物の枝や葉を食べる
主な種：*D. hansemanni*, *D. sattleri*

特徴：ディプロドクス類としては，ディクラエオサウルスの首は奇妙なほど短い．頸椎は12個しかなく，ブラキトラケロパンを除けば，ジュラ紀後期の他のどのディプロドクス類よりも頸椎がかなり少ない．椎骨には非常に長い棘突起があり，首では割れ目が深く，背中では低い帆のようなものを形作っている．これらの特徴のため，側面からみるとより大きくみえ，捕食者を思いとどまらせる助けになっただろう．尾はディプロドクス類に典型的なムチ状で，武器として使われただろう．

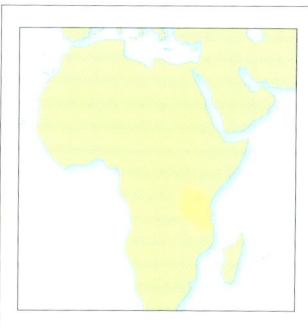

左：ドイツ・ベルリンのフンボルト博物館にディクラエオサウルスの全身組立骨格があり，その隣には同じくテンダグルに生息していたギラファティタン *Giraffatitan* の骨格がある．

鳥脚類

二足歩行の鳥脚類はジュラ紀後期の竜脚類と同じ時代に存在し，同じく植物食だった．しかし，大部分の鳥脚類はかなり小型で，仲間の大型竜盤類の足下を敏捷に動き回り，より大型の恐竜が利用できなかった食料源を利用していたのだろう．

カンプトサウルス *Camptosaurus*

カンプトサウルスの最初の種は，幼体から成体までの10点の部分骨格に基づいている．フレッド・ブラウンとウィリアム・H・リードがアメリカ・ワイオミング州で1880年代に採集し，ワシントンのスミソニアン協会に展示された幼体と成体の組立骨格により，その種はよく知られている．イギリスの種は疑問名で，鳥脚類ですらない可能性がある．

特徴：カンプトサウルスは類縁のイグアノドン *Iguanodon* にかなり似ている．イグアノドンはヨーロッパの白亜紀前期の終わりごろの景観において特徴的だった属である．しかし，カンプトサウルスの頭部の方が長くて低く，後ろ足には3本ではなく4本の趾がある．四足歩行または二足歩行で，重い身体を運ぶことができた．前足は5本指で，前足にも後ろ足にも，重さを支えるためのひづめがある．長い口にはすりつぶし用の歯が数百本あり，前部にはくちばしがある．かまれている間，食物は頬袋の中に保たれた．

右：最初の種だけが，本当にカンプトサウルスの種である可能性がある．それ以外の種はイグアノドンの種かもしれない．

分布：コロラド州，オクラホマ州，ユタ州，ワイオミング州（アメリカ合衆国），イギリス
分類：鳥脚類－イグアノドン類
名前の意味：柔軟なトカゲ
記載：Marsh, 1885
年代：キンメリッジアン～ベリアシアン
大きさ：3.5 m～7 m
生き方：低い植物の枝や葉を食べる
主な種：*C. dispar*, *C. amplus*, *C. prestwichii*, *C. hoggi*

オスニエリア *Othnielia*

1877年，オスニエル・チャールズ・マーシュがこの小型恐竜を発見し，「小さなトカゲ」を意味するナノサウルス *Nanosaurus* と命名した．そのちょうど100年後，ピーター・ガルトンが，最初の発見者にちなんでオスニエリアと改名した．2個体のほぼ完全な骨格から知られているが，頭骨で知られている部分は数個の骨と歯だけである．1体の頭骨は，発掘される以前にコレクターによって盗まれたといわれている．

特徴：この小型植物食恐竜は非常に俊足で，脚の筋肉を支える引き締まった腿をもち，長い脛と趾を備えた軽量の脚を容易に動かせた．手には5本の指，足には4本の趾がある．尾は硬くてまっすぐで，骨が腱で結ばれていて，走っているときにバランスがとれる．オスニエリアより有名で，大きい目とくちばしがあるヒプシロフォドンに似ているが，歯の両側にエナメル質があるという点で，ヒプシロフォドンと異なっている．

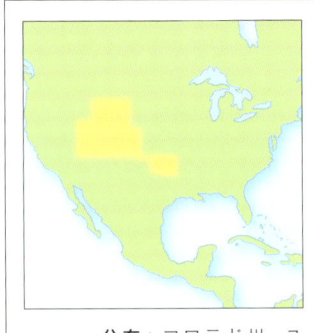

分布：コロラド州，ユタ州，ワイオミング州（アメリカ合衆国）
分類：鳥脚類
名前の意味：オスニエルのもの
再記載：Galton, 1977（記載：Marsh, 1877）
年代：キンメリッジアン～ティトニアン
大きさ：1.4 m
生き方：低い植物の枝や葉を食べる
主な種：*O. rex*

右：オスニエリアのような小型鳥脚類は，モリソン層の巨大な竜脚類の足下を敏捷に走り回り，大型恐竜が利用できない地表近くの植物を食べていたにちがいない．

ドリンカー *Drinker*

恐竜に関しての19世紀の先駆者で、最も偉大なアメリカ人の一人であるオスニエル・チャールズ・マーシュにちなんでオスニエリアが命名されたとすると、ドリンカーはもう一人の偉大な先駆者であるエドワード・ドリンカー・コープにちなんで命名された。この恐竜は成体と幼体の骨格から知られている。かなり多くの化石が知られているが、この恐竜に関してはあまり発表されていない。

特徴：ドリンカーとドリンカーの近縁であるオスニエリアは、ドリンカーの方がより柔軟な尾をもっている点で異なっている。また、ドリンカーの歯の方が、より複雑な歯冠を備えているように思われる。その歯が生み出すそしゃくの動きで、頬袋の中に保った食べ物の塊を処理したのだろう。足の趾は長くて広がっており、ドリンカーが湿地のあるところに生息していたかもしれないことを示している。しかし、ドリンカーとオスニエリアの違いは非常にわずかなので、異なる2つの属ではなく、オスニエリアの2つの種を示しているだけかもしれない。

分布：ワイオミング州（アメリカ合衆国）
分類：鳥脚類
名前の意味：チャールズ・ドリンカー・コープのもの
記載：Bakker, Galton, Siegwarth and Filla, 1990
年代：キンメリッジアン～ティトニアン
大きさ：2 m
生き方：低い植物の枝や葉を食べる
主な種：*D. nisti*

ドラコニクス *Draconyx*

ドラコニクスは1個体の散在していた骨から知られている。歯、椎骨、下肢の骨、指趾の骨、爪などの化石があり、ドラコニクスという名前はこの爪にちなんでつけられた。最良の化石は後肢のものである。現在、ポルトガルにおける恐竜研究の重要な施設であるロウリンニャ博物館に所蔵されている。

特徴：ドラコニクスは初期の中型のイグアノドン類で、カンプトサウルスと近縁であるように思われる。カンプトサウルスと同じくらいの大きさで、同じような重々しい後肢と短い前肢を備えている。カンプトサウルスとは、腿の骨の形と趾の骨の配置が異なっている。ドラコニクスには退化した第1趾があるが、カンプトサウルスにはない。また、カンプトサウルスには第5趾があるが、ドラコニクスにはない。他の点では、両者はとてもよく似ている。

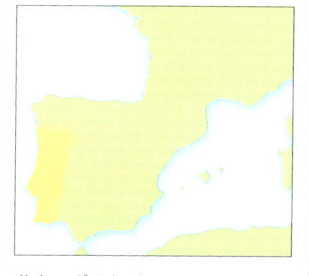

分布：ポルトガル
分類：鳥脚類－イグアノドン類
名前の意味：ドラゴンの爪
記載：Mateus and Antunes, 2001
年代：ティトニアン
大きさ：7 m
生き方：低い植物の枝や葉を食べる
主な種：*D. loureiroi*

ルシタニア盆地

ジュラ紀後期、現在のポルトガルのあたりは広々とした平原だった。地質学者たちはこの平原をルシタニア盆地と呼んでいる。気候は温暖で、近くの山々からの河川がこの盆地に流れ込んでいた。そして、その結果として生じた植生が、ジュラ紀後期の多数の恐竜を支えていた。

そこでは、ブラキオサウルス類、カマラサウルス類、ディプロドクス類、剣竜類、肉食獣脚類の化石が発見されている。ワニ類、カメ類、翼竜類、哺乳類の化石もある。ルシタニア盆地の動物相は北アメリカのモリソン層の動物相ととても似ており、この2つの地域が現在では遠く離れているが、当時は地理的にとても近かったことを示している。

ルシタニア盆地の豊富な化石動物相の研究は、農場主が自分の畑で恐竜の骨を発見した1982年に始まった。その化石はカルノサウルス類であるロウリンニャノサウルス*Lourinhanosaurus*のものだった。いまやポルトガルのロウリンニャ博物館は世界的に有名な施設で、地元で発見された恐竜化石を所蔵している。1993年、ルシタニア盆地のすぐ北にある海岸の崖で、地元の科学者イザベル・マテウス（Isabel Mateus）が恐竜の卵の化石を発見した。フランス・パリにある国立自然史博物館のフィリップ・タケにより、この卵は獣脚類のものと同定された。これらはロウリンニャノサウルスの卵だったという考えがある。それ以来、鳥脚類ドラコニクスを含む地元の恐竜動物相の多くが、イザベルの息子であるオクタヴィオ・マテウスによって採集され、研究されている。

左：ドラコニクスも化石に富んでいるポルトガルのロウリンニャ恐竜発掘地で発見された恐竜である。

剣竜類

剣竜（ステゴサウルス類）は装甲板を備えた恐竜で，ジュラ紀と白亜紀前期に生息していた．原始的な型のほとんどは中国で発見されるため，剣竜類はアジアで進化し，その後，北アメリカとアフリカに渡ったように思われる．おそらく剣竜類はよろい竜と同じ先祖から進化した．ステゴサウルスは最も見分けがつきやすい恐竜の一つで，アメリカ・コロラド州の州化石である．

ステゴサウルス *Stegosaurus*

最初に発見された種はステゴサウルス・アルマトゥス *S. armatus* だが，オスニエル・チャールズ・マーシュが発見したステゴサウルス・ステノプス *S. stenops* の方がよく知られている．背中の装甲板は対になっていたと考えられていたが，現在では2列に交互に並び，腰にある装甲板が最大で，頭部に向かうにつれて小さくなっていたと考えられる．装甲板は角質で覆われていて防御に使われた可能性と，皮骨で覆われていて放熱に使われた可能性がある．

特徴：ステゴサウルスは背中沿いの装甲板だけでなく，武器として使う2対の棘を尾の末端に備えていた．最近の研究は，この棘が側方に突き出ていたことを示している．密集した小骨が喉を守っている．身体の大きさと比較すると，恐竜の中で最も脳が小さい．

分布：コロラド州，ユタ州，モンタナ州，ワイオミング州（アメリカ合衆国）
分類：装盾類－剣竜類
名前の意味：屋根トカゲ
記載：Marsh, 1877
年代：キンメリッジアン～ティトニアン
大きさ：9m
生き方：低い植物の枝や葉を食べる
主な種：*S. armatus*, *S. stenops*

トゥオジャンゴサウルス *Tuojiangosaurus*

中国産の多数の剣竜類の中で最も有名で，最初に発見されたのがトゥオジャンゴサウルスである．2体の部分骨格から知られ，片方は骨格の50%が保存されている．ステゴサウルスとの類似は，両者の生き方が同じで，同じえさ，つまり地面に生えている丈が低くて葉の多い植物を食べていたことを示している．

特徴：トゥオジャンゴサウルスの首・背中・尾には15対の鋭い小さな装甲板があり，尾には2対の棘もある．すべての剣竜類同様，長い頭部，スプーン状の歯，歯のないくちばしを備えている．歯はステゴサウルスの歯によく似ており，小さく，鋸歯縁のきめが粗く，縦方向に溝がある．

左：トゥオジャンゴサウルスはアーチ型の背中と太った身体というステゴサウルス類に典型的な身体つきで，柱のような四肢で歩いた．

分布：中国
分類：装盾類－剣竜類
名前の意味：沱江（トゥオジャン）のトカゲ
記載：Dong, Li, Shou and Zhang, 1973
年代：キンメリッジアン～ティトニアン
大きさ：7m
生き方：低い植物の枝や葉を食べる
主な種：*T. multispinus*

チュンキンゴサウルス *Chungkingosaurus*

この剣竜類は数点の部分骨格から知られている．剣竜類の中では小型で原始的な方の一種だった．進化のうえではケントロサウルス *Kentrosaurus* とステゴサウルスの間のどこかに位置するように思われる．チュンキンゴサウルスの尾の末端には一般的な2対よりも多い棘があったことを不完全標本が示している．頭部は高くて幅が狭く，鼻孔は大きい．

特徴：チュンキンゴサウルスを識別する特徴は上腕骨の形状で，とても原始的に思えるが，末端の幅がとても広いという変わった特徴を備えている．腰の骨も原始的である．背中の装甲板には強固な基部がなく，皮膚にしっかりと埋まっていなかった可能性がある．尾の装甲板の方が強固だったように思われる．

分布：中国
分類：装盾類－剣竜類
名前の意味：重慶（チュンキン）のトカゲ
記載：Dong, Zhou and Zhang, 1983
年代：オックスフォーディアン
大きさ：4m
生き方：低い植物の枝や葉を食べる
主な種：*C. jiangheiensis*

右：チュンキンゴサウルスの背中の装甲板はとても厚くて細く，棘と見なせるものに近い．

恐竜の装甲板

最初のステゴサウルスが発見されて以来，装甲板の並び方に関しては科学的な議論が続いている．装甲板が恐竜の骨格についている状態での化石は見つかっていない．

初期には，装甲板は身体の上に寝ていて，センザンコウのうろこのように重なり合い，防御用の盾を形成していたという考えがあった．しかし，すぐに装甲板は垂直に突き出ていたにちがいないことが理解された．

装甲板は対になって並び，首から尾まで左右対称の2列になっていたというイメージが長い間抱かれていた．しかし，現在では装甲板は2列に交互に並んでいたという考えが受け入れられている．しかし，これ以外の解釈も多く，装甲板は1列だったが，重なり合っていたという考え方もある．

装甲板の機能に関する科学的な理解も推測の的となっている．装甲板は角質で覆われていて，首と背中を守るためのよろいを形成していたというのがわかりやすい解釈である．ロバート・バッカーは，装甲板の基部は筋肉で，攻撃してくるものの方に先端を向けることができたとさえ提案している．

1970年代には，装甲板は角質ではなく皮骨で覆われていて，熱交換器として使われ，朝の日光では血液を温め，真昼には放熱したという考えが提出された．これはステゴサウルスのように幅の広い装甲板をもつ剣竜類には効果があったにしても，チュンキンゴサウルスのように幅の狭い装甲板をもつ剣竜類には効果がなかっただろう．その方法を働かせるために必要な表面積がなかったはずだからである．

チアリンゴサウルス *Chialingosaurus*

中国で発見された最初の重要な剣竜類はチアリンゴサウルスだった．チアリンゴサウルスは部分骨格1点だけから知られている．ステゴサウルス科の他の恐竜と同様に，チアリンゴサウルスは地表に近いところにあり，当時は豊富だったシダ類やソテツ類を食べていただろう．多くの剣竜類は腰でのバランスがよく，後肢で立ち上がり，低いところにある枝も食べられたように思える．

特徴：チアリンゴサウルスは中型の剣竜類で，頭骨は高くて狭い．装甲板は小さい．首の装甲板はほぼ円盤状だが，腰と尾の装甲板は高くて棘のようだったと思われる．首から尾まで，装甲板は2列に並んでいる．剣竜類にしては，前肢が長い．尾椎の長い棘突起は腰の筋肉が発達していたことを示しており，おそらく後肢で立ち上がることができただろう．

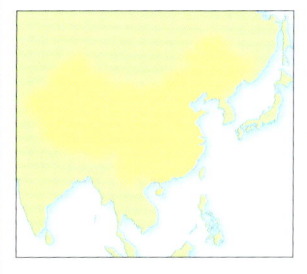

分布：中国
分類：装盾類－剣竜類
名前の意味：嘉陵川（Jia-ling river）のトカゲ
記載：Young, 1959
年代：ジュラ紀中期～後期
大きさ：4m
生き方：低い植物の枝や葉を食べる
主な種：*C. kuani, C. guangyuanensis*

剣竜類（続き）

私たちが剣竜類に対してもっている最もなじみのあるイメージは，ステゴサウルスそのもののイメージで，背中には大きくて幅の広い装甲板があり，尾には棘がある．しかし，ステゴサウルスは極端な例を示している．大部分の剣竜類の背中にある装甲板はずっと小さく，多くのものは装甲板ではなく，棘を備えていた．より原始的な種類は肩の上にさえ棘を備えていた．

ケントロサウルス *Kentrosaurus*

この剣竜類はドイツからの発掘隊によって，1909年から1912年にテンダグルで発掘された．ケントロサウルスの数百点の骨が発見され，そこで70頭ほどが死んだことを示している．このように集まって発見されることは，ケントロサウルスは群れをなす動物だったかもしれないことを示している．ドイツ・ベルリンのフンボルト博物館のために2体の組立骨格がつくられたが，そのうちの1体は第二次世界大戦中に爆撃で破壊された．

特徴：首と背中にある9対の装甲板はステゴサウルスの装甲板よりずっと幅が狭く，尾には2列に並んだ5対の棘がある．さらに，もう1対の棘が両肩から横向きに突き出ている．より進歩した剣竜類と異なり，ケントロサウルスには皮骨に埋まった小骨がなかったように思われる．小さい頭骨に入っている小さな脳にはよく発達した嗅球があり，ケントロサウルスは嗅覚がすぐれていたことを示している．すぐれた嗅覚はえさを得るのに役立ったことだろう．

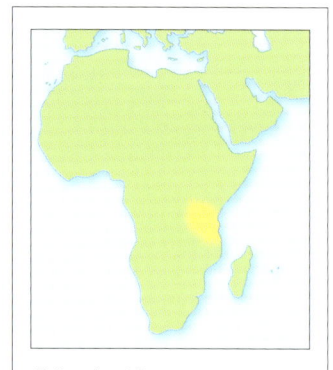

分布：タンザニア
分類：装盾類－剣竜類
名前の意味：とがったトカゲ
記載：Hennig, 1915
年代：キンメリッジアン
大きさ：5 m
生き方：低い植物の枝や葉を食べる
主な種：*K. aethiopicus*, *K. longispinus*

ダケントルルス *Dacentrurus*

ダケントルルスの化石はジュラ紀後期の始めから終わりまで発見される．4～10 mの個体を表しているように思われ，剣竜類の中では最大級である．若い個体の化石はポルトガルのロウリンニャ発掘場でよくみられる．フランスの標本はル・アーブルの博物館が第二次世界大戦中に破壊されたときに失われた．

特徴：ダケントルルスはオーウェンによって1875年に発見された最初の剣竜類で，オモサウルス *Omosaurus* と命名された．前肢は他の剣竜類の前肢より長く，背中の位置は低い．知られている装甲の断片は，ダケントルルスは装甲板ではなく棘を備えていたかもしれないことを示している．身体つきに関してはとても原始的な剣竜類だが，脊椎と腰にはかなり進歩した特徴がある．これまでに発見された化石は，複数の種を表している可能性がある．

分布：イギリス，フランス，ポルトガル
分類：装盾類－剣竜類
名前の意味：とてもとがったトカゲ
記載：Lucas, 1902
年代：キンメリッジアン～ティトニアン
大きさ：10 m
生き方：低い植物の枝や葉を食べる
主な種：*D. armatus*

右：ダケントルルスは約1億5500万年前～1億4600万年前に生息していた．

剣竜類（続き） 147

テンダグル層

テンダグル層はアフリカ全土で、ジュラ紀後期の化石が最も豊富な堆積物である。テンダグル層はタンザニアにあり、リンディという町の西北に位置している。

20世紀初期、ドイツの古生物学者エーベルハルト・フラアスが当時のドイツ領東アフリカから骨化石の報告をドイツに持ち帰った。1909年、ドイツのベルリン自然史博物館が発掘を行った。ヴェルナー・ヤネンシュとエドヴィン・ヘンニッヒが率いた発掘の期間中、4年間で約225トンの骨化石が発掘された。その発掘では、発見されたものを海岸まで運ぶために、数百人もの地元住民が労働者や運搬人として雇われた。

テンダグル層は河川や湖によって堆積した泥灰岩からなり、海成砂岩が散在する。ジュラ紀後期には、その地域は半乾燥の平原で、平原を横切る河川が背後に沖合の砂州をひかえた東方の浅海に注いでいる。その河川には森林が密生し、多種類の植物食恐竜をひきつけた。

テンダグル層の動物相は、北アメリカのモリソン層の動物相に似ている。モリソン層はテンダグル層と同様の環境で堆積し、両者の動物相は同じ時代に繁栄していた。大型竜脚類、小型鳥脚類、剣竜類、大型獣脚類、小型獣脚類などが存在した。このような動物相において、北アメリカのステゴサウルスにアフリカで相当するのがケントロサウルスである。

「インシャノサウルス」 "*Yingshanosaurus*"

「インシャノサウルス」として知られる恐竜は科学的な裏づけがない名称である疑問名のように思われ、標本に関して公表された研究報告がほとんどない。しかし、ほぼ完全な骨格が1980年代に中国の四川盆地から発掘された。装甲板は2列で、尾には2対の棘、肩には1対の巨大な棘のある剣竜類である。

特徴：この恐竜をユニークなものにしている特徴は肩にある翼のような棘で、科学的には「肩胛側棘」として知られる。このような棘をもつ剣竜類は他にもいるが、インシャノサウルスの棘ほど大きくない。肩の棘は原始的な剣竜類だけにあるように思われ、ステゴサウルスやウエロサウルス *Wuerhosaurus* などのより進歩した種類には、肩の棘の証拠がみられない。

分布：中国
分類：装盾類－剣竜類
名前の意味：営山（インシャン）のトカゲ
記載：Zhou, 1984
年代：ジュラ紀後期
大きさ：5m
生き方：低い植物の枝や葉を食べる
主な種："*Y. jichuanensis*"

左：肩にある巨大な棘に注目。剣竜類はこのような棘が腰にある姿で復元されていたが、防御という観点からは、棘が肩にある方が理にかなっている。

ヘスペロサウルス *Hesperosaurus*

この剣竜類の骨格が発見されたのは1985年で、ステゴサウルスの骨格を発掘していたときにモリソン層の基部の上方で見つかった。化石が地表近くに埋まっていたため、風化によって失われたと思われる四肢が欠けている以外は完全である。現在は、アメリカのデンバー自然史博物館に展示されている。ヘスペロサウルスは北アメリカから知られる最古の剣竜類である。

特徴：ヘスペロサウルスは短くて幅の広い頭骨と、深い下あごで見分けることができる。装甲は少なくとも10（たぶん14）の楕円形の装甲板からなり、尾の末端には剣竜類に伝統的な2対の防御用の棘がある。ステゴサウルスの装甲板と異なり、ヘスペロサウルスの装甲板は「高さ」よりも「長さ」の方があり、棘はより後方を向いている。最も近縁だったのは、同時代にヨーロッパにいたダケントルルスだったように思われる。

分布：ワイオミング州（アメリカ合衆国）
分類：装盾類－剣竜類
名前の意味：西部のトカゲ
記載：Carpenter, Miles and Cloward, 2001
年代：キンメリッジアン～ティトニアン
大きさ：6m
生き方：低い植物の枝や葉を食べる
主な種：*H. mjosi*

左：ヘスペロサウルス・ムジコシ *H. mjosi* の種名は、標本を採集・クリーニングし、アメリカのデンバー自然史博物館に展示するレプリカを組み立てたロナルド・G・ミオスに敬意を表しての命名である。

白亜紀

白亜紀の地球

　白亜紀までに，超大陸パンゲアは現在の姿から見分けがつく個々の大陸に分裂していた．しかし，南半球では，オーストラリア大陸と南極大陸がまだつながっていた．これがゴンドワナと呼ばれる超大陸である．大陸の分離とともに異なる動物が進化し，南アメリカの恐竜類は北アメリカやヨーロッパの恐竜類とは異なるようになった．木生シダや針葉樹は被子植物にとってかわられはじめ，針葉樹は高緯度域や山岳地域へと追いやられつつあった．しかし，このような森林に生息していた動物たちは非常に注目に値するものだった．恐竜時代の頂点に君臨する動物たちだったからである．

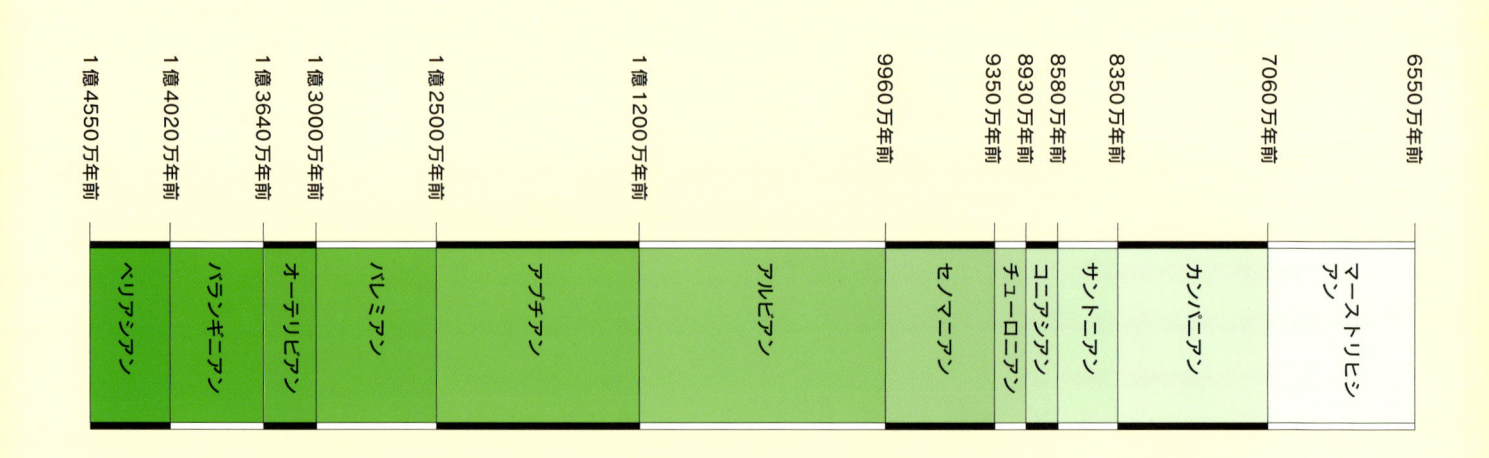

1億4550万年前	1億4020万年前	1億3640万年前	1億3000万年前	1億2500万年前	1億1200万年前	9960万年前	9350万年前	8930万年前	8580万年前	8350万年前	7060万年前	6550万年前
ベリアシアン	バランギニアン	オーテリビアン	バレミアン	アプチアン	アルビアン	セノマニアン	チューロニアン	コニアシアン	サントニアン	カンパニアン	マーストリヒシアン	

白亜紀の階を示した地質年代表

1 ケツァルコアトルス
2 エウオプロケファルス
3 アルバートサウルス
4 コリトサウルス
5 カスモサウルス
6 トカゲ類

翼竜類

白亜紀前期に，プテロダクティルス類の翼竜は多様な種類に進化した．身体と翼のつくりに関してはかなり保守的だったが，頭部の形状には大きな違いがあり，食べ物の種類や生活様式が異なっていたことを示している．海，湖，河川のそばに生息していた翼竜の良好な証拠が残っている．内陸部や山岳地域の翼竜には，化石にならなかったものがいたにちがいない．

ズンガリプテルス *Dsungaripterus*

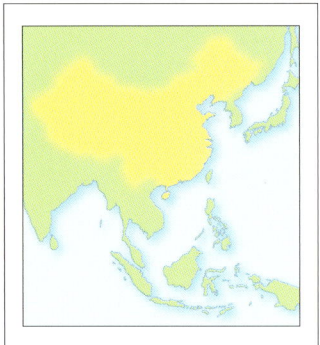

ズンガリプテルスの奇妙な口は，貝類を餌にすることへの適応だと解釈されている．細いくちばしをてこのように使って底質から貝類をはがし，骨質のこぶを使って貝類を砕いていたと考えられている．すべての標本が海からかなり離れたところで発見されたため，えさにした貝類は河川や湖に生息する淡水生の種類だったにちがいない．

特徴：この大型プテロダクティルス類の目立つ特徴は頭部である．上あごと下あごの先がとがり，専門家が使うピンセットのように先端が上方に反っている．口の両側には，歯のかわりに骨質のこぶが並んでいる．眼窩は驚くほど小さいが，高い頭骨の側面の大部分は，頭側部にみられることが通常の穴と鼻孔がつながった窩で占められている．薄いとさかが頭骨の正中線上にあり，もう一つのとさかが後方に突き出ている．

左：ズンガリプテルスの体部は強固で，脊椎は肩のあたりで癒合しており，鳥類の身体に似た構造になっている．

分布：中国
分類：翼竜類－プテロダクティルス類
名前の意味：ズンガル盆地の翼
記載：Young, 1964
年代：白亜紀前期
大きさ：翼開長3m
生き方：貝類を食べる
主な種：*D. brancai*, *D. weii*

プラタレオリンクス *Plataleorhynchus*

化石が発見されたイギリス南部の地名にちなみ「パーベックのヘラサギ」というニックネームをもつこの翼竜は，当時その地域に存在していた湿地がある低地の浅い水から，えさを得ていたにちがいない．建材として有名なパーベック石灰岩になった石灰質の堆積物が堆積した場所である．ニックネームのもとになったヘラサギ同様，水を濾過して甲殻類や昆虫の幼生などを餌にしていたのだろう．

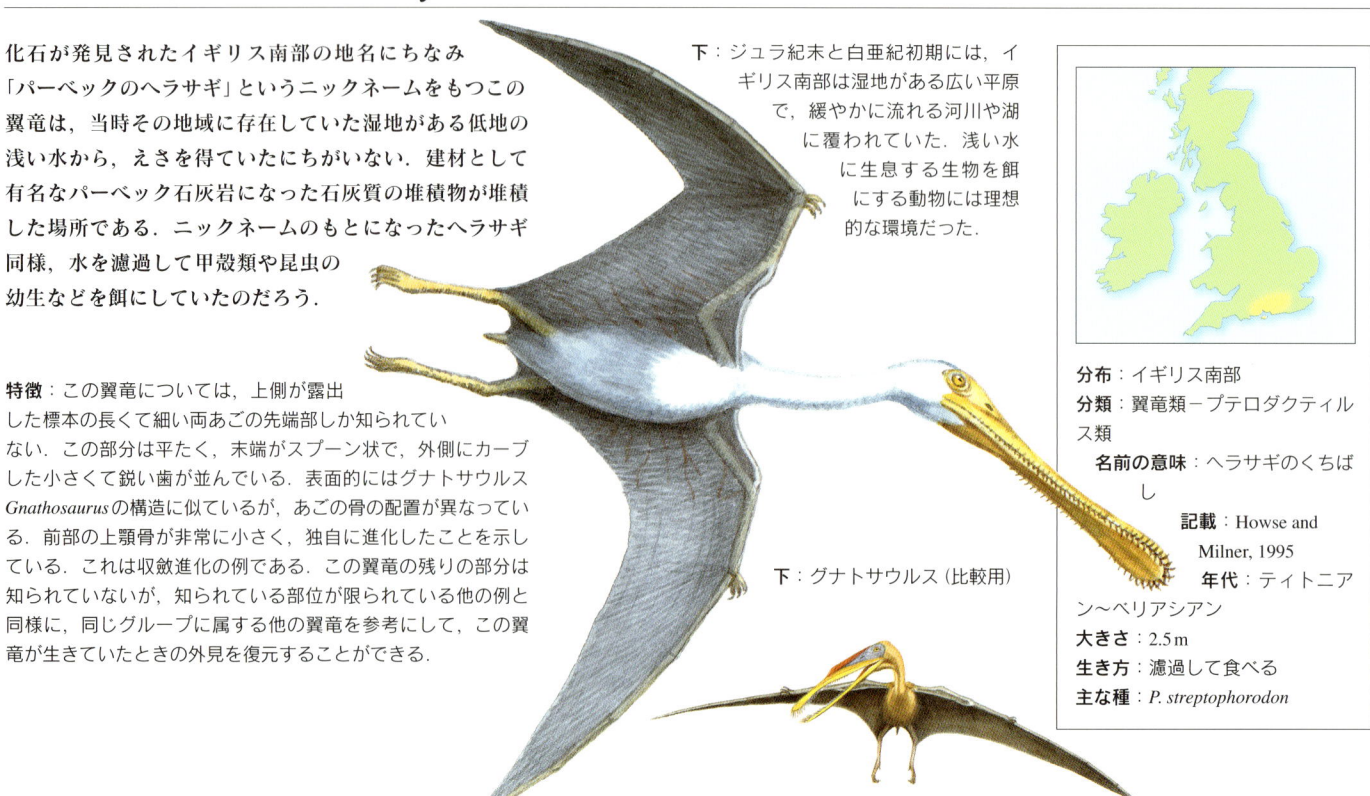

特徴：この翼竜については，上側が露出した標本の長くて細い両あごの先端部しか知られていない．この部分は平たく，末端がスプーン状で，外側にカーブした小さくて鋭い歯が並んでいる．表面的にはグナトサウルス *Gnathosaurus* の構造に似ているが，あごの骨の配置が異なっている．前部の上顎骨が非常に小さく，独自に進化したことを示している．これは収斂進化の例である．この翼竜の残りの部分は知られていないが，知られている部位が限られている他の例と同様に，同じグループに属する他の翼竜を参考にして，この翼竜が生きていたときの外見を復元することができる．

下：ジュラ紀末と白亜紀初期には，イギリス南部は湿地がある広い平原で，緩やかに流れる河川や湖に覆われていた．浅い水に生息する生物を餌にする動物には理想的な環境だった．

下：グナトサウルス（比較用）

分布：イギリス南部
分類：翼竜類－プテロダクティルス類
名前の意味：ヘラサギのくちばし
記載：Howse and Milner, 1995
年代：ティトニアン～ベリアシアン
大きさ：2.5m
生き方：濾過して食べる
主な種：*P. streptophorodon*

クリオリンクス *Criorhynchus*

多くの翼竜類が上あごと下あご，両方の先端部にとさか状のものを備えていた．クリオリンクスがその最初の発見例である．このとさか状のものは翼竜が波頭をかすめ飛ぶときに水を切るために使われ，水面のすぐ下にいる魚類を捕まえやすくしていたのだろう．

特徴：上あごの先端部にある半円形のとさか状のものと，下あごにあるそれと似たものがつり合っているため，両あごを閉じると，つながっている垂直な円盤のような印象になる．最初の標本は非常に断片的だったため，1世紀以上も後の1987年にクリオリンクスに近縁であるトロペオグナトゥス *Tropeognathus* のより完全な標本が発見されるまで，頭骨のとさか状のものの配置がわからなかった．

分布：イギリス
分類：翼竜類－プテロダクティルス類
名前の意味：（昔，城門や城壁などを破るのに用いた）大槌のような吻部
記載：Owen, 1874
年代：セノマニアン
大きさ：翼開長5m
生き方：魚類を狩る
主な種：*C. simus*

右：すでに記載された種以外のいくつかの種が発見されている可能性があるが，現時点では未記載である．それらの標本はクリオリンクスではなく，類縁のトロペオグナトゥスの種であるかもしれない．

翼竜のその他の属

翼竜のすべての属をここで網羅することは不可能で，良好な化石から知られている属を網羅することさえできない．白亜紀前期の種類には以下の属も含まれていた．

フォベトル *Phobetor* ズンガリプテルスに近縁だが，大きさは半分くらいしかなく，ピンセットのような両あごが直線的だった．

ドメイコダクティルス *Domeykodactylus* この翼竜もズンガリプテルスの仲間だが，南アメリカ産である．中国以外で発見されたのは初めて．

ドラトリンクス *Doratorhynchus* 頸椎1点だけから知られる．この頸椎は著しく長く，この翼竜が白亜紀後期に生息していたケツァルコアトルスなどの大型翼竜類を含むグループの初期のメンバーだったことを示している．

オルニトデスムス *Ornithodesmus* イギリスから産出した大型の翼竜で，カモのくちばしに似た長くて丸みのあるくちばしには短い歯が並んでいる．既知のどの翼竜にもにていないため，オルニトデスムスは独自の科に分類されている．

サンタナダクティルス *Santanadactylus* ブラジルから産出した種類で，この翼竜の発見が1980年以降の南アメリカでの翼竜研究の発端になった．

プテロダウストロ *Pterodaustro*

南アメリカで初めて発見されたこの翼竜は，濾過食者の極端な例を示している．水に近いところで休み，くし状の剛毛がある下あごで水面をさらい，現生のフラミンゴがするように，小型無脊椎動物をすくい上げていたにちがいない．えさにしていた甲殻類から得た色素により，現生のフラミンゴの羽毛と同様に，プテロダウストロの体毛はピンクだっただろうという説がある．

特徴：両あごは非常に長くて細く，上方に弓形に湾曲している．下あごには歯がなく，500本にも及ぶ長くて弾力のある剛毛がブラシ状に並び，あごを閉じると，上あごがその部分にぴったりあうようになっている．上あごには先端がとがっていない短い歯が多数あり，その歯で下あごの剛毛からえさをすくいとり，口内に入れる．翼竜にしては手が小さく，足が大きい．

分布：アルゼンチン
分類：翼竜類－プテロダクティルス類
名前の意味：南方の翼
記載：Bonaparte, 1969
年代：白亜紀前期
大きさ：1.3m
生き方：濾過して食べる
主な種：*P. guinzaui*. 他に2種の可能性（未命名）

左：プテロダウストロは南アメリカで発見された最初の翼竜だった．その後，数種類の翼竜が発見されている．

大型の翼竜類

翼竜類は進化を続け，白亜紀前期に多様性が頂点に達した．その後，鳥類が進化して翼竜類の生態的地位（ニッチ）を引き継ぐにつれ，翼竜類は衰退しはじめた．この競合による進化上の圧力によって，翼竜類は非常に限られた生き方に適応するようになり，体形がますます風変わりなものになっていった．

タペヤラ *Tapejara*

分布：アラリペ高原（ブラジル北東部）
分類：翼竜類−プテロダクティルス類
名前の意味：年老いたもの
記載：Kellner, 1989
年代：アプチアン
大きさ：おそらく翼開長5m（頭骨しか知られていない）
生き方：果実を食べる，または魚類を食べる，または狩りをせずに残りものを食べる
主な種：*T. wellnhoferi*, *T. imperator*, *T. navigans*

タペヤラの大きくて軽量のとさかは謎である．ディスプレイのための構造というのがわかりやすい説明だが，空気力学と関係があり，ウィンドサーフィンの帆のように使われた可能性がある．短い口も謎である．サイチョウやオオハシなどの大きいくちばしをもつ現生鳥類のように果実を食べていたかもしれないし，魚類や死肉をえさにしていたかもしれない．

右：タペヤラが果実を食べていたなら，果実食の現生鳥類のように，種子を広域に散布する助けになり，生態学的に重要な役割を果たしていただろう．

特徴：タペヤラの著しい特徴は頭部の風変わりなとさかである．骨質の2本の支柱が頭骨から突き出ており，幅が広い方の支柱は真上にのび，幅が狭い方の支柱は後方にのびている．タペヤラ・ナヴィガンス *T. navigans*には後方の部分がほとんど存在しないが，タペヤラ・インペラトル *T. imperator*の後方の部分は長くて細い．タペヤラが生きていたときには，この2本の支柱は垂下物または帆でつながっていて，広いディスプレイ構造になっていただろう．短い吻部の前部は下向きで，強力なくちばしになっている．

トゥプクスアラ *Tupuxuara*

右：トゥプクスアラという名前は，この翼竜が発見されたブラジルの地域の原住民であるトゥピ族の言葉で「なじみのある精霊」を意味する．同様にタペヤラという名前はトゥピ族の言葉で「年老いたもの」を意味し，地元の神話に出てくる生き物を指している．

この翼竜は壮麗なとさかをもつもう一種の翼竜タペヤラと同じ地域，同じ年代の地層で発見された．トゥプクスアラの皮膚で覆われた骨質のとさかには血管が多く，翼竜の気分や行動によってとさかの色を変えられたこと，少なくとも色の彩度を変えられたことを示している．これは威嚇や交尾のためのディスプレイといった精妙なコミュニケーションの仕組みに役立っていただろう．とさかがあったのはオスだけかもしれない．

特徴：とさかは上方や後方に半円形の板状にのび，頭骨が体部よりも長くなっていた．あごは狭く，歯がなかった．華やかなとさかのため，トゥプクスアラはタペヤラと同じ科に属すると考えられていたが，骨格の詳細な研究はトゥプクスアラがケツァルコアトルス *Quetzalcoatlus*のような大型翼竜類により近縁であることを示している．とさかの血管は，とさかが皮膚で覆われていたことを示している．とさかには角質の延長部分があった可能性があり，とさかをさらに大きいものにしていたかもしれない．

分布：セアラ州（ブラジル）
分類：翼竜類−プテロダクティルス類
名前の意味：なじみのある精霊（地元のトゥピ族の神話にちなむ）
記載：Kellner and Campos, 1988
年代：アプチアン
大きさ：翼開長5.5m
生き方：魚類を食べる，または肉全般を食べる
主な種：*T. leonardii*, *T. longicristatus*

アンハングエラ *Anhanguera*

アンハングエラの保存状態が特に良好な標本でみられる脳の形状は，アンハングエラの脳が身体の各部分からの情報を統合できたことを示している．翼は感覚器官として使われ，アンハングエラが獲物を注視しつづけている間，脳は身体の位置と姿勢を制御することができた．おそらく，この能力はアンハングエラ以外のプテロダクティルス類にもあてはまるだろう．

特徴：この大型の翼竜の翼は非常に長く，上あごと下あごの中ほどにとさか状のものがあった．後肢はかなり小さく，腰の骨は比較的きゃしゃだった．鳥類のように後肢を身体の下にまっすぐ持ってこられなかったことを関節が示しているため，休息時には後肢が身体の横に広げられていたにちがいない．

分布：ブラジル北東部
分類：翼竜類－プテロダクティルス類
名前の意味：年老いた悪魔
記載：Campos and Kellner, 1985
年代：アプチアン
大きさ：翼開長4m
生き方：魚類を食べる．
主な種：*A. santanae*, *A. blittersdorffi*

左：アンハングエラの頭骨は，体部と同じくらいの長さがある．

翼竜類の卵

翼竜類は卵を産んだと考えられてきた．しかし，卵の化石が見つかったとき，どのような動物がその卵を産んだのかを明言することは難しい．

2004年の初め，直径わずか5cmの小さい卵化石が中国・遼寧省にある白亜紀前期の有名な湖成堆積物の地層で発見された．鳥類や恐竜類の卵のように硬い殻がある卵ではなく，ヘビやカメの卵のように軟らかい卵の化石だった．この卵化石は保存状態が非常に良好で，化石の内部を調べたところ，長い翼をきつく折りたたんだ孵化前の翼竜化石が入っていた．孵化したときの翼開長は27cmくらいだっただろう．翼の長い骨は孵化する前，つまり卵の中にいるときにすでに骨化しており，孵化するとすぐに飛行の準備が整っていただろうことを示していた．

このことは，ワニやカメと同じように，孵化したらすぐに自活しなければならなかっただろうことを意味する．親による世話といったものは，ほとんどなかっただろう．このことは翼竜類は成長が遅かったという考えと符合する．幼年期のエネルギーは成長よりもえさ探しに使われたのだろう．

セアラダクティルス *Cearadactylus*

この属は両あごが関節しているが，損傷がある頭骨1点のみから知られている．セアラダクティルスの頭部は魚類を食べる恐竜やワニ類の頭部に似ており，セアラダクティルスが魚類を狩っていたことを示している．あごの先端にあるひとまとまりの小さな歯は滑りやすい獲物を保持するのに理想的で，その後に獲物を丸のみしたのだろう．

特徴：セアラダクティルスのあごは長く，針のような長い歯が先端部だけにあり，花冠状のようになっている．あごを閉じると上あごと下あごの先端部にある歯がかみあう．先端部以外にある歯はかなり小さく円錐形である．上あごの先端付近にすき間があるため，頭骨全体が魚食恐竜バリオニクス*Baryonyx*の頭骨を連想させる．

分布：アラリペ高原（ブラジル）
分類：翼竜類－プテロダクティルス類
名前の意味：セアラ州の指
記載：Leonardi and Borgomanero, 1983
年代：アプチアン
大きさ：5.5m
生き方：魚類を狩る
主な種：*C. atrox*

白亜紀前期のカルノサウルス類

白亜紀前期，獣脚類は多様化しはじめ，さまざまな新しい肉食恐竜が進化しはじめた．しかし，獣脚類の従来の系統であり，ジュラ紀の大型植物食動物の主要なハンターだったカルノサウルス類は繁栄しつづけ，白亜紀前期の植物食恐竜を捕食しつづけた．

アクロカントサウルス *Acrocanthosaurus*

この恐竜にはひれ状のものがあるため，当初，アクロカントサウルスはスピノサウルス類に類縁だったにちがいないと科学者たちは考えていた．しかし，ひれ状のもののつくりは後に登場するスピノサウルス類のものとは異なっているように思われ，ひれ状のもの以外の部分は明らかにカルノサウルス的である．アメリカのテキサス州で発見された足跡化石はアクロカントサウルスのものである可能性があり，もしそうだとすると，アクロカントサウルスは群れで狩りをしたことを示している．

特徴：背中の中央に沿って低いひれ状のものがあるアロサウルスを想像してほしい．アクロカントサウルスはそのような外見だった．ひれ状のものは椎骨の棘突起で支えられており，背中では50cmの高さがあるが，尾と首に向かうにつれて次第に低くなる．このひれ状のものはスピノサウルス類のものより厚くて，肉付きがよかっただろう．明るい色で，識別や合図に使われたのだろう．薄くて，鋭く，鋸歯縁がある68本の歯はアクロカントサウルスがハンターだったことを示している．足はかなり小さくて，堅い乾燥した地面での歩行に適応している．手にはものをつかめる3本の指がある．

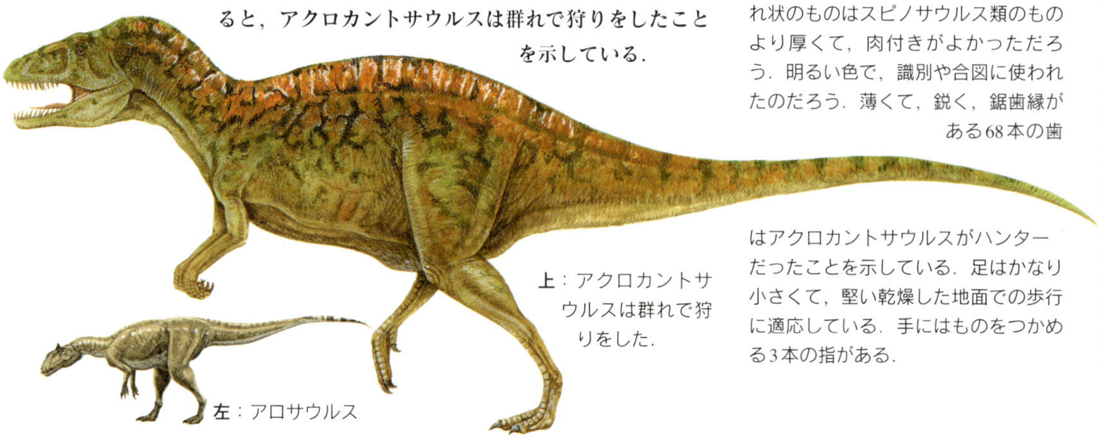

上：アクロカントサウルスは群れで狩りをした．
左：アロサウルス

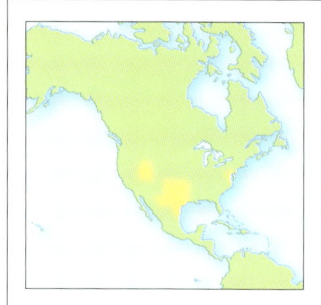

分布：オクラホマ州，テキサス州，ユタ州，メリーランド州（アメリカ合衆国）（可能性）
分類：獣脚類－テタヌラ類－カルノサウルス類
名前の意味：高い棘突起のトカゲ
記載：Stovall and Langston, 1950
年代：アプチアン～アルビアン
大きさ：8m
生き方：狩りをする
主な種：*A. atokensis*

ネオヴェナトル *Neovenator*

ワイト島で互いに近接した状態で発見された化石の数から判断すると，ネオヴェナトルは群れで狩りをしたのかもしれない．機敏で俊足のハンターとして，その地域に存在していたトクサが密生する沼沢地で植物を食べていたイグアノドン *Iguanodon* やヒプシロフォドン *Hypsilophodon* の群れの主要な捕食者だっただろう．

特徴：ネオヴェナトルは骨格の約70％が発見されている．ネオヴェナトルは非常にスマートで流線形の恐竜である．頭骨は狭く，鼻孔が著しく大きい．上あごの前の骨である前顎骨にある5本の歯の配置は，ネオヴェナトルがアロサウルス *Allosaurus* に類縁であることを示している．骨格の特徴はネオヴェナトルが後の時代に登場するカルカロドントサウルス *Carcharodontosaurus* やギガノトサウルス *Giganotosaurus* などの大型獣脚類の祖先にあたる系統に属していたかもしれないことを示している．ネオヴェナトルはヨーロッパで発見された最初のアロサウルス類で，バリオニクス *Baryonyx* を除くと，当時その地域で最大の肉食恐竜だった．

下：発見されているネオヴェナトルの唯一の種は，化石が発見された土地の所有者であるサレロ家にちなんで命名された．

分布：ワイト島
分類：獣脚類－テタヌラ類－カルノサウルス類
名前の意味：新しいハンター
記載：Hutt, Martill and Barker, 1996
年代：バレミアン～アプチアン
大きさ：6～10m
生き方：狩りをする
主な種：*N. salerii*

アフロヴェナトル*Afrovenator*

1990年代まで，アフリカの獣脚類で，ほぼ完全な骨格が発見されていたのはアフロヴェナトルだけだった．アフロヴェナトルはポール・セレノが率いていたアメリカのシカゴ大学のチームによって発掘された．下あご，一部の肋骨と椎骨，趾の骨だけが欠けていた．アフロヴェナトルが北アメリカのアロサウルスに似ていることは，当時，2つの大陸がまだつながっていたことを示している．

特徴：強力な後肢はアフロヴェナトルが活動的な狩りのためのつくりを備えていたことを示している．また，類縁のアロサウルスのものより長く，湾曲した大きなかぎ爪がある強力な腕は，獲物を捕らえて保持するのに申し分のないつくりだった．この大きさの動物としては骨格はかなり軽量で，尾は重なり合っている骨質の支柱によって堅くなっている．これらはすべて，動きの速い動物の特徴である．頭骨は低く，とさかに関しては，たいしたものを備えていなかった．

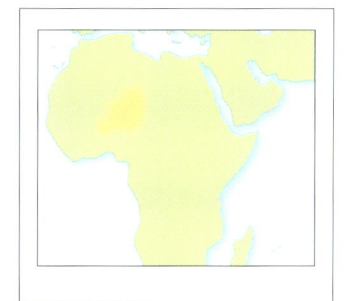

上：アバケンシス*abakensis*という種名は，発見された場所であるニジェールのアバカにちなんでいる．

分布：ニジェール
分類：獣脚類－テタヌラ類
名前の意味：アフリカのハンター
記載：Sereno, J. A. Wilson, Larsson, Dutheil and Suess, 1994
年代：オーテリビアン〜バレミアン
大きさ：8〜9m
生き方：狩りをする
主な種：*A. abakensis*

テタヌラ類の特徴

カルノサウルス類およびそれ以外の進化した獣脚類のすべてが属するグループであるテタヌラ類には，以下のような特徴がある．
- 指の数は3本以下
- 頭骨側面の鼻孔の後方にもう一つ開孔部がある
- 尾が硬直している

尾が硬直しているのは一連の骨質の支柱が重なり合っているためで，この支柱は尾椎を結びつけている腱沿いに集まった骨質の素材で形成されている．この構造により，尾が後方にぴんと保たれ，あごと歯がある体前部とバランスがとれる．マニラプトル類などの後に登場するテタヌラ類では，これがさらに極端になっている．ひとつの尾椎から突き出た支柱が10個も後方の尾椎まで囲んでいることがある．このため，尾は綱渡り師がバランスをとるために使う棒のように，堅くて曲がらないようになっている．

さらに極端な例がテタヌラ類を代表する現代の動物にみられる．現生鳥類には骨質の尾がまったくないようにみえる．恐竜が本来もっていた長い尾は，進化の結果，尾端骨とよばれる骨質のかたまりになっており，すべての尾椎が癒合している．この部分が軽量な尾羽の根元になり，飛行中に扇状の羽を制御する筋肉の付着点となっている．

フクイラプトル*Fukuiraptor*

属名の「ラプトル」は，この恐竜が命名された当初，後肢の第2趾に獲物を殺すための大きなかぎ爪があるマニラプトル類の一種だったと考えられたことを示している．ところが，このかぎ爪は手のかぎ爪だったことがわかり，この恐竜は原始的なカルノサウルス類として分類しなおされた．従来の日本産の獣脚類である北谷竜はフクイラプトルのニックネームだとされている．

特徴：手の大きなかぎ爪が特徴的で，これにより，当初は誤った科に同定された．歯があるあごの骨もマニラプトル類のものに似ているため，当初の混乱が増した．フクイラプトルは中国産のシンラプトル*Sinraptor*とオーストラリアで発見されたアロサウルス類の両方に近縁だったように思われる．

分布：福井県（日本）
分類：獣脚類－テタヌラ類－カルノサウルス類
名前の意味：福井の略奪者
記載：Azuma and Currie, 2000
年代：バランギニアン
大きさ：4.2m
生き方：狩りをする
主な種：*F. kitadaniensis*

上：発掘されたフクイラプトルの骨格は未成熟個体のものだったため，成体の全長はここにデータとして示した4.2mより大きかっただろう．

中型の獣脚類

白亜紀の初めに，新しいタイプの植物食恐竜が進化しはじめた．白亜紀の直前にあたるジュラ紀の後期は植物食の竜脚類の全盛期だったが，白亜紀に入ってからは植物食の鳥脚類の全盛期になりつつあった．鳥脚類の多くは竜脚類よりずっと小型で，その結果，ここで紹介するようなより小型の獣脚類がそのような鳥脚類を獲物にするため進化した．

フアキシアグナトゥス *Huaxiagnathus*

150年以上もの間，最も小型の獣脚類はコンプソグナトゥス類だったと考えられていた．従来知られていたコンプソグナトゥス類はコンプソグナトゥス *Compsognathus* とシノサウロプテリクス *Sinosauropteryx* だけで，両者ともニワトリより小さかった．このため，2004年に中国・遼寧省にある骨化石が豊富な湖成層から，ヒクイドリと同じくらいの大きさのコンプソグナトゥス類の関節した完全骨格が発見されたときは驚きだった．

右：フアキシアグナトゥスはこれまでに知られている最大のコンプソグナトゥス類で，おそらく小型爬虫類を狩りしていた．

特徴：フアキシアグナトゥスは長い腕，強力でほっそりした後肢，柔軟な首を備えていた．頭骨は非常に軽量で，骨質の支柱が集まっただけのようなつくりになっている．歯はとても小さいが，湾曲していて鋭い．進化の系統上ではコンプソグナトゥスよりも後に位置するが，前肢の適応の一部がみられないことや，特殊化していないボディプランなど，フアキシアグナトゥスの方が原始的にみえる．骨格の細部は，コンプソグナトゥス類がマニラプトル類の祖先だったかもしれないことを示している．

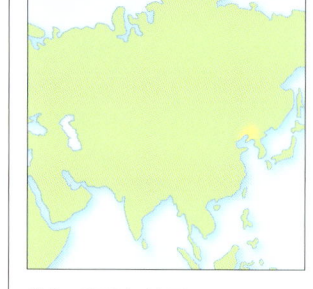

分布：遼寧省（中国）
分類：獣脚類－テタヌラ類－コンプソグナトゥス類
名前の意味：中国東部のあご
記載：Hwang, Norell, Ji and Gao, 2004
年代：白亜紀前期
大きさ：1.5 m
生き方：狩りをする
主な種：*H. orientalis*

ディロング *Dilong*

疑問の余地のない最も初期のティラノサウルス類は，ある程度関節した骨格として2004年に発見されたもので，中国・遼寧省にある義県層の湖成層で，他の3標本の散乱した骨とともに発見された．羽毛の痕跡がはっきりみえたため，白亜紀最大の肉食恐竜にさえ，少なくとも幼体で小型の段階では羽毛があったという推測が再び論じられるようになった．

特徴：骨格は原始的なコエルロサウルス類に似ているが，頭骨は明らかにティラノサウルス類のもので，前部の骨はしっかりと結合し，正面の歯の断面はティラノサウルス類に特徴的なD字形である．腕は後のティラノサウルス類の腕よりも長く，3本の指がある．ディロングの化石が埋まっていた岩石は非常に細粒なため，原始的な羽毛の外被が保存されていた．初期のティラノサウルス類は羽毛で覆われていたという疑問の余地のない初めての証拠になった．

分布：遼寧省（中国）
分類：獣脚類－ティラノサウルス類
名前の意味：皇帝竜（中国の神話にちなむ）
記載：Xu, Norell, Kuang, Wang, Shao and Jia, 2004
年代：白亜紀前期
大きさ：1.5 m
生き方：狩りをする
主な種：*D. paradoxus*

上：ディロングの羽毛，より正確にいえば「原羽毛」は3cmほどの長さの分岐した構造からなっていた．原羽毛は全身を覆っていたように思われ，断熱材として使われていたのだろう．

ンクウェバサウルス *Nqwebasaurus*

南半球の大陸で発見された最も初期のコエルロサウルス類はンクウェバサウルスだった．この発見は，南方のゴンドワナ大陸が北方のローラシア大陸から分裂する以前には，コエルロサウルス科が世界中に分布していたことを示している．ンクウェバサウルスは全体の70％が完全な骨格から知られ，発見されたカークウッド層にちなんで「カーキー」というニックネームがつけられた．

特徴：ンクウェバサウルスの身体は伝統的なコエルロサウルス類の身体に似ている．身体は小型で，柔軟性のある長い首と，走ることに適した長い後肢を備えている．手の第1指はとても長く，ある程度までは親指のように他の指と向き合わせることができ，非常に大きいかぎ爪がある．骨格とともに胃石が発見された．通常，胃石は植物食を示すが，ンクウェバサウルスは明らかに肉食だった．この胃石はンクウェバサウルスが殺して食べた植物食の動物の胃に入っていたものかもしれない．

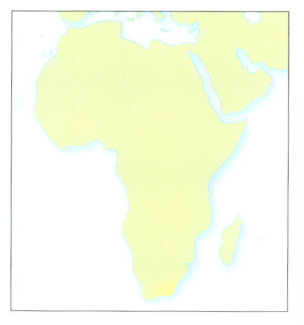

分布：東ケープ州（南アフリカ）
分類：獣脚類－テタヌラ類－コエルロサウルス類
名前の意味：ンクウェバのトカゲ（ンクウェバは南アフリカ・カークウッド区に対する地元での名前）
記載：de Klerk, Forster, Sampson, Chinsamy and Ross, 2000
年代：白亜紀前期
大きさ：0.8m
生き方：狩りをする
主な種：*N. thwazi*

鳥類の進化系統

現在では，鳥類は獣脚類テタヌラ類の子孫だと認められている．実際，鳥類は恐竜と呼ばれるべきで，これまで「恐竜」と呼ばれてきた動物は「非鳥類恐竜」と呼ばれるべきだと主張する研究者もいる．

鳥類と恐竜の解剖学的構造は非常に似ているため，両者の関係に関してはまず疑いがない．しかし，例外的なことが1つ残っている．テタヌラ類の手の指の数は3本が最高で，後に登場するティラノサウルス類などには指が2本しかなく，アルヴァレズサウルス類には1本しかなかった．同様に鳥類の翼は3本の指から成り立っているが，どの3本かが異なっている．テタヌラ類の3本指は第1指・第2指・第3指で，ヒトの小指と薬指に相当する指がなくなっている．一方，鳥類の胚の研究は，鳥類の3本指は第2指・第3指・第4指で，親指と小指がないことを示している．もしテタヌラ類と鳥類に共通の祖先がいたのなら，同じ3本になるはずである．この問題はまだ解決していな

エオティランヌス *Eotyrannus*

1996年，アマチュアの化石コレクターであるギャヴィン・レンがワイト島の海岸の壁の高いところにある硬い泥岩に保存されていたエオティランヌスを発見した．骨格は全体の約40％が完全で，知られている中で最も初期のティラノサウルス類の一つであると同定するのに十分な化石が残っていた．当時の小型植物食恐竜を獲物にしていたのだろう．

特徴：厚みのある頭骨，断面がD字形である正面の歯，肩と四肢骨の配置などから判断すると，エオティランヌスは明らかに初期のティラノサウルス類である．初期の他のティラノサウルス類同様，後のティラノサウルス類と比較すると手がより長く，第2指は前腕（ひじから手首まで）と同じくらいの長さがある．発見された唯一の骨格は幼体の骨格なので，成体の全長はデータに示した4.5mより長かったかもしれない．

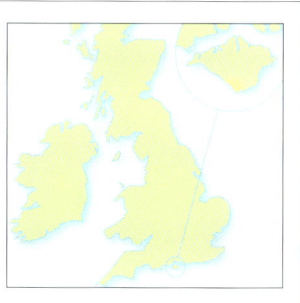

分布：ワイト島（イギリス）
分類：獣脚類－テタヌラ類－ティラノサウルス類
名前の意味：暁の暴君
記載：Hutt, Naish, Martill, Barker and Newbery, 2001
年代：バレミアン
大きさ：4.5m
生き方：狩りをする
主な種：*E. lengi*

左：エオティランヌスは遠く離れた中国で発見されたディロングにとてもよく似ており，両者は実際には同じ属だという説がある．

小型の羽毛恐竜

中国・遼寧省に分布する白亜紀前期の細粒湖成層は，そこから産出するすばらしい化石で有名である．しかし，西洋の科学者によく知られるようになったのは，1990年代になってからのことである．それ以来，保存状態が良好な恐竜化石がそこから発掘されつづけており，多くの化石は恐竜類から鳥類への過渡期の段階を示しているように思われる．

ミクロラプトル *Microraptor*

この小型恐竜の羽毛はこの恐竜が滑空していたことを示している．おそらく地上生または樹上生の恐竜と羽ばたき飛行をする鳥類の中間段階を表していたのだろう．腕と脚を広げて滑空面をつくり，木から木へと飛ぶことができた．

特徴：この恐竜の注目すべき特徴は羽毛の配置である．鳥類同様，腕に飛び羽があるが，鳥類とは異なり，脚にも飛び羽がある．飛行のための適応の一つが，脊椎の椎骨の数が少ない非常に短い体部で，このため，体部は硬くて強力になっている．ドロマエオサウルス類の可能性があるが，トロオドン類と鳥類にも似ている．

左：ミクロラプトルには，腕にも脚にも長い羽毛があった．その羽毛を広げると，効果的な滑空面が得られただろう．尾にも羽毛があり，おそらく舵の働きをしていた．

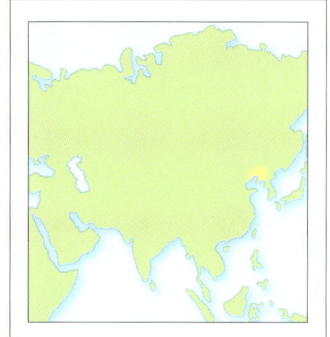

分布：遼寧省（中国）
分類：獣脚類－テタヌラ類－コエルロサウルス類
名前の意味：小さい略奪者
記載：Xu, Zhou, Wang, Kuang, Zhang and Du, 2003
年代：バレミアン
大きさ：40～60cm
生き方：昆虫を食べる
主な種：*M. zhaoianus, M. gui*

シノサウロプテリクス *Sinosauropteryx*

遼寧省から産出した恐竜化石で，羽毛または羽毛のような構造の外被を伴って発見された最初の恐竜がシノサウロプテリクスだった．羽毛の存在は，すべての小型肉食恐竜には羽毛があった，もしくは，少なくとも何らかの方法で断熱されていたという説のよりどころになる．温血の捕食者の活動的な生活様式の支えになるはずだ．一標本の胃の中から，哺乳類の骨が見つかった．

特徴：羽毛を除けば，シノサウロプテリクスは典型的な小型肉食恐竜で，コンプソグナトゥスに似ており，腕が短く，尾が長い．シノサウロプテリクスの羽毛は現生鳥類のように枝分かれしたものではなく，柔らかい綿毛のような外被になっていただろう．個々の羽枝は最長3cmだった．現生鳥類の切り株のような尾とは異なり，シノサウロプテリクスの尾は非常に長く，64個の尾椎があった．最初に発見された骨格では，羽毛がはっきりみえたのは背中の部分だけだった．一部の研究者は恐竜に羽毛があったという考えを受け入れられず，皮膚が連続してとさか状になったものだと解釈した．それ以降，羽毛の印象がよりはっきりしている複数の骨格が発見されている．

上：羽毛恐竜の羽毛の色や柄に関してはまったく証拠がないが，現生鳥類と同じくらい多様だったろうと思われる．

分布：遼寧省（中国）
分類：獣脚類－テタヌラ類－コエルロサウルス類
名前の意味：中国の羽毛のある鳥
記載：Ji Q. and Ji S, 1996
年代：バレミアン
大きさ：1.3m
生き方：狩りをする
主な種：*S. prima*

カウディプテリクス *Caudipteryx*

羽毛を含む数点のほぼ完全な骨格から知られている．カウディプテリクスの羽毛は，カウディプテリクスは鳥類に近縁だったが，祖先ではなかったことを示している．当時，遼寧省の地域には，完全に「鳥類」と呼べる多くの種類の鳥類が存在していた．カウディプテリクスは湖の縁を長い脚で歩き回り，小枝に止まることさえあったかもしれない．

分布：遼寧省（中国）
分類：獣脚類－テタヌラ類－コエルロサウルス類
名前の意味：羽毛のある尾
記載：Ji Q., Currie, Norell and Ji S., 1998
年代：バレミアン
大きさ：70～90cm
生き方：狩りをする
主な種：*C. zoui*, *C. dongi*

特徴：この恐竜の羽毛の配置はかなり特徴的である．すぐれた断熱用の羽毛の外被だけでなく，枝分かれした長い羽毛が尾の先端と腕にある．この羽毛は対称なので，飛び羽ではなく，おそらくディスプレイに使われた．羽毛化石にみられる色が濃い帯状部は，色のパターンが残ったものだろう．顔が短く，目が大きく，正面の歯は長くて鋭い．

左：カウディプテリクス・ゾウイ *C. zoui* は，化石が発見されたときに中国の副首相だった鄒家華にちなんで命名された．

アルカエオラプトル

1999年，中国・遼寧省にある化石を多産する産地から西洋へ，1点の興味深い化石がもたらされた．その化石は羽毛がある鳥類のようにみえたが，恐竜の尾を備えていた．

その化石は，中国から化石を輸出するための法的な手順を化石の発見者がとらずに，闇ルートを通って表舞台に登場した．そして，アメリカにある博物館に8万ドルで売られた．その化石を購入したのは，恐竜の研究者であり，博物館の所有者でもあるスティーブン・ツェルカスで，彼はその化石に関する科学論文を準備しはじめたが，共著者になる可能性があった者たちは，その化石の由来があいまいだったため，彼に協力したがらなかった．事態の進行を合法化するため，中国の古生物学者，徐星がその標本を研究するためにアメリカに派遣された．その標本が中国に返却されることを見越してのことである．

その結果として書かれた論文は，科学的出版物としての厳しい要求を満たすものではなかった．しかし，それにもかかわらず，一般誌であるナショナル・ジオグラフィックはこの新しい標本の名前をアルカエオラプトル *Archaeoraptor* として公表した．ところが，その標本は偽物であることがわかった．中国の業者の手に渡る前に，ミクロラプトル・ザオイアヌス *Microraptor zhaoianus* の体部の化石を含む石板とドロマエオサウルス類の尾の化石が接着されていたのだった．化石の発見者がそうすれば化石をより興味深いものにみせられると考えたため，アメリカと中国の古生物学者たちが数か月にわたってだまされるという結果になった．

プロトアルカエオプテリクス *Protarchaeopteryx*

プロトアルカエオプテリクスは，この恐竜が羽毛のある小型獣脚類だったことを示す2点の標本から知られている．同じ地域から産出したもう一つの羽毛恐竜であるカウディプテリクスほど有名ではないが，同じ時代に生息していたカウディプテリクス同様，飛行ではなくディスプレイのために使われた長くて対称の羽毛が尾の先端と腕にある．長い後肢で二足歩行し，小型の獲物を地上で狩りしていたのだろう．

下：白亜紀前期，羽毛のある動物が豊富だった中国の湖畔の環境は，非常に色彩に富んでいたにちがいない．現生鳥類同様，羽毛をもつこれらの動物たちは，つがいの相手をひきつけるためやライバルに警告するために，互いにディスプレイしあっていたのだろう．

分布：遼寧省（中国）
分類：獣脚類－テタヌラ類－コエルロサウルス類
名前の意味：原始のアルカエオプテリクス
記載：Ji Q. and Ji S., 1997
年代：バレミアン
大きさ：70cm
生き方：狩りをする
主な種：*P. robusta*

特徴：長い脚，長い首，かぎ爪がある手の長い指は，プロトアルカエオプテリクスが敏捷な動物を地上でつかんで捕まえる走行性の動物だったことを示している．手首の関節は長い手を前方に突き出して獲物をつかめるつくりになっている．腕と短い尾にある羽毛は，ディスプレイのために使われたのだろう．高速で走るときの舵とりを助ける空力学的構造として使われた可能性もある．追いつめて，さっとつかめる昆虫や小型脊椎動物を餌にしていたのだろう．

俊足のハンター

白亜紀前期には，非常に活動的な獣脚類のいくつかの系統が進化した．マニラプトル類，後ろ足に獲物を殺すためのかぎ爪がある「ラプトル類」，現代の地上生鳥類のような生き方だったと思われる雑食性で俊足の獣脚類であるオルニトミムス類などである．これらはすべて温血で，羽毛に覆われていただろう．

デイノニクス *Deinonychus*

恐竜は温血だったか冷血だったかという議論が始まるきっかけになったのがこのデイノニクスで，9点以上の骨格から知られている．数個体のデイノニクスの骨格化石が鳥脚類テノントサウルス *Tenontosaurus* の化石のまわりに分散した状態で発見された注目すべき産地があり，デイノニクスは群れで狩りをしたことを示している．デイノニクスは映画『ジュラシック・パーク』に登場した「ラプトル類」の原型だったが，現在では羽毛で覆われた姿で表されるようになっている．

下：デイノニクスの尾は堅く，まっすぐに保たれていた．個々の尾椎からのびている骨質の腱があり，後方の数個の尾椎をつなぎとめ，構造全体を曲がらない棒のように固めていたため，尾の動きはバランスをとるための基部での動きに限られていた．

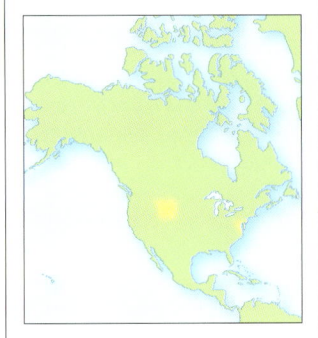

分布：モンタナ州，オクラホマ州，ワイオミング州，ユタ州，メリーランド州（アメリカ合衆国）
分類：獣脚類－テタヌラ類－コエルロサウルス類－デイノニコサウルス類
名前の意味：恐ろしい爪
記載：Ostrom, 1969
年代：アプチアン～アルビアン
大きさ：4m
生き方：群れで狩りをする
主な種：*D. antirrhopus*

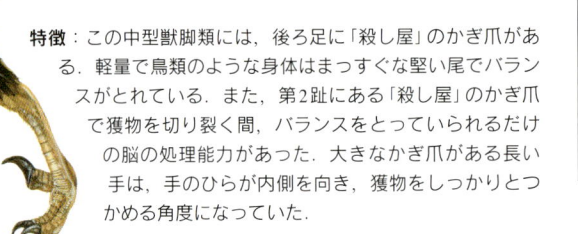

特徴：この中型獣脚類には，後ろ足に「殺し屋」のかぎ爪がある．軽量で鳥類のような身体はまっすぐな堅い尾でバランスがとれている．また，第2趾にある「殺し屋」のかぎ爪で獲物を切り裂く間，バランスをとっていられるだけの脳の処理能力があった．大きなかぎ爪がある長い手は，手のひらが内側を向き，獲物をしっかりとつかめる角度になっていた．

ユタラプトル *Utahraptor*

この恐竜は頭骨の一部，手と足のかぎ爪，数個の尾椎からなる標本1点だけしか知られていない．既知のデイノニクス類の中では最も大きい．また，最も初期のものであり，デイノニクス類の恐竜は時とともに小型化したように思われる．ユタラプトルは当時生息していた大型竜脚類を捕食していたのだろう．

下：ユタラプトル・オストロムマウソルム *U. ostrommaysorum*（下図）の種名は，デイノニクス類を最初に定義したジョン・オストロムと発掘の資金援助をしたダイナメーション・インターナショナル・コーポレーションに在籍していたクリス・メイズに敬意を表しての命名である．

分布：ユタ州（アメリカ合衆国）
分類：獣脚類－テタヌラ類－コエルロサウルス類－デイノニコサウルス類
名前の意味：ユタ州の略奪者
記載：Kirkland, Gaston and Burge, 1993
年代：バレミアン
大きさ：6m
生き方：狩りをする
主な種：*U. spielbergi*, *U. ostrommaysorum*

特徴：本質的には，この恐竜はデイノニクスの大型版である．獲物を殺すためのかぎ爪は約35cmの長さがあり，獲物に忍び寄るときには地面につかないように上がっていただろう．身体の大きさに比較して，ユタラプトルの手はデイノニクスの手よりも大きく，さらにナイフ状のかぎ爪を備えている．狩りの際，この手のかぎ爪は趾のかぎ爪と同じくらい重要である．脚の骨はユタラプトルよりはるかに大きいアロサウルス *Allosaurus* の脚の骨の2倍の太さがあり，スピードではなくパワーのためのつくりだったことを示している．

ペレカニミムス *Pelecanimimus*

白亜紀後期に生息していた獣脚類の重要なグループの一つが「鳥類もどき」を意味するオルニトミムス類である．通例，オルニトミムス類はダチョウのような身体つきで，歯のないくちばしを備えていた．ペレカニミムスは歯を備えていた初期の種類で，吻部は長くて薄い．スペインの湖成層で発見された部分骨格は，皮膚の特徴がわかるほど良好なものだった．ペレカニミムスは魚類を食べる動物だったのかもしれない．

特徴：この小型恐竜のあごには220本の小さな歯があり，知られている獣脚類の中で最も歯が多い．標本が発見された細粒の湖成層には，あごの下にあり名前の由来になった咽袋の印象と，頭部の後方にある柔らかくて肉質のとさかの印象が保存されていた．他の小型獣脚類とは異なり，皮膚の印象は体毛も羽毛もない，しわのよった表面を示している．

左：おそらく，ペレカニミムスは後のオルニトミムス類が進化するもととなった祖先型に似ていた．しかし，進化した手は，ペレカニミムスが直接の祖先ではありえなかったことを示している．

分布：スペイン
分類：獣脚類－テタヌラ類－コエルロサウルス類－オルニトミモサウルス類
名前の意味：ペリカンもどき
記載：Perez-Moreno, Sanz, Buscalloni, Moratalla, Ortega and Rasskin-Gutman, 1994
年代：オーテリビアン～バレミアン
大きさ：2 m
生き方：さまざまな動物を狩る
主な種：*P. polydon*

オルニトミムス類の歯

白亜紀後期に生息していたオルニトミムス類はダチョウのような走行性の恐竜で，歯がなかった．しかし，オルニトミムス類の祖先は白亜紀前期の段階でみることができる．歯がなく，一般的な身体つきをしているため，オルニトミムス類は雑食で，昆虫や小型爬虫類をえさにし，入手できるときには果実や種子もえさにしたと考えられてきた．獣脚類は中生代に生息していた肉食恐竜であるとしばしばいわれるが，これは単純化しすぎかもしれない．

オルニトミムス類に歯がない原因に関しては，長い間，論争が続いている．一部の研究者は，より伝統的な獣脚類の歯が次第に少なくなり，最終的にまったくなくなったと考えた．一方，歯が小さくなりつづけ，あごが次第にノコギリのようになり，最終的には歯が非常に小さくなって消失したと考えた研究者もいた．あごに多数の小さな歯がある初期のオルニトミムス類ペレカニミムスの発見は，後者が正しいことを示している．

スキピオニクス *Scipionyx*

この赤ちゃん恐竜はアマチュアのコレクターであるジョヴァンニ・トデスコによって1980年代の遅くに発見されたが，彼がその化石を調べてもらうためにプロの古生物学者のところにもっていったのは，映画『ジュラシック・パーク』をみた後のことだった．古生物学者たちには，その化石がそれまでに発見された中で最も完全に保存された獣脚類化石であることがわかった．腸，気管，肝臓，筋肉繊維の痕跡さえ保存されていた．

特徴：唯一の標本は関節しているが，きわめて幼い個体の標本であるため，分類が難しい．マニラプトル類のようにみえ，コンプソグナトゥス *Compsognathus* に似ているが，手が異なっている．孵化したばかりの幼体なので，成体の場合よりも身体に対して頭骨がかなり大きい．保存されていた肝臓の位置は，スキピオニクスは鳥類のようにではなく，ワニ類のように呼吸したことを示している［訳注：ワニ類は隔壁式の肺と横隔組織の両方をもつが，横隔組織は肝臓にくっついているため，この肝臓-横隔組織の運動が，骨盤に付着した筋肉により，肺をふくらませるピストンのような働きをする．鳥類では「気嚢システム」が発達しているため，スキピオニクスの観察から化石化した気嚢の存在を認め，この類の肝臓ピストンシステムに対する反論もある］．

分布：ベネヴェント県（イタリア）
分類：獣脚類－テタヌラ類－コエルロサウルス類
名前の意味：スキピオ（Scipio：ローマの将軍）の爪．スキピオーネ・ブライスラク：スキピオニクスの化石が発見された地層を最初に研究した地質学者）にもちなむ．
記載：dal Sasso and Signore, 1998
年代：アプチアン
大きさ：24 cm
生き方：不明
主な種：*S. samniticus*（地元の昔の名前サムニウムにちなむ）

スピノサウルス類

恐竜の主要なグループのうち，人々の注意をひくようになったのが遅かったものの一つがスピノサウルス類である．スピノサウルス類は白亜紀前期に生息していた肉食の獣脚類で，長くて細い吻部とまっすぐで鋭い多数の歯を備えていた．また，特徴的な大きいかぎ爪が親指にあった．このような適応を示していたスピノサウルス類は，おそらく，特殊化した魚食者だったのだろう．

バリオニクス *Baryonyx*

1983年，アマチュアの化石コレクターであるウィリアム・ウォーカーがイギリス南部にある粘土採掘場で巨大なかぎ爪の骨化石を発見し，その後アンジェラ・ミルナーとアラン・チャリグに率いられた大英博物館（自然史）[現在の名前はロンドン自然史博物館]のチームがほぼ完全な骨格を発掘した．個々の骨はすでに知られていたが，スピノサウルス類の骨格が発見されたのはこれが初めてだった．

特徴：バリオニクスは特徴的な狭いあごと小さな歯を備えた大型獣脚類である．歯は他の肉食恐竜のものよりまっすぐで，バラの花冠状という独特な並び方の長い歯があごの先端にある．前肢はとても強力で，重いかぎ爪で武装されている．首は他の獣脚類ほどS字状ではなく，首と頭骨がほぼ直線的につながっている．胃の中で見つかった魚類のうろことイグアノドン *Iguanodon* の骨が，スピノサウルスのえさを示している．

右：バリオニクスはヨーロッパの白亜紀前期の地層で発見された最大の肉食恐竜である．

分布：イギリス南部
分類：獣脚類－スピノサウルス類
名前の意味：重いかぎ爪
記載：Charig and Milner, 1986
年代：バレミアン
大きさ：10 m
生き方：魚類を狩る，または狩りをせずに残りものを食べる．
主な種：*B. walkeri*（スコミムス参照）

スコミムス *Suchomimus*

バリオニクスがヨーロッパに生息していたよりも少し後の時代に，スコミムスはアフリカ東部に生息していた．2 mまでの深さの水中に立てるほど巨大で，魚類を追いかけていた．しかし，スコミムスの化石が発見されたアフリカ東部の地層には，他の肉食恐竜の化石がほとんど含まれていない．おそらくスコミムスはその地域の主要なハンターにもなっていただろう．

特徴：1990年代後期にスコミムスがニジェールのテネレ砂漠で発見されたとき，スコミムスが大きいかぎ爪と長いあごを備え，バリオニクスに非常によく似ていることに科学者たちは驚かされた．唯一の違いは背骨沿いにある長い棘で，生時には低いひれ状のものを支えていただろう．しかし，バリオニクスの最近の研究は，バリオニクスにもこのようなひれ状のものがあった可能性を示している．スコミムスは，実は，バリオニクスの新種かもしれない．

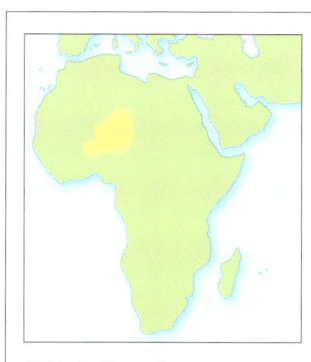

分布：ニジェール
分類：獣脚類－スピノサウルス類
名前の意味：ワニもどき
記載：Sereno, Beck, Dutheil, Gado, Larsson, Lyon, Marcot, Rauhut, Sadleir, Sidor, Varricchio, G. P. Wilson and J. A. Wilson, 1998
年代：アプチアン
大きさ：11 m
生き方：魚類を狩る，捕食する，または狩りをせずに残りものを食べる
主な種：*S. tenerensis*（バリオニクス参照）

スピノサウルス類 **163**

スピノサウルス *Spinosaurus*

この驚くべき恐竜の最初の化石は、ドイツによる発掘調査で1911年にエジプトで発見され、その後、その化石を所蔵していたドイツ・ミュンヘンのアルテ・アカデミー博物館が1944年に爆撃で破壊されたときに失われた。1996年、カナダの古生物学者デール・ラッセルが新たな化石をモロッコで発見した。2001年、映画『ジュラシック・パークIII』での悪役として、スピノサウルスは人々の心をとらえた。

特徴：スピノサウルスの骨格の最も重要な特徴は、背骨から突き出て並んでいる棘で、ほぼ2mの高さがある。生時には皮膚で覆われ、ひれ状のものまたは帆になっていただろう。熱を調節する装置として働き、太陽からの熱を吸収し、上がりすぎた体温は風で放熱させていたのかもしれない。明るい色で、合図のために使われていた可能性もある。

右：初期の本では、スピノサウルスはカルノサウルス類のような短くて高い頭部をもつ姿で復元されている。モロッコで頭骨化石が発見され、すでに頭骨がよく知られていたスピノサウルス類の他の恐竜にスピノサウルスが非常に近縁だったことが明らかになった以前のことである。

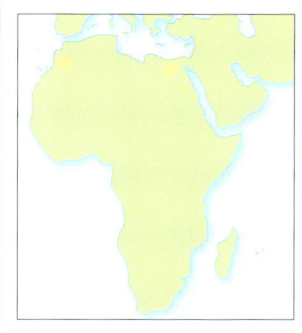

分布：エジプト、モロッコ
分類：獣脚類－スピノサウルス類
名前の意味：棘のあるトカゲ
記載：Stromer, 1915
年代：アルビアン～セノマニアン
大きさ：おそらく最大で17m
生き方：魚類を狩る、捕食する、または狩りをせずに残りものを食べる
主な種：*S. aegyptiacus*, *S. maroccansus*

スピノサウルス類のあご

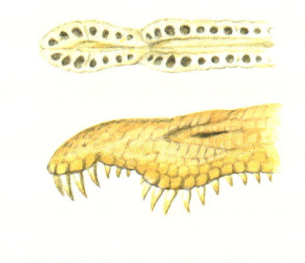

スピノサウルス類のあごと歯は他のどの肉食恐竜のものとも大きく異なっている。吻部はきわめて狭く、とても長い。スピノサウルス類の歯は他の肉食恐竜の歯よりもずっとまっすぐで、下あごの歯は非常に多数で小さい。上あごの先端にバラの花冠状に並んだ歯があり、下あごの先端にあるかぎ状の構造と対応している。鼻孔は吻部のかなり後方にある。

このような適応は魚類を捕らえることにとても好都合だったように思われる。細い吻部で水を切って進み、小さな鋭い歯で滑りやすい小さな獲物を捕らえ、鼻孔は水面から出ていただろう。現代の世界ではインド周辺のガビアル（主に淡水産で、あごが長い魚食ワニ）にこのような適応がみられる。カワイルカにもこのような適応がある。

おそらく、スピノサウルス類は魚類をえさにすることに依存してはいなかった。ティラノサウルスと同じくらいの大きさのスピノサウルスが魚類のような小さい獲物しか食べなかったら非現実的だろう。胃の内容物、および、他の動物の骨の中にスピノサウルス類の歯が存在することは、スピノサウルス類が陸生動物もえさにした可能性を示している。大きなかぎ爪が獲物を殺すための武器だったかもしれないが、特殊化した歯は狩りには向いていなかったように思われる。おそらく、スピノサウルス類は魚類を主なえさにし、死んだ動物の死肉で埋め合わせていたのだろう。

イリテーター *Irritator*

この恐竜の属名は、イギリスの古生物学者デイヴィッド・マーティルがこの恐竜の頭骨化石に直面したときに感じたフラストレーションに由来している。ブラジルから入手されたとき、その化石には手が加えられていた。その化石の発見者が化石をより劇的なものにみせて売りやすくしようとして、手を加えたのである。適切なクリーニングをした結果、その化石はスピノサウルス類の頭骨であることが明らかになった。

特徴：頭骨からしか知られていないが、スピノサウルス類のものであることは明らかである。イリテーターは南アメリカ産で知られる唯一のスピノサウルス類である。もう1種類のアンガトゥラマ *Angaturama* が記載されているが、一般には、イリテーターの別名と見なされている。2004年、エリック・ビュフェットーがブラジル産の翼竜化石の背骨に埋め込まれていたスピノサウルス類（おそらくイリテーター）の歯を発見した。このことはスピノサウルス類のえさが魚類に限られていなかったことを示している。

分布：ブラジル
分類：獣脚類－スピノサウルス類
名前の意味：イライラさせるもの
記載：Martill, Cruikshank, Frey, Small and Clarke, 1996
年代：アルビアン
大きさ：8m
生き方：魚類を狩る、捕食する、または狩りをせずに残りものを食べる
主な種：*I. challengeri*（および有効ではない *Angaturama*）

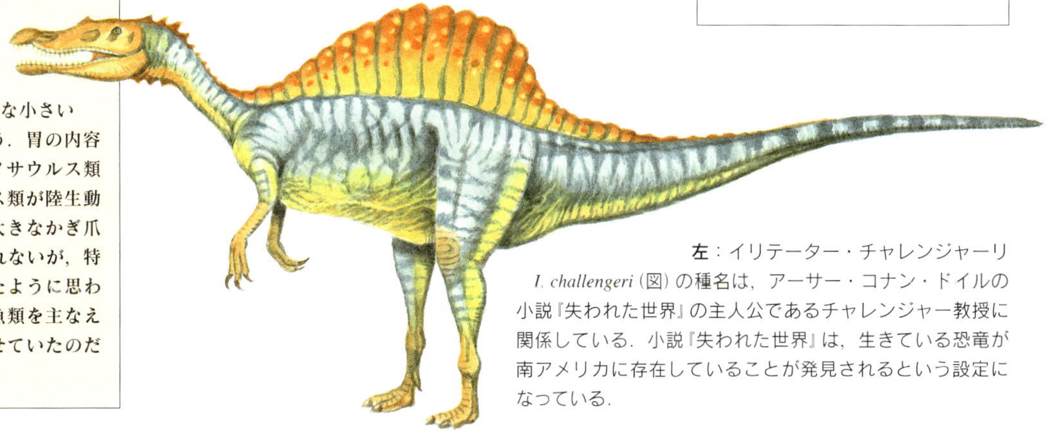

左：イリテーター・チャレンジャーリ *I. challengeri*（図）の種名は、アーサー・コナン・ドイルの小説『失われた世界』の主人公であるチャレンジャー教授に関係している。小説『失われた世界』は、生きている恐竜が南アメリカに存在していることが発見されるという設定になっている。

後期のディプロドクス類とブラキオサウルス類

ジュラ紀の竜脚類の主要な種類だったディプロドクス類とブラキオサウルス類は白亜紀までに絶滅しはじめていたが，竜脚類自体が終わりを迎えていたわけではなかった．これまでよく知られていなかった竜脚類のグループに系統がとってかわられつつはあったが，まだ興味深い竜脚類が存在していた．

アマルガサウルス *Amargasaurus*

ジュラ紀後期のアルゼンチンに生息していたアマルガサウルスはディクラエオサウルスに近縁だった．アマルガサウルスにも背骨から突き出ている長い棘があった．すべてのディプロドクス類において，棘は2つに分かれているが，アマルガサウルスではこれが極端にまで押し進められていた．関節した状態で発見された唯一の標本には尾がないため，全長は不明である．

特徴：ディクラエオサウルス同様，このディプロドクス類の首は同類のものと比べるととても短い．背骨から突き出ている棘のうち，肩から腰までのものに帆があったことは疑いない．おそらく，合図や体温調節に使われたのだろう．首の部分の棘は対になっている．首の棘には帆がなかった．そこに帆があったら首の動きが妨げられただろう．首の棘は角質で覆われていた可能性の方が高く，防御用の武器として使われた可能性がある．

下：ディクラエオサウルス

分布：アルゼンチン
分類：竜脚類－ディクラエオサウルス類
名前の意味：アマルガ峡谷のトカゲ
記載：Salgado and Bonaparte, 1991
年代：オーテリビアン
大きさ：12m
生き方：植物の枝や葉などを食べる
主な種：*A. cazaui, A. groeben*

ニジェールサウルス *Nigersaurus*

この恐竜はアメリカのシカゴ大学のチームによって発見された．1997年，非常に実りの多かったアフリカでの発掘調査シーズン中のことだった．その発掘調査では，成体の数個体の部分化石だけでなく，孵化したばかりの幼体の化石も発見された．おそらく，奇妙なあごは植生の変化を示している．丈の低い草本や被子植物が風景に初めて登場しつつあった．

特徴：このディプロドクス類には「中生代の芝刈り機」というニックネームがついている．頭骨の両側に突き出ている口の前縁が幅広く直線的で，針のような数百本もの歯が密生していて，一直線に並んで熊手のような切断縁を形成しているため，このようなニックネームがついたのである．頭骨はディプロドクス類にしては短い．身体の他の部分はディプロドクス類に典型的なものだが，より早い時代の同類よりもいくぶん小さい．

右：口の直線的な前部はティタノサウルス類のボニタサウラ *Bonitasaura* のものに似ている．おそらく，両者の採餌方式は似ていたのだろう．

分布：ニジェール
分類：竜脚類－ディプロドクス形類
名前の意味：ニジェールのトカゲ
記載：Sereno, Beck, Dutheil, Larsson, Lyon, Mousse, Sadler, Sidor, Varricchio, G. P. Wilson and J. A. Wilson, 1999
年代：白亜紀前期
大きさ：15m
生き方：低い植物の枝や葉を食べる
主な種：*N. taqueti*

後期のディプロドクス類とブラキオサウルス類　165

シーダロサウルス Cedarosaurus

北アメリカに生息していた白亜紀前期の竜脚類－特にブラキオサウルス類に関しては詳細がよくわかっておらず、たいていくずかご的な分類群である「プレウロコエルス」に入れられてきた。しかし、近年ではシーダロサウルスなどのより独特な恐竜が発見されている。シーダロサウルス1個体の骨格の片側の大部分（首と頭部を除く）が知られている。

特徴：他のブラキオサウルス類同様、シーダロサウルスの前肢は後肢より長く、長い指の骨は垂直に保たれ、上腕骨と大腿骨は同じくらいの長さである。首と頭部は知られていないが、ブラキオサウルス類の他の恐竜の場合と同様、高い位置に保たれていただろう。尾はブラキオサウルス類にしてはかなり短い。体格は明らかにブラキオサウルス類のものであるにもかかわらず、骨の構造には後のティタノサウルス類のものとの類似点がある。

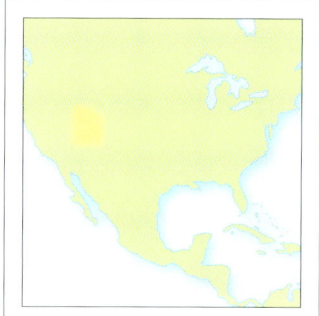

上：肩の位置が高く、首が長かったと思われるシーダロサウルスは、高い樹木の頂部の葉などを食べていたのだろう。

分布：ユタ州（アメリカ合衆国）
分類：竜脚類－マクロナリア類
名前の意味：シーダー山のトカゲ
記載：Tidwell, Carpenter and Brooks, 1999
年代：バレミアン
大きさ：14 m
生き方：高い植物の枝や葉を食べる
主な種：*C. weiskopfae*

ブラキオサウルス類の他の属

北アメリカに生息していた後期のブラキオサウルス類には、以下の属も含まれていた。

ソノラサウルス *Sonorasaurus*　ブラキオサウルス *Brachiosaurus* の1/3ほどの大きさ。1995年にアリゾナ州で発見された。年代はアルビアン。

ウェネノサウルス *Venenosaurus*　2001年にユタ州で発見された幼体の部分化石から知られる。年代はバレミアン。一部の古生物学者はウェネノサウルスは実はティタノサウルス類に属すると考えている。

「プレウロコエルス」 *"Pleurocoelus"*　この属であるとされている標本は、メリーランド州、テキサス州、ユタ州というばらばらの場所で発見されている。これは1888年にマーシュによって最初に記載された。誤って「プレウロコエルス」とされた竜脚類が多いため、このくずかご的な分類群についてはよくわかっていない。「プレウロコエルス」によりつけられたとされる一連の足跡化石まである。1888年、マーシュ（Marsh）によって記載された原標本さえ、ティタノサウルス類と解釈しなおされている。

左：上にあげたブラキオサウルス類は同様の一般的な外見を備えていた（図）。

サウロポセイドン Sauroposeidon

アメリカ・オクラホマ州にある刑務所の構内で1994年に発見された4個の関節した頸椎はサウロポセイドンのものとされている。その頸椎は非常に大きかったため、最初は木の幹の化石だと考えられた。頸椎はブラキオサウルスのものとよく似ており、（ただし、約15～25％大きい）、両者はよく似ていたにちがいない。

特徴：プロポーション的には、サウロポセイドンはブラキオサウルスよりほっそりしていたことを首の骨の構造が示している。首をあげると、地上20m近くまで達した。他のブラキオサウルス類の場合と同様、骨が薄い板と細い支柱になっているだけでなく、体重を減らすために、骨の内部に小さな気室がある。メキシコ産で年代がカンパニアンの椎骨1点が知られているが、おそらく、サウロポセイドンは北アメリカで最後のブラキオサウルス類だっただろう。

上：ブラキオサウルス

右：サウロポセイドンという属名は、古代ギリシャの地震の神であるポセイドンにちなんでいる。

分布：オクラホマ州（アメリカ合衆国）
分類：竜脚類－マクロナリア類
名前の意味：ポセイドンのトカゲ
記載：Wedel, Cifelli and Sanders vide Franklin, 2000
年代：アルビアン
大きさ：30 m
生き方：高い植物の枝や葉を食べる
主な種：*S. proteles*

ティタノサウルス類－新たな巨大恐竜

竜脚類のうち，最後に進化したグループがティタノサウルス類だった．ティタノサウルス類はマクロナリア類と類縁だった可能性があり，ディプロドクス類とさえ類縁だった可能性がある．しかし，ディプロドクス類との明らかな類似点は木釘のような歯だけである．ティタノサウルス類は他の竜脚類よりも幅の広い腰を備えている傾向があった．その結果，連続した足跡化石の幅も広くなるために，ティタノサウルス類は足跡によって同定できる．現在では，ティタノサウルスという属自体がくずかご的な分類群になっている．

マラウィサウルス *Malawisaurus*

マラウィサウルスはアフリカ産のティタノサウルス類では知られる最初期の恐竜で，全体の80％が完全な，共産する骨格として発見された．現在，クリーニングして組み立てられた骨格はマラウィのカロンガにある文化博物館センターに展示されている．当初，その化石はくずかご的な分類群であるギガントサウルス*Gigantosaurus*に分類された．近年，巨大な獣脚類ギガノトサウルス*Giganotosaurus*が発見されたのち，ギガントサウルスという属名は混乱の原因になっている．

特徴：すべての竜脚類の頭骨は壊れやすく，保存されることはまれである．下あご・上あご・数本の歯からなる不完全なものではあるが，マラウィサウルスの頭骨はティタノサウルス類のものとして知られる初めての頭骨である．あごと歯は，マラウィサウルスの顔は目から吻部までの傾斜が急だったことを示している．これがティタノサウルス類の頭部を復元するための一般的なモデルになった．多くのティタノサウルス類がもつもう一つの一般的な特徴は，背中に装甲があることだが，これはすべての例に存在するわけではない．腰は他の竜脚類のものよりたくましく，より一般的な5個にではなく，6個の椎骨に癒合している．

上：当初，マラウィサウルスには骨質の装甲がなかったと考えられていたが，骨格のまわりで発見されたノジュールはティタノサウルス類のものに似ている鱗甲の化石だったように思われる．

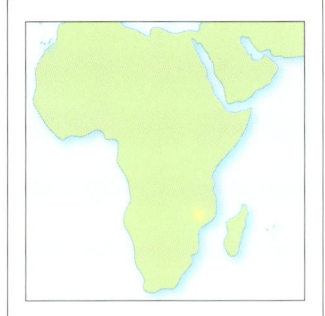

分布：ザンベジ峡谷（マラウィ）のMwakashunguti
分類：竜脚類－ティタノサウルス類
名前の意味：マラウィのトカゲ
記載：Jacobs, Winkler, Downs and Gomani, 1993（ただし，当初は*Gigantosaurus* Haughton, 1928として記載された）
年代：アプチアン
大きさ：9m
生き方：植物の枝や葉を食べる
主な種：*M. dixeyi*

アグスティニア *Agustinia*

1990年代の終わりごろ，驚くべき竜脚類がパタゴニアで発見された．もし装甲が単独で発見されていたら，それは剣竜類またはよろい竜類のものだと思われただろう．知られていた他のどの竜脚類にもそのような装甲板はなかったからだ．当初，この恐竜はアウグスティア*Augustia*と命名されたが，その属名はすでに他の動物につけられていたことがわかった．

特徴：この中型竜脚類の最も驚くべき特徴は，背中の装甲板の配置である．アグスティニアの装甲板は剣竜類の装甲板のようだが，横向きに並んでいる．装甲板は長方形で，一部が引き伸ばされ，横向きの棘になっている．身体の他の部分に関しては，ディプロドクス的な特徴と，明らかにティタノサウルス類的な特徴がある．今のところ，アグスティニアの分類は不確かである．

左：アグスティニア・リガブエイ*A. ligabuei*の種名はこの驚くべき恐竜の発掘を後援したジャンカルロ・リガブエに敬意を表しての命名である．

分布：アルゼンチン
分類：竜脚類－ティタノサウルス類（不確実）
名前の意味：アグスティン・マルティネリのもの（発見者にちなむ）
記載：Bonaparte, 1998
年代：アプチアン
大きさ：15m
生き方：植物の枝や葉を食べる
主な種：*A. ligabuei*

プウィアンゴサウルス *Phuwiangosaurus*

プウィアンゴサウルスの部分的に関節した骨格が1992年に発見されるまで，アジア産の竜脚類で知られていたすべての恐竜はとても原始的なタイプだった．プウィアンゴサウルスの存在およびそれ以外の独特な恐竜の存在は，当時の東南アジアのこの地域がアジア大陸の主要部から離れていて，かなり異なる動物相を支えていたことを示している．

特徴：歯がスプーン状ではなくて狭い，頸椎の幅が広く，左右方向ではなく上下方向に平らであるという点で，プウィアンゴサウルスはアジア産で知られている他の竜脚類とは異なっている．椎骨にはY字形の棘突起がある．後になって発見された頭骨化石は，後に登場するネメグトサウルス類のものに似た頭骨の形状を示している．このことはプウィアンゴサウルスも重要なティタノサウルス科の一員であろうことを示している．

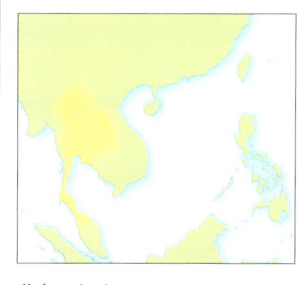

分布：タイ
分類：竜脚類－ティタノサウルス類
名前の意味：プウィアン郡トカゲ
記載：Martin, Buffetaut and Suteethorn, 1994
年代：白亜紀前期
大きさ：20 m
生き方：植物の枝や葉を食べる
主な種：*P. sirindhornae*

ジョバリア

上：ティタノサウルス類の一種とされているジョバリアは異なる恐竜が混ざっている．

キメラは古代ギリシャ神話に登場する怪獣で，いくつかの動物の混合物だった．ライオンの身体，竜の尾，ライオンの頭とヤギの頭という2つの頭を備えていた．古生物学用語においても，動物が混ざっているものをキメラと呼び，キメラの例は古生物の文献のいたるところにみられる．ティタノサウルス類と考えられているジョバリア *Jobaria* が一例である．

ジョバリアはドイツによる発掘調査で，20世紀初期にタンザニアで発見され，ドイツの偉大な古生物学者ヴェルナー・ヤネンシュにちなんで命名された．脚と足の形状からティタノサウルス類として分類されているが，骨格の他の部分の一部は何らかのディプロドクス類のものと思われる．2つの異なる恐竜が死に，互いの近くで化石になり，混乱が生じたように思われる．

チュブチサウルス *Chubutisaurus*

発見されたとき，チュブチサウルスは独自の科に分類され，ブラキオサウルス類に類縁だったと考えられた．しかし，ブラキオサウルス類の特徴である長い前肢をもっていなかった．現在では，チュブチサウルスは原始的なティタノサウルス類と考えられているが，これはけっして確実ではない．2体の部分骨格から知られているが，竜脚類にありがちなとおり，頭骨が欠けている．

特徴：この巨大な竜脚類の椎骨には大きな気室があり，尾は短く，前肢は後肢より短い．ブラキオサウルス類的な特徴として，椎骨の関節，指骨が非常に長いことがあげられる．ティタノサウルス類との類似点はほとんどなく，ここでのティタノサウルス類という分類は，南アメリカの竜脚類のほとんどすべてはティタノサウルス類であるという事実に基づいている．チュブチサウルスは非常に初期で，特殊化していない種類だと考えられている．

分布：アルゼンチン
分類：竜脚類－ティタノサウルス類
名前の意味：チュブット州のトカゲ
記載：del Corro, 1974
年代：アルビアン
大きさ：23 m
生き方：植物の枝や葉を食べる
主な種：*C. insignis*

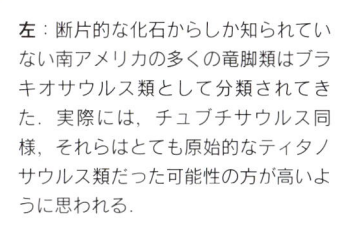

左：断片的な化石からしか知られていない南アメリカの多くの竜脚類はブラキオサウルス類として分類されてきた．実際には，チュブチサウルス同様，それらはとても原始的なティタノサウルス類だった可能性の方が高いように思われる．

ヒプシロフォドン類とイグアノドン類

鳥脚類は三畳紀に出現し，竜脚類の役割と比べるとあまり重要でない役割ではあったものの，ジュラ紀に定着したのち，白亜紀にまさに繁栄した．すぐに，鳥脚類は植物食恐竜の中で最も多様化し，豊富な恐竜になる．白亜紀前期には，すでに，複数の主要な進化系統に多様化した．

ヒプシロフォドン *Hypsilophodon*

過去150年間に，この恐竜の数体の骨格が発見されている．ヒプシロフォドンの初期のイメージはイグアノドン *Iguanodon* の小型版で，木に登ることのできる恐竜というものだった．現在のキノボリカンガルーに似ている身体つきと大きさ，そして，趾の骨に関する観察の誤りが，上記のような考えにつながった．現在では，ヒプシロフォドンは地上性で俊足の恐竜だったことがわかっている．

下：ヒプシロフォドンの一般的なイメージは小型の恐竜である．しかし，これまでに発見されたすべての標本は幼体なので，成体の大きさを推測することは難しい．

特徴：ヒプシロフォドンは恐竜の世界でのガゼルと見なされることがある．後肢が長く，軽量で，筋肉が腰と大腿骨の周囲に集中している．これらは走行性の動物を示す確かなしるしである．趾の骨は当初考えられたように枝に止まるためではなく，スピードのための進化をしている．高い頭骨には，くちばしの後方に数本の前歯があり，奥の方にはかむための歯がある．

分布：ワイト島（イギリス），スペイン
分類：鳥脚類－ヒプシロフォドン類
名前の意味：高い稜のある歯
記載：Huxley, 1869
年代：バレミアン〜アプチアン
大きさ：2.3 m（成体の推定値）
生き方：植物の枝や葉を食べる
主な種：*H. foxii*, *H. wielandi*

リアレナサウラ *Leaellynasaura*

この小型鳥脚類がオーストラリアの南海岸にある崖の高いところで発見されたとき，それは驚くべきものだった．白亜紀前期，オーストラリアのその地域は，十分，南極圏内にあった．この発見は，恐竜が極に近い高緯度の極寒と長期間の暗闇に対処できたことを初めて示した．

特徴：リアレナサウラの頭骨は眼窩が著しく大きく，特徴的である．この著しく大きい眼窩と大きい脳腔は，大きい目と暗闇で目が見える可能性を示している．そして，このことはリアレナサウラが南極の状況を生き抜ける代謝を備えていたことを示すことになる．分類に関しては若干の不確かさがある．ヒプシロフォドン類とも考えられるが，大腿骨の形状と歯の稜が異なっている．

左：リアレナサウラ・アミカグラピカ *L. amicagraphica* の種名は，研究の資金を援助したヴィクトリア博物館友の会と米国地理学協会に敬意を表しての命名である（amicaはラテン後で女友達の意）．

分布：ヴィクトリア州（オーストラリア）
分類：鳥脚類
名前の意味：リアレン（発見者の娘）のメスのトカゲ
記載：T. Rich and P. Rich, 1989（リアレンの両親）
年代：アプチアン〜アルビアン
大きさ：2 m
生き方：植物の枝や葉を食べる
主な種：*L. amicagraphica*

ヒプシロフォドン類とイグアノドン類　169

テノントサウルス *Tenontosaurus*

骨格25点，散在していた骨と歯を含むこれまでに発見された化石の数から判断すると，テノントサウルスは白亜紀前期の北アメリカで最も豊富な植物食恐竜のひとつだったにちがいない．テノントサウルスが捕食者にとって魅力的だったことは疑いない．襲っていた最中に死んだデイノニクス*Deinonychus*数個体に取り巻かれた状態で発見された骨格がある．

特徴：テノントサウルスはヒプシロフォドン類に似ているが，あごの前部に歯がない．他の点ではイグアノドン類に似ているが，まだ，分類が明確でない．目立つ特徴は非常に長い尾（身体の他の部分より長い）と脊椎を支える網状の腱である．長い前肢と強力な指の骨は，ほとんどの場合，テノントサウルスは四足歩行だったことを示している．

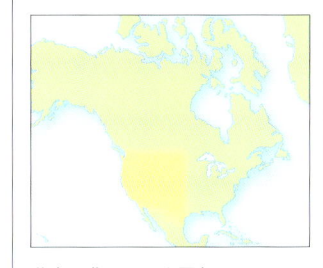

分布：北アメリカ西部
分類：鳥脚類－イグアノドン類
名前の意味：腱トカゲ
記載：Ostrom, 1970
年代：アプチアン～アルビアン
大きさ：6.5m
生き方：低い植物の枝や葉を食べる
主な種：*T. tillettorum, T. dossi*

下：テノントサウルスは北アメリカ平原の被食者であった．

左：デイノニクス

極寒

白亜紀前期，現在ではオーストラリア南部のヴィクトリア州である地域は南極圏内の高緯度域にあった．このことは，そこに生息していたすべての生物が極寒と長くて暗い冬にさらされていたはずであることを意味する．植生は寒さと乾燥への適応である表皮が厚い針状葉をもつ針葉樹からなっていた．シダ類も存在した．このことは，気候が常に乾燥していたわけではなかったことを示している．当時形成された岩石の放射性同位元素，および化石植物と現生のよく似た植物との比較から推測される年間平均気温は0～10℃の範囲内で，現代ではカナダのハドソン湾地域がこのような気温である．

ヴィクトリア州の恐竜が生息していた地形は，オーストラリア大陸が南極大陸から分裂しはじめていたときに形成された深い地溝からなっていた．このような谷が冬の厳しい状況からの避難所になっていた可能性がある．いずれにせよ，恐竜にとって都合の悪い世界だった．それにもかかわらず，数種類の恐竜が生息していた．いわゆる「恐竜の入り江」では，リアレナサウラやアトラスコプコサウルス*Atlascopcosaurus*などのその他小型鳥脚類だけでなく，アロサウルス類やオヴィラプトロサウルス類に似ている獣脚類の化石が発見されている．さらに，初期の角竜類の可能性があるものの化石さえ見つかっている．

ジンゾウサウルス *Jinzhousaurus*

中国・遼寧省の義県層は鳥類と恐竜が半々のような小型の動物を産出している．ジンゾウサウルスの発見は，大きめの恐竜も義県の湖の近くに存在していたことを示している．この恐竜の発見は，地層の年代を決定するうえでも重要だった．このような，明らかに白亜紀の動物の存在が，その地層は以前に考えられていたように白亜紀よりも古いジュラ紀に堆積したのではなかったことを確立する助けになった．

特徴：ジンゾウサウルスの外見は小さいイグアノドンに似ている．しかし，ジンゾウサウルスの頭骨はいくつかの進歩した特徴を示している．進化の流れのうえで，後に登場するハドロサウルス類すなわちカモノハシ竜のどこかに，ジンゾウサウルスを位置づけるような特徴だ．イグアノドン類の系統はこのころに3つに分かれた可能性がある．狭義のイグアノドン類を産む系統，ハドロサウルス類を産む系統，そして両者の間に位置するものを産む系統である．この3番目の系統では，これまでのところジンゾウサウルスが唯一の発見例である．

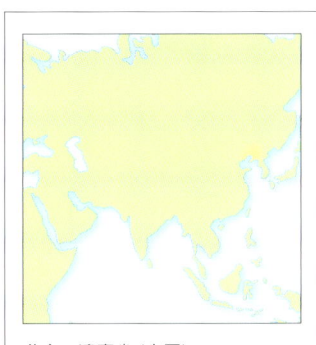

分布：遼寧省（中国）
分類：鳥脚類－イグアノドン類
名前の意味：錦州トカゲ
記載：Wang and Xu, 2001
年代：バレミアン
大きさ：7m
生き方：低い植物の枝や葉を食べる
主な種：*J. yangi*

上：白亜紀前期の中国の湖に面した土地には，多数の鳥類がいる密生した植生が存在した．ジンゾウサウルスはこのような植生の葉などを食べる最大の動物だった．

イグアノドン類

イグアノドン類はヒプシロフォドン類よりも身体が大きい傾向があり，かつては，このことが両者を見分けるのに役立っていた．しかし，両者には多くの違いがあり，特に歯，前肢，腰に違いがみられる．典型的なイグアノドン類の大きさは，多くの時間を二足歩行で過ごすには体重が重すぎたことを示している．したがって，イグアノドン類は基本的には四足歩行の恐竜だった．

イグアノドン *Iguanodon*

科学的に認められた最初の恐竜の一つとして有名なイグアノドンは，時が経つにつれて，くずかご的な分類群になった．1880年代にベルギーの鉱山で完全な骨格が発見されるまで，イグアノドンは四足歩行でカバのような動物だったと考えられていた．そして，ベルギーでの発見後は，カンガルーのような姿勢で復元された．現在では，再度，四足歩行の動物だったという考えが主流になっている．

特徴：イグアノドンは原型的な鳥脚類である．頭部は狭く，くちばしがあり，えさをすりつぶす丈夫な歯がある．手には体重を支える主な3本の指があり，ひづめをもつ．第1指には防御やえさを集めるために使われた巨大なスパイクがあり，親指のように働いてものをつかめる第5指がある．後肢は重く，3本の趾が体重を支える．歩行時には，長くて，かなり厚みのある尾でバランスをとった．

左：イグアノドンは1825年にマンテルによって発見され命名されたが，その記載は歯だけに基づいていた．2000年，動物命名法国際審議会はベルギー産の完全骨格に基づいて1881年に記載されたイグアノドン・ベルニサーレンシス *I. bernissartensis* をタイプ標本とする決定を下した．

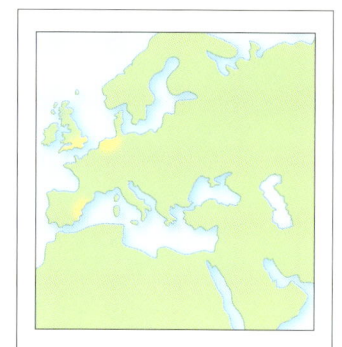

分布：イギリス，ベルギー，ドイツ，スペイン
分類：鳥脚類－イグアノドン類
名前の意味：イグアナの歯
記載：Boulenger and van Beneden, 1881
年代：バランギニアン～アルビアン
大きさ：6～10m
生き方：植物の枝や葉を食べる
主な種：*I. bernissartensis*, *I. anglicus*, *I. atherfieldensis*, *I. dawsoni*, *I. fittoni*, *I. hoggi*, *I. lakotaensis*, *I. ottingeri*

アルティリヌス *Altirhinus*

かつてはイグアノドンの一種と考えられ，イグアノドン・オリエンタリス *I. orientalis* と呼ばれていたが，アルティリヌスには独自の属に分類されるだけの違いがある．アルティリヌスは5体の部分骨格と2点の頭骨から知られ，目立つ特徴がわかるほど，細部にわたって保存されている．アルティリヌスはイグアノドン類とハドロサウルス類の中間的な段階を表しているかもしれない．

下：頭部の高い鼻部を除くと，アルティリヌスはイグアノドンにそっくりだった．

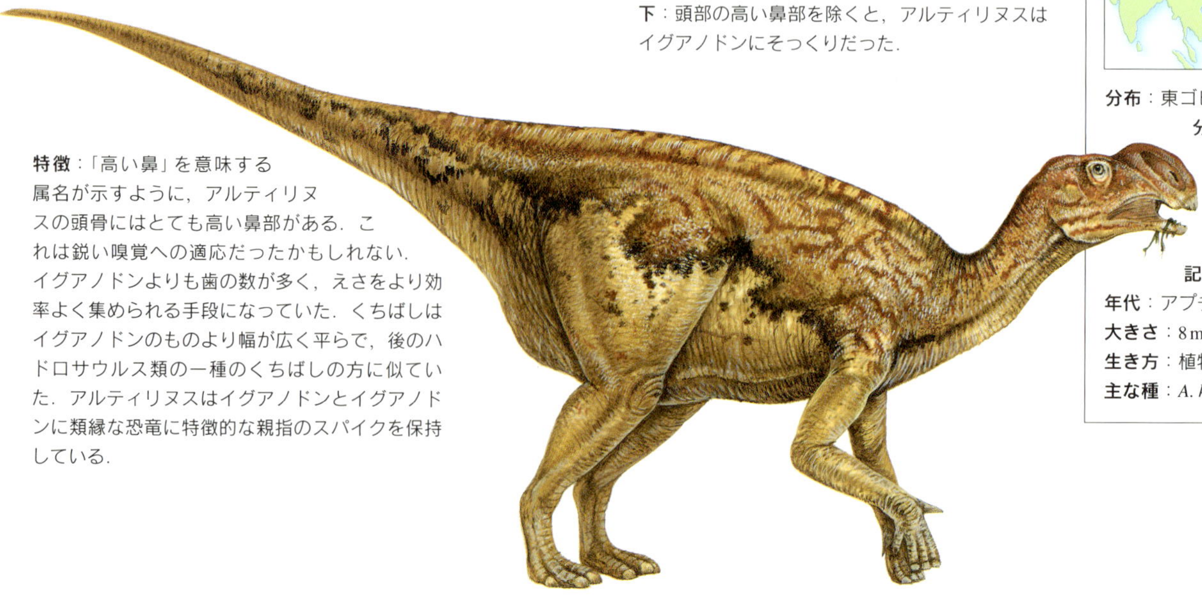

特徴：「高い鼻」を意味する属名が示すように，アルティリヌスの頭骨にはとても高い鼻部がある．これは鋭い嗅覚への適応だったかもしれない．イグアノドンよりも歯の数が多く，えさをより効率よく集められる手段になっていた．くちばしはイグアノドンのものより幅が広く平らで，後のハドロサウルス類の一種のくちばしの方に似ていた．アルティリヌスはイグアノドンとイグアノドンに類縁な恐竜に特徴的な親指のスパイクを保持している．

分布：東ゴビ地方（モンゴル）
分類：鳥脚類－イグアノドン類－ハドロサウルス類
名前の意味：高い鼻
記載：Norman, 1998
年代：アプチアンとアルビアン
大きさ：8m
生き方：植物の枝や葉を食べる
主な種：*A. kurzanovi*

オウラノサウルス *Ouranosaurus*

このアフリカの属は典型的なイグアノドン類の手を備えていたが，頭骨にはハドロサウルス類のもののような幅が広くて平らなくちばしがあった．オウラノサウルスは背中に帆がある肉食恐竜スピノサウルス *Spinosaurus* と同じ時代に，ほぼ同じ地域に生息していた．その背中の構造は，当時存在した暑くて乾燥した環境での生活への適応だったのかもしれない．

特徴：オウラノサウルスの最も明白な特徴は，背骨に沿って突き出して杭垣を形成している巨大な棘の列である．常に，背中の骨は帆を支え，体温の調節や合図のために使われたとして示されるが，不毛なときのために栄養やエネルギーを蓄える脂肪質のこぶの基盤だった可能性も同じくらいある．バッファローやラクダなど，背中にこぶのある現生動物には，これに似た骨格構造で支えられているこぶがある．白亜紀前期の北アフリカの乾燥した気候が，えさを蓄えるための特殊化した手段の進化を要求したのかもしれない．

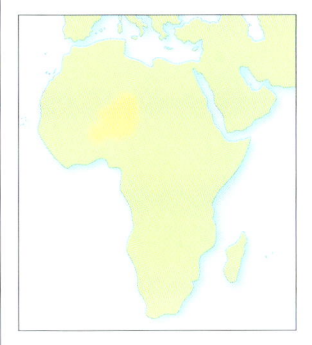

分布：ニジェール
分類：鳥脚類－イグアノドン類－ハドロサウルス類
名前の意味：勇敢なトカゲ
記載：Taquet, 1976
年代：アプチアン
大きさ：7m
生き方：植物の枝や葉を食べる
主な種：*O. nigerensis*

イグアノドンの発見

イグアノドンは地元の田舎医師だったギデオン・マンテルと彼の妻のメアリーによって，イギリスのサセックスで1820年代に発見された．数年の間に，彼らは歯や骨の化石を発掘した．当時の科学界の支配階級の間では，その化石，特に歯の化石がどのような動物のものだったかに関して，かなりの討論があった．ロンドンとパリの一流の生物学者たちは魚という説やカバという説を提唱した．結局マンテルがその歯と現生のイグアナの歯が似ていることに気づいた．「イグアナの歯」を意味する属名はここからきている．

比較できる現生動物が他にいなかったため，当初，マンテルはイグアノドンを四足歩行で，イグアノドンと同様にドラゴンのような四足歩行のメガロサウルス *Megalosaurus* に脅かされる巨大なトカゲとして復元した．当時，メガロサウルスもすでに発見されていた．そして，イギリス・ロンドン南部のシドナムにある水晶宮の庭に，そのような姿での実物大の彫刻として復元された．その彫刻は今でもそこにある．

1880年代にベルギーのベルニサールの石炭鉱山でイグアノドンの約40体の骨格が発見されてはじめて，イグアノドンがどのような動物だったかが明らかになった．化石を発掘する間，その石炭鉱山は2年間閉ざされた．この有名な発見は，その後40年間にわたり，ブリュッセルの王立自然史博物館のルイ・ドローによって研究された．

ムッタブラサウルス *Muttaburrasaurus*

オーストラリアでこれまでに発見された最も完全な恐竜はムッタブラサウルスで，2体の骨格から知られている．最初の骨格は牧場主のダグ・ラングドンによって1963年に発見された．ニューサウスウェールズ州の「稲妻の峰」で発見された方の骨格は，骨がオパールに置換されている．生きていたとき，この恐竜は開けた森林地に群れで生息し，シダ類・ソテツ類・針葉樹をえさにしていたのかもしれない．

特徴：イグアノドン類には，目の前の鼻部に中空で骨質の隆起がある．これは嗅覚あるいは音を出す能力と関係があったかもしれない．イグアノドン類の他の恐竜とは異なり，歯は「すりつぶす」ためではなく，「切り取る」ために進化している．手は発見されていないため，中央の3本が強力で，体重を支えるという典型的なイグアノドン類の指の配置を備えていたかどうかはわからない．

分布：クイーンズランド州中央部，ニューサウスウェールズ州（オーストラリア）
分類：鳥脚類－イグアノドン類
名前の意味：ムッタブラ・ステーションのトカゲ
記載：Bartholomai and Molnar, 1981
年代：アルビアン
大きさ：7m
生き方：植物の枝や葉を食べる
主な種：*M. langdoni*

左：最初の骨格は地表に露出していたため，草を食べる畜牛に蹴られてばらばらになり，一部の骨は地元の人に土産として家に持ち帰られた．その重要性がわかった後，骨格の大部分は取り戻された．

初期の角竜類

白亜紀に生息していた恐竜の多くのグループと同様，角竜類は中央アジアで進化し，北アメリカに渡り，後にそこで繁栄したように思われる．角竜類は鳥脚類の系統の，典型的な二足歩行の植物食恐竜から進化したと思われる．基本的かつ原始的な角竜類の身体は，一般的な二足歩行の植物食恐竜の身体と多くの類似点を示している．

プシッタコサウルス *Psittacosaurus*

独特の頭部をもっている恐竜であるにもかかわらず，かつては鳥脚類と考えられていたプシッタコサウルスは，現在では原始的な鳥脚類から角竜類への間の過渡期の種類だと考えられている．プシッタコサウルスは他のどの恐竜よりも種の数が多く，今後いくつかの属に分けられるかもしれない．最近の研究により，尾の一連の棘が明らかになっている．

特徴：頭骨は高くて狭く，大きいくちばしがある．上あごのくちばしは，角竜類にしかみられない嘴骨（しこつ）とよばれる骨で支えられている．頭骨の後部には骨の隆起がある．おそらく，強力なあごの筋肉の付着部だったのだろう．このため，頭部の横顔は角ばっていて，大きなくちばしを備えていることもあり，オウムの横顔にかなり似ている．口の前部には歯がなく，奥にある歯は切り刻みに適している．えさをかんでいる間，頬袋がそのえさを保持していたのだろう．

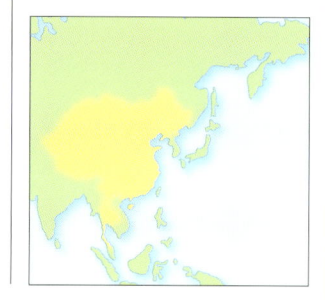

分布：タイ，中国，モンゴル
分類：周飾頭類－角竜類
名前の意味：オウムトカゲ
記載：Osborn, 1923
年代：アプチアン
大きさ：2m
生き方：低い植物の枝や葉を食べる
主な種：*P. mongoliensis*, *P. mazongshanensis*, *P. meileyingensis*, *P. meimongoliensis*, *P. ordosensis*, *P. sattayaraki*, *P. sinensis*, *P. zinjiangensis*

ヤーヴァーランディア *Yaverlandia*

この恐竜について知られていることのすべてである頭骨の断片1点は，ヤーヴァーランディアが初期のパキケファロサウルス類であることを示している．しかし，この分類には議論の余地がある．頭部の頂部はかなり平坦で，パキケファロサウルス類の典型的な特徴である大きいドーム状の頭部は非常に徐々に進化したことを示している．ヨーロッパからはパキケファロサウルス類の可能性がある化石がもう1点産出しており，それはポルトガルの白亜紀後期の地層で発見された1本の歯である．

下：ヤーヴァーランディアがパキケファロサウルス類であることが立証されれば，ここに示したような体形だっただろう．しかし，この復元は推測的なものと考えなければならない．

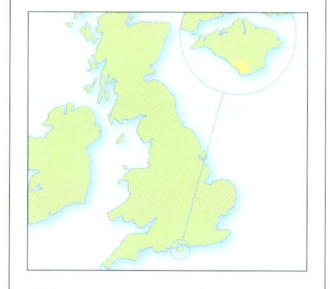

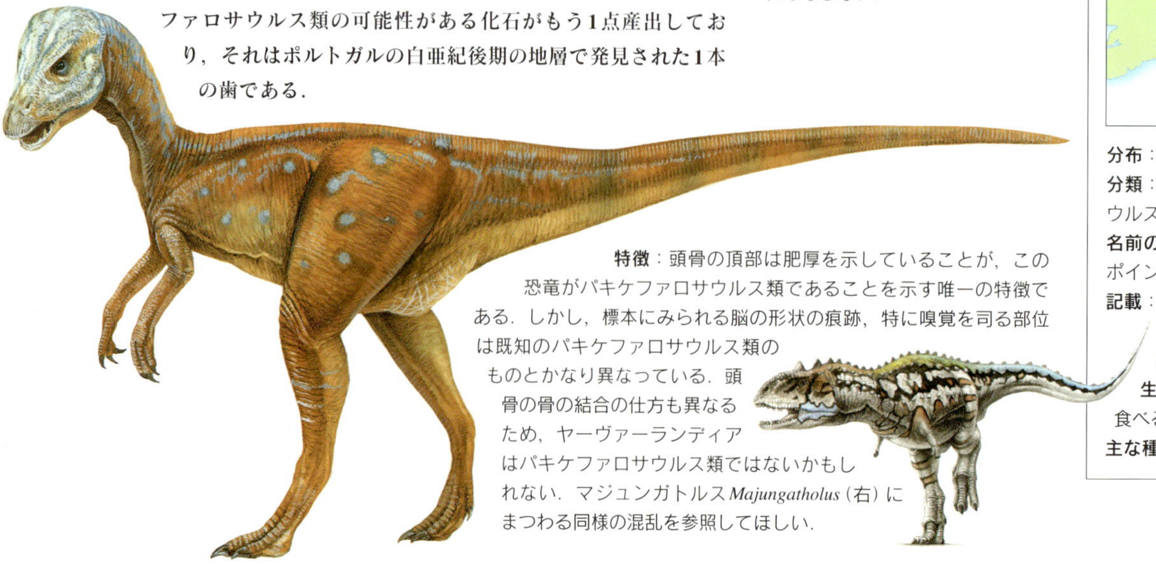

特徴：頭骨の頂部は肥厚を示していることが，この恐竜がパキケファロサウルス類であることを示す唯一の特徴である．しかし，標本にみられる脳の形状の痕跡，特に嗅覚を司る部位は既知のパキケファロサウルス類のものとかなり異なっている．頭骨の骨の結合の仕方も異なるため，ヤーヴァーランディアはパキケファロサウルス類ではないかもしれない．マジュンガトルス *Majungatholus*（右）にまつわる同様の混乱を参照してほしい．

分布：ワイト島（イギリス）
分類：周飾頭類－パキケファロサウルス類
名前の意味：ヤーヴァーランド・ポイント産
記載：Galton, 1971
年代：バレミアン
大きさ：2m
生き方：低い植物の枝や葉を食べる
主な種：*Y. bitholus*

アルカエオケラトプス *Archaeoceratops*

この恐竜は1992～93年の日中シルクロード恐竜発掘調査で発見された2体の骨格から知られている。このうちの1点はほぼ完全だが、前肢が欠けている。この発見は、角竜類は最初にアジアで進化した後、2つの系統に進化し、一方が北アメリカに渡り、後に進化し、白亜紀後期に生息した大きな角をもつ恐竜になったことを示している。

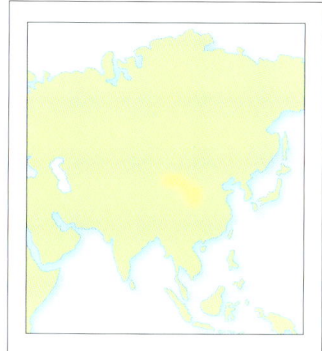

特徴：アルカエオケラトプスは小型で軽量の恐竜で、四足歩行で歩くことや、後肢で走ることができた。アルカエオケラトプスは知られている最も原始的な角竜類の一つで、首のフリルはほとんど発達していない。頭部は身体の大きさに対してかなり大きく、まだ口の前部に3～4本の歯をもちつづけている。これは先祖の鳥脚類の特徴である。角の徴候はまったくみられない。

左：アルカエオケラトプスはウサギくらいの大きさの、小型で俊足な恐竜だった。重々しく歩く子孫とはまったく似つかない姿だった。

分布：甘粛省（中国）
分類：周飾頭類－角竜類
名前の意味：古い角のある顔
記載：Dong and Azuma, 1997
年代：白亜紀前期
大きさ：80cm
生き方：低い植物の枝や葉を食べる
主な種：*A. oshimai*

初期の角竜類

角竜類は角がある恐竜だった。角竜類の典型的なイメージは巨大なサイのような動物で、首のまわりに頑丈な骨質の盾があり、防御や攻撃に致命的な怪我を負わせられる強力な角を備えているというものである。

これは後期の角竜類にはあてはまるが、原型はかなり異なっていた。首の盾は角よりも先に進化したように思われる。原始的な角竜類は主食を処理するために強力なあごの筋肉を必要とした。角竜類の首の盾はこの筋肉を保っていた支持部として生じたのだろう。角竜類はソテツ類やソテツ類の類縁植物を食べることに適応していたように思われる。強力な鋭いくちばしは植物の栄養分のある部分を選んで切り取るのに理想的だった。切り取りに適した歯が硬い葉を切り刻み、どろどろになったものを頬袋に保っていたのだろう。上下だけではなく前後の動きも含むこのような動作をするためには、とても強力なあごの筋肉が必要だったであろうことを、最近の研究が示している。

そして、この首の部分の隆起が大型化するにつれ、ディスプレイ構造としても機能するようになったのだろう。おそらく明るい色で、つがいの相手をひきつけたり、ライバルを脅して追い払うために使われた。防御という最後の用途は、角竜類が大型に進化し、体重が重くなりすぎて大型肉食恐竜から走って逃げ去ることや身を隠すことができなくなったときに進化したのだろう。

リアオケラトプス *Liaoceratops*

中国・遼寧省の白亜紀前期の湖成層は、当初その地層を有名にした鳥類と恐竜が半々のような驚くべき動物の化石だけではなく、よろい竜類の初期のメンバーと角竜類の初期のメンバーの化石も産出している。このキツネ大の恐竜は、角竜の系統中、知られる最初期のものである。リアオケラトプスは盾と角を防御よりもディスプレイに使い、おそらく、走り去ることによって身を守ったのだろう。

特徴：大きい頭部には、左右の目の下に1本ずつ横向きの角がある。フリルがあり、筋肉の付着を示すくぼみのある肌理から判断すると、あごの筋肉の付着点として機能していたように思われる。歯はすりつぶしよりは切り取りに適応している。他の軽量の恐竜同様、リアオケラトプスは四足歩行だけでなく、後肢で走ることにも適したつくりになっている。リアオケラトプスは、プシッタコサウルス類と厳密な意味での角竜類の両方のもとになった系統に属しているかもしれない。

分布：中国
分類：周飾頭類－角竜類
名前の意味：遼寧省の角竜
記載：X. Xu, P. J. Makovicky, X. L. Wang, M. A. Norell and H. L. You, 2002
年代：バレミアン
大きさ：1m
生き方：低い植物の枝や葉を食べる
主な種：*L. yanzigouensis*（種名は化石が発見された村にちなむ）

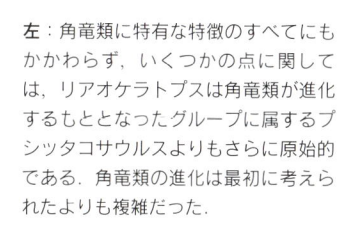

左：角竜類に特有な特徴のすべてにもかかわらず、いくつかの点に関しては、リアオケラトプスは角竜類が進化するもととなったグループに属するプシッタコサウルスよりもさらに原始的である。角竜類の進化は最初に考えられたよりも複雑だった。

ポラカントゥス類とその他の初期のよろい竜類

よろい竜類は骨質の装甲板からなる装甲を備えており，この骨質の装甲板は皮膚に埋まり，角質で覆われていた．よろい竜類の主な特徴は，背中を覆っていた舗石状の構造の装甲である．防御は横向きの棘，尾にある鋭い装甲板または尾の末端にある棍棒からなっていた．

ポラカントゥス *Polacanthus*

この恐竜は，頭骨を欠くほぼ完全な骨格と，さまざまな種類の断片から知られている．アカントポリス *Acanthopholis* 同様，ポラカントゥスは最初に発見され，研究された恐竜の一つだった．白亜紀前期のもう一つのよろい竜類で，同じくイギリス南部産のヒラエオサウルス *Hylaeosaurus* は，かつて同じ恐竜と考えられていたが，肩の骨の配置が異なっている．

特徴：ポラカントゥスとポラカントゥスに類縁の恐竜の装甲は特徴的である．首・肩・背中に横向きに突き出ている一連の棘があり，肩のところにある棘が最も長い．腰には骨質の鱗甲が圧縮された塊からなる「防護物」がある．尾の両側には外向きの薄くて鋭い装甲板がある．頭骨は知られていないが，近縁のガストニアのように，前部は広かっただろう．

下：ポラカントゥスの背中の装甲のパターンは，よくわかっている．

分布：イギリス
分類：装盾類－よろい竜類－ポラカントゥス類
名前の意味：多くの棘
記載：Hulke, 1881
年代：バレミアン
大きさ：4m
生き方：低い植物の枝や葉を食べる
主な種：*P. foxii*, *P. rudgwickensis*

ミンミ *Minmi*

この恐竜はほぼ完全な標本と分離した化石数点から知られている．硬直している背中の骨格は，ミンミはかなり速く走れたかもしれないことを示している．胃の内容物の化石化した塊は，ミンミが果実，種子，柔らかい植生をえさにしていたことを示している．えさは徹底的にかまれていたので，このよろい竜類はえさを保持して処理する頬袋を備えていたにちがいない．

特徴：この原始的なよろい竜類には，アンキロサウルス類とノドサウルス類の両方に似ている特徴がある．後肢はかなり長く，背中は脊椎の延長部である傍脊椎によって硬直している．ミンミ・パラウェルテブラ *M. paravertebra* の種名はこのことに由来している．よろい竜類としてはめずらしく，腹部が装甲で保護されている．円錐形の棘が腰の縁に突き出ている．後方からの攻撃に対して身を守るためだっただろう．尾に発見され，棍棒だと思われたものは，後に，化石化の結果にすぎないことが明らかになった．

左：ミンミは南半球で発見された最初の装甲恐竜だった．ミンミ *Minmi* という属名は，記録上，恐竜の属名の中で最も短いという栄誉をもっている．

分布：オーストラリア
分類：装盾類－よろい竜類
名前の意味：ミンミ交差点（化石が発見された場所）
記載：Molnar, 1980
年代：アプチアン
大きさ：2m
生き方：低い植物の枝や葉を食べる
主な種：*M. paravertebra*

ガストニア Gastonia

ユタラプトル*Utahraptor*と同じ場所で発見されたガストニアは、ほぼ完全な骨格と数個体の頭骨から知られている。ガストニアは頭突きで戦ったかもしれないが、ユタラプトルに対する主な防御は、刃のような横向きの装甲板を備えた草刈り鎌のような尾と肩にある長い棘だっただろう。装甲板は装甲板どうしの間に挟まったものに対してハサミのように機能したかもしれない。

特徴：ヨーロッパ産のポラカントゥスに近縁で、重装甲を備えているこの恐竜には、首・背中・尾に数種類の装甲がある。対になった棘が首と肩に沿って並び、側面にも棘がある。尾からは幅の広い装甲板が横方向に突き出ている。腰には癒合した小骨の固い塊の装甲がある。大きい装甲板どうしの間のスペースには、それより小さい小骨がある。頭骨自体も幅が広くて頑丈だった。

分布：ユタ州（アメリカ合衆国）
分類：装盾類－よろい竜類－ポラカントゥス類
名前の意味：ガストン（発見者）のもの
記載：Kirkland, 1998
年代：バレミアン
大きさ：5m
生き方：低い植物の枝や葉を食べる
主な種：*G. burgei*

よろい竜類の分類

よろい竜類の分類は見直しが進んでいる。本書の目的のためには、よろい竜類のいくつかの主要な進化傾向を認めることができる。

最も基盤的な周飾頭類はよろい竜類と剣竜類両方の祖先かもしれない。これらの原始的な種類には、スケリドサウルス*Scelidsaurus*やミンミなどの恐竜が含まれる。ここから、よろい竜類の主要な3つの支系統が進化した。

下：スケリドサウルス

最初のグループがポラカントゥス類で、ポラカントゥスやガストニアが含まれる。幅の広い口、背中と首の棘・腰の防護物・尾の装甲板からなる装甲を備えていた。

下：ポラカントゥス

2番目のグループがノドサウルス類で、ノドサウルス*Nodosaurus*やパウパウサウルス*Pawpawsaurus*が含まれる。

下：パウパウサウルス

ポラカントゥス類同様、ノドサウルス類は横向きの棘を含む装甲を首と両肩に備えていた。ポラカントゥス類と異なり、ノドサウルス類の口は狭く、採餌がより選択的だったことを示している。

最後のグループがよろい竜類である。この後期のグループは、武器として使われた尾の末端にある棍棒で特徴づけられる。白亜紀後期に生息していた巨大なエウオプロケファルス*Euoplocephalus*やアンキロサウルス*Ankylosaurus*が典型的なメンバーである。

上：エウオプロケファルス

これらの恐竜は選択的な採餌ではなく、一般的な採餌だったポラカントゥス類と同じく、幅の広い口を備えていた。

シャモサウルス Shamosaurus

知られている最も初期のよろい竜類はシャモサウルスで、モンゴルから産出した良好な頭骨と顎を含む数個体から知られている。よろい竜類は中央アジアで進化し、その後、北アメリカに広がったように思われる（当時、両大陸はつながっていた）。近縁のシーダーペルタ*Cedarpelta*はその少し後に北アメリカに出現した。

特徴：頭骨のくちばしはかなり狭く、アンキロサウルス類のくちばしよりもノドサウルス類のくちばしに似ている。頭部の両側に小さい角がある。すべてのアンキロサウルス類同様、頭骨の内部に迷路のような鼻腔がある。嗅覚を高めるため、吸気を温めるため、または音を出すためだっただろう。背中は装甲板と棘の装甲でしっかり覆われている。覆われていることを意味するシャモサウルス・スクタトゥス*S. scutatus*の種名はここからきている。他の点では、シャモサウルスの骨は典型的なよろい竜類とは異なるため、一部の研究者はシャモサウルスを独自の科に分類している。

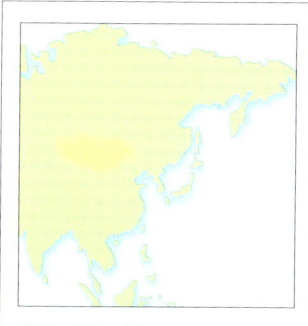

分布：モンゴル
分類：装盾類－よろい竜類－アンキロサウルス類
名前の意味：シャモ（ゴビ砂漠）のトカゲ
記載：Tumanova, 1983
年代：バレミアン～アプチアン前期
大きさ：7m
生き方：低い植物の枝や葉を食べる
主な種：*S. scutatus*

左：シャモサウルスには似ている隣人がいた。1950年代から知られていたが、2001年に初めて記載されたゴビサウルス*Gobisaurus*である。ゴビサウルスは同じ地域から産出し、外見がシャモサウルスに似ている、もう一つのアンキロサウルス類だった。

モササウルス類

魚竜類は次第に衰退し，白亜紀の中ほどに絶滅した．白亜紀に，泳ぐスピードの速い海の捕食動物という地位を引き継いだのは，モササウルス類とよばれる一群の動物たちだった．これは現代のオオトカゲ類とごく近縁のものだが，海中生活に適応し，まさにその時代のウミヘビというべき存在となった．

クリダステス *Clidastes*

これはモササウルス類のうちで最も小型のもので，最も大きいティロサウルスの獲物となるくらい小さかった．このグループの他のものと同様，ウナギのように体をくねらせて泳ぎ，尾のひれも泳ぐのを助けていたのだろう．水をかくのに適応した四肢は体を安定させ，舵をとるのに役立ち，水中でえさとなる魚やアンモナイトを捕らえた．

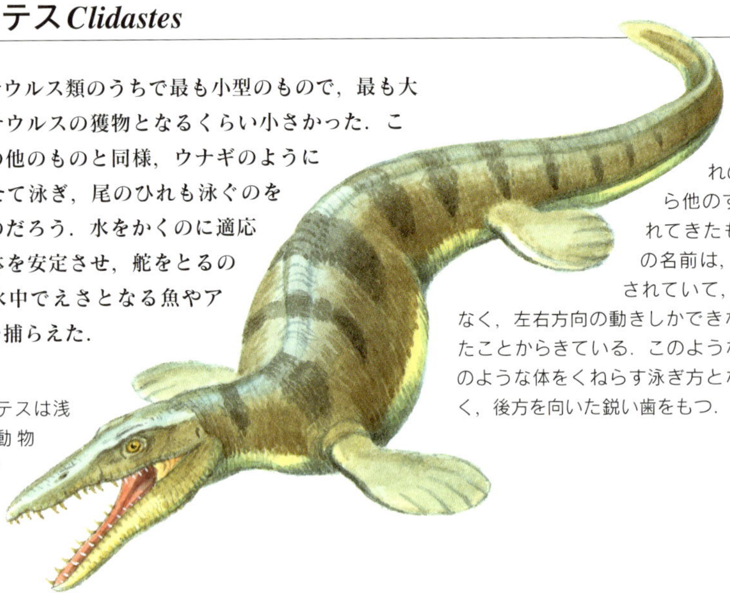

右：クリダステスは浅い海の捕食動物で，海の表層のみで暮らしたものと考えられる．

特徴：これは特殊化していないモササウルス類で，これの属するグループから他のすべてのものが生まれてきたものと思われる．この名前は，椎骨が互いに固定されていて，体が上下方向ではなく，左右方向の動きしかできないようになっていたことからきている．このような動きから，ウナギのような体をくねらす泳ぎ方となった．鼻先は長細く，後方を向いた鋭い歯をもつ．

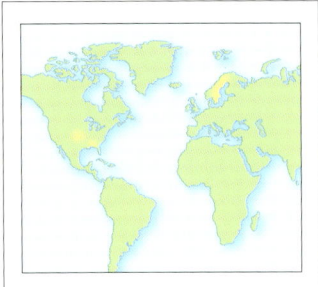

分布：アメリカ合衆国，スウェーデン
分類：有鱗類－オオトカゲ上科－モササウルス科
名前の意味：固定された
記載：Cope, 1868
年代：カンパニアン
大きさ：4m
生き方：水中で狩りをする
主な種：*C. propython, C. liodentus, C. moorevillensis*

ティロサウルス *Tylosaurus*

モササウルス類のうちで最も大きく，最も遅く現れたもののひとつにティロサウルスがいた．これはきわめて大きく，クリダステスのような小型のモササウルス類をはじめ，他の海生爬虫類を餌食にしていた．カリフォルニア州（アメリカ合衆国）にいた別のモササウルス類で，大きさがこれと同じくらいあったプロトサウルスが，皮膚の印象（圧痕）とともに発見されており，その皮膚がヘビと同じようにうろこでおおわれていたことを示している．

特徴：このモササウルス類の強力な尾は80個以上の椎骨からできている．それぞれの椎骨から長い棘突起が上に向かって突き出し，下には深いV字型の血道弓骨が突き出していて，泳ぎのための，縦に平べったく，幅広い尾の側面をつくっていた．この「膨らんだトカゲ」という意味の名前は鼻の先端が丸いこぶのようになっていることを表すもので，このこぶは獲物に体当たりして相手を気絶させるための武器として使われたのかもしれない．なかにはこの鼻先が傷ついているものもあり，その衝撃のすさまじさを示している．

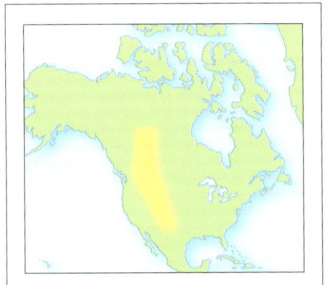

分布：アルバータ州～テキサス州（アメリカ合衆国）
分類：有鱗類－オオトカゲ上科－モササウルス科
名前の意味：膨らんだトカゲ
記載：Marsh, 1869
年代：マーストリヒシアン
大きさ：12m
生き方：水中で狩りをする
主な種：*T. proriger, T. nepaeolicus*

左：ティロサウルスは1868年にカンザス州（アメリカ合衆国）で発見され，ルイ・アガシによって記載された．コープはこれを1869年にマクロサウルスと名づけたが，最終的にティロサウルスと命名したのは大ライバルのオスニエル・チャールズ・マーシュだった．

モササウルス類 **177**

最初に知られたモササウルス類

1780年，オランダのマーストリヒト（白亜紀マーストリヒチアン階の名前はこの地名からつけられた）近郊にある砂岩採石場で［訳注：地中のチョーク採石場という説が一般的］，作業員が歯のついた一組の顎骨の化石を発見した．この化石は，ホフマンというフランス陸軍の軍医に贈られた．この地方の大聖堂参事である聖職者ゴダンは，その採石場が彼の所有地にあり，化石は自分のものだとしてホフマンを相手に訴訟を起こし，所有権を自分のものとした．

1794年，フランスの革命戦争のさい，フランス軍はマーストリヒトに砲撃を加えたが，この化石の科学的価値についてはフランス当局もよく知っていたため，それが置かれていた町の周辺部は攻撃対象からはずされた．ゴダンは化石を洞穴に隠したが，町を占領したフランス軍はブドウ酒600本を懸賞にし，町の人々は隠し場所をばらしてしまった．フランス軍に押収された化石は，パリ植物園に送られて，フランス最高の解剖学者キュヴィエによって研究が行われ，今日もなおそこにある．

この化石が世界で最初に発見されたモササウルスの顎骨であり，間もなくこれが現代のオオトカゲ類と近縁の巨大な水生トカゲであったことがわかった．イギリスの地質学者ウィリアム・コニベアによってモササウルスという名前がつけられ，これは「マース川のトカゲ」という意味である．

下：モササウルスの顎骨の化石

プラテカルプス *Platecarpus*

モササウルス類はアンモナイト類を食べていたことがわかっている．モササウルス類のV字型に並んだ独特な歯形のついたアンモナイトの殻がいくつか発見されているからである［訳注：これについては，肉食性巻貝による殻の溶解跡とする異論がある］．モササウルス類は殻にかみつき，少し回転させてはまたかみ，殻が割れるまで数回これを繰り返したと思われる．殻が割れると，軟らかい部分を食べたのだろう．モササウルス類の胃の中からは，殻のかけらは見つかっていない．

特徴：この最も多くみられるモササウルス類は，短い胴体と長い尾をもつ．よく保存された顎骨をみると，これがどのように獲物を飲み込んでいたかがわかる．歯は一般に真っ直ぐだが，上あごの奥のほうでは歯列がのどのほうに向かって後方に傾いている．あごの関節によって下あごが広がり，食物といっしょに下あごを後方に引っ張ることができるようになっている．この上あごの奥歯は食物を保持し，のどの奥に導く．

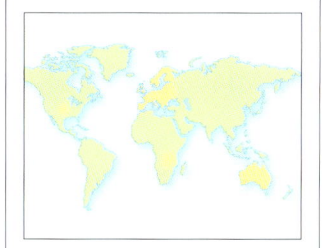

上：モササウルス類は首と背中に沿って，ひれまたは隆起線が描かれることがしばしばある．これは1899年に発見されたプラテカルプスの標本にみられるのどの構造物の印象を，見誤ったことによるものである．これを発見したウィリストンは，2年後に自分の誤りを認めている．実際には，このような隆起線の存在を示す証拠はない．

分布：カンザス州（アメリカ合衆国），ヨーロッパ，アフリカにも生息．オーストラリア（可能性）
分類：有鱗類－オオトカゲ上科－モササウルス科
名前の意味：平たい手首
記載：Cope, 1869
年代：チューロニアン～マーストリヒシアン
大きさ：7.5m
生き方：魚やアンモナイトを捕らえる
主な種：*P. ictericus*, *P. tympaniticus*, *P. bocagei*, *P. coryphaeus*, *P. planifrons*

グロビデンス *Globidens*

太く短い丈夫な歯と強力なあごは，この口が食物をかみ砕くためにできていることを示す．食物はカメ類や，アンモナイトのような軟体動物などの厚い殻をもった動物だったと思われる．モササウルス類は，グループ全体としては世界中の浅い海に住んでいたが，白亜紀後期に北米地域の大部分をおおっていた浅い海に堆積したチョーク層から最も多く発見される．

特徴：この特殊化したモササウルスは短く大きな頭部をもつ．短いあごには，基部が細く，先端がまるくなった球根状の歯が並び，その上面はしわでおおわれる．他のモササウルス類に特徴的にみられる上あごの歯は，存在しない．その他の点では，頭骨と背骨は，これがクリグステスにごく近い類縁関係にあることを示している．ひれ脚は他のモササウルス類と同じように5本の指をもち，原始的な魚竜類やプレシオサウルス類にみられるのと同じ多指骨性（関節の数の増加）を示す．

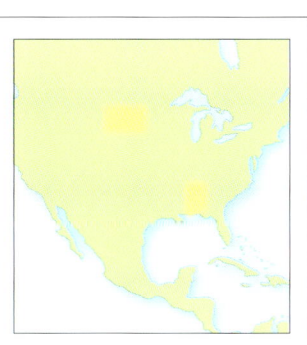

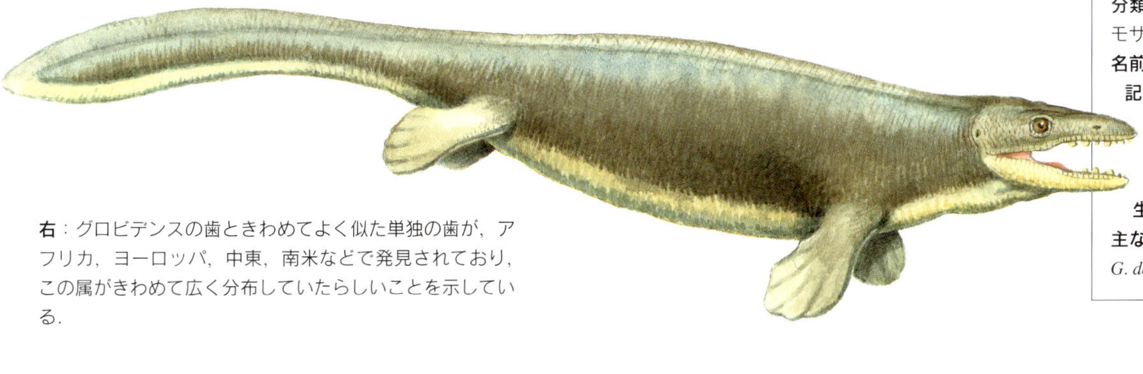

右：グロビデンスの歯ときわめてよく似た単独の歯が，アフリカ，ヨーロッパ，中東，南米などで発見されており，この属がきわめて広く分布していたらしいことを示している．

分布：アラバマ州，サウスダコタ州（アメリカ合衆国）
分類：有鱗類－オオトカゲ上科－モササウルス科
名前の意味：球根状の歯
記載：Gilmore, 1912
年代：カンパニアン～マーストリヒシアン
大きさ：6m
生き方：貝や甲殻類を食べる
主な種：*G. alabamaensis*, *G. dakotensis*

首長竜類

白亜紀後期の海には，ジュラ紀の海と同じくらい多様な首長竜類がみられた．タイプの異なる首長竜類は狩りをする場所が異なっていたものと思われる．例えば，クジラに似た大型のプリオサウルス類は大きな獲物を追って外洋を回遊し，小さな頭と長い首をもつプレシオサウルス類は大陸棚の海にいて，魚や小型の動物を捕らえた．

ヒドロテロサウルス *Hydrotherosaurus*

魚を食べるヒドロテロサウルスは，大陸沿岸に近い浅い海に住んでいた．関節が完全につながったままの状態で，カリフォルニア州（アメリカ合衆国）で見つかった骨格の胃の内容物から，これが何を食べていたかを知ることができる．この胃の中には胃石もみられ，これは浮力を調節するためにヒドロテロサウルスが飲み込んだものと思われる．海底近くで生活し，獲物を捕らえる動物はしばしばこのような方法を用いた．

特徴：ヒドロテロサウルスと，エラスモサウルスをはじめとする白亜紀後期のその他の首の長い首長竜類との違いは，60個の頸椎の部分にある．それらの頸椎は前端部のほうがずっと高さが低くて細く，肩のほうに向かって高くなる．初期のころに復元されたものは，細く流線形の体になっているが，これは完全な骨格の肋骨が見つかったときの角度がそのようになっていたことによる．現在では，これは他のプレシオサウルス類と同じように，カメのような角ばった体つきをし，幅の広い肩甲骨と骨盤をもっていたと考えられている．

上：H. アレクサンドラエ *H. alexandrae* は，有名な化石採集者アニー・モンタギュー・アレクサンダー（1867-1950）にちなんでこの種名をつけられた．このアレクサンダーという女性は2万点以上の標本をカリフォルニア大学古生物学博物館に寄贈した人で，80歳の誕生日にもまだ化石採集に出ていたという．

分布：カリフォルニア州（アメリカ合衆国）
分類：プレシオサウルス上科-プレシオサウルス科
名前の意味：漁師トカゲ
記載：Welles, 1943
年代：マーストリヒシアン
大きさ：13m
生き方：魚を捕らえる
主な種：*H. alexandrae*

エラスモサウルス *Elasmosaurus*

エラスモサウルスの首はきわめて長く，エドワード・ドリンカー・コープがはじめてこれを研究したとき，この首を尾と見誤ったほどである．E.プラティウルス *E. platyurus* という種名は「大きな平らな尾」という意味で，実際にはこれは首のことをいったものだった．彼のライバルだったオスニエル・チャールズ・マーシュにこの誤りを指摘されたときの口惜しさは強烈なもので，これが19世紀後半のいわゆる「ボーン・ウォー（化石争奪戦）」の端緒となり，2人は脊椎動物の化石の発見数で相手を打ち負かそうと激しく競い合った．

特徴：いちじるしく長いエラスモサウルスの首は，72個の頸椎からなり，その数は知られているどの動物よりも多い．肩帯と骨盤の下側は大きく広がって板状の構造物をつくり，そこにひれ脚を動かす強力な筋肉が付着する．頭部はごく小さいが，口は大きく開き，鋭いとげ状の歯が並んでいる．胃の内容物から考えて，当時の最もスピードの速い魚も捕らえることができたと考えられる．他のプレシオサウルス類と同じく，エラスモサウルスも長い首をすばやく動かして不注意に泳いでいる魚を捕らえていたのであって，大きな体で敏捷に動き回る必要はなかったのだろう．

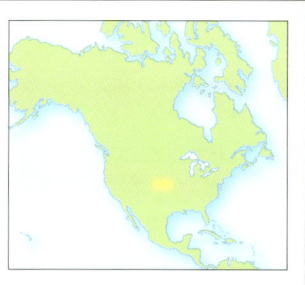

上：エラスモサウルスには多数の種がある．しかし，その中には種だけではなく，属の異なるものも少なくないと考える科学者は，ケネス・カーペンターをはじめ少なくない．

分布：カンザス州（アメリカ合衆国）
分類：プレシオサウルス上科-プレシオサウルス科
名前の意味：金属板トカゲ（骨盤および肩帯の平たい骨を表す）
記載：Cope, 1868
年代：マーストリヒシアン
大きさ：12m
生き方：魚を捕らえる
主な種：*E. platyurus*, *E. morgani*, *E. serpentines*, *E. snowii*

白亜紀の首長竜類の分類

白亜紀の海には，多くの属の首長竜類がたくさんいた．これは首が長く，頭の小さいタイプ（プレシオサウルス類［上科］）と，首が短く，頭の大きいタイプ（プリオサウルス類［上科］）に分けることができる．この2つのグループは大いに繁栄し，一貫してジュラ紀と白亜紀をずっと生きつづけたと考えたくなるところだが，最近の研究が示すところによると，事実はそれと異なる．

白亜紀の首の長いプレシオサウルス類はジュラ紀のプレシオサウルス類と解剖学的構造が異なり，この2つのグループは類縁関係がかなり遠いようにみえる．白亜紀の長頸タイプは，むしろジュラ紀の首の短いタイプのほうと近い関係にあるように思われる．違いは口蓋や頭蓋後部の骨の並び方や，頭蓋と首のつながり方にみられる．

このことはつまり，最初の長頸型首長竜類はジュラ紀の終わりに完全に絶滅したが，その後まったく新しい長頸型が首の短い系統から生まれて繁栄し，以前の絶滅によって空き家になっていた生態的地位を満たしていったということを意味する．首が長いという類似性は，系統的な類縁によるものではなく，収斂進化の問題である．したがって，白亜紀の首長竜類の分類は改める必要がある．

下：首の短いジュラ紀の首長竜類

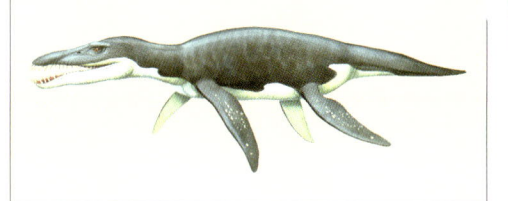

ドリコリンコプス *Dolichorhynchops*

歯やあごの筋肉の並び方は，ドリコリンコプスがきわめてすばやく獲物にかみつくことができたが，そのかみつく力は特に強いものではなかったことを示している．獲物はこの時代の海のいたるところにいた柔らかい体のイカであった可能性が高いと思われる．数体のおとなの完全な骨格と，まだ若い子供の骨格の一部が知られている．

下：ドリコリンコプスの首は短いが，頭部よりは少し長かった．

分布：カンザス州（アメリカ合衆国）
分類：プリオサウルス上科－プリオサウルス科
名前の意味：鼻先の長い顔
記載：Williston, 1902
年代：カンパニアン
大きさ：5m
生き方：魚を捕らえる
主な種：*D. osborni*

特徴：体は短く，流線形をしており，ジュラ紀のペロネウステスと似ているが，頭骨は長くて細く，大きな眼窩をもち，魚竜類と似ている．頭部はもっと体の大きいプリオサウルス類の諸属よりもずっと軽く，歯は小さく，すべて同じ大きさのものがぎっしりとすき間なく並ぶ．

クロノサウルス *Kronosaurus*

クロノサウルスはしばしば図に描かれ，体の寸法も確定されたものとして示されることが多いが，これが実際にどのような動物だったかについては，それほどよくわかっているわけではない．この名前はもともと，オーストラリアのクイーンズランド州で発見された頭骨につけられた．復元像の多くが根拠にしているハーヴァード大学博物館の組立て骨格は，別の層位から出たもので，組み立ても正確ではない．

特徴：クロノサウルスの頭骨は，知られている海生爬虫類のうちで最も大きい．頭骨は上が平べったく，先端は細くとがったあごになっている．頭部の長さは約2.7mで，体全体の長さのおよそ3分の1を占める．あごの椎骨は，最初は約30個とされていたが，現在は約20個と考えられており，そのためあごの長さも改められている．マッコウクジラに似たような生活をしていたのかもしれない．

下：最初に発見されたクロノサウルスの標本は，6本の歯がついたあごの破片で，1901年にオーストラリアのクイーンズランド州ヒューエンデン近郊で見つかった．これは1924年にもっと完全な頭骨が発見されるまで，魚竜類のものと考えられていた．有名な頭骨が発見されたのは，1931年になってからのことだった．

分布：クイーンズランド州（オーストラリア），ボヤカ（コロンビア）
分類：プリオサウルス上科－プリオサウルス科
名前の意味：クロノス（ギリシャ神話の巨人の名）のトカゲ
記載：Longman, 1924
年代：アルビアン（白亜紀前期であるが，系統的に近縁なため，ここに入れた）
大きさ：9m
生き方：大洋で獲物を捕る
主な種：*K. queenslandicus*, *K. boyacensis*

巨大な翼竜類

最後期の翼竜類はまさに怪獣たちであり，なかには翼幅がハンググライダーや小型飛行機より大きなものさえいた．現代の空を飛ぶ鳥のうちで最も大きいアホウドリやコンドルも，恐竜時代末期の空を支配していた最大の翼竜類と並べば，ほんのちっぽけなものにすぎなかっただろう．まもなく鳥類が空の世界を引き継いでいく．

プテラノドン *Pteranodon*

プテラノドンの最初の標本は，1870年，カンザス州（アメリカ合衆国）のチョーク中から，O・C・マーシュによって発見された．その標本は翼の骨の破片で，プテロダクティルスの一種と鑑定された．1876年，最初の頭骨が発見され，それには歯がなかったことから，プテラノドンと名前が改められた．1970年代まで，プテラノドンは空を飛ぶことのできる最大の動物だったと考えられていた．

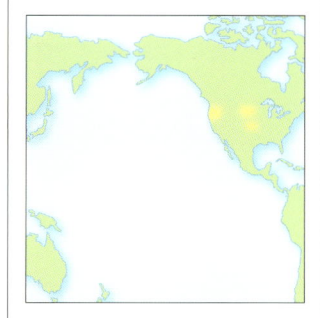

特徴：プテラノドンは長い頭部をもち，上下に深いあごには歯がない．頭の後には長い頭飾りが突き出していて，頭骨は全体としてハンマーの頭のような形をしている．最大の種であるP.ステルンベルギでは，この頭飾りが上方に突き出し，頭の形はまったく異なる．頭部は胴部よりもずっと大きい．体重を小さくするため骨は中空で，背部の椎骨は肋骨と癒合して，飛筋をしっかりと支える土台となっている．プテラノドンは羽ばたいて飛ぶよりも，滑空していることのほうが多かったと思われる．

分布：サウスダコタ州，カンザス州，オレゴン州（アメリカ合衆国）
分類：翼竜類－プテロダクティルス上科
名前の意味：歯のない翼
記載：Marsh, 1876
年代：サントニアン〜カンパニアン
大きさ：翼幅9m
生き方：魚を捕らえる
主な種：*P. longiceps*, *P. ingens*, *P. eatoni*, *P. marshi*, *P. walkeri*, *P. oregonensis*, *P. sternbergi*

ニクトサウルス *Nyctosaurus*

ニクトサウルスの頭飾りは，翼面積に匹敵する大きさをもつ．生きていたときには，ここにタペヤラと同じような皮膚の帆が張られていて，ディスプレイや空気力学的装置として用いられていたのではないかと主張する古生物学者もいる．このような帆が存在したことを直接示す証拠はなく，機械学的に考えて帆はありえないと考える古生物学者も多い．

右：ここに示す復元図には，頭飾りの部分にあったといわれる帆は描かれていない．

特徴：1870年代に発見されていらい，ニクトサウルスは常に，頭飾りのない小型のプテラノドンとみられてきた．これはまた，上腕骨および肩関節の形も，プテラノドンと異なる．ところが2003年，アメリカ合衆国カンザス州西部のスモーキーヒル・チョーク層から，きわめて目立つ，細い骨の頭飾りをもった2個の新しい頭骨が発見された．その頭飾りは長さが頭骨の約3倍もあり，シカの枝角のような形をしていた．

分布：カンザス州（アメリカ合衆国），ブラジル
分類：翼竜類－プテロダクティルス上科
名前の意味：夜のトカゲ
記載：Marsh, 1876
年代：サントニアン〜マーストリヒシアン
大きさ：翼幅2.9m
生き方：魚を捕らえる
主な種：*N. lamegoi*, *N. gracilis*

右：タペヤラ（比較のために示す）

足跡

翼竜類は空飛ぶ爬虫類だった．そのことは150年以上前からわかっていた．しかし，翼竜類がムササビ類のように滑空するのではなく，鳥類のように自ら羽ばたいて飛んでいたということで決着がついたのは，ほんの数十年前のことにすぎない．彼らが地上にいるとき，どのようにしていたかは，まだわかっていない．

2つの考え方があった．ひとつは，いわばカエルのように四つんばいになっていたというもの，もうひとつは鳥類のように完全に二本足で歩いたというものだった．1980年代に，動物の歩いた足跡の化石のいくつかが，何であるかがわかってきた．それは翼竜類が地上を歩いたときにつけられたもので，4本指の後足がかなり幅の広い歩き跡を残していた．手は3本指の跡が後足の跡のごく近いところに残り，その指のうちの1本は横を向いている．これを分析すると，翼竜類はがに股になった後脚で歩き，体はある程度直立して，翼で体を支え，松葉杖で歩く人に似たような姿で歩いていたと考えられる．

2004年にフランスで発見されたさらに詳しい歩き跡が示すところによると，翼竜類は地面に近づくと失速速度まで飛行速度を落とし，静かに足を地面に下ろしていく．それからちょっとの間，地面に足指を引きずり，1回，短くピョンと跳ねてから前肢を下ろして，四本足で歩き出していた．きわめて正確な着地技術だった．

下：翼竜の歩き跡

チョーチアンゴプテルス *Zhejiangopterus*

この属では，関節のつながった状態の標本4体が知られている．これは発見されたとき，プテラノドンおよびニクトサウルスと類縁のものとみられたが，現在では主としてそのきわめて長い頸椎から，ケツァルコアトルスのほうが近いと考えられている．この頭骨は発泡スチロールのような組織をもった，いちじるしく多孔質の軽い骨でできているため，これらのような完全な翼竜類の頭骨はまれにしか存在しない．

特徴：
このグループに属する他のものと同じように，チョーチアンゴプテルスは短い翼，長い脚（腕の約1.5倍），きわめて大きいが，いちじるしく幅の狭い頭部をもつ．下あごの下にある長い頭飾りが唯一の頭飾りで，これはきわめて薄い頭骨を支えるという構造的な意味をもっていたのかもしれない．あごには歯がなく，眼窩はごく小さい．長い椎骨でできたきわめて長い首をもつ．

分布：浙江省（中国）
分類：翼竜類－プテロダクティルス上科
名前の意味：浙江省の翼
記載：Cai and Feng, 1994
年代：サントニアン
大きさ：翼幅5m
生き方：魚を捕らえる
主な種：*Z. linhaiensis*

左：この大きな頭をもつ翼竜類の頭骨がめったに化石にならなかった理由は，これがきわめて繊細な材料でできていて，死後，急速に分解してしまったことにある．

ケツァルコアトルス *Quetzalcoatlus*

1970年代に発見されたケツァルコアトルスは，この世に存在しえた最大の空飛ぶ動物と考えられた．これは内陸の水面で魚を捕らえるか，または乾燥した大地の上昇気流に乗って飛翔しながら見つけた恐竜の死骸を食べて生きていたのだろう．しかし今では，これよりもさらに大きい翼竜の属が出現したことを示す証拠がある．

特徴：ケツァルコアトルスはきわめて大きな頭をもち，その後部には骨質の頭飾りがある．プテラノドンやその他の大きな翼竜類と同様，歯はもたなかった．鼻孔と，ふつうは眼窩と鼻孔の間にある穴がひとつになっていて，頭骨の重さは可能なかぎり小さく保たれている．発見されたのち，その翼幅は15mから11mに訂正されたが，それでもなおきわめて大きい．

下：きわめて大きな体であったにもかかわらず，骨格は軽くできていて，体重はせいぜい100kgくらいではなかったかと思われる．

分布：テキサス州（アメリカ合衆国）
分類：翼竜類－プテロダクティルス上科
名前の意味：アステカ神話の羽根飾りをもったヘビ，ケツァルコアトルから
記載：Lawson, 1975
年代：マーストリヒシアン
大きさ：翼幅11m
生き方：魚を食べるか，または狩りをせずに残りものを食べる
主な種：*Q. northropi*．他のもう1種はまだ命名されていない

基盤的なアベリサウルス類

アベリサウルス類は白亜紀後期の特有な獣脚類恐竜だった．ケラトサウルス類と同じ系統から進化してきたもので，テタヌラ類とはまったく異なる．アベリサウルス類は最初，南米に限られるものと考えられたが，現在では南の大陸にもっとずっと広く分布していたと考えられている．

マシアカサウルス *Masiakasaurus*

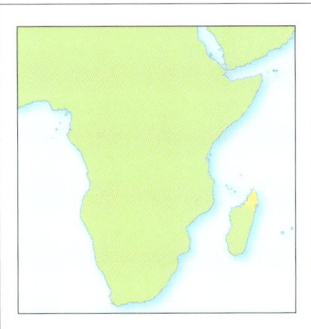

この風変わりなアベリサウルス類は，ばらばらになった不完全な骨格がただひとつ知られているだけで，それにはあごの一部，後肢，いくつかの椎骨が含まれる．下あごは不思議な歯の配列を示し，前歯は前を向いて生え，上向きに湾曲している．あごの奥のほうの歯はふつうのものと変わらない．

分布：マダガスカル
分類：獣脚類－ネオケラトサウルス類－アベリサウルス類
名前の意味：悪いトカゲ
記載：Sampson, Carrano and Forster, 2001
年代：マーストリヒシアン
大きさ：1.8m
生き方：魚を捕らえる
主な種：*M. knopfleri*

特徴：前を向いて生えた不思議な下あごの歯は，これが風変わりな恐竜だったことを示している．これは魚を捕らえていたことの知られている，ある種の翼竜類の歯と似ており，この類似性からマシアカサウルスもおそらく魚を捕らえていたものと考えられる．長い首も，これが魚を捕らえていたことを思わせる．残念ながら上あごの前部の標本は得られておらず，したがってこの口が実際にどのように働いたのかははっきりしない．

右：この種 M. ノップラーイ *M. knopfleri* は，ギタリストのマーク・ノップラーにちなんでこの名がつけられた．発掘チームが，ノップラーの音楽を聴いているときにこれを発見したことによる．

ノアサウルス *Noasaurus*

ノアサウルスの後足にある殺しのかぎ爪は，収斂進化の典型的な例である．表面的には，これはマニラプトル類の殺しのかぎ爪と似ているが，この2つの恐竜は遠い血縁関係があるにすぎない．このようなかぎ爪は，捕食のしかたが似ていることから，同じような必要を満たすために，それぞれ別個に進化してきたものである．これらの恐竜は大型の獲物を追い，速やかに殺すのではなく，深い傷を与えて出血させたのだろう．

分布：アルゼンチン
分類：獣脚類－ネオケラトサウルス類－アベリサウルス類
名前の意味：北西アルゼンチンのトカゲ
記載：Bonaparte and J.E.Powell, 1980
年代：マーストリヒシアン
大きさ：3m
生き方：狩りをする
主な種：*N. leali*

特徴：これは狩りをする小型で活発なアベリサウルス類恐竜で，上下に厚みのある頭と，足の第2指の巨大な殺しのかぎ爪をもつ．このかぎ爪は類縁関係のないマニラプトル類のかぎ爪とは筋肉のつき方や，もっと鋭く湾曲していること，もっと自在に動かせることなどが異なる．最近の研究が示すところによると，この大きなかぎ爪は相手を切り裂くのには使えなかったようである．

左：さらに最近の研究では，この復元図は正確ではなく，殺しの爪は足ではなく，手についていたとされる．そうだとすると，その姿ははるかにふつうの恐竜に近い姿となる．

基盤的なアベリサウルス類　183

アベリサウルス *Abelisaurus*

アベリサウルス類

アベリサウルス類の進化は20年にわたって，変化する白亜紀の古地理を示す証拠のひとつとされてきた．

観察可能な証拠によれば，このグループは現在南米となっている地域に出現し，その後，南の大陸全体に広がっていった．その化石は南米，マダガスカル，インドなどの白亜紀後期の岩石中から発見されている．中生代に超大陸が分裂すると，南のゴンドワナ大陸とよばれる部分は，北のローラシア大陸よりもずっと長い間，全体としてひと塊になったまま存在しつづけた．動物はこの地域を自由にあちこち移動することができたが，そのころにはゴンドワナ大陸とローラシア大陸の間には，ごくわずかなつながりしかなくなっていた．

しかし，アフリカにアベリサウルス類がみられないことは，アフリカ大陸がごく早い時代，アベリサウルス類がはっきりと進化する前に，ゴンドワナ大陸のそれ以外の部分から切り離されたことを示すものと考えられてきた．この大型の恐竜は，アフリカとそれ以外の南の大陸との間に広がっていく海を渡ることができなかった．

21世紀初期になされた発見によって，話はそれほど単純ではないことが明らかになった．大型のアベリサウルス類ルゴプスがアフリカ北部で発見されており，フランスでタラスコサウルスが発見されたことは，このグループがゴンドワナ大陸とローラシア大陸を隔てていたテーチス海を何らかの方法で渡ったことを示すものだった．

これはアベリサウルス類というグループ（最初はアベリサウルスとカルノタウルスからなるグループだった）全体の名前のもとになった恐竜で，南半球の白亜紀後期の肉食恐竜の代表的なものである．頭骨の一部しか知られていないが，その発見以降，ごく近い類縁関係にある恐竜の，もっと完全な標本が見つかっており，それによってアベリサウルスが生きていたときの姿を確信をもって推測することができる．

特徴：典型的なアベリサウルス類の上下に厚い頭骨と鋭い歯は，これが北半球のカルノサウルス類あるいはティラノサウルス類に相当する強力な捕食恐竜であったことを示す．この頭骨は目の前部に特に大きな穴がある点で，上の両者と明らかに異なる．

分布：アルゼンチン
分類：獣脚類－ネオケラトサウルス類－アベリサウルス類
名前の意味：アベルのトカゲ（アベルはアルゼンチン自然科学博物館館長ロベルト・アベルのこと）
記載：Bonaparte and Novas, 1985
年代：マーストリヒシアン
大きさ：6.5m
生き方：狩りをする
主な種：*A. comahuensis*

左：A.コマウエンシス *A.comahuensis* は，これが発掘されたコマウエ累層からこの名がつけられた．

タラスコサウルス *Tarascosaurus*

アベリサウルス類は1990年代にフランスで発掘されるまで，南の大陸に限られ，そこで他とは隔離されて進化してきたものと考えられていた．大腿骨と2個の椎骨のみしか知られていないが，それらはきわめて独特なもので，この恐竜を独自のグループに分類するのに十分な根拠となる．これの正確な出所ははっきりしないが，カンパニアン期の灰色石灰岩の限られた層位から出たものであることは間違いない．

特徴：この恐竜は数少ない骨の破片が知られているのみであるため，その全体像を示すことはむずかしい．鼻先のずんぐりした大きな頭と，長い短剣のような歯をもっていたと考えられている．胴体は長く，重い．腕は小さく，3本の指があり，足には大きなかぎ爪がついている．このような記述の多くは，いうまでもなく，他の大型のアベリサウルス類についての知識にもとづいている．

右：この恐竜の名前のもとになっているタラスクは，プロヴァンスの伝説のドラゴンである．この恐竜を誰が発見したのか，あるいは誰が発掘したのかはわかっていない．

分布：フランス
分類：獣脚類－ネオケラトサウルス類－アベリサウルス類
名前の意味：ドラゴントカゲ
記載：LeLoeff and Buffetaut, 1991
年代：カンパニアン
大きさ：10m
生き方：狩りをする
主な種：*T. salluvicus*

進化したアベリサウルス類

1980年代まで，アベリサウルス類は十分にはわかっていなかった．その後，南米やマダガスカルの恐竜研究の発展によって，このグループが実際にどのくらいの範囲に生息し，どのくらい多彩であったかが明らかにされた．保存状態のよい骨格によって，この恐竜がどのような姿をしていたかがはっきりとわかってきた．その多くは，大きくどっしりとした体の肉食恐竜だった．

アウカサウルス *Aucasaurus*

欠けているのは尾の先だけというほぼ完全な骨格が知られているアウカサウルスは，1999年にパタゴニアの湖底堆積物中から発見された．これは最もよく知られたアベリサウルス類の骨格となり，他の数体を復元する際の根拠として用いられている．この骨格の頭骨には損傷が認められ，これが死の直前に敵と戦っていたらしいことを示している．

特徴：アウカサウルスは類縁のカルノタウルスと似ているが，大きさはその3分の2くらいしかない．カルノタウルスでは側頭部の角があったところに，アウカサウルスでは膨らみがあるだけで，これは繁殖時のディスプレイ用の構造物として用いられたものと考えられる．腕はカルノタウルスほどではないにしても，ごく小さく，上腕骨が腕の全体を占めるといってよいほどで，前腕部の骨の大きさは4本の指とほとんど変わらない．

分布：ネウケン州（アルゼンチン）
分類：獣脚類－ネオケラトサウルス類－アベリサウルス類
名前の意味：アウカ・マウエボのトカゲ
記載：Chiappe and Coria, 2001
年代：カンパニアン
大きさ：5m
生き方：狩りをする
主な種：*A. garridoi*

カルノタウルス *Carnotaurus*

カルノタウルスのほぼ完全な骨格がアルゼンチンで見つかり，それが埋まっていた硬い鉱物ノジュール中から苦労の末に掘り出された．上下に厚みのある頭骨は，これが鋭敏な嗅覚をもっていた可能性のあることを暗示するが，あごや首が強力だったと思わせる筋肉付着部の大きさと，下あごや歯の貧弱さは不釣り合いにみえる．

特徴：頭部はきわめて短く，押しつぶされたような形をし，浅い下あごはかぎ状に曲がっている．目の上から両側に2本の角が突き出しており，これはライバルと戦うのに用いられたものと思われる．腕はきわめて短く，ティラノサウルスの小さな腕よりもさらに短い．はっきりした前腕部もない．ごく小さな指が4本ついたほんの切れはし程度のものにすぎない．皮膚の組織はあらゆる獣脚類のうちで最もよく知られており，小さな礫状のうろこが全体をおおうが，側面には大きな円錐状の骨片が列をなして並んでいる．

分布：アルゼンチン
分類：獣脚類－ネオケラトサウルス類－アベリサウルス類
名前の意味：肉食の雄牛
記載：Bonaparte, 1985
年代：カンパニアン～マーストリヒシアン
大きさ：7.5m
生き方：狩りをする
主な種：*C. sastrei*

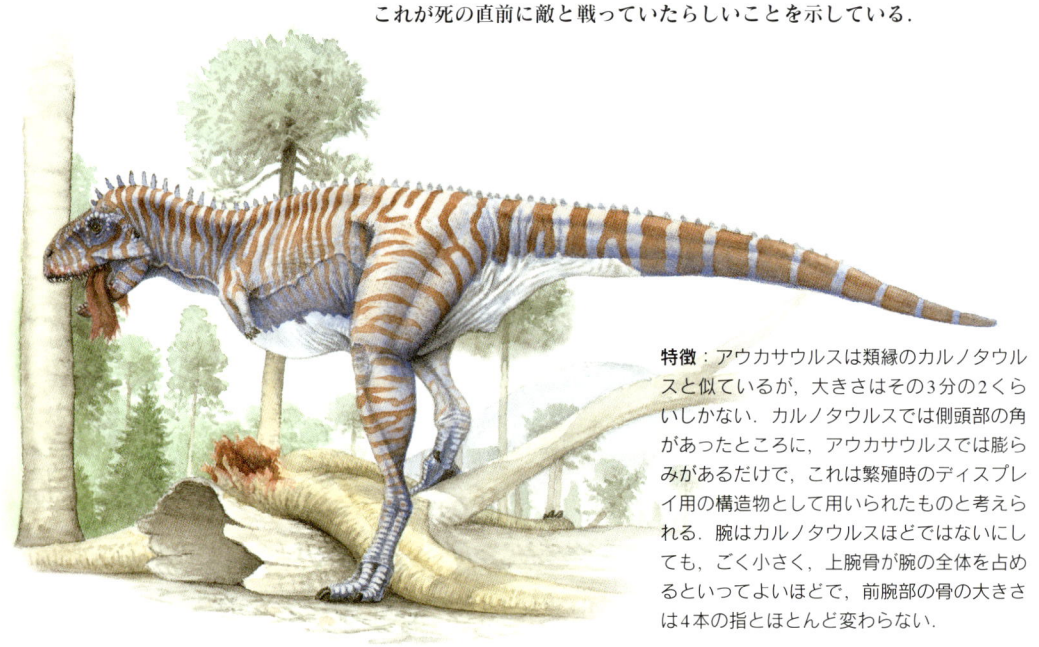

右：カルノタウルスの頭骨は，眼窩の前に巨大な穴があいており，これは前眼窩窩とよばれる．前眼窩窩はすべての獣脚類にあるが，これほど大きいものはアベリサウルス類にしかみられない．

進化したアベリサウルス類　**185**

ルゴプス *Rugops*

ルゴプスの頭骨の化石は2000年に、シカゴ・フィールド博物館のポール・セレノをリーダーとする、雑誌『ナショナル・ジオグラフィック』のチームによって発見された．同じ地域で大型の竜脚類が数体発見されており、したがってその地域には食物が十分にあった．ルゴプスはアフリカで発見された最初のアベリサウルス類で、その他のものはすべて南米、マダガスカル、およびインドで発見されている．明らかに、その当時アフリカと他の大陸との間には何らかの陸地のつながりがあった．

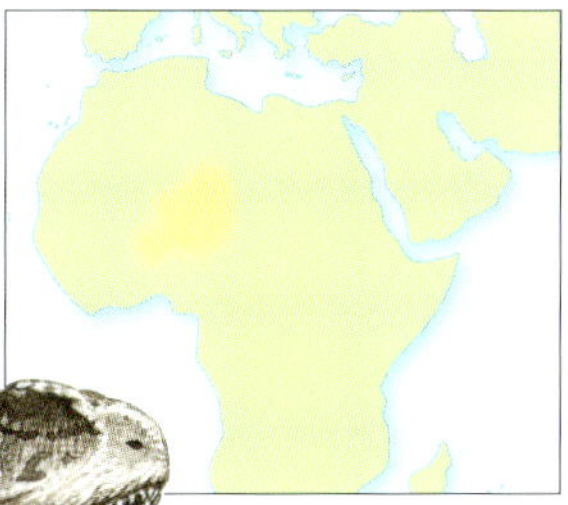

分布：ニジェール
分類：獣脚類－ネオケラトサウルス類－アベリサウルス類
名前の意味：しわくちゃな顔
記載：Sereno, Wilson and Conrad, 2004
年代：セノマニアン
大きさ：9m
生き方：狩りをせずに残りものを食べる
主な種：*R. primus*

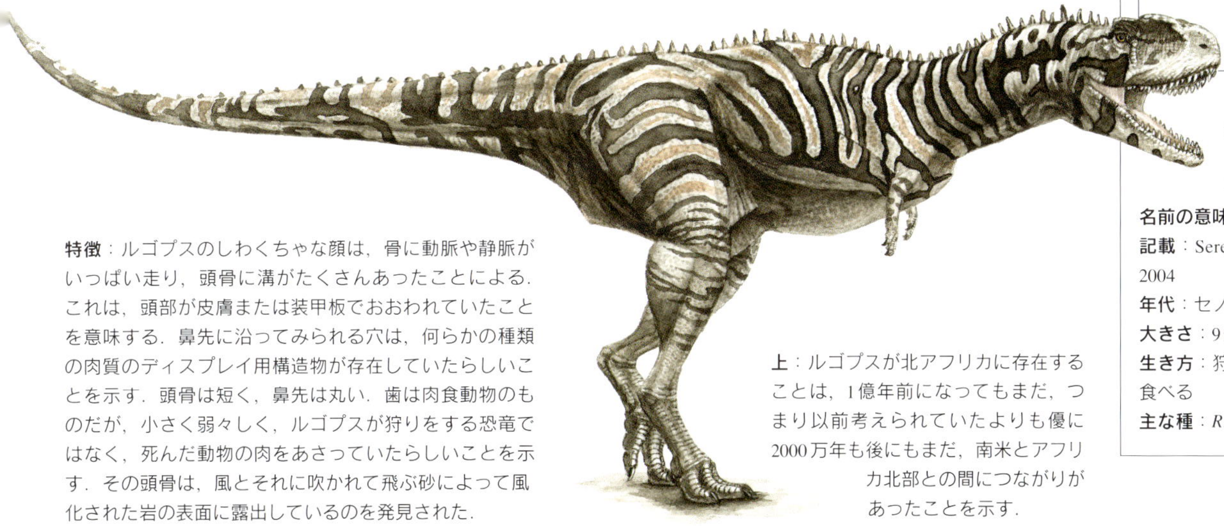

特徴：ルゴプスのしわくちゃな顔は、骨に動脈や静脈がいっぱい走り、頭骨に溝がたくさんあったことによる．これは、頭部が皮膚または装甲板でおおわれていたことを意味する．鼻先に沿ってみられる穴は、何らかの種類の肉質のディスプレイ用構造物が存在していたらしいことを示す．頭骨は短く、鼻先は丸い．歯は肉食動物のものだが、小さく弱々しく、ルゴプスが狩りをする恐竜ではなく、死んだ動物の肉をあさっていたらしいことを示す．その頭骨は、風とそれに吹かれて飛ぶ砂によって風化された岩の表面に露出しているのを発見された．

上：ルゴプスが北アフリカに存在することは、1億年前になってもまだ、つまり以前考えられていたよりも優に2000万年も後にもまだ、南米とアフリカ北部との間につながりがあったことを示す．

狩りをするか？ 狩りをせずに残りものを食べるか？

マジュンガトルスにみられるような共食いは、動物の世界では異常なことではない．現代では、少なくとも14種の哺乳類や、多くの種の爬虫類や鳥類が、悪条件のもとでは自分と同じ種の仲間を殺して食べることが知られている．白亜紀には、現在マダガスカル北部となっている地域では環境の季節的な変化によって、食物や水の供給が変動し、極度に乾燥する時期もあった．このような条件は、動物を共食い行動に導きがちである．

マジュンガトルスが同じ種の仲間を殺したのか、それとも飢餓や渇水のために死んだ死骸を食べていたのかはわからない．問題のマジュンガトルスの骨には、マジュンガトルスのあごに並ぶ歯と大きさや間隔の一致する歯形がついており、個々の歯の鋸歯状の模様も見られる．

恐竜の共食いを示す他の唯一の証拠は、アリゾナのゴーストランチで発見されたコエロフィシスでみられる．それは干ばつの中で死んだとみられるコエロフィシスの群れだが、死に絶える前に少なくとも子供の1頭が共食いされていた．

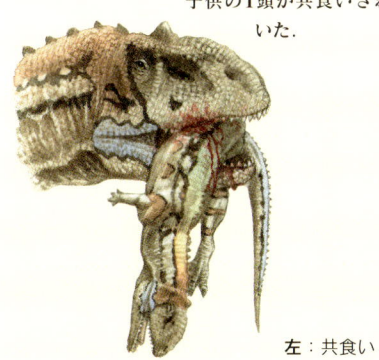

左：共食い

マジュンガトルス *Majungatholus*

最初に発見されたマジュンガトルスの標本は、頭骨の小さな破片だった．頭の上部に肥厚が認められたことから、初期の研究者はこれをパキケファロサウルス類と分類し、そこからこの名がつけられた．トルス *tholus* というのは「ドーム」を意味し、恐竜の名前に「トルス」がついているのはそれがパキケファロサウルス類であることを示唆する．マジュンガというのは、これが発見された地方都市の名前である．最初の標本以降、ほとんど完全な頭骨をはじめ、もっと質のよい化石が何点か発見され、これがアベリサウルス類であることが明らかになった．骨のいくつかにみられる歯形から、これは共食いをしたものと考えられる．

分布：マダガスカル、インド（可能性）
分類：獣脚類－ネオケラトサウルス類－アベリサウルス類
名前の意味：マジュンガ（発見された場所）のドーム
記載：Sues and Taquet, 1979
年代：カンパニアン
大きさ：7-9m
生き方：狩りもするし、狩りをせずに残りものを食べることもある
主な種：*M. atopus*

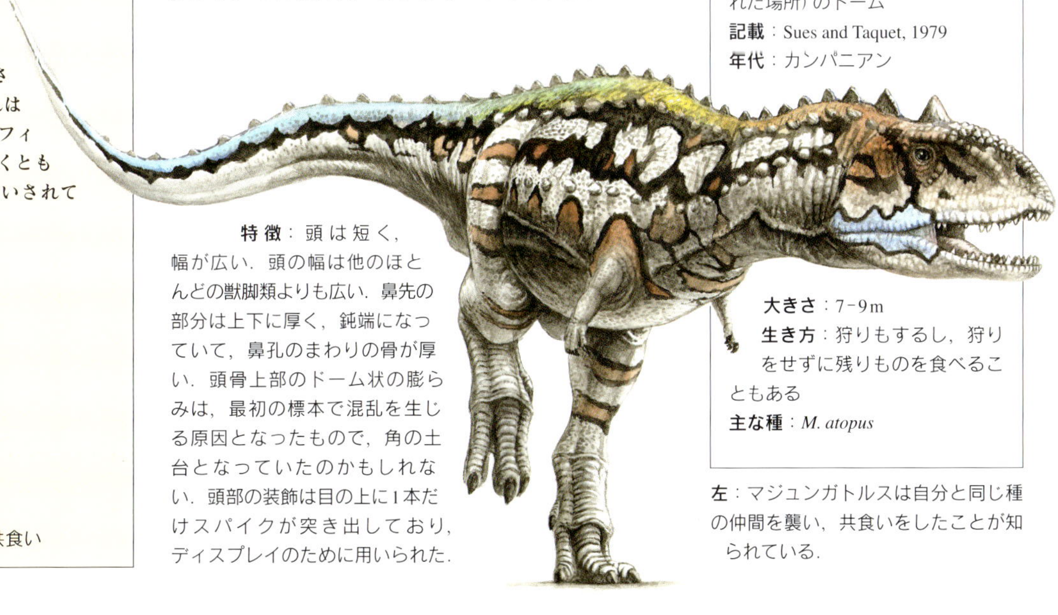

特徴：頭は短く、幅が広い．頭の幅は他のほとんどの獣脚類よりも広い．鼻先の部分は上下に厚く、鈍端になっていて、鼻孔のまわりの骨が厚い．頭骨上部のドーム状の膨らみは、最初の標本で混乱を生じる原因となったもので、角の土台となっていたのかもしれない．頭部の装飾は目の上に1本だけスパイクが突き出しており、ディスプレイのために用いられた．

左：マジュンガトルスは自分と同じ種の仲間を襲い、共食いをしたことが知られている．

さまざまな獣脚類

ほとんど毎週のように完全な新種と認められる新しい標本が発見され，肉食恐竜のリストは長くなっていく．1990年代は，新しい獣脚類恐竜発見の特に実りの多い10年間であり，とりわけ南米およびアフリカで多くの発見があった．いくつかの例では，以前に発見されてはいたが，元の標本が失われたり，忘れ去られたりしていた恐竜が，改めて新たに発見されたというものもあった．

デルタドロメウス *Deltadromeus*

この獣脚類恐竜は解剖学的にはジュラ紀後期のオルニトレステスに似ていたが，それよりもはるかに大きかった．これは一般に北米でみられるものが多かったこの原始的な肉食恐竜のグループの中で，後期に生きていたものだった．1990年代に北アフリカの白亜紀層から発掘された恐竜のうちで，これは最も獰猛な捕食恐竜だったと思われる．

特徴：この恐竜の驚くべき特徴は，四肢が異例に長く，繊細なことにある．後肢の骨は，大きさがほぼ同等のアロサウルスの骨と比べて，半分ほどの太さしかなく，後肢の太さと長さの比は足の速いダチョウ恐竜のひとつに近い．腕は獣脚類恐竜としてはいちじるしく長い．ほっそりした後肢によって，この恐竜はきわめて足が速かった．歯は細く，骨をかみ砕くのではなく，肉を切り取るのに適していた．歯にはきわめて細かい鋸歯状のギザギザがあるが，これは分類上特に重要とは思われない．

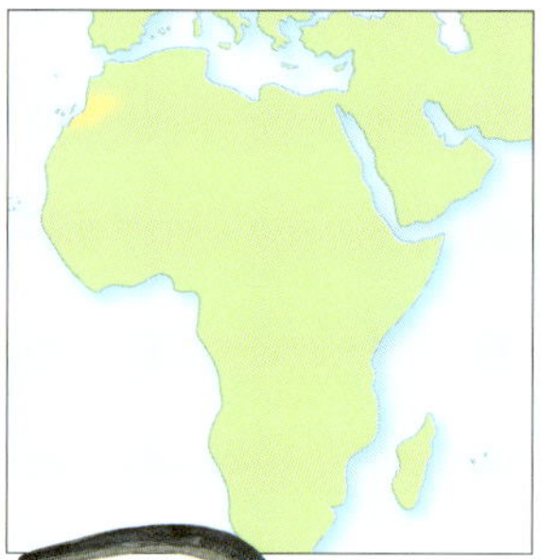

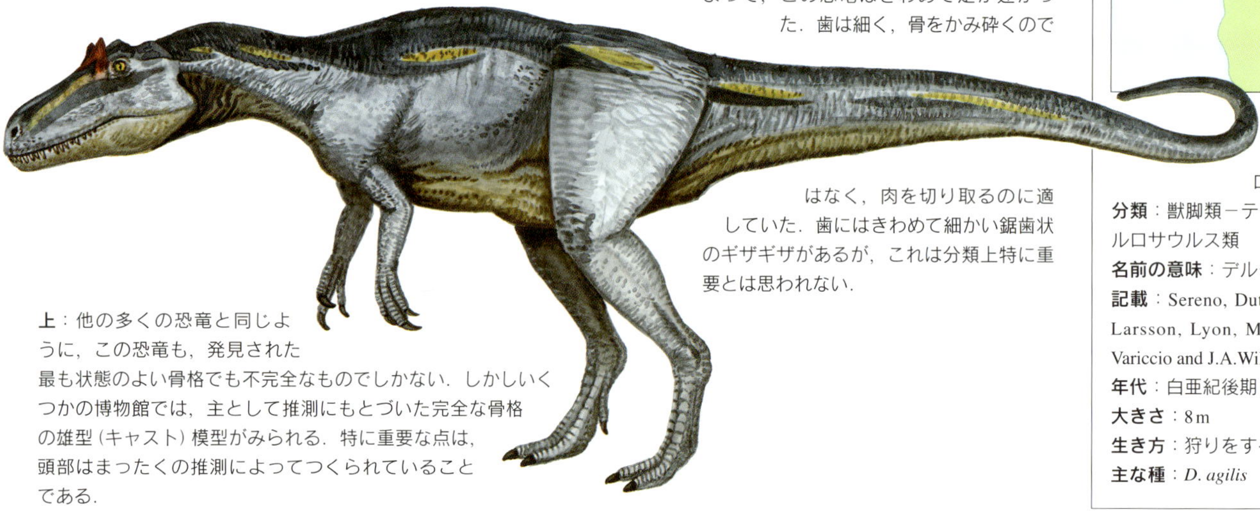

分布：ケムケム地方（モロッコ）
分類：獣脚類－テタヌラ類－コエルロサウルス類
名前の意味：デルタのランナー
記載：Sereno, Duthiel, Iarochene, Larsson, Lyon, Magwene, Sidor, Variccio and J.A.Wilson, 1996
年代：白亜紀後期
大きさ：8m
生き方：狩りをする
主な種：*D. agilis*

上：他の多くの恐竜と同じように，この恐竜も，発見された最も状態のよい骨格でも不完全なものでしかない．しかしいくつかの博物館では，主として推測にもとづいた完全な骨格の雄型（キャスト）模型がみられる．特に重要な点は，頭部はまったくの推測によってつくられていることである．

カルカロドントサウルス *Carcharodontosaurus*

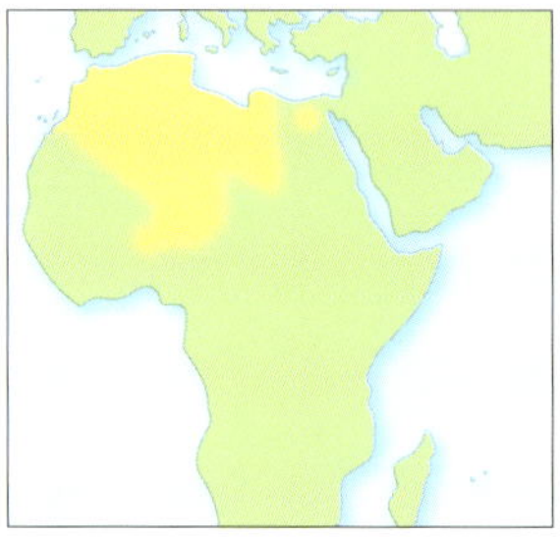

エジプトで発見されたカルカロドントサウルスの骨は1930年代にシュトローマーによって記載されたが，この骨やその他の貴重な古生物学的標本が収蔵されていたドイツ・ミュンヘンのバイエルン州立博物館が空襲によって破壊されたときに失われてしまった．その当時，カルカロドントサウルスという恐竜がどのくらいの大きさなのか正確なところはっきりしていなかった．半世紀後，米国シカゴのフィールド博物館のチームが，モロッコで新しい標本を発見した．発見された頭骨は，知られているうちで最も大きな頭骨のひとつであり，この恐竜はかつて地上に生きていた最大の肉食動物の一種であったにちがいないことがわかった．

分布：モロッコ，チュニジア，アルジェリア，リビア，ニジェール
分類：獣脚類－テタヌラ類－カルノサウルス類－アロサウルス科
名前の意味：ホオジロザメ・トカゲ
記載：Stromer, 1931
年代：アルビアン～セノマニアン
大きさ：14m
生き方：狩りをする
主な種：*C. saharicus*

右：カルカロドントサウルスは最初，1927年にデパレットおよびサヴォーニンによって命名され，彼らはこれをメガロサウルス類として記載した［訳注：新属をたて，その模式種を*saharicus*とした］．

特徴：この頭骨は下顎と鼻先の部分が失われているが，頭骨の全長は1.53mあったと推定されており，これは今までに発見されたどのティラノサウルスの頭骨よりも長い．しかし脳函は小さく，ティラノサウルスよりもはるかに小さい．上あごは両側に，14本の刀状の歯が入る穴がある．その歯は湾曲して，両側に細かい鋸歯状のギザギザがあり，歯の側面には溝があって，血を排出しやすいようになっている．

# ギガノトサウルス *Giganotosaurus*

1世紀の間，私たちはティラノサウルスがこの地上にかつて生きた最大の肉食動物だったと考えてきた．しかし，それは1993年にアルゼンチンのパタゴニアで，アマチュアの化石採集者ルーベン・カロリーニによってギガノトサウルスが発見されるまでのことだった．その後の発掘によって，知られているどのティラノサウルスの頭骨よりも大きな頭骨が掘り出された．次に彼らは別の個体の，さらに大きな顎骨も発見した．ごく近縁のアフリカのカルカロドントサウルスは頭骨と少数の骨の断片しか得られていないのに対して，ギガノトサウルスの骨格は70％完全なものである．これは南米の平原に巨大なティタノサウルス類が繁栄した時代に生きていて，それらを獲物としていたものと考えられる．米国フィラデルフィアの自然科学アカデミーの玄関ホールに，ギガノトサウルスの組立骨格が置かれている．

特徴：後肢の脛骨と大腿骨は同じくらいの長さで，このことはギガノトサウルスが走る動物ではなかったことを示す．ティタノサウルス類のような大型の竜脚類恐竜を主な獲物としていて，それを狩りするためにスピードは必要としなかったのだろう．体重は4～8トンほどだった．

下：ギガノトサウルスと，カルカロドントサウルス，ティラノサウルスは，知られている最も大きな肉食恐竜だった．1999年に米国のノースカロライナ州立大学で行われた研究によって，ギガノトサウルスとティラノサウルスはある種の温血の代謝機構をもっていたことが明らかにされた．

分布：ネウケン州（アルゼンチン）
分類：獣脚類－テタヌラ類－カルノサウルス類－アロサウルス科
名前の意味：巨大な南のトカゲ
記載：Coria and Salgado, 1995
年代：アルビアン
大きさ：15 m
生き方：狩りをする
主な種：*G. carolini*

バハリヤ・オアシスの恐竜たち

20世紀の初期，エジプトで骨のかけらや歯が発見された．それらはミュンヘンにあるバイエルン州立古生物学・地史学博物館のE・S・フォン・リッヘンバッハが採集，記載したものだった．彼はこれがそのような歯をもつ人食いザメと似た生き方をしていたと考え，カルカロドントサウルスと名づけた．これまでで最も大きいいくつかの肉食恐竜の骨は，今世紀の初めにドイツの古生物学者によって発掘され，その博物館に収められた．なかには，背中に帆をもつ有名なスピノサウルスも含まれていた．

残念ながら，この骨のコレクションは，これまでに発掘された最も大きいいくつかの肉食恐竜の化石もろとも，第二次世界大戦中に爆撃を受けて破壊されてしまった．その後1980年代に，米国シカゴのフィールド博物館の遠征隊がモロッコの砂漠で，発表されているカルカロドントサウルスの骨の記載と一致する頭骨を発見した．

シュトローマーの最初のエジプトの発掘場所は正確に特定されており，巨大な竜脚類パラリティタンの発見をはじめ，多くの古生物学的活動の場となっている．

トロオドン類

トロオドン類は一群の活発な小型獣脚類恐竜で，脚の長いダチョウ恐竜オルニトミムス類と，殺しのかぎ爪をもつドロマエオサウルス類の中間に位置するものと考えられる．骨格は鳥に似ており，すべて大きな眼と大きな脳をもつ．これらはおそらく温血で，羽毛でおおわれていたと思われるが，現在のところ，そのことを示す直接的な証拠はない．

トロオドン *Troodon*

トロオドンの体のうちで最初に発見された部分は歯で，それはトカゲか，または厚頭竜類，さらには肉食の鳥脚類のものとさえ考えられた．つまり，何かわけのわからないものだった．次には，その後に発見され，ステノニコサウルスとよばれた恐竜のものとされた．しかし，その恐竜にはトロオドンという名前のほうが先につけられていたことから，ステノニコサウルスという名は廃止された．

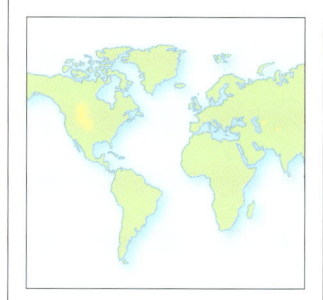

特徴：長い頭部には，あらゆる恐竜のうちで体のわりにして最も大きな脳が入っており，その大きさは現代のエミューに匹敵する．長くて細い手には，かぎ爪のついた3本の指があり，物を両手でしっかりとつかまえることができた．脚は特に長く，両足の第2指にはヴェロキラプトルと同じような大きな殺しのかぎ爪があった．大きな眼は立体視ができる位置に配置されており，これが闇や薄闇の中で小さな獲物を捕らえていたことを示している．

左：カナダの古生物学者デール・ラッセルは，トロオドンの大きな脳から，もし恐竜が絶滅していなかったらトロオドンは今日までに高い知能をもった"ディノサウロイド"（恐竜人間）に進化していたかもしれないといっている．

分布：アルバータ州（カナダ），モンタナ州，ワイオミング州（アメリカ合衆国），アラスカ州（アメリカ合衆国，可能性）
分類：獣脚類－テタヌラ類－コエルロサウルス類－トロオドン科
名前の意味：引きちぎる歯
記載：Leidy, 1856
年代：カンパニアン
大きさ：2m
生き方：薄闇の中で身を隠して狩りをする
主な種：*T. formosus*

サウロルニトイデス *Saurornithoides*

アメリカ自然史博物館の中央アジア探検隊が散乱しているサウロルニトイデスの骨を発見したとき，彼らはそれを歯の生えた鳥のものと考えた（トロオドン類の骨格は，特に鳥に似ている）．サウロルニトイデスは獲物を追跡するのではなく，ひそかに待ち伏せして捕らえた．この歯は他のトロオドン類と同じように小さくて鋭く，肉をかみ切ることよりも，トカゲや哺乳類などの小さな獲物をしっかりつかまえることに適合していた．

特徴：一般に頭骨はトロオドンよりも短く，ヴェロキラプトルと同じくらいである．しかし歯はずっと多く，左右それぞれの上あごの歯はヴェロキラプトルの30本に対してサウロルニトイデスでは38本ある．大きな脳は聴覚域が大きくなっているようであり，聴覚が特に優れていたらしいことを示す．眼は前方を向いていて優れた立体視覚をもち，小さな獲物を捕らえるのに役立っていた．中足骨はただのトゲ状のものにすぎず，これはトロオドン類やダチョウ恐竜，さらにはティラノサウルス類にも共通の特徴である．このことは走る際に，足にかかるストレスを小さくする働きをしていたのかもしれない．

上：サウロルニトイデスの脳は，知られている限りで，恐竜のうちで最も大きい．体重が同じくらいあるワニの脳より6倍も大きかった．

分布：モンゴル
分類：獣脚類－テタヌラ類－コエルロサウルス類－トロオドン科
名前の意味：鳥型のトカゲ
記載：Osborn, 1924
年代：カンパニアン～マーストリヒシアン
大きさ：2m
生き方：身を隠して狩りをする
主な種：*S. mongoliensis*, *S. junior*, *S. asiamericanus*, *S. isfarensis*

トロオドン類　**189**

ボロゴーヴィア *Borogovia*

このトロオドン類恐竜は後肢しか知られておらず，それは最初サウロルニトイデスのものと考えられた．同じ地域で，サウロルニトイデスをはじめ数種の小型の獣脚類恐竜が発見されており，それらがすべて生きていけるだけの種類の食物が十分にあったにちがいない．ボロゴーヴィアという名前は，ルイス・キャロルの詩「ジャバーウォッキー」に出てくる空想の動物ボロゴーヴにもとづく．

特徴：ボロゴーヴィアは骨がきわめて細いところから見て，サウロルニトイデスよりもはるかにほっそりとした恐竜だった．第2指の殺しのかぎ爪は他のどのトロオドン類にみられるものよりも真っ直ぐに近く，ごく小さい．この殺しのかぎ爪は，このグループが進化するのにともなって小さくなっていったように思われる．他の点では，それ以外の骨格がトロオドン類に典型的なものであったことを疑うべき理由はない．脚の骨はサウロルニトイデスときわめてよく似ており，古生物学者の中には，これはサウロルニトイデス・ユニオル*S.junior*の骨ではないかという人もいる．

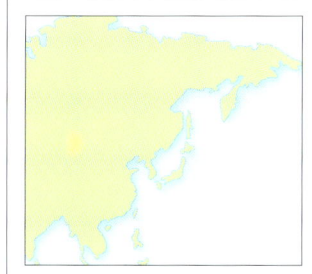

分布：バヤンホンゴル（モンゴル）
分類：獣脚類－テタヌラ類－コエルロサウルス類－トロオドン科
名前の意味：ボロゴーヴより
記載：Osmolska, 1987
年代：カンパニアン～マーストリヒシアン
大きさ：2m
生き方：狩りをする
主な種：*B. gracilicrus*

上：ボロゴーヴィア，サウロルニトイデス，それにトキサウルス*Tochisaurus*は同じ場所から発見されており，すべて同じ恐竜ではないかという考えもある．

エッグ・マウンテン

1979年，米国プリンストン大学のチームによってモンタナ州の有名なハドロサウルス類の営巣地が発掘，研究されたのは，ある地震探査会社が石油会社のために地質調査を始めたときのことだった．地質調査には掘削と爆破が行われるため，発掘チームは損害が生じる前に地域全体にわたって迅速な化石探索を行った．彼らはあるボーリング掘削孔のすぐそばで，そっくり丸のままの営巣地と，ある小型恐竜の卵，全部で52個を発見した．それは，彼らが研究していたハドロサウルス類の採掘地とはまったく別のものだった．そこには恐竜の巣のほかに，トカゲや小型の哺乳類の化石，恐竜の骨などもあった．

その骨は小型のヒプシロフォドン類オロドロメウスのもので，この発掘現場はオロドロメウスの集団営巣地と考えられた．しかし，化石を十分に調べてみると，卵の中にはトロオドンの赤ん坊が入っており，それが実はトロオドンの営巣地であることがわかった．その営巣地は，元はアルカリ湖の島にあって，あるトロオドンの親が子供に与えるため，オロドロメウスの遺骸を持ち帰っていたのだった．

地震探査チームはその場所の重要性を認め，地質調査の線の方向を変えて，その場所には手をつけないことにした．そこは小さな丘のてっぺんにあったため，やがてエッグ・マウンテンとよばれるようになった．

左：エッグ・マウンテンのトロオドン

バイロノサウルス *Byronosaurus*

トロオドン類のうちで最も小さいのがバイロノサウルスだった．この恐竜は，これまでに発見されたトロオドン類の頭骨のうちで，最も保存状態のよいもののひとつによって知られている．それは1994年に発見され，さらにそれに続く2年間，ゴビ砂漠のウハア・トルゴドにあるきわめて豊かな化石産出地域へ送られた遠征隊によって，いくつかの骨のかけらが発見された．トロオドン類はトロオドンそのものを除いて，すべてアジアで見つかっている．

特徴：バイロノサウルスと他のすべてのトロオドン類との違いは，歯にギザギザがないことにある．獣脚類はおおむね歯にステーキナイフのようにギザギザがついており，バイロノサウルスの他にはスピノサウルス類と原始的なダチョウ恐竜にまれな例外がみられる．歯をもつ原始的な鳥類も，歯にギザギザがない．口には口と鼻腔を分ける口蓋があり，鼻先部のこの構造は，バイロノサウルスがきわめて鋭敏な鼻をもっていたことを思わせる．

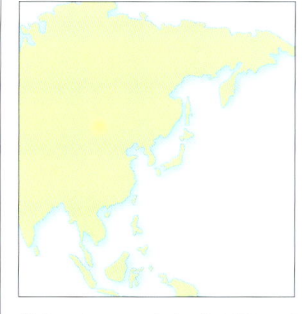

分布：ウハア・トルゴド（モンゴル）
分類：獣脚類－テタヌラ類－コエルロサウルス類－トロオドン科
名前の意味：バイロン（アメリカ自然史博物館遠征隊の後援者の名前）のトカゲ
記載：Norell, Mackovicky and Clark, 2000
年代：カンパニアン
大きさ：1.5m
生き方：狩りをする

主な種：*B. jaffei*

左：バイロノサウルスが発見されたときには，8種のトロオドン類が知られており，そのうち7種はアジアで発見されていた．このグループはアジアで進化したものだろう．

オルニトミムス類

オルニトミムス類はダチョウ恐竜としてよく知られている．全体としての体形は現代の地上で生活する鳥類に似ており，軽くできた骨格，引き締まった体，長い首，小さな頭骨をもっていた．ダチョウ恐竜はすべて体のつくりがきわめてよく似ているが，くちばし，手，胴体の細かいプロポーションの違いによって区別される．

アルカエオルニトミムス *Archaeornithomimus*

最初1933年にギルモアによってオルニトミムスの一種として記載されたアルカエオルニトミムスは，四肢の骨と椎骨が知られている．研究すべき標本がごくわずかしかないため，これを疑問名と考える科学者も多く，これはオルニトミムス類ではなく，種類のまったく異なる獣脚類恐竜の骨である可能性もある．

分布：エレンホト市（内蒙古）
分類：獣脚類－テタヌラ類－コエルロサウルス類－オルニトミモサウルス類
名前の意味：古いオルニトミムス
記載：Russell, 1972
年代：白亜紀前期〜後期
大きさ：3.5m
生き方：いろいろなものを食べる，または狩りをする
主な種：*A. asiaticus*, *A. bissektensis*

特徴：アルカエオルニトミムスはストルティオミムスおよびガリミムスのどちらにもきわめてよく似ているが，生きていたのはそのいずれよりも3000万年ほど前であり，体もわずかに小さい．指は他のオルニトミムス類よりもはるかに小さく，第3指は特に短い．指には真っ直ぐな爪があり，これはどちらかといえば原始的な特徴である．これよりも大きな近縁の恐竜と同様，足の速さによって捕食恐竜から逃れていた．

左：アルカエオルニトミムスの分類はどうであれ，これが足の速い恐竜であったことは明らかであり，これは活発な捕食動物で，小型の爬虫類や哺乳類を捕らえていたものと考えられる．

ガルディミムス *Garudimimus*

オルニトミムス類はすべてスピードの出る体形をしているが，かなり初期のタイプであるガルディミムスはその範疇に入らない．比較的短い脚と重い足は，これがもっと進化したタイプほど足が速くはなかったことを示す．その足には第1指の痕跡がみられるのに対して，他のオルニトミムス類はすべて完全な3本指で，第1指と第5指は欠けている．

分布：バイシン・ツァフ（モンゴル）
分類：獣脚類－テタヌラ類－コエルロサウルス類－オルニトミモサウルス類
名前の意味：ガルーダ（インドの神）に似たもの
記載：Barsbold, 1981
年代：コニアシアン〜サントニアン
大きさ：4m
生き方：いろいろなものを食べる
主な種：*G. brevipes*

上：ガルディミムスの頭骨にある頭飾りはごく小さいものだった．しかし生きているときには，これは角質でおおわれていて，はるかに大きくみえたかもしれない．もしそうだとすると，それはディスプレイや意思の伝達に用いられたのだろう．

特徴：このグループの他のメンバーに比べて鼻先はもっと丸く，眼は大きく，頭骨の側面は原始的な獣脚類に似ている．眼より前に小さな頭飾りがあり，このようなものは知られている他のどのオルニトミムス類ももっていない．脚も異なり，下腿部や足の骨が他のオルニトミムス類よりもはるかに短く，足は3本指ではなく，4本指である．骨盤の腸骨が短いのは，脚の筋肉組織がきわめて弱かったことを示し，これが走る能力が高くなかったことの論拠となっている．

オルニトミムス類　**191**

ガリミムス *Gallimimus*

映画『ジュラシック・パーク』で活躍したオルニトミムス類恐竜はガリミムスだった．映画の中の姿はかなりよくできていた．ただし，今ではこの恐竜は羽毛でおおわれていたと考えられており，ガリミムスが映画の中で描かれていたように活発であるためには，そのほうが理に適っているだろう．この恐竜の若い個体の骨格があり，これによって科学者はオルニトミムス類一般の成長パターンを研究することが可能になった．

分布：バイシン・ツァフ（モンゴル）
分類：獣脚類－テタヌラ類－コエルロサウルス類－オルニトミモサウルス類
名前の意味：ニワトリに似たもの
記載：Osmolska, Roniewicz, Barsbold, 1972
年代：マーストリヒシアン
大きさ：6m
生き方：いろいろなものを食べる
主な種：*G. bullatus*, *G. mongoliensis*

右：他のダチョウ恐竜や現代の鳥類と同じように，ガリミムスは中空の骨をもっていた．これによって骨の強度を減じることなく，体重を減らすことができ，すばやく動くことが可能になった．
知られている2つの種のガリミムスの主要な違いは，手指の形にある．G. モンゴリエンシス *G. mongoliensis* のほうが手が短く，ものもしっかりとはつかめなかっただろう．

特徴：ガリミムスは知られているオルニトミムス類のうちで最も大きなタイプだが，体の割合からみて腕は他の種よりも短い．手もかなり小さく，指のしなやかさも劣る．頭部はかなり長く，形が美しく，ほとんどすべてのオルニトミムス類と同様，あごには歯がない．下あごのくちばしはシャベルのような形をし，大きな眼は頭の側面にあって，立体視はできなかった．

群れか？　単独行動か？

オルニトミムス類は映画『ジュラシック・パーク』の中で，ガリミムスの群れが統一のとれた集団をつくり，野原を進んでいく姿で有名になった．当時も，そのずっと後になっても，ガリミムスが，あるいは他のどのオルニトミムス類にしても，群れをつくって生活したという証拠はなく，このような行動は映画としてはみごとだが，科学としては怪しげな話だと考えられた．

ところが2003年になって，小林快次およびジュンチャン・ルーが内蒙古でオルニトミムス類の個体14体（そのうちの11体は子供）からなる骨を含む地層を発見したことを明らかにする論文を発表した．これらの標本にもとづいて新属シノルニトミムスが確定され，進化のはしごの上でアルカエオルニトミムスとアンセリミムスの中間に位置するものとされた．この発見の重要な点は，オルニトミムス類が大きな群れをつくり，おとなが子供を守っていたという証拠を示すもののように思われることだった．その骨の堆積は，大きな群れに不慮の災難が降りかかって特に子供が多数死んだか，または多数の子供と少数のおとなからなる群れに破局的なできごとが起こり，群れ全体が死んだ結果と考えることができる．子供の骨の研究では，おとなは子供より速く走れたらしいことが示された．

アンセリミムス *Anserimimus*

アンセリミムスは不完全な前肢を含む部分骨格によって知られている．このオルニトミムス類の強力な腕は，これが土を掘って植物の根，昆虫，あるいは恐竜の卵のような食物をとっていた可能性を示す．足が速かったと思われ，「ガン（雁）に似たもの」という名前とは矛盾する．

特徴：この種と他のオルニトミムス類との違いは，上腕の筋肉付着部の大きさにある．これは，上腕が特に強かったことを意味するものにちがいない．手の骨はしっかりと結合されて，硬い構造をつくり，手のかぎ爪は平らで，ひづめに似ている．その他の点では，骨格は他のオルニトミムス類ときわめてよく似ている．

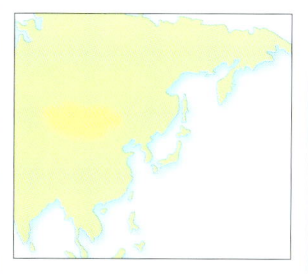

分布：モンゴル
分類：獣脚類－テタヌラ類－コエルロサウルス類－オルニトミモサウルス類
名前の意味：ガンに似たもの
記載：Barsbold, 1988
年代：カンパニアン～マーストリヒシアン
大きさ：3m
生き方：いろいろなものを食べる
主な種：*A. planinychus*

左：「ガン（雁）に似たもの」，「ニワトリに似たもの」，「ダチョウに似たもの」，「エミューに似たもの」というのは，すべてこれらの恐竜が現代の地上で生活する鳥に似ていることを強調する名前である．しかし，これらの頭骨はがっしりとしていて頑丈である点で，絶滅したニュージーランドの地上生活性の鳥モア類にもっと似ている．

進化したオルニトミムス類

後期のオルニトミムス類は，知られているうちで最も足の速い恐竜だった．実際に，この進化したダチョウ恐竜群の化石は，知られているウマの祖先たちの化石をそっくりそのまま写したようで，特殊化していない小型の動物から，速く走ることに適応した大型で優美な，長い脚をもった動物へと変わっていく．ロイヤル・ティレル博物館（カナダ・アルバータ州）にある標本の腕の骨にみられる多数の小さな穴は，羽毛があったことを思わせる．

ストルティオミムス Struthiomimus

やや堅苦しい感じのするオルニトミムス類という言葉のかわりに使われることの多いダチョウ恐竜という言葉は，この恐竜から生まれた．ストルティオミムスは，オルニトミムス類のうちで完全な骨格が発見された最初のものである．白亜紀後期の北米の大平原に住んだ俊足の恐竜だった．

これを捕らえる主な捕食恐竜は，鎌のようなかぎ爪をもつドロマエオサウルス類や，ティラノサウルス類のアルバートサウルスで，ストルティオミムスは高速の方向転換によってこれらから逃げていたのだろう．

特徴：小さな頭部，歯をもたないこと，長い首，小さな胴体，長い脚などが，この恐竜のダチョウ型の特徴である．ダチョウと異なる特徴としては，3本指の手がついた長い腕と長い尾がある．近縁のオルニトミムスとはきわめてよく似ており，主な違いはわずかに体が小さいことと，尾が長いことにある．それでも，ストルティオミムスはオルニトミムス類の他の多くの属とともに，オルニトミムス属の一種にすぎないと考える科学者も多い．骨格とともに胃石も見つかっている．ふつう，胃石をもつのは植物食の動物のみであり，したがってこれがみられるということは，ストルティオミムスが一部は植物食だったことを示している．

左：ストルティオミムスの標本はかなり完全なものだが，きわめてひどい損傷も受けていて，これが本当にオルニトミムスの標本なのか，どうかという疑問は今も残る．

分布：アルバータ州（カナダ）
分類：獣脚類－テタヌラ類－コエルロサウルス類－オルニトミモサウルス類
名前の意味：ダチョウに似たもの
記載：Osborn, 1917
年代：カンパニアン
大きさ：3-4.3 m
生き方：いろいろなものを食べる
主な種：*S. sedens*

オルニトミムス Ornithomimus

オルニトミムスのイメージがしっかりとできあがるまでには，1880年代に最初のきわめて断片的な標本が発見されてから何十年も要した．1917年になってはじめて，頭骨は欠けているが，他は完全に近い *O. edmontonicus* の良質の骨格がカナダで発見され，それが真に鳥に似た恐竜であることが認められた．オルニトミムスの3種は同じところで暮らしており，そのくちばしの形のわずかな違いは食物の違いを示すもので，あるものは昆虫を好み，別のものは小型の爬虫類や植物を食べていた．

特徴：頭は小さく，くちばしには縦溝がついていて，歯はない．首と尾は長く，胴体は他のオルニトミムス類よりも小さい．脚は他のオルニトミムス類ほど長くはないにしても，体のわりにはきわめて長く，これが走る恐竜であったことを示している．腕はごく長くて細く，かぎ爪のついた3本の指をもち，第1指は他の指よりも長い．

上：オルニトミムスはオルニトミムス類の中で最もよく知られ，その化石はきわめて広い地域に分布する．オルニトミムス類の別の属に属するいくつかの恐竜を，オルニトミムス属の種と考える学者もいる．

分布：アルバータ州（カナダ）～テキサス州（アメリカ合衆国）
分類：獣脚類－テタヌラ類－コエルロサウルス類－オルニトミモサウルス類
名前の意味：鳥に似たもの
記載：Marsh, 1890
年代：カンパニアン～マーストリヒシアン
大きさ：4.5 m
生き方：いろいろなものを食べる
主な種：*O. antiquus*, *O. edmontonicus*, *O. velox*, *O. lonzeensis*, *O. sedens*

ドロミケイオミムス *Dromiceiomimus*

大きな眼と，くちばしや手の形から，ドロミケイオミムスは薄暮の中で小さな獲物を捕らえることに特殊化していたものと考えられる．2頭の子供を連れた1頭のおとなの骨格が発見されたことは，何らかの形の家族構造が存在したことを示す．幅の広い骨盤から，ドロミケイオミムスは卵を生むのではなく，子供を生んでいたという説もある．

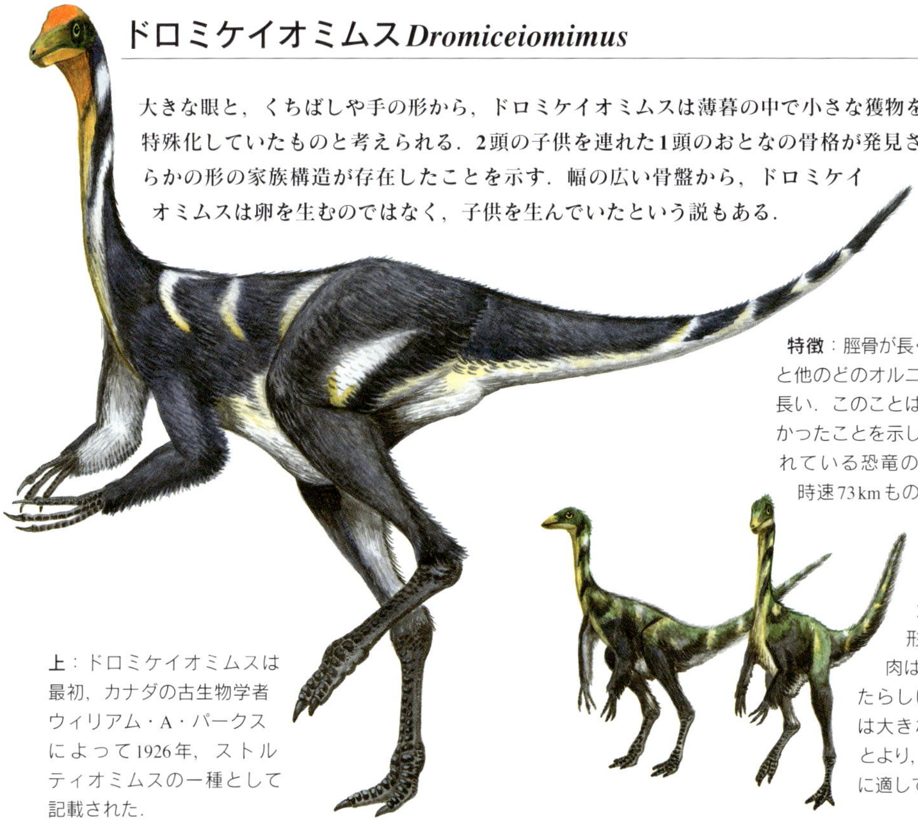

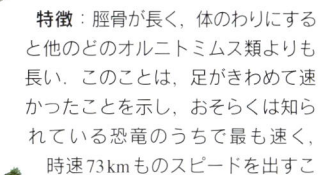

特徴：脛骨が長く，体のわりにすると他のどのオルニトミムス類よりも長い．このことは，足がきわめて速かったことを示し，おそらくは知られている恐竜のうちで最も速く，時速73kmものスピードを出すことができた．眼は他のオルニトミムス類よりも大きい．鼻口部の形や弱いあごの筋肉は，食物が昆虫だったらしいことを示す．手は大きな獲物をつかむことより，地面をひっかくのに適していたと思われる．

上：ドロミケイオミムスは最初，カナダの古生物学者ウィリアム・A・パークスによって1926年，ストルティオミムスの一種として記載された．

分布：アルバータ州（カナダ）
分類：獣脚類－テタヌラ類－コエルロサウルス類－オルニトミモサウルス類
名前の意味：エミューに似たもの
記載：Russell, 1972
年代：カンパニアン～マーストリヒシアン
大きさ：3.5m
生き方：いろいろなものを食べるか，または小動物を捕らえる
主な種：*D. breviteritius*, *D. samuelli*

植物食か？　肉食か？

オルニトミムス類の生き方は，他のどの獣脚類恐竜とも違っていたように思われる．一般に，典型的な獣脚類はその時代の捕食動物であり，哺乳類や小型の恐竜を獲物とする小型の恐竜か，または当時の最も大きな植物食恐竜を獲物とする巨大なドラゴンのような怪物だった．

これに対して，ふつうのオルニトミムス類はあごに歯がないことから，このような生活スタイルは不可能だった．このグループは歯のかわりに，鳥のようなくちばしをもっていた．古生物学者はこのことから，これらは雑食性の動物であり，植物性と動物性の食物をどちらも食べていたと考えた．しかし，この植物性の食物については，これを否定する強い論拠がある．このような食物を処理する手段がなかったように思われることである．ものをかむための歯をもたない現代の植物食の鳥は，砂や石を飲み込み，それを使って食物をすりつぶす．ものをかむための歯をもたない，ある種の植物食の竜脚類恐竜でも同じことがいえる．それらの骨格では，胃のあたりで胃石が見つかることがある．しかしオルニトミムス類の骨格では，ストルティオミムスを除いて，それにともなって胃石が見つかったことはない．

くちばしの縦溝は，このくちばしが湖の水からエビやその他の小動物を濾しとるのに用いられたことも推測させるが，この考えは広く受け入れられてはいない．一般には，ふつうのオルニトミムス類は昆虫やトカゲのような小動物を食べていたと考えられている．

デイノケイルス *Deinocheirus*

このオルニトミムス類と推測される恐竜で知られているのは，かぎ爪のある巨大な手のついた1対の巨大な腕だけである．1970年に記載されていらい，科学者たちはこの腕が体のわりに異常に大きかったのか，それとも他のオルニトミムス類とその割合に変わりはなかったのか，つまりこの恐竜がティラノサウルスくらい大きかったのかどうかについて推測を重ねてきた．

特徴：それぞれの腕は長さが2.6mある．前腕部の長さは上腕部の3分の2ほどで，それぞれ同じ長さの3本の指のついた手は，前腕部とほぼ同じ長さをもつ．

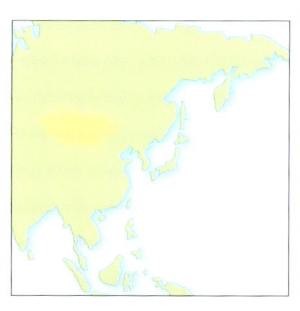

分布：モンゴル
分類：獣脚類－テタヌラ類－コエルロサウルス類－オルニトミモサウルス類
名前の意味：恐ろしい手
記載：Osmolska and Roniewicz, 1970
年代：マーストリヒシアン
大きさ：7-12m？
生き方：不明
主な種：*D. mirificus*，ほかに命名されていないもの1点

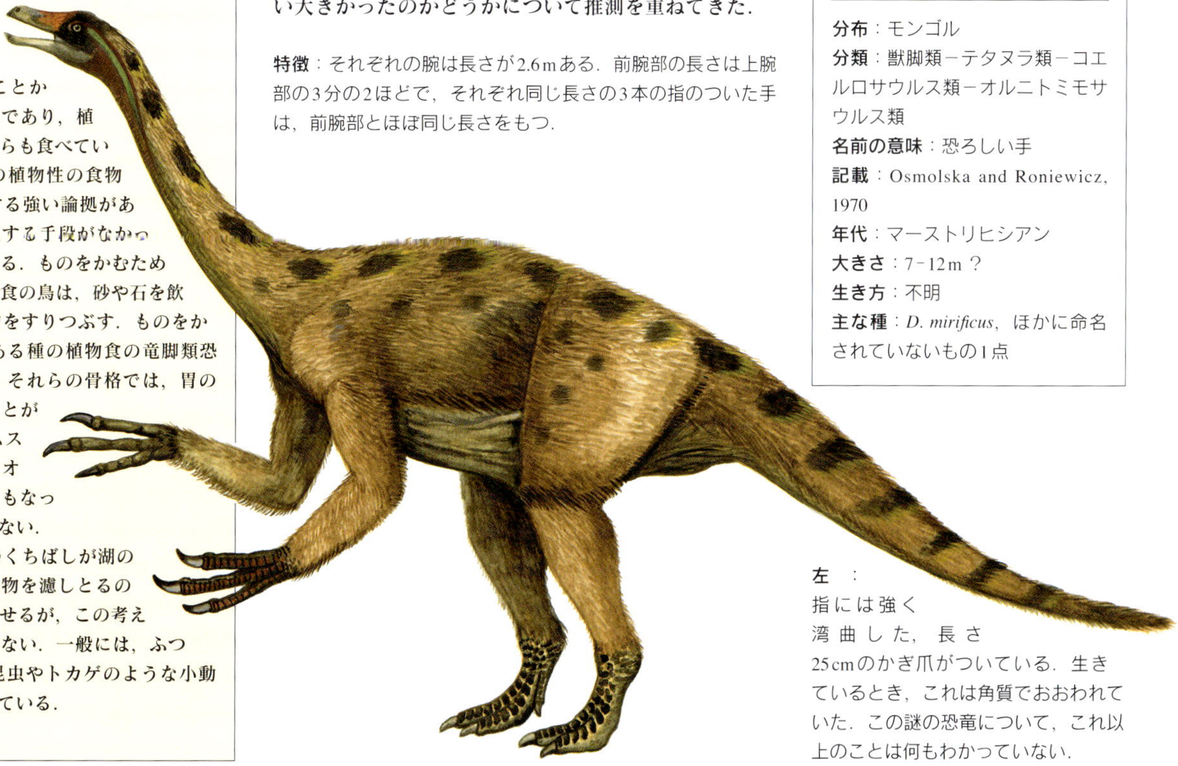

左：指には強く湾曲した，長さ25cmのかぎ爪がついている．生きているとき，これは角質でおおわれていた．この謎の恐竜について，これ以上のことは何もわかっていない．

オヴィラプトル類

オヴィラプトル類は全体的な体のつくりだけでなく，くちばしの存在や，肩が鎖骨で補強されている点でも，鳥にきわめてよく似た恐竜だった．一般に認められているオヴィラプトル類という分類は誤りであり，これは恐竜ではなく鳥類に分類すべきものだとする説さえある．

オヴィラプトル *Oviraptor*

オヴィラプトル（「卵どろぼう」）という属名は，最初に発見されたオヴィラプトルが角竜類恐竜の卵を食べていたと考えられたところからきている．その口はものをかみつぶす動作に適するよう進化したようにみえ，現在は貝類または木の実などを食物としたのではないかと考えられている．頭骨についている頭飾りの大きさや形には変異がみられるようであり，これは成熟や成長段階の違い，あるいは種の違いを示すものかもしれない．ここに示すような多くの復元図の根拠となっている頭骨は，類縁のオヴィラプトル類キティパティのものと考えられている．

分布：モンゴル
分類：獣脚類－テタヌラ類－コエルロサウルス類－オヴィラプトロサウルス類
名前の意味：卵どろぼう
記載：Ostrom, 1924
年代：カンパニアン
大きさ：1.8 m
生き方：特殊な食物だけを食べる
主な種：*O. philoceratops*, *O. mongoliensis*

右：オヴィラプトルの手はいちじるしく長い．卵はホットドッグの丸パンくらいの大きさだった．

特徴：他のすべてのオヴィラプトル類と同じように頭が短く，筋肉の発達したあごの先端に歯のない太いくちばしがついている．ヒクイドリに似た中空の頭飾りが頭のてっぺんに突き出しており，ディスプレイまたは威嚇のために用いられたものと思われる．口蓋には1対の歯がある．頭骨はごく軽くできていて，大きな眼窩がある．

カーン *Khaan*

関節の接続がほとんど完全な骨格が3体掘り出されており，それによってオヴィラプトル類がどのような姿をしていたかをよく知ることができる．最初これは類縁のオヴィラプトル類インゲニアの標本であって，このグループの恐竜どうしの間にみられる変異がいかに小さいかをこれは示していると考えられた．この同じ地域，同じ時期に数種のオヴィラプトル類が生きていた．**K.マッケンナイ** *K.mckennai* という模式種の種名は，アメリカ合衆国の古生物学者マルコム・マッケンナを称えてつけられた．

特徴：カーンの頭骨は短くて小さく，オヴィラプトルやその類縁の恐竜がもっているような頭飾りはみられない．同じグループの他の恐竜との主な違いは，手および頭骨の構造が異なることで，もう少し原始的である．オヴィラプトル類のうちでは比較的小型のもののひとつだが，他と同じ特殊化した頭部，長い首，巨大な手，大きな足，短い尾をもつ．

左：発見された骨格が完全なものであるため，カーンがどのような姿をしていたかについては，よくわかっている．その細部を参考にして，それほど完全な骨が得られていない同じグループの他のものについても姿を復元することができる．

分布：ウハア・トルゴド（モンゴル）
分類：獣脚類－テタヌラ類－コエルロサウルス類－オヴィラプトロサウルス類
名前の意味：アジアの将軍
記載：Clark, Norell and Barsbold, 2001
年代：カンパニアン
大きさ：1.2 m
生き方：特殊な食物だけを食べる
主な種：*K. mckennai*

オヴィラプトル類　195

オヴィラプトルの食べ物

極端に短い頭，歯のない巨大なくちばし，口蓋部の1対の小さな歯などをもつオヴィラプトル類の食べ物が何だったかは，この恐竜が最初に発見されたときにははっきりとしていると思われたが，その後謎となった．1920年代にゴビ砂漠へ出かけたアメリカ自然史博物館の遠征隊は，多数の新しい恐竜を発見した．最もたくさんみられたのは小型の角竜プロトケラトプスで，卵がいっぱいの営巣地とともに発見された．最初のオヴィラプトルはこのような営巣地の近くで発見され，それはプロトケラトプスの巣を襲っているところを砂嵐に巻き込まれて死んだものと考えられた．これはぴったり理屈に合っていた．オヴィラプトルの口は硬い殻をもつ卵をかみ割るのにきわめて適しており，手はその大きさの卵をつかむのにちょうどよい形をしていたからである．

ところが1990年代になってアメリカ自然史博物館の別の遠征隊がまったく同じような巣を見つけたが，こんどはオヴィラプトル類恐竜が，一腹の卵の上に座っていた．つまり，最初のオヴィラプトルはプロトケラトプスの巣を襲っていたのではなく，自分の巣に座っていたのだった．しかしでは，このきわめて特殊化した口でオヴィラプトルは何を食べていたのか，今もなおわかっていない．

ノミンギア *Nomingia*

ノミンギアの尾の先にある風変わりな尾端骨は，扇状の羽根の土台になっていたものにちがいない．これは明らかに空中を飛ぶ動物ではないので，羽根はディスプレイのために用いられていたのだろう．腕のディスプレイ用の羽根が，この扇状の尾の効果をさらに補強していたかもしれないが，これまでに知られているただひとつの標本では，前肢と頭部は失われている．

特徴：これは，尾椎の癒合によってできた構造物である尾端骨をもつことが知られている唯一の恐竜である．鳥類では，尾全体が尾端骨でできていて，扇状の尾羽の土台となっている．ノミンギアでは，短く太い椎骨でできた短い尾の先端についているが，やはり扇状の尾羽の土台となっていたのだろう．脚が体のわりに，他のオヴィラプトル類よりも長い．足の第2指に殺しのかぎ爪がついていた可能性もある．

分布：ブギン・ツァフ（モンゴル）
分類：獣脚類－テタヌラ類－コエルロサウルス類－オヴィラプトロサウルス類
名前の意味：ノミンギイン・ゴビ（ゴビ砂漠の一部）産
記載：Barsbold, Osmolska, Watabe, Currie and Tsogtbaatar, 2000
年代：マーストリヒシアン
大きさ：1.8m，尾が通常のオヴィラプトル類よりも短かいことを考慮して
生き方：特殊な食物だけを食べる
主な種：*N. gobiensis*

左：尾は特殊化しているものの，ノミンギアは他の点ではごく原始的なオヴィラプトル類のようにみえる．

キロステノテス *Chirostenotes*

この恐竜は，長い年月の間に発掘された骨格の断片を組み合わせてつくりあげられたものである．手は1924年，足（マクロファランギアと名づけられた）は1932年，あご（カエナグナトゥスと名づけられた）は1936年に発見された．これらがすべて同じ属の恐竜のものであることがはっきり理解されたのは，1988年になってある博物館の収蔵物の中から，60年も研究されないまま放置されていた未整形の骨格が見つかってからのことだった．

特徴：それぞれの手にはかぎ爪のついた細い3本の指があり，中央の指が他の2本よりも大きい．キロステノテスはオヴィラプトル類の側支であるカエナグナトゥス類というグループに属する．歯のないあごをもつが，頭部は本来のオヴィラプトル類の場合のように極度に特殊化してはいない．ただし，きわめて目立つ頭飾りをもつ．

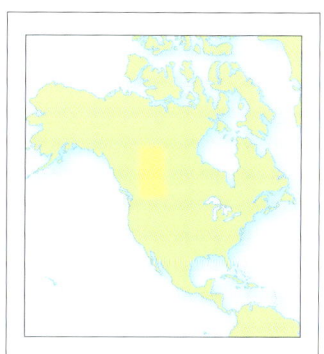

右：キロステノテスは，モンゴルで発見されたエルミサウルスという別のカエナグナトゥス類とごく近い類縁関係にあり，これがきわめて広い範囲に及ぶグループであったことを示している．

分布：アルバータ州（カナダ）
分類：獣脚類－テタヌラ類－コエルロサウルス類－オヴィラプトロサウルス類
名前の意味：ほっそりした手
記載：Gilmore, 1924
年代：カンパニアン
大きさ：2.9m
生き方：特殊な食物だけを食べる
主な種：*C. sternbergi*, *C. pergracilis*

テリジノサウルス類

テリジノサウルス類は白亜紀にのみみられたまれな恐竜のグループで，今でもなお分類はときどき改められる．はっきりしたひとつのグループではないのかもしれない．最も大きいのはテリジノサウルスで，これは残りの他のものといちじるしく異なっており，残りは全部ひっくるめて別の科とし，それをセグノサウルス類と名づけることも考えられる．これらは植物食と，肉食の両方の特性が入り混じっているように思われる．

テリジノサウルス *Therizinosaurus*

分布：モンゴル，カザフスタン，トランスバイカリア
分類：獣脚類－テタヌラ類－コエルロサウルス類－テリジノサウルス類
名前の意味：大鎌トカゲ
記載：Maleev, 1954
年代：カンパニアン
大きさ：8 - 11 m
生き方：不明
主な種：*T. cheloniformis*

テリジノサウルスは最初，カメのような動物と考えられた（この *cheloniformis* という種名はそこからつけられた）．最初に得られた化石は平べったい数個の肋骨と，一組の巨大な腕とかぎ爪のみであり，それらから推定できるのはそんなことぐらいだった．最近の半世紀ほどの間にさらに多くの化石が発見され，それによってこの恐竜の全体像がもっとよく知られるようになった．

特徴：この恐竜はかぎ爪が最もいちじるしい特徴である．手にはおよそ同じ長さのかぎ爪が3本ついていて，最も長いもので71cmあった．生きていたときには，さらにその上を1.5倍くらいの長さの角質のさやがおおっていたのだろう．この大きな手を長さ2.1mの腕が支えている．体のそれ以外の部分はだいたい，もっとよく知られている類縁の恐竜をもとにして復元されているが，これは同じグループの中では特に巨大だった．

セグノサウルス *Segnosaurus*

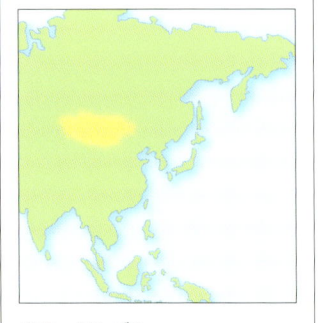

分布：モンゴル
分類：獣脚類－テタヌラ類－コエルロサウルス類－テリジノサウルス類
名前の意味：のろいトカゲ
記載：Perle, 1979
年代：セノマニアン～チューロニアン
大きさ：4 - 9 m
生き方：不明
主な種：*S. galbinensis*

セグノサウルスについては数少ない化石しか知られていないが，近縁の恐竜と比較してこの全体像を復元することができる．頭部はごく近い関係にあるエルリコサウルスの頭骨にもとづいており，体をおおう羽毛は中国・遼寧省の堆積層に完全な形で保存されていた白亜紀初期のベイピアオサウルスをもとにして復元されている．

特徴：この属の断片的な化石には，特徴的な下に湾曲したあごがあって，木の葉のような形の歯が生えている．また恥骨が後ろに伸びた腰骨がみられ，これは鳥盤類恐竜のような印象を与える．これらの細部は，この系統の恐竜の体の構造を確認するうえで重要な要素である．これはそのように重要な恐竜であるため，このグループ全体にセグノサウルス類という名前が提唱されたこともある．アヒルの卵ほどの大きさの化石の卵が，この恐竜のものとされている．

右：復元は主として3体の骨格の部分的な化石にもとづく．他のテリジノサウルス類とは，あごの歯の並び方が異なる．

ノトロニクス Nothronychus

アジア以外で最初に発見されたテリジノサウルス類で，その骨格は最も完全に近いものだった．当時北米中央部の大部分をおおっていた浅い海の端近く，現在のアリゾナ・ニューメキシコ境界地域にあたる湿地帯のデルタに住んでいた．白亜紀後期の初期にみられる数少ない恐竜のひとつである．この名前は，数百万年前まで生存していた巨大なオオナマケモノと類似点をもつことからつけられた．

特徴：最新のテリジノサウルス類の復元像は，ほとんど完全なノトロニクスの骨格を根拠としている場合が多い．ノトロニクスは長い首に小さな頭，木の葉型の歯（草食だったことを思わせる），どっしりした胴体と幅の広い骨盤（これも一部植物性の食物をとっていたことを示す），大きな手，短く，ずんぐりした尾などをもつ．姿勢は他の獣脚類よりも直立し，後肢は比較的短い．骨盤帯では座骨が鳥のように後ろに伸びており，これはふつう植物食の恐竜にのみみられる．

- 分布：ニューメキシコ州（アメリカ合衆国）
- 分類：獣脚類－テタヌラ類－コエルロサウルス類－テリジノサウルス類
- 名前の意味：ナマケモノのかぎ爪
- 記載：Kirkland and Wolfe vide Stanley, 2001
- 年代：チューロニアン
- 大きさ：4.5-6m
- 生き方：不明
- 主な種：*N. mckinleyi*

右：オオナマケモノとの類似点は，直立した姿勢と両手についている巨大なかぎ爪にある．このかぎ爪は，ノトロニクスが住んでいた湿地の森の植物を引き倒すのに用いられたのだろう．

テリジノサウルス類の食べ物

頭部に植物を切り刻む木の葉型の歯，頬袋（頭部側面の陥凹部によって示される），ものをかみ切る鋭いくちばしがあり，ものを切り裂く巨大なかぎ爪，重く，腹の膨らんだ胴体をもつテリジノサウルス類がどのような生活をしていたかは，これまでずっと謎とされてきた．その腰骨はほとんどの点で竜盤類のものだが，鳥盤類に典型的な後ろに伸びた恥骨をもつ．これは植物食の食性への適応であって，植物を処理する大きな消化器を入れるためのものである可能性が考えられる．しかし，この特徴はマニラプトル類にもみられ，これは疑いようのない肉食恐竜のグループである．

巨大なかぎ爪については，アリを食べる現代の動物，アリクイ，ツチブタ，アルマジロなどの大きなかぎ爪と対比してみるというのも，興味深い解釈のひとつだろう．これらの動物のかぎ爪は，巣や木材を引き裂いて小さなアリを捕らえるための適応だというのである．しかし，テリジノサウルスのように大きな動物が，このような食物で体を維持するということはありそうに思われない．

最も可能性のありそうな解釈は，テリジノサウルス類は植物食であって，巨大なかぎ爪は木の枝を引っ張って折りとるのに使っていたという考え方だろう．どのような環境的圧力が，肉食の獣脚類のグループにこのような生き方を発達させたかは，今のところまだ謎である．

ネイモンゴサウルス Neimongosaurus

ネイモンゴサウルスは部分骨格が2体知られており，そのうちのひとつは背骨の大部分と四肢骨のほとんどすべてを含む．頭骨は脳頭蓋を含む一部のみしか知られていない．1920年に同じ地域から発見されて，アレクトロサウルスと名づけられた謎の多い腕とかぎ爪の骨は，ネイモンゴサウルスのものである可能性もあり，失われた手の骨も明らかになるかもしれない．

特徴：長い首と短い尾，それに椎骨にみられる気室や肩の筋肉の配置は，これらの恐竜がオヴィラプトル類とごく近い類縁関係にあることを示している．残念ながら手の骨は失われていて，それを同じグループ内の他の恐竜と比較することはできない．あごは上下に厚みがあって，下にいちじるしく湾曲しており，幅の広いくちばしがある．歯はある種の鳥盤類とよく似ており，植物食だったことを思わせる．

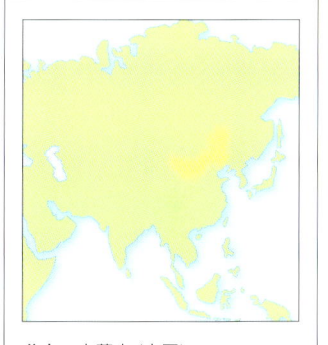

- 分布：内蒙古（中国）
- 分類：獣脚類－テタヌラ類－コエルロサウルス類－テリジノサウルス類
- 名前の意味：内蒙古のトカゲ
- 記載：Xu, Sereno, Kuang and Tan, 2001
- 年代：セノマニアン～カンパニアン
- 大きさ：2.3m
- 生き方：不明
- 主な種：*N. yangi*

左：肩帯も，気室がたくさんみられる椎骨もオヴィラプトル類ときわめてよく似ている．

アルヴァレズサウルス類

鳥か？ それとも恐竜か？ 足が速く，ほっそりした体をもち，鼻先のとがったアルヴァレズサウルス類は，鳥と恐竜のどちらにでも分類することのできる，謎の多いグループのひとつである．鳥らしい特徴としては，胸骨のある特殊化した前肢，癒合した足首の骨，細い頭骨などがある．鳥らしくない特徴としては，巨大なかぎ爪や長い尾があげられる．

アルヴァレズサウルス *Alvarezsaurus*

これまでに発見されているアルヴァレズサウルスの唯一の骨格では，このグループの最も重要な特徴である頭骨と前肢が失われており，これがどれほど風変わりな恐竜であるかがわかったのは，同じグループの別の仲間が発見されてからのことだった．最初，これはコエルロサウルス類に特有の，3本指の手をもっていたと考えられ，今でもまだ，そのような復元図がみられる．

特徴：脊椎に棘突起がなく，その結果，背中を走る隆起のないほっそりした体は，これがきわめて鳥に似ていたことを示す．尾は左右に平べったく，いちじるしく長くて，胴体と首の長さの2倍ほどもある．首は長くて，しなやかであり，よく走る動物に特徴的な長くて軽い足をもつ．アルヴァレズサウルスは，アルヴァレズサウルス類のうちで最も原始的なものと思われる．

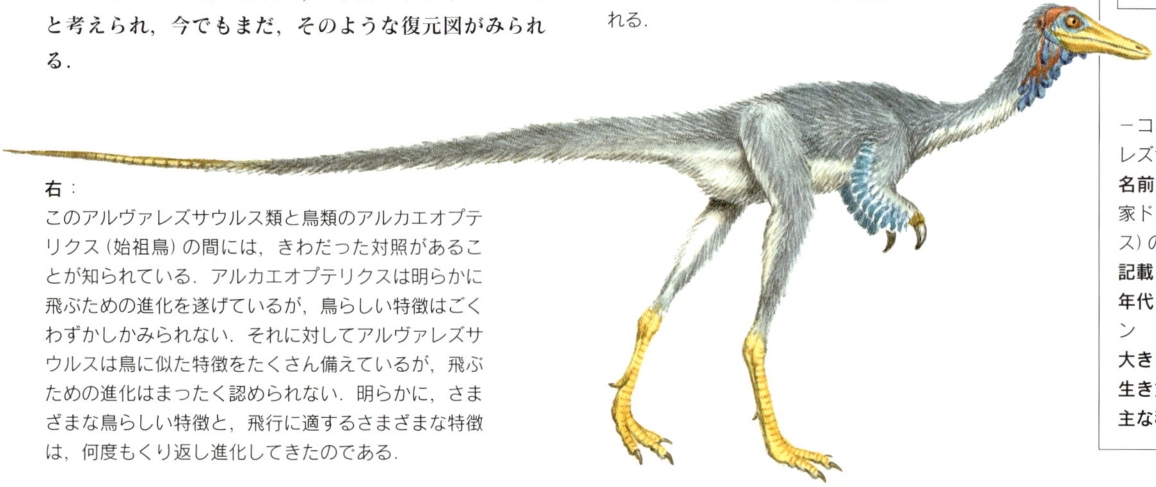

右：
このアルヴァレズサウルス類と鳥類のアルカエオプテリクス（始祖鳥）の間には，きわだった対照があることが知られている．アルカエオプテリクスは明らかに飛ぶための進化を遂げているが，鳥らしい特徴はごくわずかしかみられない．それに対してアルヴァレズサウルスは鳥に似た特徴をたくさん備えているが，飛ぶための進化はまったく認められない．明らかに，さまざまな鳥らしい特徴と，飛行に適するさまざまな特徴は，何度もくり返し進化してきたのである．

分布：ネウケン州（アルゼンチン）
分類：獣脚類－テタヌラ類－コエルロサウルス類－アルヴァレズサウルス類
名前の意味：アルヴァレス（歴史家ドン・グレゴリオ・アルヴァレス）のトカゲ
記載：Bonaparte, 1991
年代：コニアシアン～サントニアン
大きさ：2m
生き方：昆虫を食べる
主な種：*A. calvoi*

パタゴニクス *Patagonykus*

1996年にアルゼンチン西部でパタゴニクスが発見されたことは，アルヴァレズサウルス類というグループを確立するうえで重要なできごとだった．その断片的な骨格はアルヴァレズサウルスに似ていたが，これはただ1本だけかぎ爪のついた特有の短く強力な前肢をもち，そのかぎ爪はこれよりももっと完全なアジアの近縁種モノニクスの重要な特徴だった．パタゴニクスとアルヴァレズサウルスはどちらも南米に住んでいた．これは同じグループの他の仲間が住んでいたモンゴルから白亜紀後期に到達できる最も遠く離れた場所であり，アルヴァレズサウルス類はきわめて広く分布したグループだった．

特徴：腕はきわめて独特で，上腕骨は短く細いが，太い尺骨は肘関節からずっと後ろに突き出し，きわめて強力なてこ装置となっていたらしいことを示している．かぎ爪の骨は，この尺骨と同じくらい大きい．第一尾椎と骨盤の間の関節はきわめてしなやかで，ここが大きく動いたことを示す．これは尾を脇へよけ，太い恥骨を敷くようにして座ることができたことを示すものかもしれない．

分布：ネウケン州（アルゼンチン）
分類：獣脚類－テタヌラ類－コエルロサウルス類－アルヴァレズサウルス類
名前の意味：パタゴニアのかぎ爪
記載：Novas, 1996
年代：チューロニアン
大きさ：2m
生き方：昆虫を食べる
主な種：*P. puertai*

左：パタゴニクスは，このグループの例えばアルヴァレズサウルスのような原始的なものと，もっと進化したモノニクスなどとの中間に位置するものだったと思われる．

モノニクス *Mononykus*

アルヴァレズサウルス類のモノニクスは1923年，アメリカ自然史博物館の遠征隊によってモンゴルで発見されたが，それがどのような意味をもつものかはその当時には理解されず，「正体不明の鳥に似た恐竜」と報告された．1990年代に同じ博物館の別の遠征隊は，前のものよりも質のよい標本を発見した．それは最初モノニクス *Mononychus* と名づけられたが，その名はすでにある甲虫につけられていた．

特徴：上腕と前腕とただ1本だけあるかぎ爪は同じ長さで，きわめて強力な筋組織を支え，その筋組織は竜骨をもった胸骨に付着していた．これは土を掘るための適応と解釈される．長い脚はきわめて鳥に似ており，腓骨は痕跡程度にまで小さくなっている．このことから，モノニクスと，その他のアルヴァレズサウルス類を鳥類と考えるべきだとする古生物学者もいる．

分布：ブギン・ツァフ（モンゴル）
分類：獣脚類－テタヌラ類－コエルロサウルス類－アルヴァレズサウルス類
名前の意味：1本だけのかぎ爪
記載：Perle, Norrell, Chiappe and Clark, 1993
年代：カンパニアン
大きさ：0.9m
生き方：昆虫を食べる
主な種：*M. olecranus*

アルヴァレズサウルス類の生き方

アルヴァレズサウルス類はこれまでずっと謎の存在だった．適応という点で，これらの恐竜は他のどの恐竜とも違っていた．奇妙な太くて短い腕と，1本だけの大きなかぎ爪は，明らかに何かきわめて特殊化した生き方への適応の結果だった．現在は，この前肢は土を掘ることに適応したものと考えられている．鳥に似た胸骨は，腕の強力な筋肉を暗示しているが，それらは明らかに飛ぶのに使われたものではない．おそらくシロアリやその他の群生昆虫の巣（アリ塚）を掘るのに使われたもので，コンクリートのような固い壁を壊し，自由に動く細く長いあごや，おそらくは長い舌を巣の中に伸ばしていたのだろう．同じような生き方がテリジノサウルス類についても考えられたことがあるが，それらの恐竜は体の大きさからみて，そのような生き方は考えにくいように思われる．アルヴァレズサウルス類は体がそれよりもかなり小さく，小さな虫を食物として生きていくことは可能であり，このような推測はずっと可能性が大きい．シロアリのアリ塚は，はるかに遠い三畳紀から存在したことが知られている．

アルヴァレズサウルス類は他に防御手段を何ももっていなかったので，特に長い脚は捕食動物から逃げるのに使われていたのだろう．実は，1880年代にオスニエル・チャールズ・マーシュが発見したアルヴァレズサウルス類の足首の骨は，足の速いダチョウ恐竜のものと考えられていた．

右：モノニクスの腕の骨

シュヴウイア *Shuvuuia*

この恐竜は，保存状態のきわめて良好な2個の頭骨によって知られている．実は，これはアルヴァレズサウルス類のうちで頭骨が知られている唯一のものである．ここに示す他のアルヴァレズサウルス類の頭部の復元図は，すべてシュヴウイアの標本にもとづいている．最初，モノニクスのものとされた化石のうちには，シュヴウイアのものも混じっていると考えられる．この両者はそれほどよく似ている．

特徴：この頭骨のいちじるしい特徴は，長くとがった鼻先と眼の前部の骨との間の関節にある．これは，脳頭蓋の前部に蝶つがいがあって，口を大きく上に開くことができたことを意味する．歯は一続きの溝の中に，原始鳥類にきわめてよく似た，小さな歯が無数に並んでいた．化石を分析すると，羽毛にしかみられない化学物質ベータ・ケラチンが痕跡量認められ，これが何らかの種類の羽毛の被覆をもっていたことを示す．

右：シュヴウイアとモノニクスはきわめてよく似ており，以前，モノニクスの骨とされていたが，現在ではシュヴウイアの骨と考えられるようになったものも多い．しかしシュヴウイアの手には，モノニクスにはなかった小さなかぎ爪が2本余分についていた．

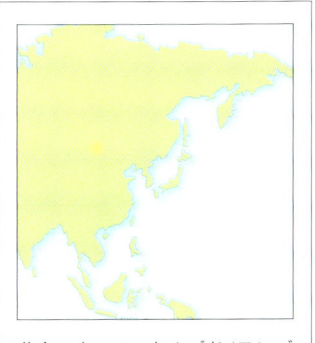

分布：ウハア・トルゴド（モンゴル）
分類：獣脚類－テタヌラ類－コエルロサウルス類－アルヴァレズサウルス類
名前の意味：鳥
記載：Chiappe, Norell and Clark, 1998
年代：カンパニアン
大きさ：1m
生き方：昆虫を食べる
主な種：*S. deserti*

ドロマエオサウルス類

ドロマエオサウルス類が白亜紀後期の最も重要な活動的捕食恐竜であったことは疑いない．両手のひらで獲物をしっかりとつかむことのできるかぎ爪の生えた手，後足にある殺しのかぎ爪，体のバランスをとりながら，同時に獲物にかぎ爪の一撃を加えることのできる頭脳の俊敏さによって，ドロマエオサウルス類は恐るべき恐竜グループの中でも代表的な存在だった．

ドロマエオサウルス *Dromaeosaurus*

ドロマエオサウルスはこのグループのうちで最初に発見されたもので，それによってこの科が設定された．この恐竜については驚くほどわずかなことしかわかっていないが，カナダ・アルバータ州のロイヤル・ティレル博物館が作成した完全な姿の組立骨格雄型模型は世界各地のいくつかの博物館にみられる．この模型の製作が可能になったのは，もっと最近になって発見された同じグループの他の恐竜たちについて得られた知識による．

分布：アルバータ州（カナダ），モンタナ州（アメリカ合衆国）
分類：獣脚類−テタヌラ類−コエルロサウルス類−デイノニコサウルス類
名前の意味：走るトカゲ
記載：Matthew and Brown, 1922
年代：カンパニアン
大きさ：1.8 m
生き方：狩りをする
主な種：*D. albertensis, D. cristatus, D. gracilis, D. explanatus*

特徴：あごは長く，どっしりとしており，首は湾曲して柔軟性をもつ．鼻先は上下に厚みがあり，丸みを帯びている．尾はぴんと真っ直ぐに伸び，尾の基部にのみ関節がある．個々の尾椎の上下から後方に伸びる骨の棒によって，尾は堅くて曲がらないようになっている．この尾はドロマエオサウルスが獲物を追うときに体のバランスをとるのに役立ったのだろう．大きな眼は鋭敏な視覚を与え，鼻腔の大きさは嗅覚によっても狩りをすることができたらしいことを示す．足の第2指にある殺しのかぎ爪は，同じグループの他の恐竜よりも小さいが，それでも十分に役立つものだった．

左：有名な恐竜採集者バーナム・ブラウンは1914年，カナダ・アルバータ州のレッドディア川の川岸で，世界最初で，最も質のよいドロマエオサウルスの骨を発見し，8年後にそれに名前をつけた．

サウロルニトレステス *Saurornitholestes*

この狩りをする恐竜は，3体の化石によって知られている．なかでも驚くべき1例では，サウロルニトレステスの歯が翼竜の骨に刺さった状態で発見された．このような活動的な捕食動物が空中の翼竜にとびついたと想像することも不可能ではないが，すでに死んでいる翼竜の死骸を食べていた可能性のほうが大きいだろう．

特徴：頭骨の形は，脳は多くの近縁の恐竜よりも大きかったが，嗅覚は劣っていたのではないかと思わせる．歯もドロマエオサウルスと異なるが，それ以外の点ではこの2種の恐竜はきわめてよく似ており，ものをつかむことのできる鋭いかぎ爪のついた手と，足の第2指の殺しのかぎ爪をもっていた．もともとはトロオドン類に分類されたが，現在ではこれをヴェロキラプトルの一種と考える学者もいる．

分布：アルバータ州（カナダ）
分類：獣脚類−テタヌラ類−コエルロサウルス類−デイノニコサウルス類
名前の意味：トカゲ鳥どろぼう
記載：Sues, 1978
年代：カンパニアン
大きさ：2 m
生き方：狩りをする
主な種：*S. langstoni*

右：サウロルニトレステスは，異なる動物をくっつけあわせたもののようにみえる．頭はヴェロキラプトルにきわめてよく似ており，それ以外の骨格（これまでに発見されている部分）はデイノニクスに似ている．

ドロマエオサウルス類の祖先

アメリカの古生物学者グレゴリー・ポールが2000年に提唱した説によると，ドロマエオサウルス類は実は空を飛ぶ祖先から生まれてきたという．その祖先となったのは，ジュラ紀後期のアルカエオプテリクス（始祖鳥）またはアルカエオプテリクスと近縁の動物だった．それはアルカエオプテリクスのあごと歯，かぎ爪のついた翼，長い骨質の尾をもっていたと考えられる．その後のいつの時代かに，その子孫は飛行の能力を失い，地上での生活を身につけた．翼は退化したが，あごと歯，かぎ爪，長い尾は保持された．羽毛と温血の代謝機構は保たれたが，飛び羽根は失われた．彼らは現代の飛ばない鳥，ダチョウやエミューのように大きく，重くなり，ついには地上の生活にすっかり適応して，かつて一度も空中を飛んだことなどないようにみえるようになった．

これらの恐竜が鳥に似た骨格をもち，ウネンラギアのような恐竜が鳥に似た筋肉系をもっていたらしいことは，これによって説明できるだろう．

左：アルカエオプテリクス（下）とヴェロキラプトル（上）

ウネンラギア *Unenlagia*

この恐竜は1990年代に発見されたとき，ある種の混乱を引き起こした．これはきわめて鳥に似ていたため，最初は鳥の一種と考えられた．一時期は，同時代のメガラプトルの若い個体とも考えられたが，今ではその可能性は低いようであり，メガラプトルはまったくタイプの異なる恐竜だったのではないかと考えられている．

下：発見されている唯一の標本は20個の骨からなり，ブエノスアイレス自然史博物館のフェルナンド・ノバスがアルゼンチンの河川堆積岩中から見つけた．その名は，ラテン語と現地のマパチェ語からつくられている．

特徴：この恐竜は，ふつうの恐竜の腕ではなく，まるで翼をもっていたかのように，羽ばたくことができるような肩関節もっていた．これは空中を飛ぶ動物としては体が大きすぎ，翼のような腕は，高速で走るときの体の安定と舵とりのために用いられていたのかもしれない．このことは，ドロマエオサウルス類が空中を飛ぶ祖先から進化してきたという説をさらに強化するものと思われる．ウネンラギアは，これらの恐竜たちがいかに鳥類と近い類縁関係にあるかをはっきりと示している．

分布：アルゼンチン
分類：獣脚類－テタヌラ類－コエルロサウルス類－デイノニコサウルス類
名前の意味：半分鳥
記載：Novas, 1997
年代：チューロニアン～コニアシアン
大きさ：2-3m
生き方：狩りをする
主な種：*U. comahuensis*

ヴェロキラプトル *Velociraptor*

ドロマエオサウルス類のうちで最もよく知られていると思われるヴェロキラプトルは数体の標本が見つかっており，最初のものは1920年代にアメリカ自然史博物館のモンゴル遠征隊によって発見された．1971年に発見された有名なヴェロキラプトルの完全骨格は，プロトケラトプスの骨格とからみあっていた．この2頭は，戦っている最中に砂嵐に飲み込まれて，そのまま保存されたのだろう．

特徴：湾曲した，きわめて鋭い80本の歯，横に平らべったい，長い鼻先，それぞれの指先にワシのようなかぎ爪のついた3本指の手，左右の足の第2指についた長さ9cmもある湾曲した殺しのかぎ爪などは，これが恐るべき捕食恐竜だったことを示す．ぴんと伸びた長い尾は，走ったり，急速な方向転換をするとき，バランス装置として働いた．体をおおう羽毛は体温を保つのに役立ち，その活発な温血の生活には不可欠のものだったのだろう．

分布：モンゴル，中国，ロシア
分類：獣脚類－テタヌラ類－コエルロサウルス類－デイノニコサウルス類
名前の意味：俊足の狩人
記載：Osborn, 1924
年代：カンパニアン
大きさ：2m
生き方：狩りをする
主な種：*V. mongoliensis*．デイノニクス，サウロルニトレステス，バンビラプトルなど，他のいくつかの属も，かつてヴェロキラプトル属に属する種と考えられたことがある．

ティラノサウルス類

ドロマエオサウルス類が究極の小型，俊敏な殺し屋を代表するものだとすれば，ティラノサウルス類は疑いもなく，特にアジアや北米の典型的な巨大な殺し屋だった．これは，かつて地球上を歩いた最大の肉食動物のひとつである．ティラノサウルス類はドロマエオサウルス類とともにコエルロサウルス類に分類される．このコエルロサウルス類には，以前は肉食恐竜のうちで最も小型のものだけが含まれていた．

アルバートサウルス *Albertosaurus*

カナダ・アルバータ州で最初に発見された恐竜の化石はアルバートサウルスの骨だった．これは1884年，J. B. ティレルによって発見されたもので，カナダのドラムヘラーにある世界的に有名な恐竜博物館は，この人の名前がつけられている．アルバートサウルスは白亜紀の北米の大平原に最もたくさんいた捕食恐竜のひとつで，体重は大きかったにもかかわらず足は速く，獲物としていたカモノハシ恐竜を追いつめて捕らえることができたと思われる．

特徴：アルバートサウルスは，それより後に現れる類縁のティラノサウルスときわめてよく似ているが，大きさはその半分ぐらいしかない．骨がずっとたくさん見つかっているため，ティラノサウルスよりもはるかによく知られている．ティラノサウルスと比較して頭骨は重く，頭骨の穴はより小さくて，そのまわりをより太い骨の棒が取り囲んでいる．鼻先はより長く，高さが低く，幅ははるかに広い．あごはかなり浅い．腕は小さくはあるが，ティラノサウルスよりはちょっと大きい．

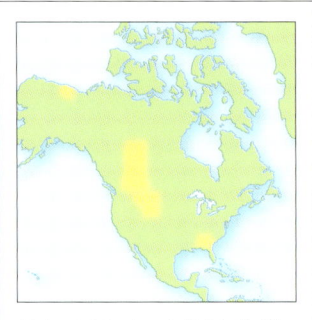

分布：アルバータ州（カナダ），アラスカ州，モンタナ州，ワイオミング州（アメリカ合衆国）
分類：獣脚類－テタヌラ類－コエルロサウルス類－ティラノサウルス上科
名前の意味：アルバータのトカゲ
記載：Osborn, 1905
年代：カンパニアン～マーストリヒシアン
大きさ：8.5m
生き方：狩りをする
主な種：*A. sarcophagus, A. grandis*

ナノティランヌス *Nanotyrannus*

この恐竜は，これまでに白亜紀後期層から見つかった最も小さいティラノサウルス類という点で重要なものである．1942年に発見された頭骨によって知られ，1980年代に研究が行われて，その重要性が理解された．CTスキャン（身体内部の三次元像を描き出す医学的技法）のような近代的な分析技術による研究が行われ，これまで他のどのティラノサウルスの頭骨でもみられたことのない，その内部構造が明らかにされた．

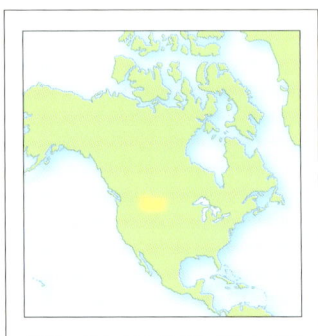

分布：モンタナ州（アメリカ合衆国）
分類：獣脚類－テタヌラ類－コエルロサウルス類－ティラノサウルス上科
名前の意味：小さな暴君
記載：Bakker, Currie and Williams, 1988
年代：マーストリヒシアン
大きさ：5m
生き方：狩りをする
主な種：*N. lancensis*

特徴：この頭骨は長さが57.2cmある．長くて高さの低い頭骨は，鼻先が細く，後ろにいくほど太くなる．眼窩は前方を向き，立体視を与える．鼻甲介（鼻の内部にある渦巻き状の骨）があり，強力な嗅覚または冷却装置の存在を示す．ナノティランヌスは何かもっとよく知られているものの未成熟な個体，あるいはアルバートサウルスまたはゴルゴサウルスの矮小種と考える古生物学者もいる．

左：米国イリノイ州のバーピー博物館が2000年にモンタナ州で発見した新しい骨格は，ナノティランヌスの2つ目の標本と考えられた．しかしのちに，これは未成熟のティラノサウルスであることが明らかにされた．

アリオラムス *Alioramus*

アジアのティラノサウルス類アリオラムスについてはあまりよくわかっておらず，顎骨，頭骨の一部，若干の足の骨が知られているにすぎない．アリオラムス（「異なる枝」）という名前は，この恐竜が，白亜紀後期の初めに進化の主流から分かれたティラノサウルス類進化の別個の一支流に当たるものであるという事実からきている．体つきは軽くできていて，開けた土地で獲物を追いかけるのによく適応していた．

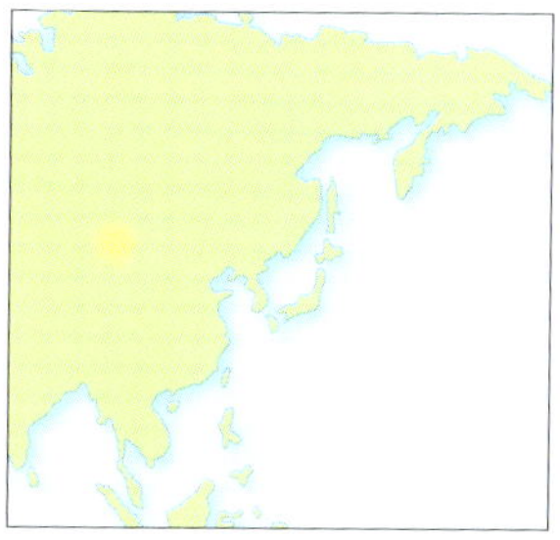

特徴：アリオラムスは凹凸のある特徴的な長い鼻先をもつ．鼻に沿った隆起にははっきりした6個のこぶがみられ，これらは角の芯になっていたのかもしれない．こぶのうちの2個は横に並び，あとの4個はその前にたて1列に並ぶ．長いあごには他のどのティラノサウルス類よりもずっとたくさん（下あごの片側だけで前のほうに18本）歯があり，これがグループの中のごく原始的な恐竜であることを示す．眼は大きく，狩りをするのによく適応している．

分布：モンゴル
分類：獣脚類－テタヌラ類－コエルロサウルス類－ティラノサウルス上科
名前の意味：異なる枝
記載：Kuzanov, 1976
年代：マーストリヒシアン
大きさ：6m
生き方：狩りをする
主な種：*A. remotus*

右：これまでに見つかった唯一のアリオラムスの標本は，頭骨の一部と若干の足の骨で，モンゴルのインゲニイ・ホオヴォル渓谷で発見された．この恐竜の名は「異なる枝」という意味で，これが早い時期にティラノサウルス類の主流から分岐したことを表している．

ティラノサウルス類の腕

ティラノサウルス類の小さな腕は，ずっと謎とされてきた．小さくて口にも届かないような1対の腕に，他に何か使い道があるのだろうか？ 12mもあるティラノサウルス類の腕の骨が人間の腕と同じくらいの長さしかないが，その太さは約3倍ある．筋肉の付着痕は，上腕にきわめて太い筋肉がついていたことを示す．指は両方の手に2本ずつしかない．第2指は第1指よりもずっと大きく，第3指は完全に消えてしまっている．肘関節はあまり柔軟ではない．両手は手のひらを互いに向かい合わせになるような位置にある．

このような腕が何のためにあるのかについては，主要な説が3つある．第1の説は，この腕で獲物をしっかりつかんで胸に押しつけ，あごと歯をそこに伸ばして食べられるようにしたというものである．第2の説では，交尾の際にメスをつかまえるのに用いたという．第3は，大きな体が横たわった姿勢から立ち上がるとき，体を支えるのに使ったというものである．確かなことはわかっていない．

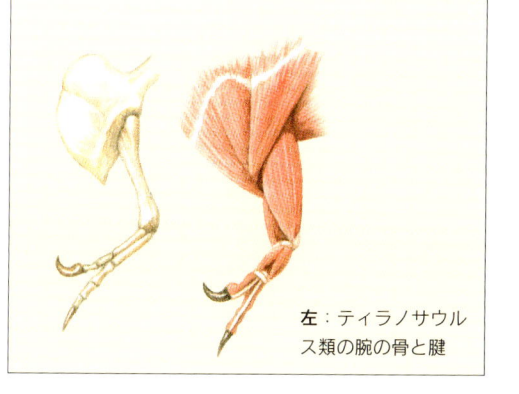

左：ティラノサウルス類の腕の骨と腱

アパラチオサウルス *Appalachiosaurus*

1980年代初めに北米東部でティラノサウルス類が発見されたことと，2005年に行われたその学術発表は，大きな驚きを引き起こした．それまでは，このグループの恐竜はすべて北米西部とアジアで発見されていた．この地域は白亜紀には，北米東部とは内陸海によって切り離されていた．その祖先に当たる恐竜は，内陸海によって大陸塊が2つに切り離される前に，北米全体に広がっていたにちがいなかった．

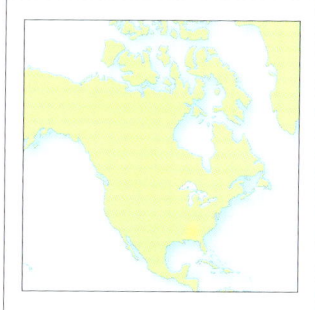

特徴：アパラチオサウルスの唯一の骨格は，頭骨の大部分，後肢，尾と骨盤の一部からなる．これだけあれば，これが原始的な中型のティラノサウルス類の典型的なものであることを示すのに十分である．頭骨はアルバートサウルスに似ており，頭の上にある頭飾りは小さく，アリオラムスやその他の原始的ティラノサウルス類にみられる隆起やこぶとは異なる．この恐竜の最もいちじるしい特徴は，このグループの予期された分布域の外側で発見されたことにある．

分布：アラバマ州（アメリカ合衆国）
分類：獣脚類－テタヌラ類－コエルロサウルス類－ティラノサウルス上科
名前の意味：アパラチアのトカゲ
記載：Carr, Williamson and Schwimmer, 2005
年代：カンパニアン
大きさ：7m
生き方：狩りをする
主な種：*A. montgomeriensis*

左：アパラチオサウルスの骨格は海成泥岩中から発見された．遺骸は川の流れに運ばれて海に流され，海底に堆積した．

最後のティラノサウルス類

恐竜の時代の終わりに生きていた，北半球最大の肉食恐竜はティラノサウルス類だった．それまでに，その体形は一定した形にできあがり，最後期のティラノサウルス類の標本は，どれも他のものとほとんど区別がつかないほどになっていた．ここに記すのはほとんどが，基盤的なティラノサウルスの解剖学的構造との小さなずれにとどまる．

ティラノサウルス *Tyrannosaurus*

おそらくあらゆる恐竜のうちで最もよく知られるティラノサウルスは，1990年代になってカルカロドントサウルスやギガノトサウルスのような大型のアロサウルス類が発見されるまで1世紀にわたって，あらゆる時代を通じて最大，最強の陸生捕食動物の地位を保っていた．ティラノサウルスは，関節のつながった状態のものや，ばらばらになったものを合わせて約20体の骨格が得られており，したがってその姿は確実にわかっている．

特徴：頭骨は短く，上下に厚く，他の大型の肉食恐竜に比べてがっしりしている．歯は長さ8-16cm，幅が約2.5cmある．前のほうにある歯はD字形で，ものをしっかりとつかまえるようにできているのに対して，奥の歯は薄いナイフ状で，肉を挟み切るのに適した形になっている．眼は前方の立体視が得られる位置にある．耳の構造は，聴覚の優れたワニに似ている．

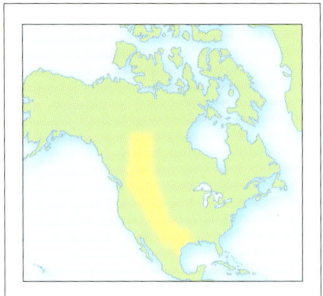

分布：アルバータ州（カナダ）～テキサス州（アメリカ合衆国）
分類：獣脚類－テタヌラ類－コエルロサウルス類－ティラノサウルス上科
名前の意味：暴君トカゲ
記載：Osborn, 1905
年代：マーストリヒシアン
大きさ：12m
生き方：狩りをするか，または狩りをせずに残りものを食べる
主な種：*T. rex*．ただし，ダスプレトサウルス *Daspletosaurus*，ゴルゴサウルス *Gorgosaurus*，タルボサウルス *Tarbosaurus* も，ティラノサウルス属に属する種と考えられることがある．

タルボサウルス *Tarbosaurus*

ティラノサウルス類のタルボサウルスは，知られているアジアで最大の捕食恐竜で，ティラノサウルスとごく近縁の属である．実はこれは T. バタール *T. bataar* という名のティラノサウルスの一種だと考える人もある．1940年代にロシアのゴビ砂漠ネメグト累層遠征隊によって，3体の骨格が発見された．その後，同じ場所でティラノサウルスとほとんど同じくらい多数のタルボサウルスの骨格が発見されている．

特徴：タルボサウルスはティラノサウルスにきわめてよく似ているが，体つきが少し華奢にできている．ティラノサウルスに比べて頭は大きく，鼻先は浅く，あごは低く，歯はわずかに小さい．その他には，個々の頭骨の形に小さな違いがみられるくらいである．これらの特徴はタルボサウルスのほうがわずかながら原始的であり，したがって初期の進化はアジアで起こったのかもしれない．タルボサウルスが北米で発見されていたら，これはティラノサウルス属の一種と考えられていただろう．

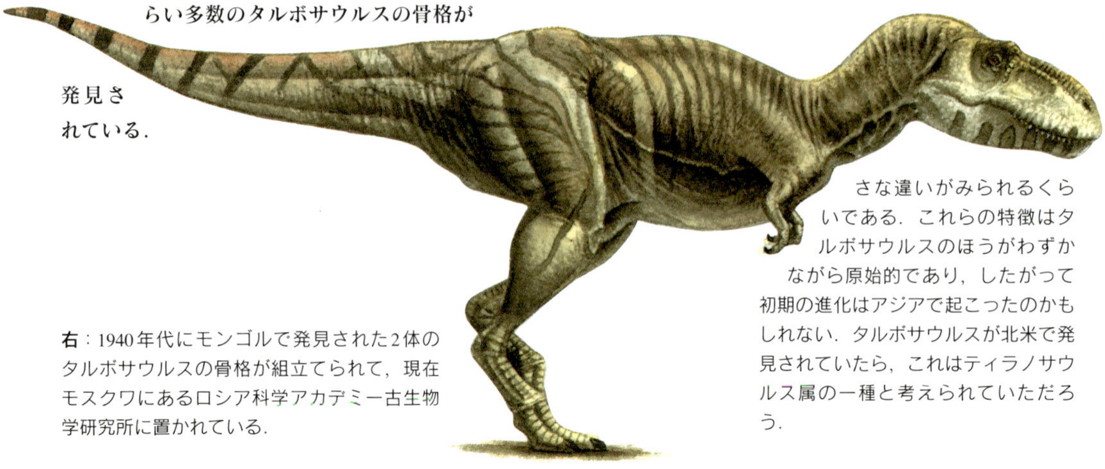

右：1940年代にモンゴルで発見された2体のタルボサウルスの骨格が組立てられ，現在モスクワにあるロシア科学アカデミー古生物学研究所に置かれている．

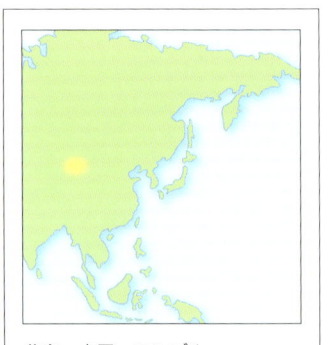

分布：中国，モンゴル
分類：獣脚類－テタヌラ類－コエルロサウルス類－ティラノサウルス上科
名前の意味：警告するトカゲ
記載：Maleev, 1955
年代：マーストリヒシアン
大きさ：12m
生き方：狩りをするか，または狩りをせずに残りものを食べる
主な種：*T. efremovi*, *T. bataar*

ダスプレトサウルス *Daspletosaurus*

C・M・スターンバーグは1921年に最初のダスプレトサウルスの骨格を発見したとき、それをゴルゴサウルスの一種と考えた。しかし、これはずっと重い体をしていることが明らかになった。少しのちのティラノサウルスときわめてよく似ているため、その先祖と考えられることもある。米国モンタナ州で発見されたダスプレトサウルスのボーンベッドは、これが群れで狩りをしていた可能性を示している。

特徴：ダスプレトサウルスとティラノサウルスの違いは歯にみられる。ダスプレトサウルスの歯はティラノサウルスよりもさらに大きい。首や背中はダスプレトサウルスのほうがどっしりと太く、足はわずかに短く太い。体はわずかに小さいが、ティラノサウルスよりも力強く、同時代のアルバートサウルスよりははるかに力のありそうな体をしている。これは動きの遅い大型の角竜類と戦い、これよりも敏捷な類縁の恐竜は、足の速いカモノハシ恐竜を獲物にしていたのではないかと思われる。

右：ダスプレトサウルスの良質の標本は約6体、ほかにばらばらの骨は多数発見されている。最もよい組立て骨格はカナダ・アルバータ州のロイヤル・ティレル博物館にある。

分布：アルバータ州（カナダ）、モンタナ州（アメリカ合衆国）
分類：獣脚類－テタヌラ類－コエルロサウルス類－ティラノサウルス上科
名前の意味：恐るべきトカゲ
記載：D.A.Russell, 1970
年代：カンパニアン
大きさ：9m
生き方：狩りをするか、または狩りをせずに残りものを食べる
主な種：*D. torosus*、他に名前のついていないもの1種

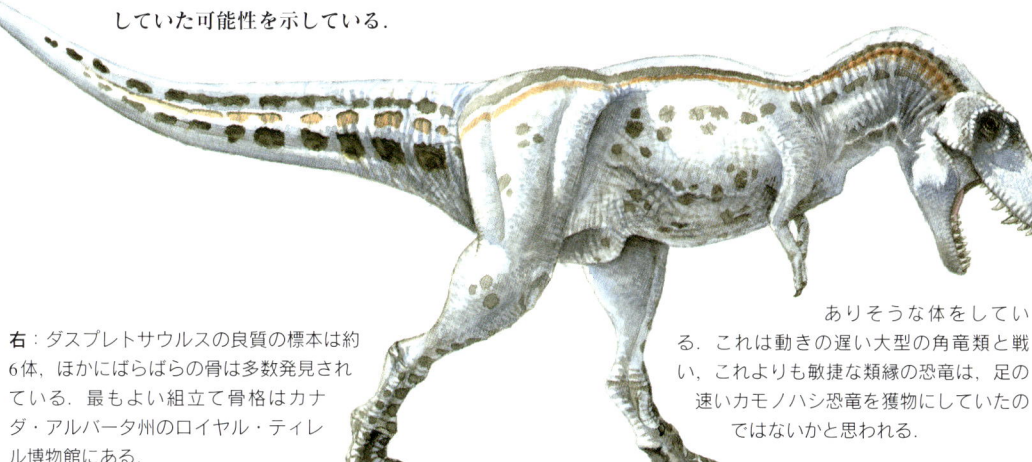

狩りをするか？
それとも狩りをせずに残りものを食べるか？

ティラノサウルス類や、特にティラノサウルスそのものがどのようにして生きていたかについては、科学者の間で長年にわたって論議が続いている。これまでずっと考えられてきたように、白亜紀の平原や森林に恐怖をもたらす恐るべき捕食恐竜だったのだろうか？　それとも残りものを食べて細々と生きる、動きの遅い恐竜で、死んだ動物や、もっと活発な捕食動物に殺された動物の死骸を食べて暮らしていたのだろうか？

前者の証拠のひとつとしては、眼の位置があげられる。その眼は前方を向き、立体視を与える。これは、敏捷な獲物を捕らえる捕食動物には不可欠のものである。鼻孔には薄い骨の板からなる鼻甲介があり、そこは湿った、敏感な組織でおおわれていたのだろう。これは嗅覚を強化し、嗅覚は狩りをするにも、死骸を探すのにも役立っただろう。

他方、ティラノサウルスはきわめて大きな動物であり、大きすぎてスピードや活動を持続することはむずかしかったのではないかと思われる。いったんスピードに乗ると、ちょっとつまづいただけでも何かに衝突して、それが命とりになりかねなかった。角竜類の骨に認められたティラノサウルスの歯形は、生きている獲物から肉をかみちぎったのではなく、死骸からかじりとった様子を示している。しかしこれは、ティラノサウルスがその角竜を殺さなかったということにはならない。あるカモノハシ恐竜の背骨についたかみ痕は、それが生きているときにティラノサウルスによってつけられたものだった。実際には、この両方の側の証拠が正しいものである可能性が高く、ティラノサウルスやその類縁の恐竜は活発な捕食動物だったが、たまたま見つけた死骸を食べるチャンスも見逃しはしなかったということなのだろう。

ゴルゴサウルス *Gorgosaurus*

ゴルゴサウルスは1914年に最初の骨格がラムによって発見され、命名されて以来、20体以上の骨格が知られている。1970年代には、ティラノサウルス類に関するある研究によってゴルゴサウルスとアルバートサウルスが同じものであることが示され、ゴルゴサウルスという名前は廃止された。ところが1981年の別の研究で、この両者が別物であることが明らかにされ、再びこの名が復活した。

特徴：見つかっている数個の頭骨は歯の数が異なるが、それらは成長段階の異なる個体と考えられている。眼の上に1対の角があり、それには2つのタイプがみられる。ひとつは前上方を向き、もうひとつはより長く、ずっと水平に近い。これは雌雄の違いか、あるいは種の違いによるものかもしれない。

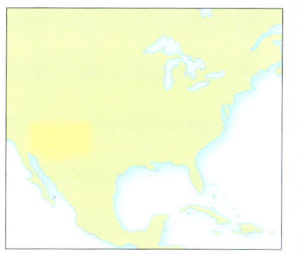

分布：アルバータ州（カナダ）～ニューメキシコ州（アメリカ合衆国）
分類：獣脚類－テタヌラ類－コエルロサウルス類－ティラノサウルス上科
名前の意味：ゴルゴン・トカゲ
記載：Lambe, 1914
年代：カンパニアン
大きさ：9m
生き方：狩りをするか、または狩りをせずに残りものを食べる
主な種：*G. libratus*

左：ゴルゴサウルスの最初の標本は、押しつぶされた頭骨と完全な骨格からなるものだった。その後発見されたものは、あごにある歯の数に違いを示したが、これは個体の年齢の違いによるものかもしれない。

巨大なティタノサウルス類

白亜紀後期が始まったころ，竜脚類恐竜はすでに最盛期を過ぎていたようであり，その主要な植物食恐竜としての役割は鳥脚類恐竜に受け継がれていた．しかし生き残っていた竜脚類の一側支であるティタノサウルス類のグループは繁栄を続け，主として南の大陸に広がっていて，北の陸地にもいくつかの例がみられる．これらが現在までに知られる最大の陸生動物へと発展していった．

アンデサウルス *Andesaurus*

このきわめて大型の恐竜は，少数の椎骨と若干の下肢骨が知られているにすぎない．これが住んでいた地域は，河川平原と封じ込まれた潟湖からなり，針葉樹やシダ類に厚くおおわれていて，現在はアルゼンチン・パタゴニアのコマウエ地域に当たる．その化石はアレハンドロ・デルガドがある湖で泳いでいるときに発見した．

特徴：アンデサウルスは，かつて地球上に住んだ最大の竜脚類恐竜のひとつだったにちがいない．発見されている数少ない尾骨は，他の竜脚類のようなふつうの平面ではなく，球窩関節をもつ．このことは，尾の強さとしなやかさを示す．これは別のティタノサウルス類の巨大恐竜アルゼンティノサウルスと同じ時代のものだが，この両者が別の属に属するものであることを示す違いは十分にある．

右：この恐竜の唯一の標本が発見された堆積層では，イグアノドン類の足跡が多数見つかっている．鳥脚類がこの時代，この地域の主要な植物食恐竜だったと思われ，ティタノサウルス類が真に重要な存在となるのは，もっとのちの時代だった．

この恐竜は背椎に高い棘突起があり，背中に沿って高い隆起がみられる．標本は完全なものではなく，若干の椎骨，後肢，数本の肋骨からなる．

分布：アルゼンチン
分類：竜脚類－マクロナリア類－ティタノサウルス類
名前の意味：アンデスのトカゲ
記載：Calvo and Bonaparte, 1991
年代：アルビアン
大きさ：40m
生き方：植物の枝や葉を食べる
主な種：*A. delgadoi*

パラリティタン *Paralititan*

パラリティタンが2000年に発見されたとき，これはアフリカで見つかった最大の恐竜と考えられた．その発見は驚きをもって迎えられた．これが北アフリカに存在するということは，巨大なティタノサウルス類恐竜が繁栄していた南米大陸との間に，白亜紀後期にも何らかの陸地のつながりがあったことを意味するからである．この恐竜は，植物の茂った潮汐平底や水路に堆積した岩石中に発見された．

特徴：パラリティタンは体つきが，南米の巨大なティタノサウルス類ときわめてよく似ている．知られているただひとつの標本は16種の骨の100個の破片からなるものだが，上腕骨の長さが1.69mあって，知られている完全な上腕骨のうちで最も長いものであることから，この恐竜の大きさを判断することができる．体重は70-80トンにも達したと推定されている．この骨はティタノサウルス類のものであり，したがってその大きさは他のティタノサウルス類と比較して計算することができる．

左：パラリティタンの種名 *P. stromeri* は，パラリティタンが発見される1世紀前にアフリカのこの地域で働いたドイツの古生物学者エルンスト・シュトローマーを記念してつけられた．

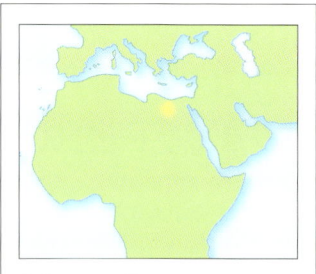

分布：エジプト
分類：竜脚類－マクロナリア類－ティタノサウルス類
名前の意味：浜辺の巨大動物
記載：Lamanna, Lacovara, Dodson, Smith, Poole, Giegengack and Attia, 2001
年代：アルビアンまたはセノマニアン
大きさ：24-30m
生き方：植物の枝や葉を食べる
主な種：*P. stromeri*

ティタノサウルス類の骨格

ティタノサウルス類はきわめて不完全な骨が知られているにすぎない．ティタノサウルス類の頭骨はわずかしか発見されていないが，知られている頭骨の破片が示すところによると，幅が広く，傾斜のきつい頭と，歯冠部が先細になった釘状の歯をもつ．一般に首は比較的短く，前脚の長さは後脚の約4分の3くらいで，尾はやや短めである．

ティタノサウルス類は竜脚類では出現した最後のグループであるにもかかわらず，背骨の形状がきわめて原始的で，これ以前のグループにみられる深い窪みや，体重を支えるフランジやプレートのような構造はない．同じように，骨盤も異なっていたように思われる．骨盤は6個の椎骨によって背骨と癒合し，ディプロドクス類では5個の椎骨によって癒合しているのと異なる．これは初期の類縁の恐竜ほどがっしりしておらず，ずっと幅が広い．このことは，この恐竜は生きているとき，ディプロドクス類やブラキオサウルス類とは歩き方も異なっていたことを示す．ティタノサウルス類の足跡は，左右の足跡間の幅が広いことから容易に見分けることができ，この恐竜は他の竜脚類よりも足を外に広げていたように思われる．これはディプロドクス類やブラキオサウルス類の歩き跡の幅が狭く，小幅のちょこちょこ歩きをするように，右足を左足のすぐ前についていたのとは対照的である．ティタノサウルス類の歩き跡はジュラ紀中期から知られているので，このグループが現れたのは，保存された化石から考えられるよりももっと古い．

左：ディプロドクス類（上）とティタノサウルス類（下）の足跡

「ブルハトカヨサウルス」 *Bruhathkayosaurus*

1980年代にこの恐竜の骨が最初に発見されたとき，これは何らかの怪物のような獣脚類のものと考えられた．しかし，チャタジーは1995年にこれを改めてティタノサウルス類として分類した．全般的にみてこれは疑問名だが，この化石はこれまでにインドで発見された最大の動物の骨という点で重要なものである．

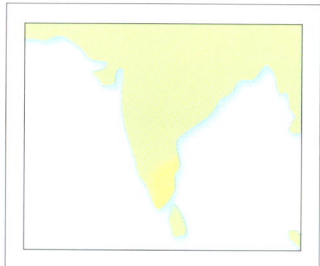

特徴：この巨大な恐竜の実体を実際に確認することは困難であるにしても，その脛骨は南米のアルゼンティノサウルスよりも約25％長いと思われる．これはつまり，現在のところ最大の恐竜として一般に受け入れられているアルゼンティノサウルスよりはるかに大きいことになる．しかし，"ブルハトカヨサウルス"は実体が不明確であるため，今なお恐竜の大きさ番付には入れられていない．竜脚類としての分類は，これほど大きなものはほかにはないということを根拠としている．

分布：タミルナドゥ（インド）
分類：竜脚類－マクロナリア類－ティタノサウルス類
名前の意味：巨大な体のトカゲ
記載：Yadagiri and Ayyasami, 1989
年代：マーストリヒシアン
大きさ：40m
生き方：植物の枝や葉を食べる
主な種："B." *matleyi*

アンタルクトサウルス *Antarctosaurus*

最初に発見されたアンタルクトサウルスの骨格は，このように大きな恐竜としてはきわめて完全なもので，頭骨と上下のあご，肩帯，それに四肢と骨盤の一部などが含まれる．これらがすべて同一の個体のものかどうかについては，若干の疑いがある．これは南米で発見されたが，インドおよびアフリカでも，アンタルクトサウルスのものといわれてはいるものの疑問のある骨が発掘されている．

特徴：アンタルクトサウルスは体の大きさのわりにはほっそりした四肢をもち，小さな頭は眼が大きく，鼻先の幅が広く，口には前のほうに少数の釘型の歯があるだけだった．あごはボニタサウラと同じように先端がやや角ばっていて，低い植物の枝や葉か，または地面の植物を食べて生活していたことを示唆する．これは比較的よく知られている南半球の竜脚類のひとつだが，すべての骨片が同一個体のものかどうかについては，今なお多くの混乱がある．ある標本には2.3mもある大腿骨が含まれ，これは今までに見つかった恐竜の骨のうちで，最も大きいもののひとつである．

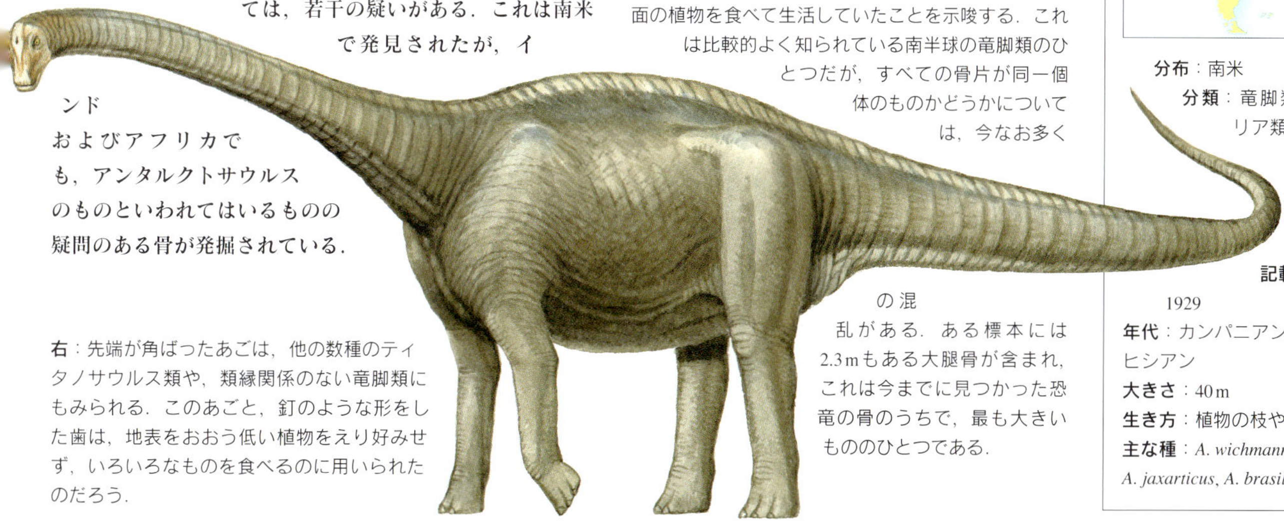

右：先端が角ばったあごは，他の数種のティタノサウルス類や，類縁関係のない竜脚類にもみられる．このあごと，釘のような形をした歯は，地表をおおう低い植物をえり好みせず，いろいろなものを食べるのに用いられたのだろう．

分布：南米
分類：竜脚類－マクロナリア類－ティタノサウルス類
名前の意味：南のトカゲ
記載：von Huene, 1929
年代：カンパニアン～マーストリヒシアン
大きさ：40m
生き方：植物の枝や葉を食べる
主な種：*A. wichmannianus*, *A. jaxarticus*, *A. brasiliensis*

さまざまなティタノサウルス類

広範囲に分布する他の動物グループの場合と同じように，ティタノサウルス類も世界の異なる場所で，多くの異なるタイプがみられた．南米の真のティタノサウルス類から，ヨーロッパの島々に住む矮小種にまで及んだ．完全な頭骨が確認されたのは最近のことにすぎないが，単発的に発見された頭骨の形の変異から，異なるティタノサウルス類はそれぞれに頭の形が異なっていたことが推測される．

ヒプセロサウルス *Hypselosaurus*

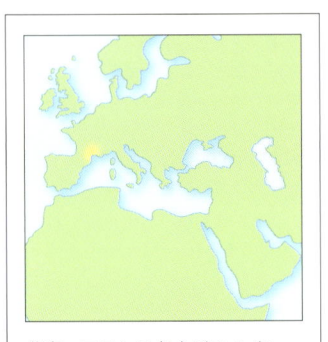

恐竜ヒプセロサウルスは，散乱した状態で見つかった最低10頭以上の個体の化石が知られている．直径30cmほどの卵の化石が5個かたまって並んでいるのが南フランスのエクス・アン・プロヴァンス近郊で発見され（「エッグズ・アン・プロヴァンス」[プロヴァンスの卵]などという駄ジャレもはやった），ヒプセロサウルスの卵とされているが，これは科学的に確認されたものではない．これは本当は同時代の飛べない鳥ガルガントゥアヴィス *Gargantuavis* のものだとする説もある．

分布：フランスおよびスペイン
分類：竜脚類－マクロナリア類－ティタノサウルス類
名前の意味：高い隆起線のあるトカゲ
記載：Matheron, 1869
年代：マーストリヒシアン
大きさ：12m
生き方：植物の枝や葉を食べる
主な種：*H. priscus*

右：ヒプセロサウルスの卵は球形で，ダチョウの卵の2倍以上，体積は2リットルある．

特徴：ヒプセロサウルスの姿を復元するのは簡単ではない．大型で，四本足，首が長く，植物食，典型的な竜脚類型で，ばらばらになった骨しか知られていない．他のティタノサウルス類と比べると，類縁の恐竜よりもがっしりした四肢をもっていたように思われる．歯は弱く，釘のような形をしている．ある種のティタノサウルス類のように，体が装甲でおおわれていたかどうかはわかっていない．

マジャーロサウルス *Magyarosaurus*

知られている最も小さなおとなの竜脚類恐竜マジャーロサウルスは，ルーマニアとハンガリーで発見された．白亜紀後期にヨーロッパのこの地域には列島があって，そこには供給量の限られた食物を最大限に利用するため，小型の恐竜が進化してきた可能性が大きいと思われる．同じ時代，この地域に現れたその他の矮小型恐竜には，カモノハシ恐竜のテルマトサウルスやよろい竜のストルティオサウルスがいる．

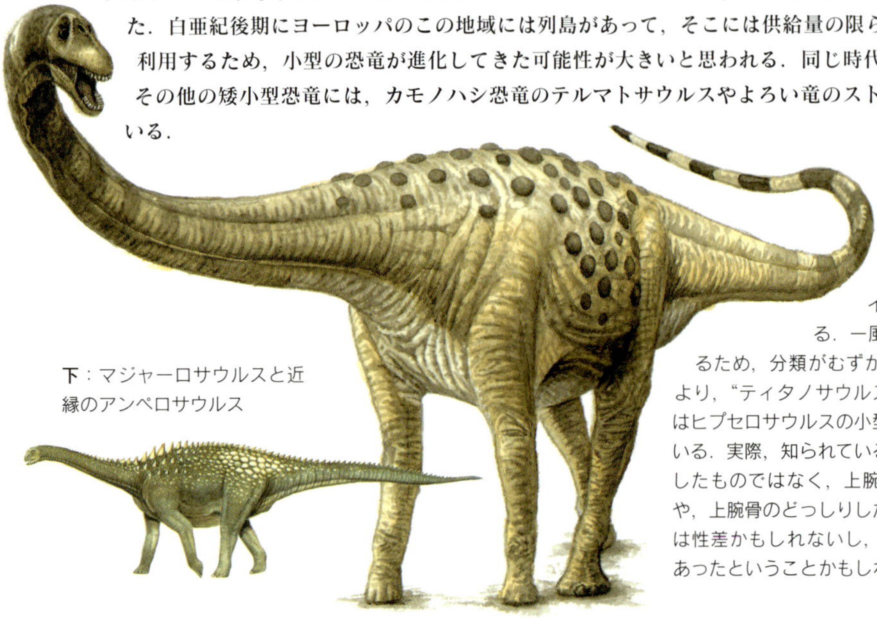

下：マジャーロサウルスと近縁のアンペロサウルス

特徴：マジャーロサウルスはおそらくアンペロサウルスと近縁で，装甲をつけたタイプのひとつと思われる．一風変わった体形をしているため，分類がむずかしい．独自の属というより，"ティタノサウルス類"の小型種，ときにはヒプセロサウルスの小型種とさえ考える学者もいる．実際，知られている数点の標本は形の一定したものではなく，上腕骨がほっそりしたものや，上腕骨のどっしりしたものがみられる．これは性差かもしれないし，小型竜脚類の属が複数あったということかもしれない．

分布：ルーマニア，ハンガリー
分類：竜脚類－マクロナリア類－ティタノサウルス類
名前の意味：マジャール（ハンガリーを中心とした民族名）のトカゲ
記載：von Huene, 1932
年代：マーストリヒシアン
大きさ：6m
生き方：低い植物の枝や葉を食べる
主な種：*M. dacus*, *M. transylvanicus*

さまざまなティタノサウルス類 **209**

ゴンドワナティタン *Gondwanatitan*

ゴンドワナティタンの知られているただひとつの部分骨格は，体のあらゆる部分の骨を含む．これは1980年代の半ばに，国立リオデジャネイロ博物館の古生物学者ファウスト・L・デ・ソウザ・クーニャと研究者ジョゼ・スアレズによって発見された．この恐竜は白亜紀後期のブラジル中部の至るところにあった湖や，沼，川などのほとりに住んでいた．

特徴：ゴンドワナティタンは比較的小さく，軽い体つきのティタノサウルス類である．骨格の特徴，特に尾椎の結合は，これがよく知られているどのティタノサウルス類ともまったく違い，もっと高度に進化していることを示す．脛骨は真っ直ぐで，それに対して他のティタノサウルス類では曲がっている．尾骨の棘突起は前方を向き，この恐竜がアエオロサウルスと最も近い類縁関係にあることを示唆する．

分布：サンパウロ州（ブラジル）
分類：竜脚類－マクロナリア類－ティタノサウルス類
名前の意味：ゴンドワナの巨大動物
記載：Kellner and de Azevedo, 1999
年代：マーストリヒシアン
大きさ：8m
生き方：植物の枝や葉を食べる
主な種：*G. faustoi*

左：ゴンドワナティタンは超大陸ゴンドワナにちなんで名前をつけられたもので，この恐竜が生きていた時代，南半球の陸塊はすべてこの超大陸に含まれていた．

矮小種

島の動植物群はその場所の条件に応じて，常に本土の動植物とは異なる進化を遂げた．その結果のひとつが矮小化で，別の場所でみられる動物の小型化したものが発達してくる．最後の氷河時代には，マルタ島の荒れ地でゾウの矮小種が現れた．米国カリフォルニア州沿岸の島には，小型のマンモスがいた．体高4mもあった南米のオオナマケモノが，カリブ海の島ではイエネコほどしかない矮小種になった．現代にみられるこれと同じようなものに，スコットランド島嶼部のシェトランドポニーがある．何千年か前まで，インドネシアのフロレス島には矮小種の人類ホモ・フロレシエンシスが住んでいた．

これらの生息環境には捕食動物がいないということもあるかもしれない．このようなところでは食物の量が限られているため，資源を最も有効に利用するには，小型の個体が多数いるのが有利であることになる．こうして白亜紀後期のヨーロッパの浅い海に横たわる列島で，小型の恐竜が栄えた．

下：矮小種の大きさの比較

アエオロサウルス *Aeolosaurus*

恐竜アエオロサウルスは1987年に発見され，背骨と脚の骨を含む骨格の多くの部分が見つかった．しかし，1993年にサルガドおよびコリアによって新たな発見が行われ，背中の装甲の証拠が得られた．アエオロサウルスは白亜紀のアルゼンチンの低地の湿地帯や，海岸平野に住み，一方，他の竜脚類恐竜は周囲の高地で植物を食べていたのだろうと考えられる．いくつかの骨といっしょに卵も見つかっている．

分布：パタゴニア
分類：竜脚類－マクロナリア類－ティタノサウルス類
名前の意味：風の強いトカゲ（風の吹きすさぶパタゴニアの平原から）
記載：Powell, 1987
年代：カンパニアンまたはマーストリヒシアン
大きさ：15m
生き方：高い枝の葉を食べる
主な種：*A. rionegrinus*

特徴：アエオロサウルスは骨格の多くの部分が知られ，なかには直径約15cmの装甲のかけらも含まれる．骨盤に近い尾椎にある前方を向いている棘突起は，これが尾を支えにして後脚で立ち上がり，針葉樹の高い枝の葉を食べることができたことを示す証拠とみられている．他の竜脚類もこのようなことができたのだろう．

さまざまなティタノサウルス類（続き）

ティタノサウルス類は竜脚類恐竜に属する．一般に，竜脚類はどちらかといえばジュラ紀および白亜紀前期を代表するといってもよい恐竜だが，ティタノサウルス類のアラモサウルスは，恐竜の時代の終わりに生きていた最後の恐竜のひとつだった．竜脚類恐竜の時代は三畳紀の終わりから白亜紀の終わりまで，全部で1億5000万年にわたって続いた．

ボニタサウラ *Bonitasaura*

ボニタサウラの化石が発見されたとき，ティタノサウルス類とディプロドクス類の骨格が混じりあったものだと考えられた．前端の幅が広い頭骨の形は，ディプロドクス類のニジェールサウルスときわめてよく似ている．このことは，進化上の近縁グループであるディプロドクス類が死滅したあと，ティタノサウルス類が急速に進化拡大して，前者のあらゆる生態的地位を受け継いでいったことを示す．

特徴：このティタノサウルス類の驚くべき特徴は頭骨にみられる．あごの前部の幅が広く，角張っており，これは明らかに地面に近い植物を摘みとるのに適している．前歯は短く，鉛筆状で，ディプロドクス類にやや似ている．そのすぐ後ろの，頭骨が狭くなるところには，植物を切り刻むために発達した角質のナイフ状の歯がある．これを別にすると，この恐竜のその他の部分は，近縁のアンタルクトサウルスとよく似ている．B.サルガドイという種名は，アルゼンチンの有名な竜脚類恐竜の専門家レオナルド・サルガドにちなんでつけられた．

分布：パタゴニア
分類：竜脚類－マクロナリア類－ティタノサウルス類
名前の意味：ラ・ボニタ丘（これが発見された場所）のメスのトカゲ
記載：Apesteguia, 2004
年代：マーストリヒシアン
大きさ：9m
生き方：植物の枝や葉を食べる
主な種：*B. salgadoi*

その他のティタノサウルス類

ティタノサウルス類恐竜ペレグリニサウルスや，現在では廃止された"ティタノサウルス属"に属するものとされたその他のティタノサウルス類は，おそらく南米島大陸の丘陵地域に住んでいたのだろう．これらは高地の植物群である針葉樹やシダ類を食べ，獣脚類のアベリサウルスに脅やかされていた．一方，アエオロサウルスのようなその他のティタノサウルス類や，比較的数の少ない鳥脚類は，近くの海岸低地平野に住んでいた．

ペレグリニサウルスは背骨の一部と1本の大腿骨からなる1体の骨格しか知られていないため，その形態についてはわずかなことしかわからない．これは1975年に発見されたとき，最初はエパクトサウルスの一種と考えられたが，20年後に行われた研究によって，別の属と考えるにたるだけの差異があることが示された．

さまざまなティタノサウルス類（続き）

パタゴニアの営巣地

世界中で最もみごとな恐竜営巣地のひとつが，1990年代後半，パタゴニアのカンパニアン期の岩石中から発見され，研究された．アウカ・マウエヴェオとよばれるこの場所は数 km² にわたって広がる．ここは毎年ここに戻ってくる何百，何千という恐竜によって定期的に用いられた．それぞれが浅い穴を掘り，まとめて何個かの卵を産み，それを植物でおおった．

そこは川の氾濫原で，周期的に川の水が溢れ出した．川が氾濫するたびに泥が堆積して，そこにある卵を埋めて窒息させ，卵はそのまま保存された．その後の何層もの堆積層からも卵が発見され，恐竜たちはときどき起こる災害にも懲りることなく，ここで営巣を続けたことが示された．

卵はほとんど球形で，大きさは 11.5〜13 cm あり，最も保存状態のよいものでは，卵殻の構造，内膜の痕跡，さらにはトカゲに似た皮膚から完全な胚（卵の中の赤ん坊）まで保存されている．これらの卵がティタノサウルス類恐竜が産んだものであることは明らかだが，正確な属までは確認されていない．胚の皮膚には装甲はなく，それが現代の装甲をもったトカゲやワニ類と同じように，孵化して成長していく間に発達したものらしいことを示す．

左：ボニタサウラ

アラモサウルス *Alamosaurus*

北米に竜脚類がみられなかった 3500〜4000万年の空白時代ののち，アラモサウルスによってこのグループが再び現れた．2002年にメキシコ・チワワ州で，現在まだ命名されていない白亜紀後期のティタノサウルス類が発見されるまで，アラモサウルスは北米で見つかったこのグループで唯一のものだった．これは白亜紀後期にできた中米の陸橋を渡って，南米から移動してきた．

特徴：アラモサウルスはごく近い類縁のサルタサウルスよりも大きいが，体つきは軽くできており，装甲はもっていなかったと思われる．北米のさまざまな場所から得られた，数体の部分骨格が知られる．テキサスの発掘地では，おとな1頭と十分に成長した若い個体2頭の骨が発見され，これが家族を構成して暮らしていたらしいことが示されている．一時点でみたとき，テキサスにいたアラモサウルスの総数は約35万頭にのぼるとする研究もある．これは 2 km² に1頭という密度になる．

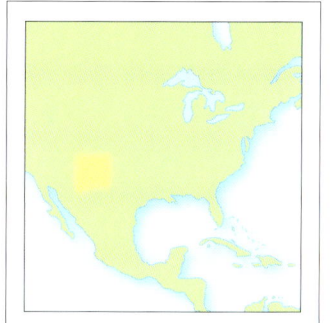

分布：ニューメキシコ州，ユタ州，テキサス州（アメリカ合衆国）
分類：竜脚類−マクロナリア類−ティタノサウルス類
名前の意味：オホ・アラモ砂岩のトカゲ（アラモはハコヤナギの木の現地名）
記載：Gilmore, 1922
年代：マーストリヒシアン
大きさ：21 m
生き方：植物の枝や葉を食べる
主な種：*A. sanjuanensis*

左：アラモサウルスの化石は，ニューメキシコ州からユタ州にかけての最も新しい白亜紀層から発見されている．しかし，ほぼ同じ時代の堆積層から他の恐竜が発見されているアラスカ州で，アラモサウルスはひとつも見つかっていない．気候の違いが，このような分布を生んだ一要因となっているのかもしれない．

エパクトサウルス *Epachthosaurus*

エパクトサウルスは発見されたとき，白亜紀後期の最下部にあるセノマニアン層に埋まっていたものと考えられた．このことは，その骨の原始的な特徴とよく適合した．しかしその後の研究によって，これが白亜紀の終わりのものであることが明らかにされ，これは初期のタイプへの先祖返りということになった．原始的なタイプが，もっと進化したものといっしょに存在していたということである．

特徴：この原始的なティタノサウルス類は，もっと前の多くのタイプと共通の特徴をもつ．背中の構造，椎骨間の関節の形，骨盤と背骨の間にきわめて強い結合があり，きわめて強固な背中の構造をつくっていることなどは，他のティタノサウルス類と異なっている．知られているただひとつの骨格は，首と頭，尾の先端を除けば，ほとんど完全なものだが，装甲板の形跡はみられない．骨盤と背骨の接合部は，完全に癒合した6個の椎骨によってできている．

右：エパクトサウルスの骨格は関節がつながったままで，前脚は広げ，後脚はねじ曲がって体の下に折りたたまれた状態のものが発見された．胃を下にして横たわって死んでいた．

分布：アルゼンチン
分類：竜脚類−マクロナリア類−ティタノサウルス類
名前の意味：重いトカゲ
記載：J. E. Powell, 1990
年代：マーストリヒシアン
大きさ：15〜20 m
生き方：植物の枝や葉を食べる
主な種：*E. sciuttoi*

小型の鳥脚類

白亜紀後期は大型鳥脚類の時代だった．しかし，そこにはまだ巨大な恐竜たちの足元でちょろちょろする，小型のタイプもたくさんいた．もっと古い時代の原始的な特徴をもちつづけるものもいたが，すっかり進化したものもいた．細いくちばしは，新しく進化してきた地面の花の咲く植物の中から食物を選択しながらとることができた．

テスケロサウルス *Thescelosaurus*

テスケロサウルスは関節のつながった完全な骨格が知られているが，その分類は前世紀のほとんどの時期，ヒプシロフォドン類とイグアノドン類との間で揺れ動いており，今なおその位置について研究者たちの意見は確定していない．「ウィロー」という愛称をもつ標本は，心臓を含む内臓も保存されている．これが最後に現れた恐竜のひとつであることを考えると，そのやや原始的な構造は驚くべきものである．

特徴：テスケロサウルスは他の中型鳥脚類よりも体がどっしりとできており，脚は比較的短い．これはスピードを出すためにできた体ではない．他の類縁の恐竜と同じように，口の先端にくちばしがあるが，3種の異なる歯が並んでいる点は他と異なり，前のほうには鋭い歯，側面には犬歯のような歯，奥のほうには臼歯のような噛み砕く歯がある．4本指の足は，テスケロサウルスの原始的な特徴のひとつである．

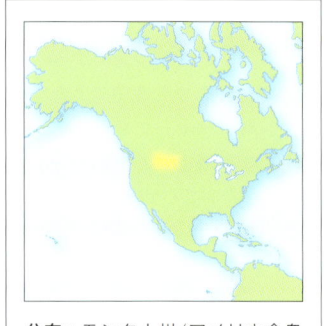

上：テスケロサウルス・ネグレクトゥス（「無視」）という種名は，この骨格が発見，採集されてから22年間も研究されなかったことを指している．

分布：アルバータ州，サスカチェワン州（カナダ），コロラド州，モンタナ州，サウスダコタ州，ワイオミング州（アメリカ合衆国）
分類：鳥脚類
名前の意味：すばらしいトカゲ
記載：Gilmore, 1913
年代：カンパニアン〜マーストリヒシアン
大きさ：4m
生き方：植物の枝や葉を食べる
主な種：*T. neglectus*．他に数種，すべて命名されていない．

オロドロメウス *Orodromeus*

この小さな鳥脚類の骨格はモンタナ州のエッグ・マウンテンという採掘地で，恐竜の卵と巣の化石とともに発見された．しばらくの間，オロドロメウスがこの巣をつくったと考えられていたが，その後，この巣は肉食恐竜トロオドンのものであり，オロドロメウスはその獲物だったことがわかった．

特徴：これはかなり原始的な小型鳥脚類である．その脚は，これが足の速い恐竜だったことを示しており，そこからこの名がつけられた．頭は小さく，くちばしと頬袋をもつ．首は長く，しなやかで，尾は骨質の棒で支えられていて固く，ぴんと真っ直ぐに保たれた尾は走るときに体のバランスをとるのに役立つ．後足には指が3本，手には指が4本ある．

分布：モンタナ州（アメリカ合衆国）
分類：鳥脚類
名前の意味：山のランナー
記載：Horner and Weishampel, 1988
年代：カンパニアン
大きさ：2.5m
生き方：低い植物の枝や葉を食べる
主な種：*O. makelai*

左：見つかったオロドロメウスの化石は，これが小さな群れをつくって生活していたことを示す．

小型の鳥脚類　213

パークソサウルス *Parksosaurus*

これは不完全な骨格と頭骨が知られている．最初パークスが1927年に研究したとき，これはテスケロサウルスの一種と考えられた．しかし，その10年後に化石を研究したスターンバーグは，これはまったく異なるものであるという結論を得た．それから長い間，これはヒプシロフォドン類と考えられていたが，現在はまた，テスケロサウルスのほうが近いと考えられている．肩甲骨の上に余分の骨が1つあり，これは他にみられない特徴である．

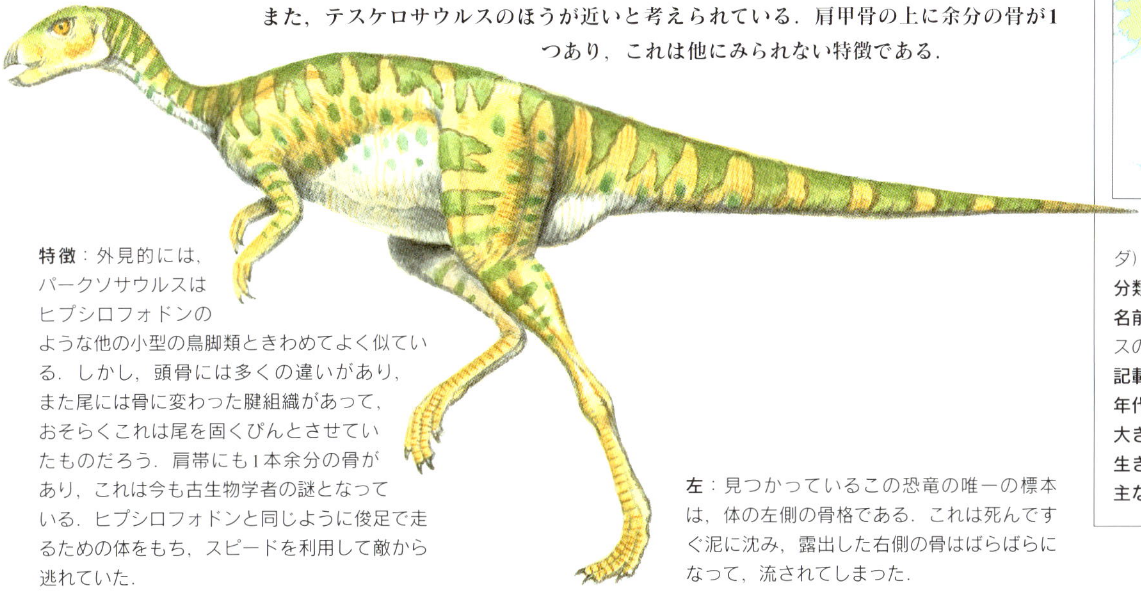

特徴：外見的には，パークソサウルスはヒプシロフォドンのような他の小型の鳥脚類ときわめてよく似ている．しかし，頭骨には多くの違いがあり，また尾には骨に変わった腱組織があって，おそらくこれは尾を固くぴんとさせていたものだろう．肩帯にも1本余分の骨があり，これは今も古生物学者の謎となっている．ヒプシロフォドンと同じように俊足で走るための体をもち，スピードを利用して敵から逃れていた．

左：見つかっているこの恐竜の唯一の標本は，体の左側の骨格である．これは死んですぐ泥に沈み，露出した右側の骨はばらばらになって，流されてしまった．

分布：アルバータ州（カナダ）
分類：鳥脚類
名前の意味：ウィリアム・パークスのトカゲ
記載：Sternberg, 1937
年代：マーストリヒシアン
大きさ：2.4 m
生き方：植物の枝や葉を食べる
主な種：*P. warrenae*

心臓の発見

発見された牧場の牧場主の妻の名をとって「ウィロー」という愛称がつけられたテスケロサウルスの標本には，軟骨質の肋骨と骨板，椎骨に付着した腱，それに何よりも重要な心臓が含まれている．

胸部のグレープフルーツ大の塊は心臓ではないかと思われたが，疑いももたれていた．最後に，病院で患者の内臓の立体像を描くのに使う医療用のCT装置を用いてスキャニングが行われ，これが心臓であることが疑問の余地なく証明された．この心臓は4つの室，2つのポンプ，1つの大動脈をもち，爬虫類よりも，鳥類または哺乳類のほうに似ており，代謝率がきわめて高いことを推測させる．この研究はノースカロライナ州立大学およびノースカロライナ自然科学博物館で行われた．

下：左はワニの心臓，右は恐竜の心臓

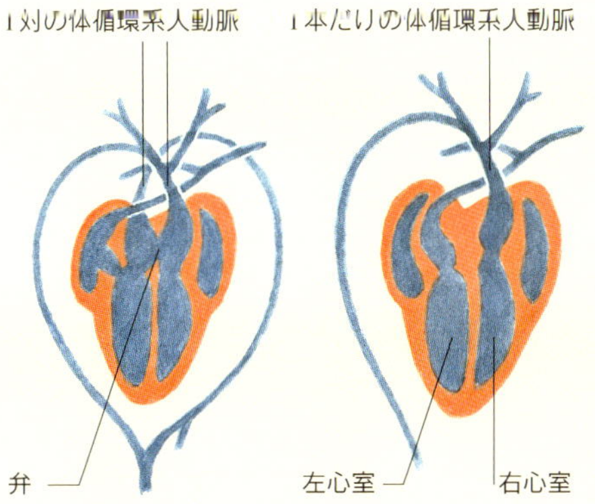

1対の体循環系人動脈　　1本だけの体循環系人動脈

弁　　左心室　　右心室

ガスパリニサウラ *Gasparinisaura*

南米では竜脚類に比べて鳥脚類はまれで，したがってガスパリニサウラの発見はきわめて重要なものだった．この小型の植物食恐竜は，1体の未成熟個体の完全な標本と，約15体の不完全な骨格によって知られている．これは小型のイグアノドン類に分類されているが，最近の研究ではヒプシロフォドン類により近かった可能性が示されている．

特徴：ヒプシロフォドン類と同じように，ガスパリニサウラは骨盤前部の骨の幅がきわめて狭く，これがヒプシロフォドン類と類縁である可能性を示唆するが，この特徴はまったく別個に発達したものという可能性もある．ガスパリニサウラは見かけはやや華奢だが，体の大きさのわりにはきわめてがっしりした脚と，きわめて小さい腕をもつ．頭は短く，先はくちばしになっており，口には食物を切り刻むダイアモンド型の歯がある．眼は大きいが，これは標本が未成熟の個体であるためかもしれない．

分布：ネウケン州（アルゼンチン）
分類：鳥脚類－イグアノドン類
名前の意味：ズルマ・ガスパリーニ博士のトカゲ
記載：Coria and Saldago, 1996
年代：コニアシアン～サントニアン
大きさ：0.8 m，ただしこれは未成熟の個体かもしれない
生き方：低い植物の枝や葉を食べる
主な種：

G. cincosaltensis

左：小さな区域で数体の体の部分が発見されたことは，ガスパリニサウラが群れをつくって暮らしていた可能性を示す．

イグアノドン類とハドロサウルス類をつなぐ恐竜

恐竜時代の終わり，北半球で最も重要な植物食恐竜はハドロサウルス類，すなわちカモノハシ恐竜だった．これらは白亜紀中ごろ，イグアノドン類から進化してきた．その時代，両方のグループの特徴をもち，移行段階にあることを暗示する鳥脚類が多数みられた．

テルマトサウルス *Telmatosaurus*

テルマトサウルスは年齢の異なる数頭のばらばらに割れた頭骨，ならびにその他の骨格の破片が知られている．また，テルマトサウルスのものと判定された卵が2〜4個1か所に集まった，卵のかたまりもいくつか見つかっている．これはヨーロッパで見つかった数少ないハドロサウルス類のひとつである．比較的体が小さいのは，これが島に住んでいたためかもしれない．

特徴：われわれがテルマトサウルスについて知っているところからみると，これは白亜紀の終わりに現れたものであるにもかかわらず，イグアノドンにきわめてよく似ていたと思われる．エクウィジュブスと同じように，その骨格の外観は，ハドロサウルス類はイグアノドン類の系統から進化してきたという考えを裏づける．グリプトサウルスと同じような上下に深みのある頭骨をもつが，このグループの他の仲間がもつカモのようなくちばしはなく，かわりに長く引き伸ばされた鼻先をもつ．

分布：ルーマニア，フランス，スペイン
分類：鳥脚類－イグアノドン類－ハドロサウルス上科
名前の意味：沼地のトカゲ
記載：Nopcsa, 1899
年代：マーストリヒシアン
大きさ：5m
生き方：植物の枝や葉を食べる
主な種：*T. transylvanicus*, *T. cantabrigiensis*

右：テルマトサウルスは出現したのは遅いにもかかわらず，きわめて原始的な恐竜で，その生息地である島がレフュジア（退避地：他の場所では絶滅してしまった動物が生存しつづけている，他から隔離された地域）となったことを暗示する．

ギルモアオサウルス *Gilmoreosaurus*

最初期のアジアのハドロサウルス類のひとつであるギルモアオサウルスは，最初マンチュロサウルス*Mandschurosaurus*の一種と考えられた．その混乱はこの恐竜の歴史に特有のものである．最初バクトロサウルスのものと考えられた化石は，今はギルモアオサウルスらしいとみられている．もうひとつの属，アジアのキオノドン*Cionodon*も，現在はギルモアオサウルスと考えられている．

特徴：ギルモアオサウルスは体の大きさのわりにきわめて軽いが，脚は特に強い．足はややイグアノドンに似ており，この2つのグループが近い関係にあることを強く思わせる．他の中型鳥脚類と同じように，重い尾でバランスをとりながら後脚で歩くことも，前肢の強化されている指先で体重を支え，四本足で歩くこともできた．

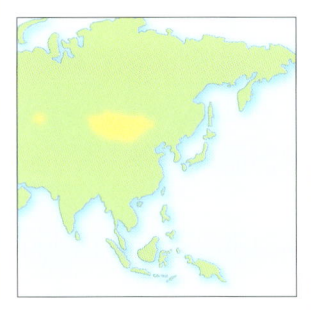

分布：モンゴル
分類：鳥脚類－イグアノドン類－ハドロサウルス上科
名前の意味：チャールズ・ウィトニー・ギルモアのトカゲ
記載：Brett-Surman, 1979
年代：セノマニアン〜マーストリヒシアン
大きさ：8m
生き方：植物の枝や葉を食べる
主な種：*G. mongoliensis*, *G. atavus*, "*G. arkhangelskyi*"

左：ギルモアオサウルスは1923年に発見され，1933年にある程度の研究が行われたが，十分に研究されたのは1979年になってからのことだった．この一種であるG.アルハンゲルスキイ*G.arkhangelskyi*は，異なる恐竜の骨が混じった部分骨格と思われ，疑問名である．

イグアノドン類とハドロサウルス類をつなぐ恐竜 **215**

エクウィジュブス *Equijubus*

エクウィジュブスは白亜紀前期の後半の地層から発見されたものだが，ハドロサウルス類の進化に重要な意味をもつことからここに入れる．この標本は関節のつながったあごを含む完全な頭骨からなり，イグアノドン類とハドロサウルス類にみられる特徴をあわせもつ．この存在はハドロサウルス類が白亜紀前期の終わりか，白亜紀後期の初めに，アジアのどこかでイグアノドン類から進化してきたことを暗示する．

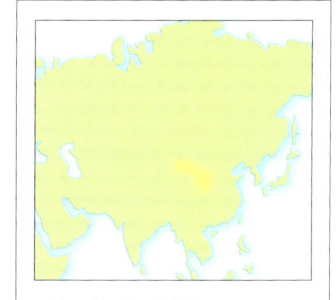

右：エクウィジュブスという属名は，この恐竜が発見された山脈の中国語名馬鬃（＝ウマのたてがみ）をラテン語に訳したものである．種名はイギリスのイグアノドン専門家デヴィッド・ノーマンからきている．

特徴：エクウィジュブスの重要性は，これがイグアノドン類の長いあごをもつ一方，ハドロサウルス類にみられるように，きわめてよく動くあごに，食物をすりつぶすための小さな歯が多数密につまった緻密な歯並びをもつことにある．これは2つのグループの間の過渡期を示すものだが，エクウィジュブスは知られているハドロサウルス類のうちで最も初期の，最も原始的なものと考えられる．骨格の残りの部分は，鳥脚類恐竜のグループからきたものである可能性がある．

分布：甘粛省（中国）
分類：鳥脚類－イグアノドン類－ハドロサウルス上科
名前の意味：ウマのたてがみ（発見地の現地名）
記載：You, Luo, Shubin, Witmer, Zhi-lu Tang and Feng Tang, 2003
年代：アルビアン
大きさ：5m
生き方：植物の枝や葉を食べる
主な種：*E. normanii*

進化の進行

ハドロサウルス類は恐竜の時代の終わりに，最もたくさんいた植物食恐竜だった．これらは花の咲く植物（被子植物）の発達とともに進化し，この新しい食物源の広がるのに応じて多様化していったのではないかと考えられる．

花の咲く植物は植物食恐竜の大群によって大量に食べられたことに応じて進化してきたという，1980年代にロバート・バッカーが提唱した説がある．地面に低く生える植物が猛スピードで食べられると，迅速に再生する能力が進化のうえで有利となる．そこで，受精した胚にあらかじめ自活できる食物源を用意している被子植物の種子は，ただまき散らして受精は運に任せるシダの胞子よりも効率のよいものとなった．

ハドロサウルス類の首の形は，低い植物を食べることと適合する．その独特のS字形は，低い植物が生えているところに鼻先と口を伸ばす現代のウマやスイギュウときわめてよく似ている．これは，ヘビのような首をもった伝統的な復元像は誤りであることを暗示する．おそらく首の湾曲部はウマのように筋肉で満たされていたのだろう．ハドロサウルス科に含まれる2つのタイプ，ランベオサウルス亜科とハドロサウルス亜科はそれぞれのもつカモのようなくちばしの形が異なり，これは採食戦略の違いを反映するものにちがいない．くちばしの細いランベオサウルス類は食べる物を選択するのに対して，くちばしの広いハドロサウルス類は食物を選択することなく，何でも口いっぱいに頬ばったのだろう．どちらも後脚で立ち上がって，植物の枝や葉をこそげとることもできただろう．イネ科の草が本格的に進化してくるのは恐竜が絶滅した後のことであり，どちらもこの種の草は食べていなかったと思われる．

プロトハドロス *Protohadros*

この恐竜は頭骨と，それ以外の体の骨のいくつかによって知られる．これが米国テキサス州でゲーリー・バードによって発見されたとき，最も古い恐竜ではないとしても，それまでに発見された最も原始的な恐竜として大きな注目を集め，そのためこの「最初のハドロサウルス類」という意味の名がつけられた．その後，科学的な考え方は変わり，今ではこれはいちじるしく特殊化したイグアノドン類の仲間と考えられている．

特徴：プロトハドロスの下あごはきわめて大きい．鼻先は前部が下に湾曲しており，これが低木や頭の上から垂れ下がる木の枝を食べるのではなく，低く生えている植物を摘みとるように食べていたことを思わせる．イグアノドン類やハドロサウルス類にみられるような食物をかみ砕く動きが可能な，動きのしなやかな口はもたない．その食物は生息環境にあるデルタの流れに生えている水生植物で，幅の広い，下に湾曲した口でそれをすくいとっていたのだろう．

分布：テキサス州（アメリカ合衆国）
分類：鳥脚類－イグアノドン類
名前の意味：最初のハドロサウルス類
記載：Head, 1998
年代：セノマニアン
大きさ：6m
生き方：低い植物の枝や葉を食べる
主な種：*P. byrdi*

右：プロトハドロスの発見地が米国テキサス州であったことは，ハドロサウルス類はアジアで進化したという広く受け入れられていた考えを混乱させた．しかし，分類がイグアノドン類に改められたことによって，この曖昧さは除かれた．

ハドロサウルス科ランベオサウルス類

ハドロサウルス科のランベオサウルス類（亜科）とは，頭の上に中空の頭飾りをもつものたちのことをいう．それぞれの属はこの頭飾りの形によって他のものと区別することができ，頭飾りはその働きを強化するため鮮やかな色がついていたかもしれない．カモのようなくちばしは，ハドロサウルス科のもうひとつのグループ，ハドロサウルス類（亜科）よりも幅が細かった．

ツィンタオサウルス *Tsintaosaurus*

ツィンタオサウルスの特徴的な頭飾りは，他のハドロサウルス類の頭飾りとはいちじるしく異なり，いつの時代にもちょっとした謎とされてきた．ときには，この頭飾りは骨の破片がたまたまこの場所にこのような形で保存されただけで，これは損傷を受けたタニウスにすぎないと考えられたこともある．その後もっと多くの標本が発見されて，この頭飾りが実際に存在していたことが示された．

特徴：ツィンタオサウルスの見まちがいようのない特徴は，一角獣の角のように頭の真ん中から真っ直ぐ上に突き出している細く，中空の頭飾りにある．これはディスプレイのためのものだったかもしれないが，これが弁状の皮膚の土台となっていて，鼻孔からそこに空気を送り込み，何らかの音の信号を出していた可能性もある．頭骨の内部に反響室が見つかっていることを考えると，これはばかげた話とはいえない．

左：ツィンタオサウルスという名前は，中国の地名青島（チンタオ）からきている．スピノルニスという種名は鼻にとげ状の骨があることを表す．

分布：山東省（中国）
分類：鳥脚類－イグアノドン類－ハドロサウルス科－ランベオサウルス亜科
名前の意味：発見地に近い都市青島（チンタオ）のトカゲ
記載：Young, 1958
年代：カンパニアン～マーストリヒシアン
大きさ：10m
生き方：植物の枝や葉を食べる
主な種：*T. spinorhinus*

カロノサウルス *Charonosaurus*

カロノサウルスは中国黒竜江省嘉蔭のマーストリヒシアン期の地層，漁亮子累層から発見されたもので，これは恐竜の時代の終わり，他のランベオサウルス類の多くが死に絶えたのちの時代である．最も状態のよい標本は頭骨の一部だが，ボーンベッドでは他にも多数の骨のかけらが発見されており，この恐竜がしばしば氾濫する川の近くで大きな群れをつくって暮らしていたらしいことを示している．

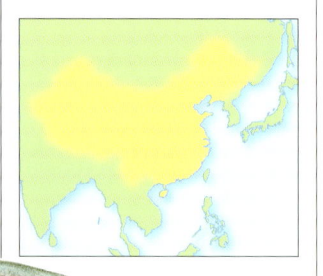

特徴：発見された頭骨の部分的な標本では，カロノサウルスの頭飾りははっきりしない．しかし，頭のそれ以外の部分から推測されるところでは，それはパラサウロロフスの頭飾りと同じように，長くて，中空だったと思われる．カロノサウルスはきわめて大きく，ランベオサウルス類のうちで最大のもののひとつで，ごく近縁と思われるパラサウロロフスの1.5倍ほどあった．

右：長い前肢からは，カロノサウルスはふだんは四本足で歩いていたと推測されるが，ときには後脚で立ち上がって歩くこともあったのだろう．

分布：中国
分類：鳥脚類－イグアノドン類－ハドロサウルス科－ランベオサウルス亜科
名前の意味：カロンのトカゲ（カロンはギリシャ神話に出てくる冥界の渡し守の名前）
記載：Godefroit, Zan and Jin, 2000
年代：マーストリヒシアン
大きさ：13m
生き方：植物の枝や葉を食べる
主な種：*T. jiayinensis*

パラサウロロフス *Parasaurolophus*

ハドロサウルス科ランベオサウルス亜科のうちで最もよく知られ，最も派手な頭飾りをもっていたと思われるのはパラサウロロフスである．3つの種が知られており，それぞれに頭飾りの曲線が異なる．頭飾りの大きさの違いは，性の違いを示すのかもしれない．ニューメキシコ自然史・科学博物館で行われたコンピューター研究では，パラサウロロフスが鼻から頭飾りに息を吹き込んで発したと思われるトロンボーンのような音をつくりだしてみせた．

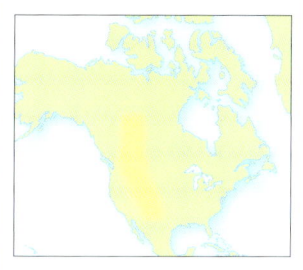

特徴：頭飾りは頭骨の後ろから緩やかなカーブを描いて後方に伸びる．これは鼻孔から後方に走る複雑に入り組んだ一連の管からできている．頭飾りの先端は，肩のところにある背骨の窪みの部分と一致し，そのことから頭飾りの先端部を背骨の窪みに入れると，体の輪郭線が滑らかになって，密に茂ったやぶの中も通り抜けることができたと考えることができる．

分布：ニューメキシコ州（アメリカ合衆国）〜アルバータ州（カナダ）
分類：鳥脚類－イグアノドン類－ハドロサウルス科－ランベオサウルス亜科
名前の意味：ほとんどサウロロフス
記載：Parks, 1922
年代：カンパニアン〜マーストリヒシアン
大きさ：10m
生き方：植物の枝や葉を食べる
主な種：*P. walkeri*, *P. cyrtocristatus*, *P. tibicen*

ランベオサウルス *Lambeosaurus*

これはよく知られた恐竜で，この名前がグループ全体の名前ともなっている．その化石は1889年に発見されたが，はっきり独立の属として認められたのは1923年になってからのことだった．これまでに20体以上の化石が発見されている．発見地が地理的に広い範囲にわたっていることは，これが白亜紀後期に北米の内陸海西岸全体に沿って住んでいたらしいことを示す．

特徴：頭の上にある中空の頭飾りは斧の形をしており，四角い刃の部分が直立し，柄の部分が後ろに突き出す．四角の部分は中空で，中に複雑に入り組んだ鼻気道があり，細くとがった柄の部分には空洞はない．大型の種L.マグニクリスタトウス *L. magnicristatus* の頭飾りは中空の部分が大きくて，頭骨そのものより大きいくらいであり，柄の部分はごく小さい．皮膚は薄く，小さな多角形のうろこでおおわれている．

分布：アルバータ州（カナダ），モンタナ州〜ニューメキシコ州（アメリカ合衆国）
分類：鳥脚類－イグアノドン類－ハドロサウルス科－ランベオサウルス亜科
名前の意味：ローレンス・M・ラムのトカゲ
記載：Parks, 1923
年代：カンパニアン
大きさ：9-15m
生き方：植物の枝や葉を食べる
主な種：*L. lambei*, *L. laticaudus*, *L. magnicristatus*

ハドロサウルス科ランベオサウルス類（続き）

ランベオサウルス類（亜科）は化石がロシア，中国，カナダ，アメリカ合衆国で発見されており，北の大陸全体に広がっていたことがわかっている．このことは，北の大陸の現在ベーリング海峡によって隔てられてるところが，白亜紀後期の少なくともある時期，つながっていたことを示す．

ヒパクロサウルス *Hypacrosaurus*

ヒパクロサウルスの標本は質のよいものが数体見つかっており，最初のものはアメリカの有名な恐竜ハンター，バーナム・ブラウンによって1910年に発見された．その後に発見された別種のヒパクロサウルスの化石には卵や，さまざまな発育段階の若い個体が含まれ，古生物学者はその発育パターンや，家族生活の全体像を描くことが可能になった．

特徴：背骨に沿った高い棘突起によって，ヒパクロサウルスは背中に高い隆起あるいは低いひれをもち，これはディスプレイに用いられたと思われる．さもなければ，これは脂肪のこぶを支える土台となっていて，現代のラクダと同じように，それを食べ物の乏しい季節に備える食物貯蔵部としていたのかもしれない．頭飾りは他のランベオサウルス類よりも短い．コリトサウルスの頭飾りのように半円形だが，それよりも小さく，厚く，短いとげが1本，後ろに向かって突き出している．

左：ヒパクロサウルスは，知られているハドロサウルス科ランベオサウルス亜科のうちで最も原始的なものである．

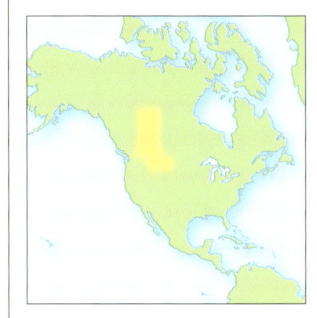

分布：アルバータ州（カナダ），モンタナ州（アメリカ合衆国）
分類：鳥脚類－イグアノドン類－ハドロサウルス科－ランベオサウルス亜科
名前の意味：いちばん上のトカゲの下
記載：Brown, 1913
年代：マーストリヒシアン
大きさ：9m
生き方：植物の枝や葉を食べる
主な種：*H. stebingeri*, *H. altispinus*

コリトサウルス *Corythosaurus*

ハドロサウルス類のうちで最もよく知られているもののひとつがコリトサウルスである．20体以上の化石が知られ，完全な頭骨を含むものも多く，小石状のこぶの散在する皮膚の印象（圧痕）をともなうものもみられる．化石が多いことは，コリトサウルスが群れで移動していたことを暗示する．他のハドロサウルス類と同じように，ほとんどの時間を四本足で過ごしたが，後脚だけで走ることもできたのだろう．

下：皮膚はうろこ状の組織をもっていたことが知られ，他のハドロサウルス類と似ている．しかし，腹部には大きなうろこが縦3列に並んでいたことを示す証拠がある．これは密な植物の下生えの中を移動するとき，腹部を保護していたのかもしれない．

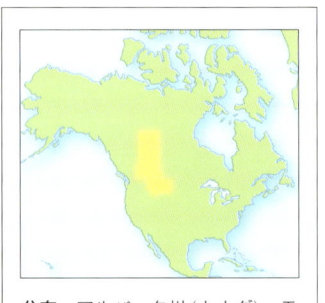

特徴：コリトサウルスの頭飾りは独特のもので，食卓用の大皿くらい大きさの半円形をしている．他のランベオサウルス類と同様，頭の円盤の中の鼻気道は複雑に入り組み，鼻孔につながっている．脳の嗅覚をつかさどる部分も頭飾りの近くにある．頭飾りには2つの大きさのものがあり，小さいほうの頭飾りは同じ種のメスのものだろうと思われる．

分布：アルバータ州（カナダ），モンタナ州（アメリカ合衆国）
分類：鳥脚類－イグアノドン類－ハドロサウルス科－ランベオサウルス亜科
名前の意味：コリントのトカゲ（頭飾りの形が古代ギリシャ・コリント兵のかぶとに似ていることから）
記載：Brown, 1914
年代：カンパニアン
大きさ：10m
生き方：植物の枝や葉を食べる
主な種：*C. casuarius*

オロロティタン *Olorotitan*

1999～2000年にロシア極東部のアムール川の岸辺で発掘されたこの恐竜は、これまでに発見された最も完全なロシアの恐竜骨格であり、北米以外で見つかった最も完全なランベオサウルス類でもある．この骨格はみごとな頭飾りをもつ頭部も含めて、現在ロシア・ブラゴヴェシチェンスクのアムール自然史博物館に展示されている．これは北米のコリトサウルスやヒパクロサウルスとごく近い類縁関係にある．

特徴：頭飾りは巨大で、上後方に伸び、後縁は手斧の刃のようになっている．ここには何らかの皮膚の飾りもついていたのかもしれない．首は他のハドロサウルス科ランベオサウルス類よりも長く、骨盤も長い．尾は他のハドロサウルス亜科よりもさらに固いが、これは見つかった個体が尾椎の病気にかかっていたことによるものかもしれない．

下：オロロティタンは北米のコリトサウルスやヒパクロサウルスとごく近い関係にあるが、多くの点で異なってもいる．首は他の属よりも長く、尾の関節はその尾が他のものよりもっと固かったことを示している．

分布：クンドゥル（ロシア）
分類：鳥脚類－イグアノドン類－ハドロサウルス科－ランベオサウルス亜科
名前の意味：巨大な白鳥
記載：Godefroit, Bolotsky and Alifanov, 2003
年代：マーストリヒシアン
大きさ：12m
生き方：植物の枝や葉を食べる
主な種：*O. arharensis*

ランベオサウルス類の頭飾り

ランベオサウルス類の派手な頭飾りは、鼻気道につながる中空の管からできていた．その働きは、吸い込んだ空気の状態を調節することにあったと考えることができる．管の内面が湿った膜でおおわれていれば（けっして証明はできないだろうが）、冷たく乾燥した空気は肺に達するまでの間に、温められ、湿気を与えられただろう．

いくつかの例では、脳の嗅覚をつかさどる部分が頭飾りの近くにあった．このことは、きわめて大きな体積をもつ鼻気道が嗅覚と何らかの関係をもち、これらの恐竜が空気の匂いのわずかな変化を感知するのを助けていたことを推測させる．第3に、頭飾りが意思伝達手段だったという可能性もある．この管に空気を強く吹き込むと、ボーッというような独特のバス・トロンボーンに似た音が出たのだろう．このような独特の音は森を抜け、湿地をこえて遠くまで響き、群れが散らばってしまわないようにするのに大いに役立つ手段となったのかもしれない．これらの働きをすべて兼ね備えていてはならない理由もない．

左：さまざまなランベオサウルス類の頭飾り

頭飾りをもつハドロサウルス科ハドロサウルス類

ハドロサウルス科ハドロサウルス類（亜科）は，ランベオサウルス類（亜科）のような派手な中空の頭飾りはもたない．そのかわりに，頭飾りがなく，平らな頭をしているか，または骨のこぶや，とげ状の骨でできた中空ではない頭飾りをもっていた．これらの恐竜はまた，中空の頭飾りをもつ仲間に比べて，一般に顎の幅が広く，四肢は長くてほっそりしていた．

アラロサウルス *Aralosaurus*

このアジアのハドロサウルス科ハドロサウルス類は，成熟前の関節でつながった頭骨後半部（独特の鼻骨を含む），同じ堆積層から発掘された別の個体数体のいくつかの四肢骨や椎骨などが得られている．現在の分類はここに示すとおりだが，これはランベオサウルス類だった可能性もある．

特徴：アラロサウルスの頭骨は，鼻部に独特のアーチ状になった部分があって，後方は眼の前のあたりまで達している．これは，この恐竜が実は頭飾りをもつランベオサウルス類であったかもしれないことも示す．その他の点では，この頭骨はグリポサウルスに似ている．上下のあごに異なる歯をもっていたように思われるが，それがどのような意味をもつかを明らかにすることはむずかしい．

上：他のハドロサウルス類と同じように，アラロサウルスは幅の広いくちばしをもっていたのだろう．頭骨は，後部では高さが高く，前部では幅が広かったと思われる．

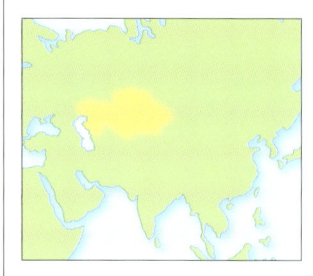

- **分布**：カザフスタン
- **分類**：鳥脚類－イグアノドン類－ハドロサウルス科－ハドロサウルス亜科
- **名前の意味**：アラル海（中央アジア）のトカゲ
- **記載**：Rozhdestvensky, 1968
- **年代**：チューロニアン～コニアシアン
- **大きさ**：6-8m
- **生き方**：植物の枝や葉を食べる
- **主な種**：*A. tuberiferus*

グリポサウルス *Gryposaurus*

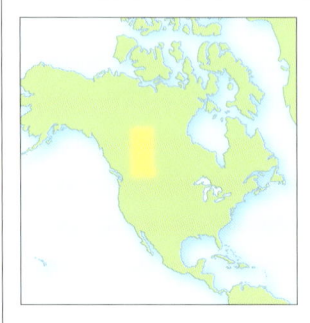

この恐竜はかつて，クリトサウルス *Kritosaurus*—最初の種はクリトサウルス・ノタビリス *K.notabilis*—と同じ属と考えられていた．グリポサウルスはクリトサウルスよりもずっと北に住み，おそらくこれがこの両者を区別する唯一の違いだろう（両者が類縁関係にあったことは間違いない）．完全な頭骨10個およびばらばらになった頭骨12個を含むいくつかの標本，ならびに皮膚の印象が知られている．

特徴：外見的にはグリポサウルスはクリトサウルスに似ており，幅が狭く，上下に深い頭骨と，高いアーチ状の鼻孔をもつ．しかし歯の形はわずかに異なり，食物が少し違っていたことを暗示する．皮膚は直径4mm以下の滑らかなうろこでおおわれ，尾には直径1.3cmの円錐形の骨板が5～7cmの間隔で散らばっている．

- **分布**：アルバータ州（カナダ）
- **分類**：鳥脚類－イグアノドン類－ハドロサウルス科－ハドロサウルス亜科
- **名前の意味**：わし鼻のトカゲ
- **記載**：Lambe, 1914
- **年代**：カンパニアン
- **大きさ**：8m
- **生き方**：低い植物の枝や葉を食べる
- **主な種**：*G. notabilis*, *G. incurvimanus*, *G. laltidens*

クリトサウルス *Kritosaurus*

クリトサウルスについての最初の記載は，保存状態のよくない頭骨にもとづいたものだった．これは伝統的に，ハドロサウルス科ハドロサウルス類の，頭飾りをもたない頭の平らなサブグループとして描かれる．しかし現在はサウロロフスと同じように，中空ではない小さな頭飾りをもつサブグループに属していた可能性が高いと思われている．他のハドロサウルス類とされるアナサジサウルス*Anasazisaurus*やナアショイビトサウルス*Naashoibitosaurus*は，クリトサウルスに属する種かもしれない．

特徴：クリトサウルスは平らな頭骨をもち，眼のすぐ下に骨の隆起があって，鼻先のあたりに"鼻梁が高い"ような外観を与えている．鼻の高い隆起は，おそらくは両側が弁状の皮膚の土台となっていたもので，これは吸い込んだ空気を冷やしたり，あるいは互いに信号を伝えるための音を出したりしていたとも考えられる．そうではなくて，ライバルのオスと戦うための角があったのかもしれない．

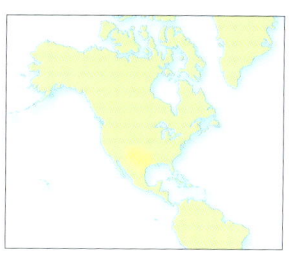

分布：ニューメキシコ州，テキサス州（アメリカ合衆国），1種はアルゼンチン
分類：鳥脚類－イグアノドン類－ハドロサウルス科－ハドロサウルス亜科
名前の意味：分離されたトカゲ
記載：Brown, 1910
年代：カンパニアン～マーストリヒシアン
大きさ：10 m
生き方：植物の枝や葉を食べる
主な種：*K. australis*, *K. navajovius*

ハドロサウルス類の意思伝達

ランベオサウルス類が中空の頭飾りを楽器のように用いて互いに信号を伝えることができたとすると，それと近い類縁関係にあるハドロサウルス類はどうしていたのだろうか？

ハドロサウルス類はランベオサウルス類よりもはるかに幅の広いくちばしをもち，頭骨のてっぺんは鼻孔のまわりが広い骨の台となっていた．この台が鼻孔を取り囲む弁状の皮膚でおおわれていた可能性は十分にある．このような弁状の皮膚は，恐竜が呼吸するのにともなって膨らみ，それを調節して音を出すことができたのかもしれない．それは，現代の多くのカエルがもつのど袋を空気で膨らませて出すのとよく似た音だったろう．

ある種のハドロサウルス類，特にマイアサウラ類やサウロロフス類にみられる中空でない頭飾りは，これによって説明できるかもしれない．弁状の皮膚はこの頭飾りに支えられていたと考えられ，多数の種にみられるさまざまな形の頭飾りは，さまざまな形の皮膚弁を与え，それによって異なる音でそれぞれの群れを識別することができたのだろう．

右：空気を吹き込んで膨らんだハドロサウルス類の鼻の皮膚弁

ケルベロサウルス *Kerberosaurus*

ケルベロサウルスの頭骨は，ある川によってできたボーンベッドで，多数の未確定の骨格破片とともに発見された．北米では広くみられるが，ロシアではまれな恐竜であるプロサウロロフスやサウロロフスに似たこのハドロサウルス類が存在することは，白亜紀後期にアジアと北米との間で動物相の入れかわりが起こった可能性のあることを示す．

特徴：この恐竜の骨格のうちでただひとつ見つかっている部分である長さ1mの頭骨は，プロサウロロフスまたはサウロロフスときわめてよく似ているが，個々の骨の細部や，それらの骨のつながり方は異なる．この恐竜で重要な点は，これがこの時期にアジア東部に住んでいたことである．その祖先は，ハドロサウルス類が進化して現れた北米から移動してきた．

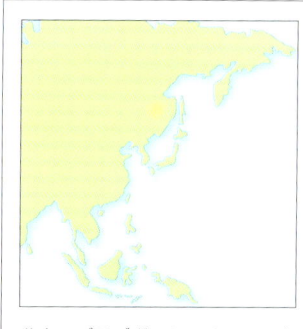

分布：ブラゴヴェシュチェンスク（ロシア）
分類：鳥脚類－イグアノドン類－ハドロサウルス科－ハドロサウルス亜科
名前の意味：ケルベロス（ギリシャ神話に出てくる怪物犬）のトカゲ
記載：Bolotsky and Godefroit, 2004
年代：マーストリヒシアン
大きさ：10 m
生き方：植物の枝や葉を食べる
主な種：*K. manakini*

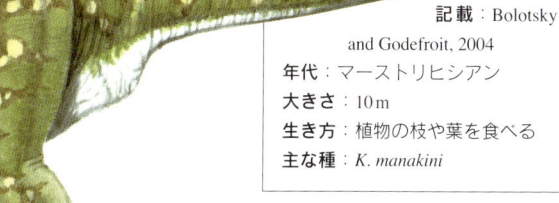

左：ただひとつだけの種は，ロシア・アムール地方の恐竜発見の先駆者であるマナキン大佐を称えてその名がつけられている．

頭飾りをもつハドロサウルス科ハドロサウルス類（続き）

マイアサウラ類（族）およびサウロロフス類（族）はハドロサウルス類（亜科）のうちの進化したサブグループで，鼻骨が後方に伸びて形成される中空でない頭飾りをもつことで他と区別される．この頭飾りはランベオサウルス類の中空の頭飾りとはまったく異なり，風船のように膨らますことのできる鼻袋や，首に沿って走るフリルの末端など，何らかの皮膚構造物を支える台となっていたことが考えられる．

ブラキロフォサウルス Brachylophosaurus

これはきわめてまれなハドロサウルス科ハドロサウルス類だが，数体の化石が知られている．その中には「レオナルド」という愛称をもつものがあり，皮膚，首の筋肉，最後に食べたものの残りを含む胃管などが保存されている．頭骨が中空でなく固いことは，これが頭突きを行っていた可能性を示す．

特徴：名前が意味する短い頭飾りは，頭のてっぺんにある平らな骨板と，頭骨の後ろに突き出す短いとげからなる．ハドロサウルス科ハドロサウルス類としては，頭骨そのものの高さがきわめて高く，傾斜の急な顔面をもつ．前肢は比較的長い．皮膚は細かいうろこでおおわれ，最も大きなうろこは後肢にある．知られている2つの種はきわめてよく似ており，同じ種の雌雄であるのかもしれない．両者のただひとつの違いは，*B. goodwini* の唯一の知られている部分である頭骨には，頭飾りの前に窪みがみられることである．

右：カモノハシという言葉は，ブラキロフォサウルスについていう場合は，やや誤った名称の感がある．このくちばしは幅が広いカモのようなくちばしではなく，左右に平たく，下に湾曲している．

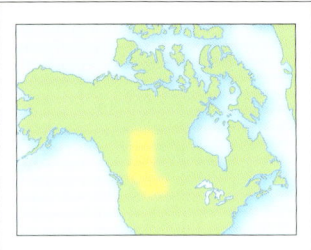

分布：アルバータ州（カナダ）〜モンタナ州（アメリカ合衆国）
分類：鳥脚類−イグアノドン類−ハドロサウルス科−ハドロサウルス亜科−マイアサウラ類
名前の意味：短い頭飾りをもつトカゲ
記載：C. M. Sternberg, 1953
年代：サントニアン〜カンパニアン
大きさ：7m
生き方：植物の枝や葉を食べる
主な種：*B. canadensis*, *B. goodwini*

マイアサウラ Maiasaura

このハドロサウルス類は，1970年代にモンタナ州（アメリカ合衆国）で発見された集団営巣地によって知られている．これは大群をつくって暮らし，集団で営巣した．1万頭もの大群が，毎年，同じ地域に戻ってきた可能性がある．これは自衛のためだったと思われる．200体以上の骨格，卵の中の胚，孵化したばかりの子供，未成熟のもの，成熟したものなどが見つかっている．

特徴：頭飾りは眼の上にある短く，幅の広い突出物で，中空ではなく，頭飾りが中空なランベオサウルス類と区別される．頭飾りと，頬骨の上にある1対の三角形の突出物が，マイアサウラ類（族）を定義する根拠となる．自然に鋭く研がれる一群の歯と，歯の表面が互いにこすれあって固い植物をかみ砕けるようになった顎の構造をもつ．

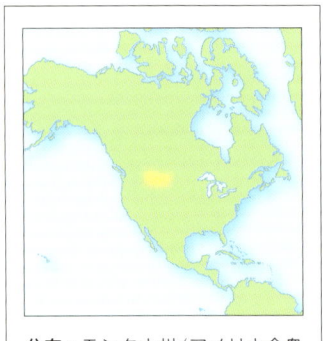

分布：モンタナ州（アメリカ合衆国）
分類：鳥脚類−イグアノドン類−ハドロサウルス科−ハドロサウルス亜科−マイアサウラ類
名前の意味：よい母のトカゲ
記載：Horner and Makela, 1979
年代：カンパニアン
大きさ：9m
生き方：植物の枝や葉を食べる
主な種：*M. peeblesorum*

頭飾りをもつハドロサウルス科ハドロサウルス類（続き）　223

サウロロフス *Saurolophus*

混乱を招きやすいことだが，サウロロフスは，これよりもはるかによく知られているパラサウロロフスとはごく遠い類縁関係があるにすぎない．S.オズボーニ *S. osborni* の模式種は，少なくとも3体の化石によって知られる．別の種S.アングスティロストリス *S. angustirostris* はゴビ砂漠で発掘された．これはS.オズボーニと同じ種だと考える古生物学者もいるが，まったく別の属だと考える学者もいる．

右：サウロロフスの各種に共通する特徴は，眼の上に後ろを向いたとげが存在することである．

特徴：サウロロフスを他と区別する特徴は，眼の上に立ち，後方に突き出しているとげ状の突出物である．これは後方に伸びる鼻骨によって形成され，何らかの発音装置が付随していたかもしれない．頭骨はハドロサウルス類としてはごく幅が狭く，特にカモのようなくちばしがあったと考えられている鼻先の部分の幅が狭い．最初の種は，当時（1911年）までにカナダで発見されていたうちで最も完全なものだった．アジアの種は体がずっと大きい．

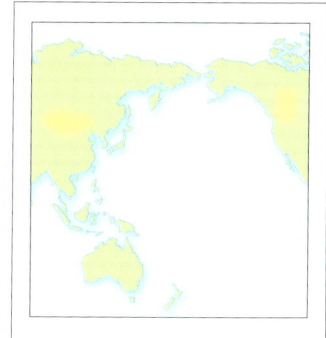

分布：アルバータ州（カナダ），モンゴルのものも1種
分類：鳥脚類－イグアノドン類－ハドロサウルス科－ハドロサウルス亜科－サウロロフス類
名前の意味：トカゲの頭飾り
記載：Brown, 1912
年代：マーストリヒシアン
大きさ：9-12m
生き方：植物の枝や葉を食べる
主な種：*S. angustirostris*, *S. osborni*, "*S. krischtofovici*"

恐竜の巣

モンタナ州のマイアサウラの集団営巣地はわれわれに，ハドロサウルス類の家族生活について，他では得られない知識を与えてくれる．ひとつひとつの巣は直径約2mほどで，泥を低い塚状に盛り上げてつくられていた．巣は少なくともおとなの体長分くらい隣の巣と離れていた．卵を抱いている恐竜が互いに突きあうのを防ぐのに，ちょうどよい距離である．卵は塚のてっぺんにある窪みの中に産まれ，その上を植物でおおうと，それが堆肥のように腐敗熱を発生して卵を温めた．巣の残骸は連続する岩層中に残り，群れが毎年のように同じ場所にやってきて，そこを営巣地としたことを示している．その場所ではあらゆる年齢グループの骨が発見されていて，孵化した子供がしばらくの間は巣にとどまり，十分に成長するまで親が面倒をみていたらしいことが推定される．1年のうちのその時期以外は，マイアサウラの大群は小さな家族グループに分かれて，もっと生産性の高い採食地に移動していったのだろう．卵を食べるトカゲや巣に繁殖する甲虫の化石が存在することは，営巣するマイアサウラがこれらの被害を受けていたことも示す．

プロサウロロフス *Prosaurolophus*

この名前が示すように，これはもう少し新しい地層の中から見つかるサウロロフスの先祖だろうと考えられている．さまざまな年代の30体以上の化石によって知られる．白亜紀後期のカナダの森林平原に住み，そこに生育する針葉樹，ソテツ，イチョウ，花の咲く植物（被子植物）などを食物としていた．

特徴：頭飾りは眼のすぐ前にある骨の膨らみで，小さなこぶが集まった中から盛り上がり，さらに後ろへ突き出すとげとなっている．これはサウロロフスの頭飾りとは比較にならないほど小さい．顔が傾斜していて，鼻先の部分は広くて平たいが，他のハドロサウルス類の場合ほど広く張り出してはいない．種による頭骨の形の違いは，化石化する過程で押しつぶされたことによるものかもしれず，実際には知られているのは1種だけという可能性もある．

分布：アルバータ州（カナダ）〜モンタナ州（アメリカ合衆国）
分類：鳥脚類－イグアノドン類－ハドロサウルス科－ハドロサウルス亜科－サウロロフス類
名前の意味：サウロロフスの前
記載：Brown, 1916
年代：コニアシアン〜カンパニアン
大きさ：8-9m
生き方：植物の枝や葉を食べる
主な種：*P. maximus*, *P. blackfeetensis*, *P. breviceps*

上：プロサウロロフスの公式の体長は8-9mとされているが，実際には15mに達したという説もある．

頭の平らなハドロサウルス類

頭の平らなハドロサウルス類（亜科）というのはエドモントサウルス類（族）のことで，最後に現れてきた恐竜のひとつだった．これは頭飾りの中空でないタイプから進化してきたものではないかと思われる．平らな頭の上に拡声器の働きをする皮膚の袋をもち，ウシのような鳴き声で互いに合図しあっていた可能性があるが，これはまだ証明されてはいない．

アナトティタン *Anatotitan*

古い本ではしばしばアナトサウルス，ときにはトラコドンなどとして記されるアナトティタンは，頭骨を含む保存状態のよい骨格2体が知られている．休息するときは四本足だったが，歩くときは強力な後脚で歩き，両足のそれぞれ3本のひづめのような指が体重を支えた．これは存在した最後の恐竜のひとつだった．

特徴：これはカモノハシ恐竜のうちで最もカモに似ていて，特に幅が広くて平たいくちばしをもち，あごの長さの半分以上の部分には歯がない．しかし，口の前部をおおう硬い角質のくちばしは，実際にはカモにみられる敏感な器官とはまったく違うものだった．眼の上にはわずかなこぶがあるが，それ以外には，頭飾りの形跡は何も認められない．エドモントサウルスよりも大きいが，体は軽くできている．

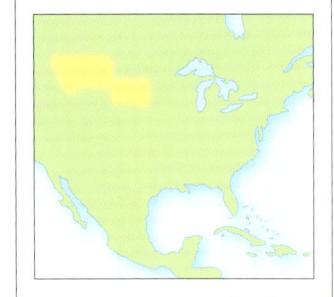

分布：モンタナ州〜サウスダコタ州（アメリカ合衆国）
分類：鳥脚類－イグアノドン類－ハドロサウルス科－ハドロサウルス亜科－エドモントサウルス類
名前の意味：巨大なカモ
記載：Brett-Surman, 1990
年代：マーストリヒシアン
大きさ：10-13m
生き方：植物の枝や葉を食べる
主な種：*A. copei, A. longiceps*

エドモントサウルス *Edmontosaurus*

白亜紀末にみられた植物食動物のうちで最も数の多かったエドモントサウルスは，多数の骨格が知られている．ある頭骨には獣脚類恐竜の歯の痕がみられ，首に攻撃を受けたらしいことを示し，別の骨格では尾の先の部分が大きくかみ切られていた．かまれた部分は，その後，治癒していた．その大きさは，それがティラノサウルス類の口でかまれたことを推測させる．

特徴：エドモントサウルスの骨格はハドロサウルス類の形の基準と見なされ，他のハドロサウルス類はすべてそれと比較される．尾は上下に厚みがあって太く，後脚で立って歩くときにバランスをとる重りとして用いられた．手には肉趾があって，四本足で立つときに体重を支えた．首はしなやかに曲がり，身のまわりのどこにある食物にもカモのようなくちばしのついた口を伸ばすことができた．

左：2体の骨格とともにミイラ化した皮膚が発見されたことから，エドモントサウルスは重なりあわないうろこにおおわれた革状の皮膚をもっていたことがわかっている．

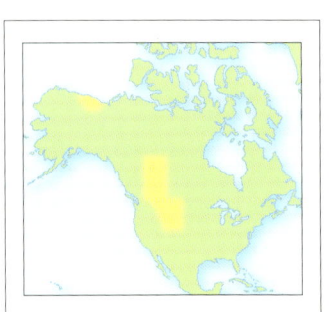

分布：アルバータ州（カナダ）〜ワイオミング州（アメリカ合衆国），アラスカ州（アメリカ合衆国）（可能性）
分類：鳥脚類－イグアノドン類－ハドロサウルス科－ハドロサウルス亜科－エドモントサウルス類
名前の意味：エドモントンのトカゲ
記載：Lambe, 1917
年代：マーストリヒシアン
大きさ：13m
生き方：植物の枝や葉を食べる
主な種：*E. annectens, E. regalis, E. saskatchewanensis*

シャントゥンゴサウルス *Shantungosaurus*

シャントゥンゴサウルスは知られている最大の鳥脚類恐竜で、おとなでは体重数トンに達したと思われる．二本足で歩いた動物のうちで最大のものだろうが、ほとんどの時間は四本足で暮らしていたと考えられる．カナダのハドロサウルス類であるエドモントサウルスときわめてよく似ており、その一種だった可能性もある．シャントゥンゴサウルスは北京地質学博物館にあるほとんど完全な骨格にもとづいて明らかにされたもので、この骨格は5体の化石から組み立てられている．

特徴：シャントゥンゴサウルスをエドモントサウルスと区別する特徴は体の大きさに関係するものであって、大きな体重を支えるためシャントゥンゴサウルスのほうが四肢が大きく、骨が強く、背中も強力などの特徴が認められる．推定体重は3-3.5トンとみられる．頭部の長さは1.5mある．30トンにのぼる化石片の中から集めた数体分の骨から、ただひとつの完全な骨格がつくられていることは、これがティラノサウルス類を避けるため、膨大な数の大群をつくって平原を移動しながら暮らしていたらしいことを示す．

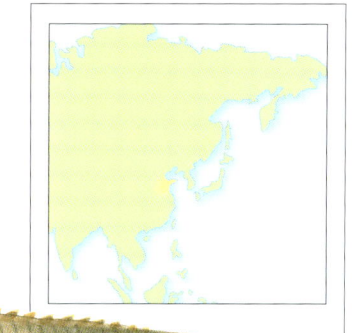

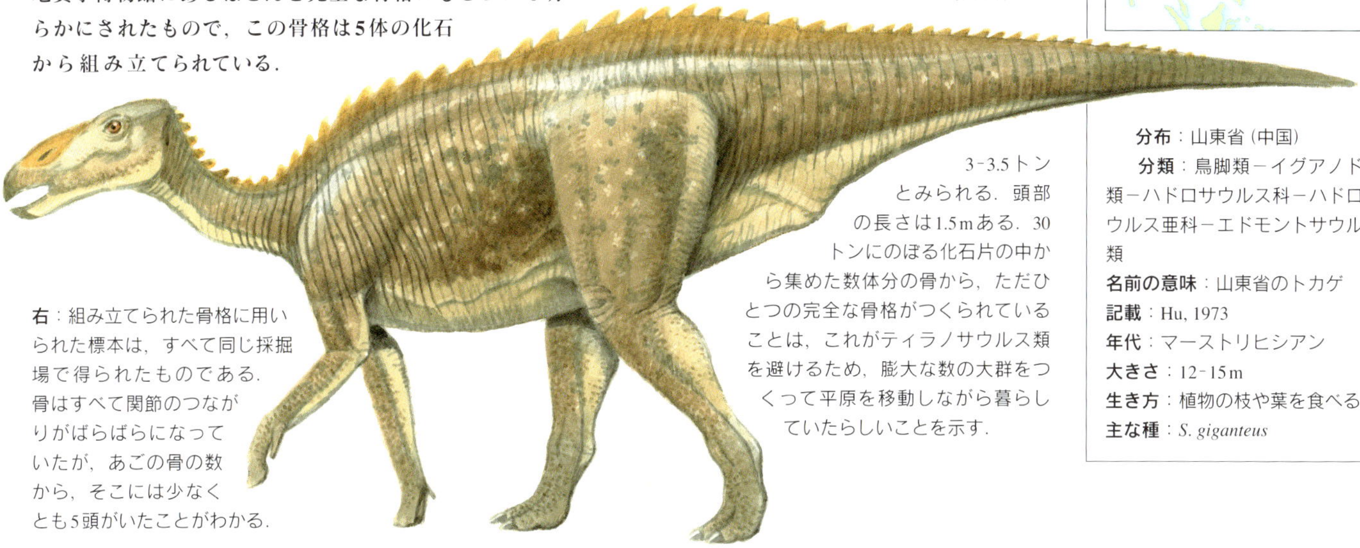

右：組み立てられた骨格に用いられた標本は、すべて同じ採掘場で得られたものである．骨はすべて関節のつながりがばらばらになっていたが、あごの骨の数から、そこには少なくとも5頭がいたことがわかる．

分布：山東省 (中国)
分類：鳥脚類－イグアノドン類－ハドロサウルス科－ハドロサウルス亜科－エドモントサウルス類
名前の意味：山東省のトカゲ
記載：Hu, 1973
年代：マーストリヒシアン
大きさ：12-15m
生き方：植物の枝や葉を食べる
主な種：*S. giganteus*

トラコドンとハドロサウルス

古い本の中で、トラコドンというカモノハシ恐竜の名が出てくることが少なくない．この名前は最初、1855年にジョゼフ・リーディによってモンタナ州で発見されたいくつかの歯に与えられた．北米で最初の良質な恐竜化石は、その2年後にニュージャージー州で発見された．それはハドロサウルス類（科）の化石で、リーディによってハドロサウルスと名づけられた．残念なことに、後から発見された化石には頭骨が欠けており、イグアノドン類（科）と考えられた．くちばしと歯のついた最初のハドロサウルス類（科）の頭骨は、1883年にコープによって発見された．その歯はリーディが最初に発見したものと似ており、そこでトラコドンはすべてのカモノハシ恐竜が属する属名となった．古い時代の"くずかご的な分類群"（よくわからないものを何でも放り込むための分類グループ）の一例である．

その後まもなく、さまざまな形の頭骨をもった、他のあらゆる種類のハドロサウルス類が明らかにされ、多くの属が確定された．最初のトラコドンの歯はそのどれにも確信をもって分類することができず、トラコドンという名前は使われなくなった．しばらくの間、アナトサウルスというハドロサウルス科ハドロサウルス類が、トラコドンの歯の持ち主として最も可能性の大きいものとされていたが、その後学名割り振りの複雑な事情から、アナトサウルスはアナトティタンとなった．トラコドンという名前は、もはや用いられていない．

ついでながら、北米で最初の良質な恐竜ハドロサウルスも、積極的には取り上げられなくなっている．頭骨がないということは、それは確実性をもって分類できないということを意味し、この恐竜が重要なものであるにもかかわらず、本書で独立の項目を設けて取り上げていないのはそのためである．

タニウス *Tanius*

中国の地質学者H・C・タン（譚錫疇）はタニウスの最初の標本の多くを1923年に中国・山東省莱陽で採集した．この属に属するものと判定されたその他の標本は、その後、別のハドロサウルス類と同定された．

特徴：頭骨が不完全であるため、発見された頭骨がハドロサウルス類（亜科）に属するものかどうかは、完全に確実とはいえない．これは特徴的な頭飾りを失ったツィンタオサウルスである可能性もある．どちらにしても、胴体は大きく、尾は上下に厚みがある．特殊化した、自然に研がれるようになっている歯と、可動性のあごによって、固い植物質を食べることができる．後肢は前肢よりも長く、後肢で立って歩くことも、四本足で歩くこともできた．頭の前部はほとんど失われており、したがってその正体については明確ではない．

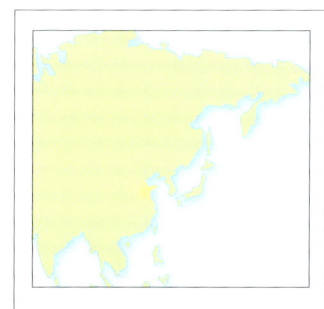

分布：中国
分類：鳥脚類－イグアノドン類－ハドロサウルス科－ハドロサウルス亜科－エドモントサウルス類（推定）
名前の意味：発見者の譚の名から
記載：Wiman, 1929
年代：白亜紀後期、そのいつかけ不詳
大きさ：9m
生き方：植物の枝や葉を食べる
主な種：*T. sinensis*

右：タニウスは正体が何であったにせよ、他の大型鳥脚類と同じような外見をしていた．

石頭（厚頭竜類）

パキケファロサウルス類についてわれわれが知っていることのほとんどは，これまでに発見された頭骨の部分にもとづくもので，骨格はごく少ししか得られていない．しばらくの間，このグループの多くはステゴケラスに属する種と見なされていたが，それはそうではないことを示す証拠がまったくないためだった．現在の知識が示唆するところによれば，頭骨の形の微妙な違いは，パキケファロサウルス科には最初に考えられていたよりももっと多くの属があることを示しているようである．

ステゴケラス *Stegoceras*

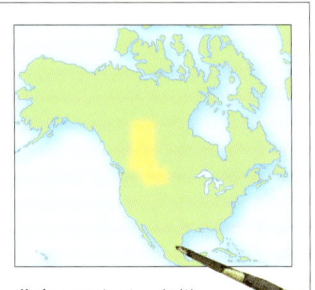

これはパキケファロサウルス類のうちで最もよく知られているもので，数十個の頭骨の破片と，部分骨格1体も見つかっている．パキケファロサウルス科に含まれるその他の属の復元図は，多くがこの骨格にもとづいたものである．頭頂部のドーム状の骨は，上から加わる衝撃を吸収するような形で骨の繊維が並んだ構造になっていた．首や背中の椎骨はきわめて強く，ねじれるのを防ぐための強い腱で互いにつながれ，前端の頭部から伝わってくる衝撃を吸収するように並んでいた．骨盤は特に広く，しっかりとできていた．このことはすべて，頭のドームが頭突きのための武器として用いられていたという考え方と一致する．

分布：アルバータ州（カナダ），モンタナ州（アメリカ合衆国）
分類：周飾頭類－厚頭竜類
名前の意味：固い天井の角
記載：Lambe, 1902
年代：カンパニアン
大きさ：3m
生き方：低い植物の枝や葉を食べる
主な種：*S. validum*, *S. browni*（以前の *Ornatotholus browni*）

特徴：
ステゴケラスの頭のドームは高いが，このグループの他の仲間ほど高くはなく，そのまわりを小さな角やこぶでできた縁飾りが囲んでいる．あごの前部にある歯はきわめて広い間隔をおいて生えており，鼻面の部分は他のパキケファロサウルス類よりも幅が広い．これは食物の選択が少なかったことを示すものかもしれない．きわめて幅の広い骨盤は，パキケファロサウルス類が（卵ではなく）直接子供を生んでいたことを暗示する（この考え方は広く支持されているわけではない）．

下：鼻面が広く，歯が広く間隔を空けて生えていたことは，ステゴケラスが他の厚頭竜類とは異なる食物をとっていたらしいことを示す．

コレピオケファレ *Colepiocephale*

この恐竜は化石ハンターL・M・スターンバーグによって1945年に発見され，ステゴケラスの一種と考えられたが，2003年に古生物学者ロバート・サリヴァンが改めて調べ，その頭のドームに他と区別するにたるだけの特徴を見いだして，これを独自の属とした．これは北米で発見された明確なパキケファロサウルス類のうちで最も古いものである（別にこれよりわずかに古い地層から発見されたものもあるが，まだ科学的な研究は行われていない）．

特徴：頭のドームは斜めの傾斜があって，頭の前面に平べったい外観を与え，上からみるとやや三角形になっている．頭骨側面の骨は他のパキケファロサウルス類ほど複雑ではない．パキケファロサウルス類の異なる属の間にみられるドームの形の違いは，これがディスプレイ装置として働き，恐竜たちはそれによって群れを識別できたであろうことを示す．その点で，これらは種を区別する大きく目立つくちばしや，華やかな羽飾りをもつ現代の鳥類と似ていたのだろう．

分布：アルバータ州（カナダ）
分類：周飾頭類－厚頭竜類
名前の意味：げんこつ頭
記載：Sullivan, 2003
年代：カンパニアン
大きさ：1m
生き方：低い植物の枝や葉を食べる
主な種：*C. lambei*

上：「げんこつ頭」という意味の名前は，頭のドームがげんこつの指関節と外見が似ていることを指す．

石頭（厚頭竜類） **227**

頭のぶつけあい―本当か？　間違いか？

パキケファロサウルス類の一般的なイメージといえば，ライバルどうしの2頭のオスが，群れのリーダーになり，メスを手に入れることを目指して，激しく頭のぶつけあいをしている姿だろう．同じことをするシロイワヤギの姿が拭い去りがたいためである．パキケファロサウルス類の行動についてのこの考え方は，アメリカの古生物学者エドウィン・コルバートが1955年に提唱したものだった．

上：パキケファロサウルス類はおそらく，互いに相手の横腹に頭突きを加えていたのだろう．

しかし，このいかにもありそうなシーンにも実は欠陥があると，カリフォルニア大学バークリー校のマーク・グッドウィンは指摘している．ひとつには，形が正しくない．衝突が効果的であるためには，2つのドーム形の頭がきわめて正確なコースでぶつかりあわなければならない．さもなければ，ただ互いにかすめるだけで終わってしまうだろう．また，これまでに発見された厚頭竜類の頭骨の化石には，こうした頭のぶつけあいで生じるような損傷が認められるものがひとつもない．今では，パキケファロサウルス類のドーム形の頭は相手の体に頭突きを加える武器として用いられてはいたが，それは頭のぶつけあいではなかった可能性が高いようだと考えられている．

ハンスズーエシア *Hanssuesia*

この恐竜は1943年にブラウンおよびシュライキアーによってステゴケラス・ステルンベルギ *Stegoceras sternbergi* と同定された．彼らはこれが*S.* ヴァリドゥス *S. validus* と異なることを認め，新種名を与えた．2003年にペンシルベニア州立博物館のロバート・サリヴァンが行ったパキケファロサウルス類の研究および再分類によって，これを独自の属に分類するだけの差異が明らかにされた．

特徴：パキケファロサウルス類は，きわめて低く，丸いドームをもつ．ドームをつくる骨の間の関節は，他のパキケファロサウルス類のものとは異なる．頭骨側面の骨も小さい．これらの特徴は，これが新属の恐竜であると決定するにたるだけの重要性をもつ．最も顕著な違いは，同じグループの他の仲間に見られるような，ドームの後部周囲の棚状の構造がないことである．

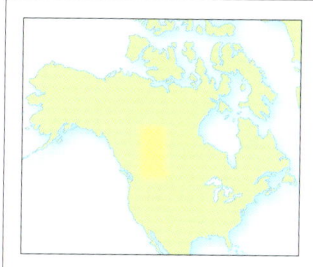

分布：アルバータ州（カナダ）
分類：周飾頭類－厚頭竜類
名前の意味：ハンス＝ディーター・ズーエス（カナダのパキケファロサウルス専門家）より
記載：Sullivan, 2003
年代：セノマニアン
大きさ：2.5 m
生き方：低い植物の枝や葉を食べる
主な種：*H. sternbergi*

左：この骨が発見されたとき，トロオドンのものと考えられたが，それはトロオドンが肉食であったことが知られる前だった．のちにこれは厚頭竜類に分類が改められた．

ティロケファレ *Tylocephale*

ティロケファレに関する知識は，損傷を受けたただ1個の頭骨にもとづいている．これはプレノケファレと近い類縁関係にあり，この属の新しい種であった可能性もある．分布をみると，パキケファロサウルス類はアジアで出現し，北米に移動していったのち，ティロケファレによって代表されるこのグループは再びアジアに戻ってきたのではないかと考えられる．

特徴：ティロケファレはあらゆるパキケファロサウルス類の中で，最も高いドームをもつ．ドームの最も高い部分は，同じグループの仲間のどれよりも後方にあり，左右の幅がきわめて狭い．ステゴケラスと同じように，頭骨後部のまわりには小さなとげが並んでいる．歯は，パキケファロサウルス類としてはきわめて大きい．

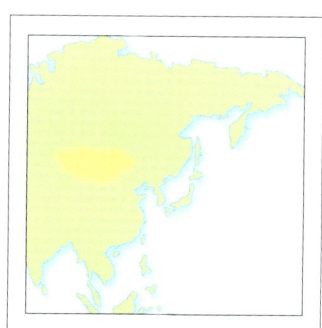

分布：モンゴル
分類：周飾頭類－厚頭竜類
名前の意味：膨らんだ頭
記載：Maryanska and Osmolska, 1974
年代：カンパニアン
大きさ：2.5 m
生き方：低い植物の枝や葉を食べる
主な種：*T. gilmorei, T. bexelli*

左：ティロケファレやその他の厚頭竜類は，内陸部や，山岳地帯にさえ住んでいたのかもしれない．

後期の厚頭竜類

パキケファロサウルス類は，最も後から出現し，繁栄した恐竜のひとつだった．このグループを代表する恐竜は，恐竜の時代の終わりまで生きていた．最初はウサギくらいの大きさで，中に頭骨がわずかに厚くなったものがみられる程度だったが，白亜紀の終わり近くには，いちじるしく大型になり，頭骨の飾りも驚くほどの大きさに発達した．

パキケファロサウルス *Pachycephalosaurus*

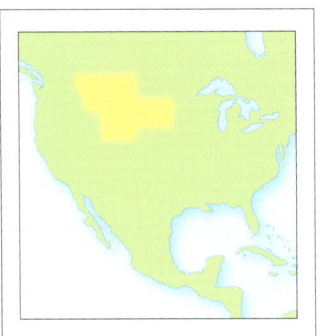

分布：モンタナ州，サウスダコタ州，ワイオミング州（アメリカ合衆国）
分類：周飾頭類－厚頭竜類－パキケファロサウルス類
名前の意味：厚い頭のトカゲ
記載：Brown and Schlaikjer, 1943（Gilmore, 1931にもとづく）
年代：マーストリヒシアン
大きさ：4m
生き方：低い植物の枝や葉を食べる
主な種：*P. wyomingensis*，他に命名されていないもの1種

この恐竜の復元図を目にすることは多いが，実は頭骨以外のことはほとんど知られていない．これは知られているパキケファロサウルス類のうちで最も大きく，そのため最もよく知られる．3種類の歯をもち，植物の葉，種子，果実，昆虫などのさまざまな食物を食べていたと思われる．パキケファロサウルスとスティギモロクはパキケファロサウルス族というグループに属し，鼻面と頬に角があるといういちじるしい，決定的な特徴をもっていた．

特徴：パキケファロサウルスの鼻面はきわめて長細く，長いとげがたくさんある．ドームの後ろ側には，小さなこぶや膨らみが複雑に並んでいる．ここに示した体長は，頭骨とその他の部分との比率がこのグループの他の仲間と同じであると仮定した場合のものであり，復元図は他のパキケファロサウルス類の体にもとづいている．

下：パキケファロサウルスの頭のドームは厚さが20cmあった．体長の推定値は3.5mから8mまである．

もうひとつの説明

カリフォルニア大学バークリー校のマーク・グッドウィンと州立モンタナ大学のジャック・ホーナーは2004年に発表した研究で，パキケファロサウルス類の頭のぶつけあいについて精密な検討を加えた．彼らは，パキケファロサウルス類の頭のドームに強度を与え，その頭部を頭突きのための強力な武器としていたと考えられていた頭の骨の放射状の構造が，実は未成熟の若い個体にしか存在せず，頭突きが最も盛んに行われるはずの成熟したものにはみられないことを発見した．恐竜の成長とともに頭のドームも成長を続け，骨の構造はその間絶えず変化していく．さらに骨には血管があり，それは恐竜が生きているとき，ドームが角質のおおいでおおわれていたことを思わせる．これは種を見分けるのに使われていたのだろう．このためわれわれは，この角質の頭飾りがどのようなものであったかがわからなければ，パキケファロサウルス類の正確な復元図を描くことはできない．

右：頭のドームは，高い角の土台であったかもしれない．

スティギモロク *Stygimoloch*

このパキケファロサウルス類の名前は、その恐ろしげな外見からきている。モロクというのはヘブライの神話に出てくる角をもった悪魔、ギリシャ神話のステュクス川は死者が黄泉の国にいくときに渡らなければならない川の名前である。この化石はモンタナ州のヘルクリーク（「地獄の川」を意味する）累層で発見されており、そのこともこの名前を思いつかせるもうひとつの要因となった。スティギモロクの角の芯が最初に見つかったのは1896年で、これはトリケラトプスの頭骨の一部と考えられた。パキケファロサウルス類が知られるようになった1940年代には、この恐竜はパキケファロサウルスの一種として分類された。

特徴：スティギモロクの最もはっきりした特徴は、ドームのまわりから突き出す多数の角である。頭はきわめて長くて、ドームは高く、幅が狭く、薄い。前からみると、これは長い角のまわりを太く短いとげが多数取り巻いている恐ろしげな頭飾りにみえ、ある種の角竜類ときわめてよく似た威嚇あるいは防御のためのディスプレイとしてきわめて有効であっただろう。

分布：モンタナ州～ワイオミング州（アメリカ合衆国）
分類：周飾頭類－厚頭竜類－パキケファロサウルス類
名前の意味：死の川の角をもった悪魔
記載：Galton and Sues, 1983
年代：マーストリヒシアン
大きさ：3m
生き方：低い植物の枝や葉を食べる
主な種：*S. spirifer*

上：スティギモロクは主として頭骨によって知られる。5個の部分頭骨が発見されているが、アメリカ合衆国ノースダコタおよびサウスダコタ州で発掘された化石では、骨格のその他の部分も見つかっている。

スファエロトルス *Sphaerotholus*

スファエロトルスは2個の頭骨が知られ、そのうちのひとつは、これまでに発見されたパキケファロサウルス類の頭骨のうちで最も完全なものである。それにもかかわらず、この恐竜の実際の正体はあまり明確ではない。その骨はモンゴルのパキケファロサウルス類プレノケファレ *Prenocephale* ときわめてよく似ており、これらはすべて同じ属なのかもしれない。そうであるとすれば、プレノケファレという名前は、スファエロトルスの名前がつけられるよりずっと以前の1974年に考えられたものであり、プレノケファレが正式名ということになるだろう。

分布：モンタナ州、ニューメキシコ州（アメリカ合衆国）
分類：周飾頭類－厚頭竜類
名前の意味：丸いドーム
記載：Williamson and Carr, 2003
年代：マーストリヒシアン
大きさ：2m
生き方：低い植物の枝や葉を食べる
主な種：*S. goodwini*, *S. edmontonense*

特徴：スファエロトルスの標本のドームは特に丸く、頭骨後部のまわりに小さなこぶが一列に並んでいるようすはきわめて特徴的だが、それを別にすると、残っている頭骨だけでは、他のパキケファロサウルス類、例えばプレノケファレなどと区別するのに十分とはいえない。しかし、スファエロトルスのものとされてきた顎骨の一部で、ステゴケラスの顎骨ときわめてよく似たものもある。

右：スファエロトルスのドームは、あらゆるパキケファロサウルス類のうちで最もボールに似ている。頭骨後部のまわりには小さなこぶが一列に並んでいる。

原始的なアジアの角竜類

周飾頭類の主要グループを代表するのは角竜類で，これは角をもつ恐竜である．その起原は白亜紀前期にまでさかのぼることができるが，これが本当に独自のグループとして成立したのは白亜紀後期のことだった．初期のものはごく優しげな小型の恐竜だったが，まもなくブタほどの大きさになった．

グラキリケラトプス *Graciliceratops*

1975年にグラキリケラトプスが発見されたとき，その骨格はミクロケラトプス・ゴビエンシス *Microceratops gobiensis* のものとされたが，その後シカゴのポール・セレノはこれがまったく異なる何かの若い個体であると鑑定した．この名前は体が小さく，ほっそりしていることからきており，その二本足の姿勢は，このグループが二本足の植物食恐竜に由来することを示す．

上：この原始的な角竜類は体の重い後継の恐竜とは違って，2本の後脚で立ち，速く走ることができた．

特徴：この恐竜は若い個体の骨格しか知られていないが，前肢が後肢よりも小さく，基本的に二本足の恐竜であることはこれで十分にわかる．後肢は，これがかなりのスピードで走ることができたことを示す．あらゆる原始的な角竜類と同様，口の前端にはくちばしをもち，頭骨後部のまわりには，完全に楯状ではないが，骨の隆起がみられる．

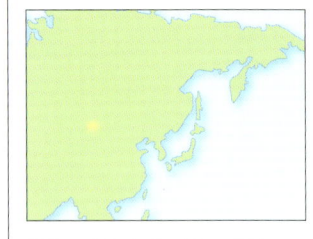

分布：オムノゴフ（モンゴル）
分類：周飾頭類－角竜類－ネオケラトプス類
名前の意味：優美な角のある顔
記載：Sereno, 2000
年代：サントニアン～カンパニアン
大きさ：0.9m，ただしこれは未成熟個体．成体はおそらく2m
生き方：低い植物の枝や葉を食べる
主な種：*G. mongoliensis*

プロトケラトプス *Protoceratops*

プロトケラトプスの骨格は成体も，未成熟個体も含めて何十体も発見されており，したがって成長のようすもすべてわかっている．これはアメリカ自然史博物館が1920年代に行ったゴビ砂漠探検によって発見された．この恐竜は大きな群れをなして生活していたと思われ，その骨がきわめて大量に見られることから「白亜紀のヒツジ」と名づけられた．

特徴：プロトケラトプスは短い脚，太い尾，重い頭をもつ，どっしりとした体をしている．角竜類の仲間だが，真の角はもたない．成体に2つのタイプがあり，えり飾りの低い体の細いものと，えり飾りが大きく，鼻先に隆起があって，そこに角があったと思われる体の太いものとがみられる．これはおそらくメスとオスを示すもので，オスのほうが重い頭をもっていたのだろう．

分布：中国，モンゴル
分類：周飾頭類－角竜類－ネオケラトプス類
名前の意味：角のある最初の顔
記載：Granger and Gregory, 1923
年代：サントニアン～カンパニアン
大きさ：2.5m
生き方：低い植物の枝や葉を食べる
主な種：*P. andrewsi*

角竜類の発達と分布

基盤的な角竜類は、かつては1920年代に発見されたプロトケラトプスだけしか知られていなかった．その後、1960年代および1970年代にポーランド・モンゴル調査隊が、ゴビ砂漠のさまざまな場所で、その他のさまざまな種類の原始的な小型角竜類を発見した．

今では、角竜類はアジアで出現して、かなり小さく、こぢんまりとした体になったのだろうと考えられている．これがその後しばらくして東方に移動し、現在のベーリング海峡にあった陸橋を渡って北米に入り、そこで1世紀以上昔から知られてきた、首の楯と複数の角をもつサイに似た巨大な恐竜へと進化していった．奇妙なことに、原始的なタイプも北米に存在し、ほとんど変化しないまま恐竜の時代の終わりまで生きつづけた．

下：アジアはかつてアメリカ大陸とつながっていた．

バガケラトプス *Bagaceratops*

バガケラトプスは完全なもの5個を含む二十数個の頭骨と、未成熟個体と成体の骨格のそれ以外の部分、数体分が知られている．これはプロトケラトプスとごく近い類縁関係にあるが、それよりも小さく、そのためこの名がつけられた．プロトケラトプスと同じようにこれも砂漠に住み、砂嵐や崩れてきた砂丘に飲み込まれて砂漠の砂岩中に保存されていたものがしばしば発見される．

特徴：角をもたない類縁のものたちとは異なり、バガケラトプスは鼻先に小さな角をもつ．また、首のまわりに独特の三角形のえり飾りをもち、楯となっている．もうひとつの特徴は上あご前部のとがった歯がないことで、そのかわりにくちばしで食物をつみとっていた．このような特徴をもち、また、後から出現してきたにもかかわらず、バガケラトプスはプロトケラトプスよりも原始的であると考えられている．

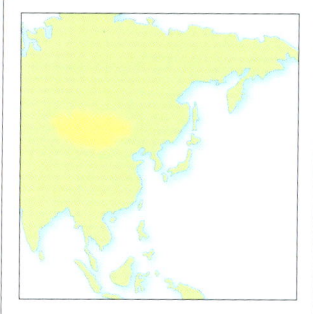

分布：モンゴル
分類：周飾頭類－角竜類－ネオケラトプス類
名前の意味：小さな角のある顔
記載：Maryanska and Osmolska, 1975
年代：カンパニアン
大きさ：1m
生き方：低い植物の枝や葉を食べる
主な種：*B. rozhdestvenskyi*

左：バガケラトプスは若いもの、年とったものを含めて多数の標本が知られ、この恐竜がどのように成長、発達したかについてはよくわかっている．

ブレヴィケラトプス *Breviceratops*

科学者の中には、ブレヴィケラトプスはバガケラトプスと同じだと考える人もいる．実際にこの2つは、互いにきわめてよく似ていたにちがいない．いずれもほとんど同じ時代に生き、生活のしかたも同じで、荒涼たる砂漠の大地に生える背の低い植物を食べていた．体の大きさは、ブレヴィケラトプスはバガケラトプスとプロトケラトプスの中間だった．

特徴：ブレヴィケラトプスはバガケラトプス、あるいはプロトケラトプスとさえ同じだと考える科学者もいるが（これは最初、プロトケラトプスの一種だと考えられた）、重要な違いもたくさんある．ブレヴィケラトプスはバガケラトプスと違って、角の形跡がなく、上あご前部に2本の歯をもつ．プロトケラトプスの下あごが湾曲しているのと異なり、下あごが真っ直ぐで、えり飾りをつくる骨は、プロトケラトプスほど広く外側に広がっていない．これらの違いは顕著ではあるが、それでもなおブレヴィケラトプスは未成熟のプロトケラトプスであって、これらの違いは単に成長段階の違いを表すものにすぎないという可能性はある．

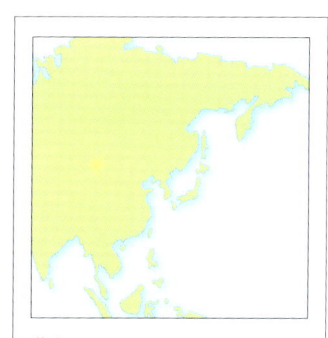

分布：ツルサン（モンゴル）
分類：周飾頭類－角竜類－ネオケラトプス類
名前の意味：短い角のある顔
記載：Maryanska and Osmolska, 1990
年代：サントニアン～カンパニアン
大きさ：2m
生き方：低い植物の枝や葉を食べる
主な種：*B. kozlowskii*

左：ブレヴィケラトプスの最も重要な標本が1996年にモスクワのロシア科学アカデミー古生物学研究所から盗まれたことも、この恐竜の分類の妨げとなっている．

新世界の原始的な角竜類

基盤的な角竜類は主としてアジアで発見されているが，北米で発見されたものもいくつかある．北米のものの多くは少し時代が遅く，中のひとつは恐竜時代の終わりのものであり，これらがアジアで進化し，その後東に移動したらしいことを示している．そこで角をもった大型の恐竜に進化していったものがいる一方，小型の原始的な状態にとどまったものたちもいた．

モンタノケラトプス Montanoceratops

モンタノケラトプスはモンタナ州の州化石となっている．これは2体の部分骨格が知られ，最初のものは1942年にブラウンおよびシュライキアーが調べて，レプトケラトプス・ケロリンクス Leptoceratops cerorhynchus と名づけた．その後C・M・スターンバーグは，これが別の属とするにたるだけの違いをもつことを明らかにした．2体の標本が知られており，最初のものは1916年，もうひとつは80年後の1996年に，最初のものからわずか数mのところで発見された．

特徴：スターンバーグが1950年代に認めたように，モンタノケラトプスは表面的にプロトケラトプスとレプトケラトプスのいずれとも似ているが，ほとんどあらゆる点でプロトケラトプスよりもある程度，レプトケラトプスよりははるかに進化している．最初の3個の頸椎は癒合して，1個の固い塊になっており，重い頭骨を支えるための適応と思われる．尾椎にある長い棘突起のため，尾は半ばくらいまでは側面が上下に太く，そこから先端に向かって急速に細くなっていく．

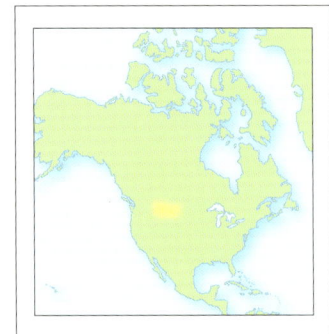

分布：モンタナ州（アメリカ合衆国）
分類：周飾頭類－角竜類－ネオケラトプス類
名前の意味：モンタナの角のある顔
記載：Brown and Schlaikjer, 1942
年代：マーストリヒシアン
大きさ：3m
生き方：低い植物の枝や葉を食べる
主な種：M. cerorhynchus

ズニケラトプス Zuniceratops

知られている1対の額の角をもつ角竜類のうちで最も古いものがズニケラトプスである．北米で最も古くから知られている角竜類でもある．これが白亜紀後期のこのような早い時期にニューメキシコにいたことは，額の角をもつ角竜類がアジアではなく，北米で出現したことを示すものだろう．これが群れで暮らしていたらしいことを示すボーンベッドが見られる．

特徴：これは体のつくりがきわめて軽い角竜類で，プロトケラトプスあるいはモンタノケラトプスとやや似ているが，それよりももっと体が軽く，大きな穴のあるよく発達したえり飾りと，眼の上の1対の角をもつ．鼻先の上の角はない．

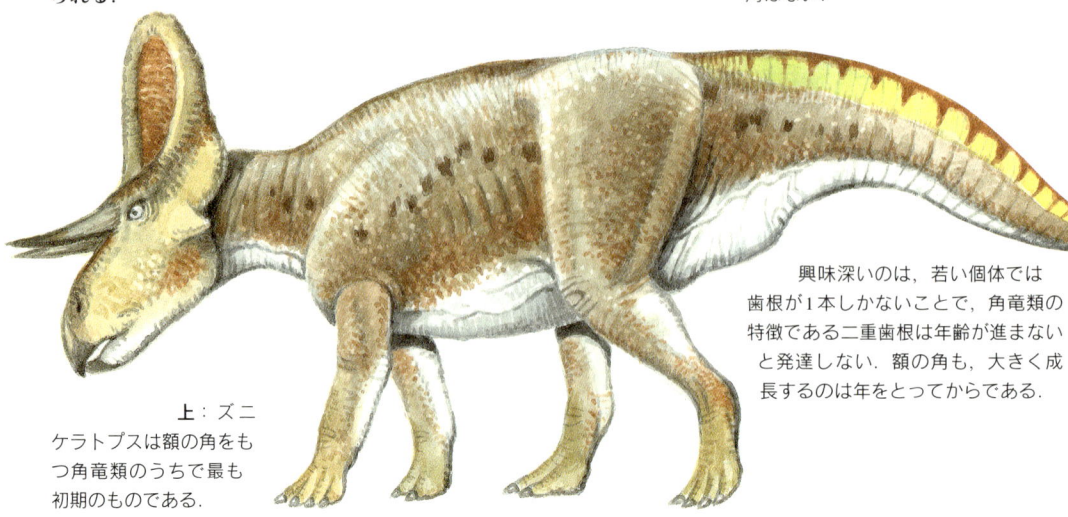

興味深いのは，若い個体では歯根が1本しかないことで，角竜類の特徴である二重歯根は年齢が進まないと発達しない．額の角も，大きく成長するのは年をとってからである．

上：ズニケラトプスは額の角をもつ角竜類のうちで最も初期のものである．

分布：ニューメキシコ州（アメリカ合衆国）
分類：周飾頭類－角竜類－ネオケラトプス類
名前の意味：ズーニ族の角のある顔
記載：Wolfe and Kirkland, 1998
年代：チューロニアン
大きさ：3.5m
生き方：低い植物の枝や葉を食べる
主な種：Z. christopheri

トゥラノケラトプス *Turanoceratops*

その類縁種はすべて北米に住んでいたという事実にもかかわらず、トゥラノケラトプスはここに含める。現在までのところ、これはアジアで発見された唯一の額に角のある恐竜である。しかし、標本はきわめて断片的なものであり、この恐竜について決定的なことを述べることはむずかしい。それでもこれは、眼の上の1対の角と、進化した角竜類にみられる二重歯根歯をもっていたと思われる。

特徴：後期の北米のケラトプス類のいちじるしい特徴である二重歯根が、ここではそれが北米の恐竜に出現するずっと以前にみられる。われわれがトゥラノケラトプスについていえることは、この興味深い事実以外にはほとんどない。知られているのは、眼の上の1対の角の痕跡が認められる断片的な頭骨、椎骨および肩の骨の破片がすべてであり、残念ながらそれ以上のことをいえるだけの材料はない。

右：トゥラノケラトプスのほかには、アジアでは額に角のあるケラトプス類は知られていない。これは北米で出現したのち、アジアに戻ってきたものであって、恐竜の移動が両方向で行われたという可能性もある。

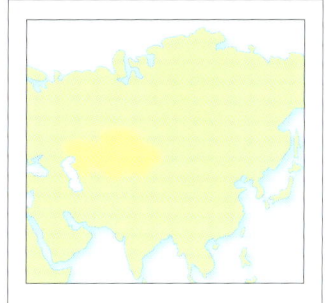

分布：カザフスタン
分類：周飾頭類－角竜類－ネオケラトプス類
名前の意味：トゥラン族の角のある顔
記載：Nessov and Kaznyshkina, 1989
年代：セノマニアン～チューロニアン
大きさ：2m
生き方：低い植物の枝や葉を食べる
主な種：*T. tardabilis*

角竜類の食べ物

角竜類の食物は常に謎だった。植物食であったことはわかっている。だが、彼らが食べていたのは正確にどの植物だったのだろうか。

初期の角竜類は比較的単純な歯をもっていて、歯が互いにすれ違う、一種のはさみのような動きをしていた。その鼻先部分はきわめて繊細で、彼らは食べるものをかなり選別していたものと思われる。頭骨後部の大きな隆起は、最初、強力なあごの筋肉の土台として発達したものだろう（のちに首の楯として発達したのは、防御やディスプレイなどといった、まったく別の目的のためだった）。彼らの最も好みの食物は、おそらくソテツの若枝や葉だった。これらをくちばしでつみとって、口の中で切り刻み、頬でそれを保持しながら、強力なあごが細かくかみ砕いたのだろう。後期の角竜類も採食のしかたは同じだったが、ひとそろいの切り刻む歯をもち、4～5本の歯が絶えず下から伸びてきて、すり減った歯と生え換わった。

下：角竜類は植物の若枝や葉を食べていた。

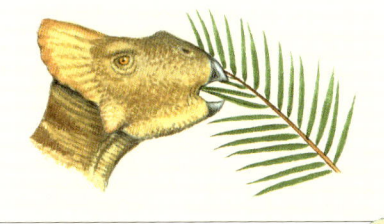

レプトケラトプス *Leptoceratops*

レプトケラトプスは初期のもののように二本足だったかもしれないし、四本足で歩いていたかもしれない。その驚くべき特徴は、これが極度に原始的であったことで、それにもかかわらず、存在した最後期の恐竜のひとつであり、白亜紀の終わりに、最も大きく、最も進化した角竜類であるトリケラトプスとともに北米の大地に生きていた。

特徴：レプトケラトプスはほっそりした胴体に、短い前肢をもつ。頭骨は上下に深みがあり、あごには原始的な単一歯根の歯がある。この歯は他の角竜類のように植物を切り刻むのではなく、押しつぶすのに適している。頭に角はない。首の楯は左右に平べったく、中央に高い隆起があり、後縁に凹凸がない。前足には5本の指があり、それにはひづめではなく、かぎ爪がついている。全体として、きわめて原始的な恐竜である。

下：レプトケラトプスは、北米で発見された5体の頭骨と骨格の一部が知られている。しかし、ほとんど同一の四肢の骨がオーストラリアで発見されている。

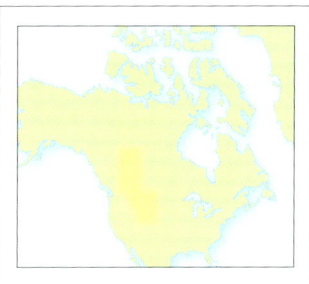

分布：アルバータ州（カナダ）～ワイオミング州（アメリカ合衆国）
分類：周飾頭類－角竜類－ネオケラトプス類
名前の意味：ほっそりした角のある顔
記載：Brown, 1914
年代：マーストリヒシアン
大きさ：3m
生き方：低い植物の枝や葉を食べる
主な種：*L. gracilis*

短いえり飾りをもつケラトプス類

白亜紀後期の角をもつ大型の恐竜は，ケラトプス類（科）とよばれるグループに属する．これはカザフスタンのトゥラノケラトプスが例外と考えられるのを除いて，北米でしか見つかっていない．ほとんどすべて，どっしりしたサイのような体と，厚い装甲でおおわれた頭をもっていた．このグループは，短いえり飾りをもつセントロサウルス類（亜科）と，長いえり飾りをもつカスモサウルス類（亜科）の2つの小グループに分けられる．

アヴァケラトプス *Avaceratops*

ケラトプス類（科）は一般に大きな恐竜だが，アヴァケラトプスはごく小さい．ほとんど完全に近い骨格が知られており，欠けているのは腰の骨，尾の大部分，それに残念なことに頭骨の頂部と角の芯の部分だけである．頭骨の大部分は化石化する前にばらばらになっているので，見つかった骨格は成体のものではないが，死んだときには完全な成熟に近い段階にあった．

特徴：この小型のケラトプス類は，きわめて厚く，短いえり飾りをもつ．他のセントロサウルス類と同じように，上下に厚みのある短い鼻先，二重歯根の剪断歯が並ぶ強力な下あご，それにオウムに似たくちばしをもっている．他のセントロサウルス類と同様，鼻の上には眼の上よりも大きな角があったと思われる．これは他の属，例えばモノクロニウスなどの若い個体あるいは亜成体であるかもしれない．

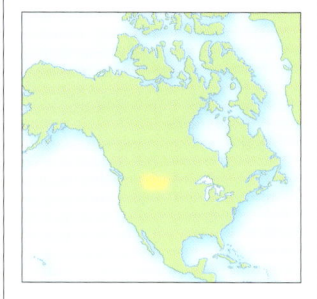

分布：モンタナ州（アメリカ合衆国）
分類：周飾頭類－角竜類－ケラトプス科－セントロサウルス亜科
名前の意味：アヴァの角のある顔（発見者の妻の名アヴァ・コールより）
記載：Dodson, 1986
年代：カンパニアン
大きさ：2.5m．ただしこれは若い個体．成熟したものはおそらく4m
生き方：低い植物の枝や葉を食べる
主な種：*A. lammersi*

右：アヴァケラトプスは同時代の巨大恐竜の小型版のような姿をしていた．

セントロサウルス *Centrosaurus*

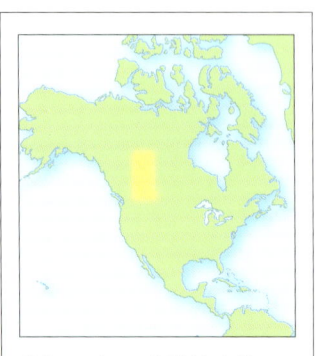

分布：アルバータ州（カナダ）
分類：周飾頭類－角竜科－ケラトプス類－セントロサウルス亜科
名前の意味：とがったトカゲ
記載：Lambe, 1904
年代：カンパニアン
大きさ：6m
生き方：低い植物の枝や葉を食べる
主な種：*C. cutleri*, *C. apertus*

短いえり飾りをもつグループの名前の出所となった恐竜は，少なくとも15個の頭骨と，あらゆる成長段階の個体の骨の破片が知られている．骨格のうちで最初に発見されたのは首の楯の後部で，そこにはこの恐竜の名前のもととなったかぎ型の角（ただ1本の鼻の角ではなく，複数の角）がついていた．

特徴：セントロサウルスは鼻の上に1本だけある大きな角と，それよりも小さい眼の上の角，首の楯にみられるかぎのような角が目立つ．楯の縁には骨質のこぶがある．大きな角は，個体によって前方に湾曲したり，後方に曲がったり，あるいは真っ直ぐ上に伸びていたりしているが，古生物学者はこのような変化に特別な意味があるとは考えていないようである．首の楯にみられる1対の穴（窓）は，重量を減らすのに役立っている．

短いえり飾りをもつケラトプス類　**235**

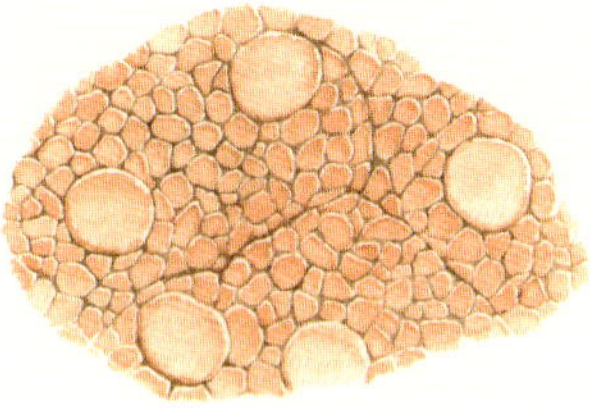

モノクロニウス *Monoclonius*

モノクロニウスという名前については，長い間，混乱があった．モノクロニウスのものとされていた多数の標本が，今ではセントロサウルスと分類が改められ，後方に湾曲した1本だけの角がこれらを統一する特徴となっている．アメリカ自然史博物館のみごとなセントロサウルスの組立骨格は，古生物学者がこの恐竜についてよく知るようになってからずっと後の1992年まで，モノクロニウスと表示されていた．

特徴：モノクロニウスは平均的な大きさのセントロサウルス類だが，その頭骨は特に長く，むしろ長いえり飾りをもつ角竜類に似ている．鼻の上にある1本だけの角は後方に曲がり，眼の上や楯のあたりには角の痕跡は認められない．楯の縁はホタテガイの縁のような形になっている．楯は同じグループの仲間に比べてやや薄く，これがディスプレイに用いられたものらしいことを示す．

皮膚の組織

恐竜から皮膚の印象が見つかることは多くはない．しかし，角竜類のものとわかっている皮膚の印象がある．これらは死んだ恐竜が川の泥に沈み，皮膚そのものは腐ってなくなり，固化した泥の中に皮膚の印象が残った．ここに示す皮膚の印象は，腰の部分のものである．そこには直径5cmほどの円盤が5cm離れて不規則な列をなして並び，1cmほどの多数のうろこが間を埋めている．この円盤はワニの背中にあるもののように，角質でおおわれていたのかもしれない．皮膚の組織は体の別の部分，特に腹の部分ではまったく異なっていた可能性もある．

残念ながら顔面や楯をおおっていた皮膚がどのようなものだったか，あるいは角のケラチン質の部分がどのような形をしていたかなど，画家が恐竜の復元図を描くのに役立ちそうな証拠はまったく得られていない．

下：ケラトプス類の皮膚の印象

分布：アルバータ州（カナダ）～モンタナ州（アメリカ合衆国）
分類：周飾頭類－角竜類－ケラトプス科－セントロサウルス亜科
名前の意味：1本だけの幹．最初の標本にみられた歯根が1本だけの歯を指すが，これはのちに何か別のものであることがわかった．
記載：Cope, 1876
年代：カンパニアン
大きさ：6m
生き方：低い植物の枝や葉を食べる
主な種：*M. crassus*, *M. fissus*, *M. recurvicornis*

スティラコサウルス *Styracosaurus*

数千体にのぼるスティラコサウルスのボーンベッドが知られているが，損傷を受けていない頭骨はわずかしかなく，ローレンス・ラムは1913年にその中で唯一の保存状態のよい頭骨にもとづいて最初の記載を行った．ボーンベッドに大量の木炭が混じっていることから，この恐竜の群れは山火事に追われて川に逃げ込み，そこで溺れ死んだものと考えられる．

特徴：スティラコサウルスの見落としようのない特徴は，えり飾りの周辺全体に角が多数並んでいることで，これは他のセントロサウルス類にしばしばみられる骨質の装飾から発達したものである．楯には6本の大きな角と，それよりも小さい一連のこぶがある．さらに鼻の上の巨大な角が，この装飾の最後の仕上げとなっていた．眼の上には角はまったくなかったと思われるが，若いうちには存在し，おとなになるとなくなった可能性もある．

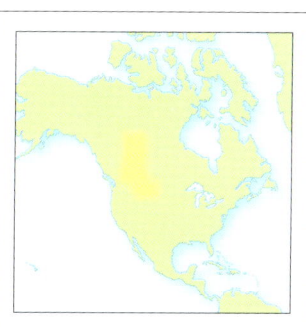

分布：アルバータ州（カナダ）・モンタナ州（アメリカ合衆国）
分類：周飾頭類－角竜類－ケラトプス科－セントロサウルス亜科
名前の意味：とげトカゲ
記載：Lambe, 1913
年代：カンパニアン～マーストリヒシアン
大きさ：5.5m
生き方：低い植物の枝や葉を食べる
主な種：*S. albertensis*, *S. ovatus*, *S. sphenocerus*

セントロサウルス類

ケラトプス科の1段階下位のグループであるセントロサウルス類（亜科）は全体として短いえり飾りをもつ角竜類として知られているが，それはえり飾りが小さいことを意味するわけではない．えり飾りの多くはとげや角で飾られていて，それによってえり飾りはきわめてりっぱにみえ，その持ち主の恐竜もはるかに大きいような印象を与える．これらの恐竜は一般に額に小さな角をもち，鼻の上の大きな角が最大の角となっている．

パキリノサウルス *Pachyrhinosaurus*

パキリノサウルスの鼻の上にある大きな骨のこぶは，大きな角はないのに，有角恐竜であるような印象を与えた．この骨の塊はライバルと戦うときの頭突きの武器として使われたものかもしれないし，ケラチンでできた大きな角の土台になっていたものが，その角は化石にならず，土台だけ残ったのかもしれない．

特徴：パキリノサウルスに特有の特徴で，その名前のもととなっているのは，鼻の上にある巨大な骨の棚で，他のセントロサウルス類ではそこには角がある．眼の上と，首の楯の中心線上に小さな角が1本ずつ，楯の上縁にかぎ型の角がある．体のその他の部分は，他のセントロサウルス類とまったく同じ形をしている．

左：パキリノサウルスの鼻先の上にある幅広い骨のこぶは，現代のサイにみられるものと似ており，サイのそれはケラチン質の角を支える台となっている．

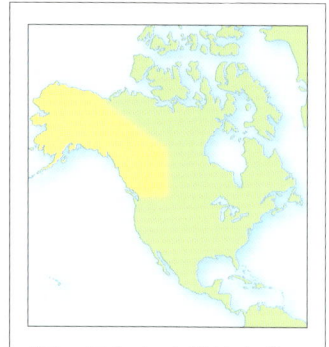

分布：アルバータ州（カナダ）〜アラスカ州（アメリカ合衆国）
分類：周飾頭類－角竜類－ケラトプス科－セントロサウルス亜科
名前の意味：厚い鼻をもつトカゲ
記載：C. M. Sternberg, 1950
年代：マーストリヒシアン
大きさ：7 m
生き方：低い植物の枝や葉を食べる
主な種：*P. canadensis*

アケロウサウルス *Achelousaurus*

頭に角のかわりに骨のこぶをもつ角竜類アケロウサウルスは，米国モンタナ州のトゥーメディシン累層にある巨大なボーンベッドによって知られている．パキリノサウルスと同様，このこぶはケラチン質の角の土台となっていた可能性もある．

特徴：アケロウサウルスの独特の角は，鼻の上にある骨のこぶからできており，これはパキリノサウルスのこぶよりも小さいが，深いしわが寄っている．また，眼の上にはそれよりも小さい1対のこぶもある．恐竜が年をとるのにともなって，鼻の上の骨のこぶは高くなり，前方にとがっていくのに対して，眼の上のこぶはぶつぶつと穴ができてあばた状になっていった．えり飾りの後方からは，断面が平べったい1対の角の芯が突き出し，外に向かって広がっている．

右：アケロウサウルスはパキリノサウルスの一種である可能性もあり，この2つがごく近い類縁関係にあることは間違いない．

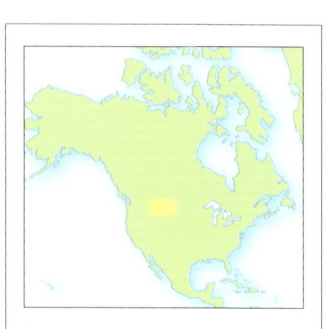

分布：モンタナ州（アメリカ合衆国）
分類：周飾頭類－角竜類－ケラトプス科－セントロサウルス亜科
名前の意味：アケローオスのトカゲ（アケローオスはギリシャ神話の神で，ヘラクレスに角を折りとられた）
記載：Sampson, 1995
年代：カンパニアン〜マーストリヒシアン
大きさ：6 m
生き方：低い植物の枝や葉を食べる
主な種：*A. horneri*

エイニオサウルス *Einiosaurus*

この恐竜エイニオサウルスはアケロウサウルスとともに，アメリカの古生物学者スコット・サンプソンが1995年にセントロサウルス亜科を改訂したときに確立された．彼はセントロサウルス亜科を，パキリノサウルスを基点とし，セントロサウルスおよびスティラコサウルスを終点とする進化の系統からなるものと定めた．エイニオサウルスおよびアケロウサウルスは，この両者の中間に位置を占める．これらの恐竜の分類は頭部の装飾によって決定される．

特徴：このセントロサウルス類の鼻の角は大きく，左右から押しつぶされ，前下方に曲がっている．眼の上には，角というより刃のようなものが2つ突き出す．えり飾りの後ろには，断面の丸い2本の角が真っ直ぐ後方に突き出していて，頭骨の長さをさらに増すとともに，これが頭を下げたところを前方からみたときの姿を恐ろしげなものとしている．

分布：モンタナ州（アメリカ合衆国）
分類：周飾頭類－角竜類－ケラトプス科－セントロサウルス亜科
名前の意味：野牛トカゲ（北米先住民ブラックフット族の言葉による）
記載：Sampson, 1995
年代：カンパニアン
大きさ：6m
生き方：低い植物の枝や葉を食べる
主な種：*E. procurvicornis*

右：エイニオサウルスはサンプソンの研究以前から知られていたが，スティラコサウルスの一種と考えられていた．

見せるための頭

　セントロサウルス亜科のある属と別の属とを区別するものといえば，頭骨にみられる特徴，角の並び方，それにえり飾りの形だけだった．恐竜たちの体は，あらゆる点でまったく同じだった．

　このグループは白亜紀の終わりに生まれた土地である北米で暮らしていたとき，その数はごく限られていた．この地域の地質をみると，それぞれの属はきわめて速やかに，50万年から100万年しかかからずに進化してきたことがわかる．この恐竜たちは現代のロッキー山脈と浅い大陸海の間に広がる平原で，種類ごとに異なる群れを保ちながら暮らしていた．現代のアフリカの大平原に住む草食動物の群れと同じように，それぞれのタイプの動物が他の動物の群れを避け，自分たちだけの群れを保っていた．角竜類の特徴的なえり飾りや角は，それぞれの群れのメンバーが自分の仲間を見分けるための識別手段として進化したものだろう．

　角や楯が頑丈で重いことは，これらが闘争にも使われたことを示すものだろう．それはおそらく捕食動物に対する戦いではなく，種の内部での闘争であって，大きなオスが群れの支配権をめぐる争いだったと思われる．

ブラキケラトプス *Brachyceratops*

この恐竜は6体の亜成体の骨格が知られているにすぎない．セントロサウルス類の角や楯の成長，発達に関する現在の知識が示唆するところによると，これらの骨格はスティラコサウルスやモノクロニウスのような確定されている属の未成熟個体のものかもしれない．

特徴：ブラキケラトプスは鼻の上に小さな角をもつ．最も大きな標本でも，角が頭骨と完全には癒合していないという事実によって，これがまだ未成熟であることが示されている．楯は薄いが，頭骨の他の部分のわりに広く，このグループの成体にみられる穴がない．歯列は短く，残っている骨格は予期されるよりも小さい．

分布：モンタナ州（アメリカ合衆国）
分類：周飾頭類－角竜類－ケラトプス科－セントロサウルス亜科
名前の意味：短い角をもつ顔
記載：Gilmore, 1914
年代：カンパニアン～マーストリヒシアン
大きさ：1.8m
生き方：低い植物の枝や葉を食べる
主な種：*B. montanaensis*

左：未成熟の骨格しか研究できないため，ブラキケラトプスの正確な分類は不可能である．

カスモサウルス類

カスモサウルス類（亜科）は，進化した角竜類を構成する2グループのうちの第2のグループである．これもサイくらいの大きさの恐竜だが，長い頸部の楯をもっていた．一般に長い鼻先をもち，額の角は鼻の角よりも大きいのがふつうだった．セントロサウルス類（亜科）と同様，北米大陸に限られ，大群をつくって開けた平原を移動しながら暮らしていた．

カスモサウルス *Chasmosaurus*

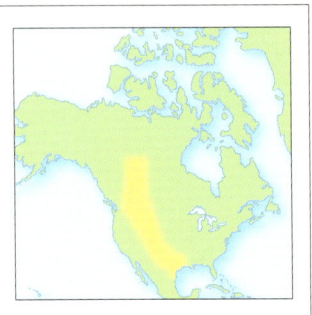

1880年代には，カナダの恐竜堆積層で発掘がすすめられた．みごとな角竜が多数発見され，20世紀に入るころまでには，りっぱなえり飾りをもつカスモサウルスが6種ほど確定されていた．1995年にカナダのスティーヴン・ゴドフリーおよびロバート・ホームズによるさらに詳細な研究が行われた結果，その種は2つに減った．

特徴：カスモサウルスの明らかな特徴は，頭の後部のまわりにある巨大な三角形の帆のような，きわめて大きなえり飾りだった．その重さをできるだけ小さくするためそこには穴（または裂け目．この恐竜の名前はここからきている）があいており，えり飾りの重さは骨組みとなっている支材の重さとほとんど変わらないくらいだった．生きているときには，楯は皮膚でおおわれ，ディスプレイ器官とするため，鮮やかな色がついていたのではないかと思われる．

分布：アルバータ州（カナダ）〜テキサス州（アメリカ合衆国）
分類：周飾頭類－角竜類－ケラトプス科－カスモサウルス亜科
名前の意味：裂け目トカゲ
記載：Lambe, 1904
年代：マーストリヒシアン
大きさ：6m
生き方：低い植物の枝や葉を食べる
主な種：*C. belli*, *C. ruselli*

ペンタケラトプス *Pentaceratops*

プロの化石ハンターC・M・スターンバーグは，初期には探索の仕事を主としてカナダの恐竜堆積層で行っていたが，1920年代に米国ニューメキシコ州に目を向けるようになった．そこで彼が発見した最初の恐竜のひとつが角竜類で，のちにペンタケラトプスと名づけられた．頸部の楯の幅が狭いことと，とがった頬骨が，この恐竜とそれまでに発見された他のあらゆる角竜類とを区別する点だった．

特徴：ペンタケラトプスは実際には，名前に示されているように5本の角はもっていない．頬骨の角から突き出す上頬角はいちじるしく尖っていて，それが特に頭部の楯を前方からみたとき，1対の角のような印象を与える．このようなペンタケラトプスを他と見分けることのできる特徴は，当時のいちじるしく居住密度の高い平原で，各個体が自分の群れを識別するのに役立っただろう．楯についていた鮮やかな色の模様が，その効果をさらに高めていたかもしれない．

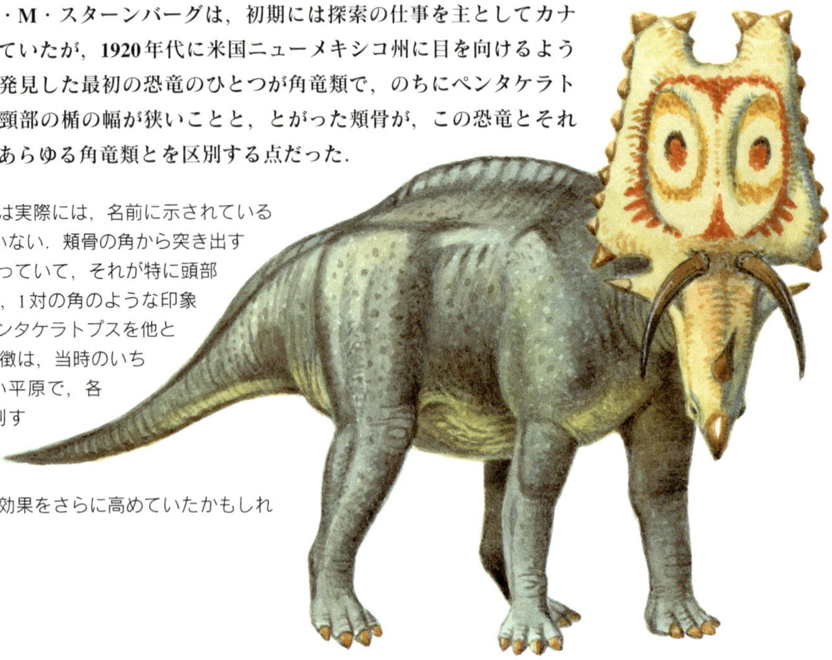

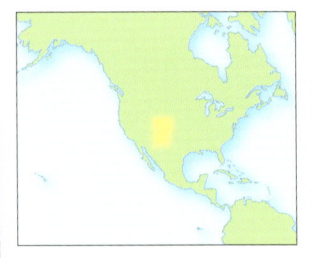

分布：ニューメキシコ州，コロラド州（アメリカ合衆国）
分類：周飾頭類－角竜類－ケラトプス科－カスモサウルス亜科
名前の意味：5本の角のある顔
記載：Osborn, 1923
年代：カンパニアン〜マーストリヒシアン
大きさ：6m
生き方：低い植物の枝や葉を食べる
主な種：*P. sternbergi*

アンキケラトプス Anchiceratops

有名な化石ハンターのバーナム・ブラウンは，最初のアンキケラトプスの骨を1912年にカナダのレッドディア・リバー渓谷で発見した．チャールズ・スターンバーグは1924年に別の骨を見つけた．この2番目のものは前のものよりも鼻先が長く，角が小さく，楯ははるかに薄かった．2つはそれぞれ別の種，アンキケラトプス・オルナトゥス A. ornatus およびアンキケラトプス・ロンギソストリス A. longisostris だと考えられた．現在はアンキケラトプス・オルナトゥスのオスとメスだと考えられている．

特徴：アンキケラトプスを他と見分けることのできる特徴は，楯の縁に並ぶ突起である．額の角はケラトプス類の角竜としてはごく短く，美しい曲線を描いて前方に湾曲している．鼻先は長くて，幅が狭い．見つかったのは頭骨だけで，体の骨格は知られていないが，角竜類はすべて同じ体形をもち，頭の形で区別されるところから，この恐竜の体も他の近縁種と似ていたと思われる．

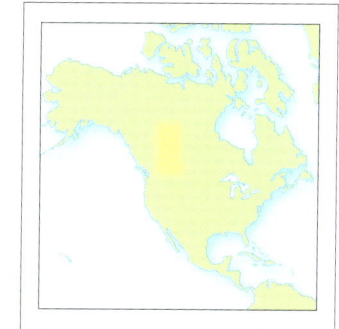

分布：アルバータ州（カナダ）
分類：周飾頭類－角竜類－ケラトプス科－カスモサウルス亜科
名前の意味：ほとんど角をもつ顔
記載：Brown, 1914
年代：カンパニアン～マーストリヒシアン
大きさ：6m
生き方：低い植物の枝や葉を食べる
主な種：A. ornatus

角竜類の頭骨

角竜類は頭骨が多数発見されているという点で，恐竜の中で珍しい例である．ふつう頭骨は骨の支材が組み合わさってできた繊細な構造物であり，恐竜の骨格のうちで最も残りにくい部分なのだが，角竜類の頭骨はきわめてしっかりとできていて重く，他の恐竜の頭骨のように簡単にはばらばらにならない．

角竜類では，知られているのが頭骨だけという属も多い．角竜類の頭骨はきわめてしっかりできてはいるものの，それでも他のあらゆる恐竜の頭骨と同じ要素で構成されている．保存状態のよい頭骨には，個々の骨が隣の骨と接する線である縫合線が認められる．

ケラトプス類の頭骨で最も目立つ部分である頸部の楯は，頭頂骨および鱗部骨からできている．楯にあいている穴，すなわち窓は，これらの骨のすき間である．一部の角竜類，例えばアリノケラトプスなどでは，窓はきわめて小さい（トリケラトプスではまったくみられない）が，別のもの，例えばカスモサウルスなどでは，窓はきわめて大きく，楯のうちで窓の占める面積のほうが大きい．生きているときには，窓は皮膚でおおわれていたと思われ，さらに筋肉で満たされ，それがあごに力を供給していたかもしれない．

下：ケラトプス類の頭骨を構成する骨

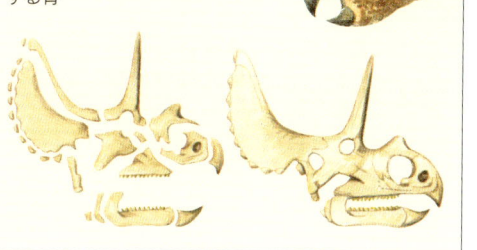

アリノケラトプス Arrhinoceratops

長いえり飾りをもつ角竜類の最後のものはアリノケラトプスだった．その頸部の楯はかなり短かったため，記載者であるトロントのW・A・パークスは，最初誤ってこれを短いえり飾りをもつセントロサウルス類（亜科）の仲間と分類した．1970年代にカナダ・アルバータ州のヘレン・タイソンがこの頭骨を再度調べて，これが明らかに長いえり飾りをもつカスモサウルス類（亜科）の仲間であることを証明した．

特徴：アリノケラトプスは名前とは違って，鼻の上の角がなくはない．角の芯は頭骨の鼻の上にあるのだが，カスモサウルス類と比べて位置がやや異なり，他の多くの角竜類よりもかなり小さい．顔はやや短い．頸部の楯はごく厚く，小さな穴があるにすぎない．頭骨は1個しか見つかっておらず，その他の骨格も知られていない．

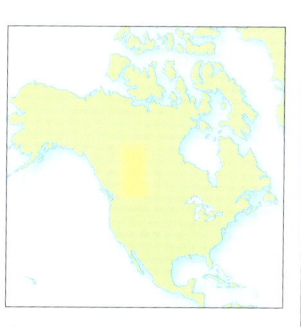

分布：アルバータ州（カナダ）
分類：周飾頭類－角竜類－ケラトプス科－カスモサウルス亜科
名前の意味：鼻の角がない
記載：Parks, 1925
年代：マーストリヒシアン
大きさ：6m
生き方：低い植物の枝や葉を食べる
主な種：A. brachyops

左：アリノケラトプスの化石は1個しか見つかっていない．これは北米の大平原で最もまれな角竜類のひとつだったのだろう．

カスモサウルス類（続き）

最後の角竜類は長いえり飾りをもつグループだった．これにはすべてのうちで最も大きく，最もよく知られたトリケラトプスが含まれる．そのうちのあるものはほとんど現代のゾウほどの大きさになり，これらは恐竜の時代の本当の最後に生きていた．南はコロラドから北はアルバータやサスカチェワンまで，米国北部からカナダにかけて広く分布した．

トリケラトプス *Triceratops*

トリケラトプスは長いえり飾りをもつカスモサウルス類角竜類のうちで最大のものだったが（生きているときの体重は4.5トンぐらい），えり飾りは類縁の恐竜ほど長くはなかった．体のわりにすれば，えり飾りの短い仲間のセントロサウルス類のほうが長かった．

最初に発見されたとき，見つかったのは1対の角の芯だけだった．しかし，頭骨全体がきわめてしっかりできていて，その後きわめて定期的に完全な化石が発掘されるようになった．長い年月の間に多数のさまざまなトリケラトプスの頭骨が発掘され，ある時期にはこの属に16の種が属するとされた．現在ではこれらは統合され，ここに示す2種，普通種のT.ホリドゥスと，それよりも大きく，数の少ないT.プロルススが認められるのみとなっている．この2つはT.ホリドゥスのオスとメスだと考える学者もいる．

特徴：これはあらゆる角竜類のうちで最も大きく，最もよく知られているものである．3本のりっぱな角が，その名前のもととなっている．頭骨にある角の芯は芯にすぎず，これは角質のさやでおおわれていて，そのためさらにずっと大きくみえる．頸部の楯はどっしりと大きく，穴はなく，縁には小さな骨のこぶが並んでいる．歯ははさみとして働くように並び，強力なあごの筋肉がそれに力を与える．

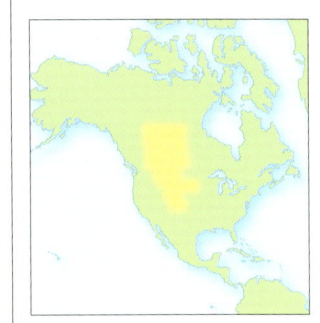

分布：ワイオミング州，モンタナ州，サウスダコタ州，コロラド州（アメリカ合衆国），アルバータ州，サスカチェワン州（カナダ）
分類：周飾頭類－角竜類－ケラトプス科－カスモサウルス亜科
名前の意味：3本の角のある顔
記載：Marsh, 1889
年代：マーストリヒシアン
大きさ：9m
生き方：低い植物の枝や葉を食べる
主な種：*T. horridus*, *T. prorsus*

ディケラトプス *Diceratops*

ディケラトプスはトリケラトプスの16種のひとつだった．1905年にR・S・ラルによって発見されたときは独立の属として認められたが，その後，頭骨の独特の特徴が病気によるものとされて，トリケラトプス・ハチェリとなった．1990年にペンシルベニア大学キャサリン・フォスターがこの種について研究を行い，再び独立の属と認められた．

特徴：ディケラトプスはきわめて大型のカスモサウルス類である．その名前は，頭骨の眼の上に2本の角をもつことを示す．鼻の角は痕跡があるにすぎない．もうひとつの特徴は頸部の楯に穴，すなわち窓があることで，これがトリケラトプスとは別の恐竜であることを示している．頸部の楯をつくっている個々の骨の形や並び方もトリケラトプスと異なるが，これは生きているときには外からはみえなかっただろう．

分布：ワイオミング州（アメリカ合衆国）
分類：周飾頭類－角竜類－ケラトプス科－カスモサウルス亜科
名前の意味：2本の角のある顔
記載：Lull, 1907
年代：マーストリヒシアン
大きさ：9m
生き方：低い植物の枝や葉を食べる
主な種：*D. hatcheri*

角竜類の姿勢

われわれは頭の角を指して，角竜類のことをサイに似ているという．しかし体のその他の部分は長い間，まるでサイには似ていない姿で描かれてきた．描かれる標準的なトリケラトプスやその他の大型角竜類の姿は―このグループの恐竜はすべてほとんど同じような体と四肢をもっていたから―重い胴体を主として真っ直ぐな後脚が支えている．その脚は，ゾウや，まさにサイのような重量のある哺乳類と同じように，体の下から柱のように胴体を支えていた．これは恐竜の脚がどのような姿勢になっているかに関する現代の標準的な考え方である．しかし，前肢はいつの時代にも広がった形で描かれ，上腕部は多かれ少なかれ水平で，肘関節は直角に曲がっていた．このことは多くの意味をもつと思われた．このような姿勢は体に柔軟性を与え，体の前半部をすばやく曲げて，強力な後肢を使って腰部を中心に旋回することを可能にし，どのような戦いにでも備えて楯と角を敵に向けることができるからである．しかし現代の考え方では，他の大型恐竜と同じように，前肢も後肢と同様，真っ直ぐだったとされている．これだと，サイと同じような胴体になる．

米国デンヴァーに近いロッキー山脈山麓の丘陵地帯でいくつかの足跡が発見され，それは角竜類が歩いた跡であることが確認された．前の足跡は，後ろの足跡よりもごくわずかながら外側についている．もし，角竜類の胴体を腰よりも肩のほうが狭いものとして復元したとすれば，前肢は少なくともわずかでもがに股状に広がっていたかのようにみえるにちがいない．

トロサウルス *Torosaurus*

この恐竜は，あらゆる陸上動物の中で最も長い頭骨をもつことが特徴だった．後ろに長く伸びる巨大な頸部の楯が，その長さの大きな部分を占める（ただし，最近発見されたペンタケラトプスの頭骨はそれ以上に長い可能性がある）．標本のひとつには，頸部の楯の骨に癌性の腫瘍による病変の形跡が認められる．

特徴：頭骨が，トロサウルスの知られている唯一の部分である．これはごく近い類縁関係にあるトリケラトプスときわめてよく似ていて，前方を向いた3本の頑丈な角をもち，2本の長い角は眼の上に，もう1本の短い角は鼻先の上にある．しかし，楯はまったく異なり，1対の巨大な窓があって，その重量を大きく減らしている．えり飾りの広い表面は鮮やかな色をもち，ディスプレイに用いられていたにちがいない．

分布：ワイオミング州，モンタナ州，サウスダコタ州，コロラド州，ユタ州，ニューメキシコ州，テキサス州（アメリカ合衆国），サスカチェワン州（カナダ）
分類：周飾頭類－角竜類－ケラトプス科－カスモサウルス亜科
名前の意味：穴のあいたトカゲ
記載：Marsh, 1891
年代：マーストリヒシアン
大きさ：6m
生き方：低い植物の枝や葉を食べる
主な種：*T. latus*

上：トロサウルスはあらゆる恐竜のうちで最も長い頭骨をもっていた．

ノドサウルス類

ノドサウルス類（科）は（一般に）棍棒状の尾をもたないよろい竜類である．これはアンキロサウルス類（科）よりも原始的で，白亜紀のわずかに早い時期に現れた．一般に，とげやスパイクからなるよろいと，幅の狭い口をもつ．この口は，この恐竜が棍棒をもった類縁の恐竜よりも食生活が特殊化しており，食物を選別する傾向が強かったことを示す．

エドモントニア *Edmontonia*

ノドサウルス類のうちで最もよく知られているもののひとつがエドモントニアである．最初の標本は1924年にカナダのアルバータ州で，化石ハンターのジョージ・ピーターソンによって発見されたが，その後ほかにも，ほとんど完全なものも含めて北米各地から発見された．一時は，パノプロサウルスと同じものと考えられた．このうちの一種 E. シュレスマニ *E. schlessmani* はしばしばデンヴァーサウルス *Denversaurus* という独立した属を与えられるが，これは E. ルゴシデンス *E. rugosidens* と同じものかもしれない．

特徴：これは代表的なノドサウルス類で，広い背中はよろいでおおわれ，左右の肩からは恐ろしげな巨大なとげが外側，前方，わずかに下方にも向かって突き出している．最も大きなとげは2本に枝分かれして，2つの先端をもつ．尾はきわめて長い．頭骨は長くて，幅が狭く，下に向かって曲がっている．これは低いところにある植物を食べ，食物を選別するための適応である．音響学的研究によると，この恐竜は警笛のような音を出す能力をもっていたらしいことが示されている．

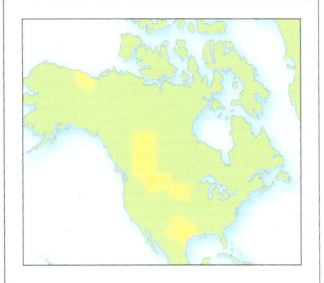

分布：アルバータ州（カナダ），モンタナ州，サウスダコタ州，テキサス州，アラスカ州（アメリカ合衆国）
分類：装盾類－よろい竜類－ノドサウルス科
名前の意味：エドモントン産
記載：C. M. Sternberg, 1928
年代：カンパニアン～マーストリヒシアン
大きさ：7m
生き方：低い植物の枝や葉を食べる
主な種：*E. longiceps*, *E. australis*, *E. rugosidens*, *E. schlessmani*

右：肩の大きなとげの先にある二又の枝は，大きなオスがメスをめぐって戦うとき，ライバルのオスと絡め合い，力くらべをしたのかもしれない．

ニオブララサウルス *Niobrarasaurus*

ニオブララサウルスの骨格は1930年，米国カンザス州で石油を含む岩石を探していたヴァージル・コールによって発見された．彼はこれを首長竜類と考え，自分の母校のミズーリ大学に送った．そこでM・G・メールによってこれは恐竜と鑑定され，ヒエロサウルス *Hierosaurus* と命名された．さらに1995年，ケネス・カーペンターとその研究チームによってニオブララサウルスと名前を改められた．

特徴：ニオブララサウルスは典型的なノドサウルス類で，よろいでおおわれた広い背中と細い尾をもつ．よろいは背中に並ぶ幅広い骨板と，脇腹に並ぶ短いとげからなる．足の骨はきわめて短い．最初の記載はあまり科学的ではなかったため，1990年代に改めて研究が行われ，名前が改められた．2003年には70年前にコールが残した脚の破片が，カンザスの同じ場所から発見された．

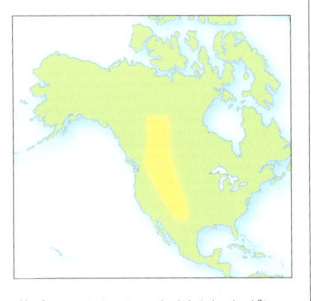

分布：アルバータ州（カナダ）～テキサス州（アメリカ合衆国）
分類：装盾類－よろい竜類－ノドサウルス科
名前の意味：ニオブララ・チョーク層から見つかったトカゲ
記載：Carpenter, Delkes and Weishampel, 1995（ただし，最初は1936年にMehlがヒエロサウルス *Hierosaurus* と名づけた）
年代：カンパニアン
大きさ：5m
生き方：低い植物の枝や葉を食べる
主な種：*N. coleii*

アニマンタルクス *Animantarx*

この恐竜は，放射能測定探査によって発見された最初のものという点で特筆される．米国・ユタ大学の技術者ラマル・ジョーンズは化石の骨がわずかな放射能をもつことを知り，ユタ州で化石のありそうな場所を探して，低レベル放射線が特に強いと思われる場所を発掘するよう大学を説得した．

特徴：アニマンタルクスは顎骨を含む頭骨の一部，背骨，肋骨，肩帯，四肢の一部などからなる部分骨格が知られている．これは中型のノドサウルス類で，ボートをひっくり返したようなよろい板をもつパウパウサウルス *Pawpawsaurus* と似ている．頭骨はきわめて高い頭蓋と2対の短い角をもち，1対は眼の後ろ，もう1対は頬の上にある．

上：パウパウサウルス

左：「体長12フィート［約3.7m］の恐竜，アルマジロに似るが，ウシよりも大きい」．アニマンタルクスを調べた研究チームのひとりドン・バージはこのように記述している．

分布：ユタ州（アメリカ合衆国）
分類：装盾類－よろい竜類－ノドサウルス科
名前の意味：生きている要塞
記載：Carpenter, Kirkland, Burge and Bird, 1999
年代：セノマニアン～チューロニアン
大きさ：3m
生き方：低い植物の枝や葉を食べる
主な種：*A. ramaljonesi*

幅の広い口と狭い口

ノドサウルス類とアンキロサウルス類の頭の主な違いは，口の幅の広さにある．ノドサウルス類は一般に洋梨形の頭骨をもち，あご先に向かって幅が狭くなっているのに対して，アンキロサウルス類の頭はあごが砂時計のようにくびれているが，幅の広いくちばしをもつ．これらの恐竜たちが生きていた時代には，すでに花の咲く植物が出現しており，食べることのできる葉が多く，種子をつける下生えの植物がたくさん茂っていたと思われる．口の幅が狭いノドサウルス類は，口の幅が広いアンキロサウルス類よりも食物を選別しなければならなかったにちがいない．

両方のグループに共通なのは，口の天井部に口蓋が存在することである（哺乳類ではふつうだが，恐竜ではまれ）．口蓋は鼻孔の気道と口腔の食物の通路を隔てる棚状構造物で，これによって採食と呼吸を同時に行うことが可能になる．これは採食の過程をスピードアップさせただろう．

どちらのグループの歯もごく小さく，小さな手のような形をしていて，植物の葉を切りとるようにできていた．原始的なタイプのものは，前部に先の尖った歯もあった．

下：ノドサウルス類（左）とアンキロサウルス類（右）の頭の形の違いは，上から見ると明らかである．

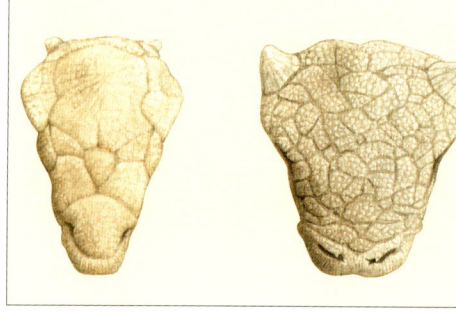

ストルティオサウルス *Struthiosaurus*

これは知られているノドサウルス類のうちで最も小さいものである．この骨は，白亜紀後期に列島の一部だったことの知られているヨーロッパ各地で発見されている．この体が小さいことは，島の動物は限られた資源を最大限に利用するため，一般に小型になりがちであることを示す証拠のひとつと考えられる．

特徴：ストルティオサウルスは体の大きい類縁の恐竜と似ているが，体つきはもっとほっそりしている．よろいは首から横に突き出した3対のとげ，肩にある少なくとも1対の長いとげ，尾に2列に並ぶ，上に突き出した三角形の骨板などからなる．背中は中央に隆起線のある小楯板とその間を埋める小骨の基質でおおわれ，よろいでおおわれた背中と腹側の皮膚との間にははっきりした境界があったと思われる．

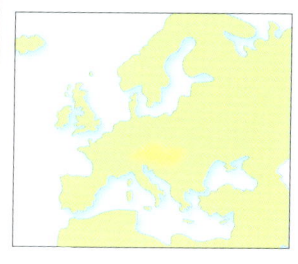

分布：オーストリア，フランス，ハンガリー
分類：装盾類－よろい竜類－ノドサウルス科
名前の意味：ダチョウトカゲ
記載：Bunzel, 1871
年代：カンパニアン
大きさ：2m
生き方：低い植物の枝や葉を食べる
主な種：*S. austriacus*, *S. ludgunensis*, *S. transylvanicus*

ノドサウルス類（続き）

ノドサウルス類（科）は北半球全体に広がっていた．その骨はヨーロッパ，アジア，および北米で見つかっている．しかし，南のゴンドワナ大陸には進出していなかったようであり，この大陸では，ノドサウルス類，アンキロサウルス類ともに含めたよろい竜類はほとんど見つかっていない．オーストラリアの原始的なよろい竜類ミンミや，アルゼンチンで散発的にみられる骨がわずかな例外である．

アノプロサウルス *Anoplosaurus*

恐竜発見の歴史の初期にアノプロサウルスが発見されたとき，これはその当時知られていた数少ない恐竜のひとつであるイグアノドンと類縁のものと考えられた．現在では，これはノドサウルス類であり，アメリカの属シルヴィサウルスおよびテキサセステスと近縁であることが知られている．かつては，分類不明のものを何でも放り込むためのくずかご的な分類群アカントフォプリス *Acanthopholis* に入れられていたことも

特徴：この恐竜の最初の種アノプロサウルス・クルトノトゥスで本当に知られているのは少数の首の椎骨だけだが，いくつかの骨はイグアノドン類の骨と混じり合っており，そのため混乱がある．これは原始的なノドサウルス類のようにも思われる．アノプロサウルス・マヨールは発見された顎骨の一部，首と背中の椎骨，肋骨や脚，足指の骨の破片などによって，それよりもよく知られている．

分布：ケンブリッジシャー（イギリス）
分類：装盾類－よろい竜類－ノドサウルス科
名前の意味：武器をもたないトカゲ
記載：Seeley, 1878
年代：セノマニアン
大きさ：5m
生き方：低い植物の枝や葉を食べる
主な種：*A. curtonotus*, *A. major*, *A. tanyspondulus*

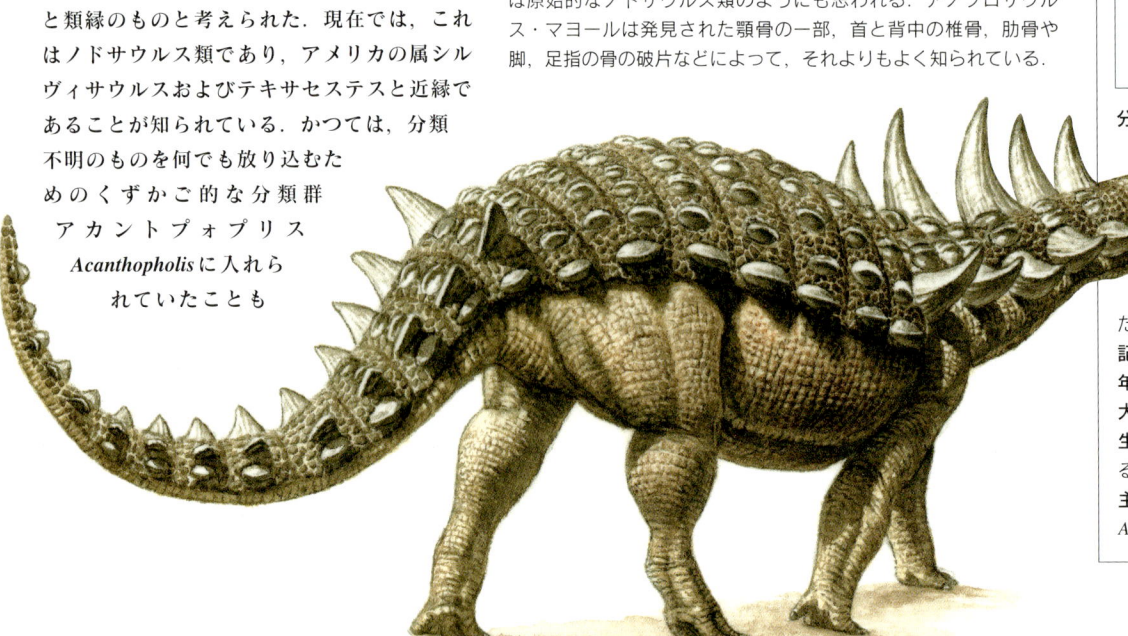

パノプロサウルス *Panoplosaurus*

パノプロサウルスはノドサウルス類が絶滅する前の最後のノドサウルス類で，よろいをつけた恐竜の生態的地位は棍棒状の尾をもったアンキロサウルス類によって埋められていった．これは最もよく知られた恐竜のひとつで，2体の部分骨格と，3個の頭骨が発見されている．最近までエドモントニアの一種と考えられていたが，現在では独立した属とみられている．

特徴：パノプロサウルスは幅の広い洋梨形の頭骨をもち，前部には歯がなく，鼻孔が大きい．エドモントニアと似ているが，肩から突き出す長いとげがない点は異なる．そのかわり，よろいは一連の厚い骨板に限られ，それぞれの骨板には中央に隆起線が目立つ．骨板は肩や首の部分が最も大きい．体の側面や尾には短いとげが並んでいる．

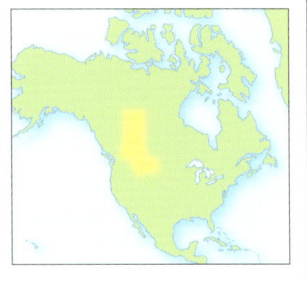

分布：アルバータ州（カナダ）～モンタナ州（アメリカ合衆国）
分類：装盾類－よろい竜類－ノドサウルス科
名前の意味：全身によろいをつけた爬虫類
記載：Lambe, 1919
年代：カンパニアン
大きさ：7m
生き方：低い植物の枝や葉を食べる
主な種：*P. mirus*

左：多くのよろい竜類と同じく，パノプロサウルスのよろい板はただ単に皮膚に埋まっているのではなく，頭骨と癒合している．

ノドサウルス類(続き) 245

サウロペルタ *Sauropelta*

ノドサウルス類のうちで最もよく知られているのはサウロペルタで、数体のほとんど完全な骨格が見つかっている．これは地質学的にごく早い時代に出現し、原始的な、特殊化していない特徴を多数もっていた．これはまたグループの中で最も大きなもののひとつで、長い尾をもち、これが体長の大きな部分を占めていた．

特徴：サウロペルタはいちじるしく長い尾をもつノドサウルス類で、これは最初考えられた以上にしっかりとよろいでおおわれていた．そのよろいの特に注目される特徴は、首から上方に突き出す4対のとげである．よろいには大きな鋲状の骨が横列に並び、その間にもっと小さな小石状の骨板が散らばっている．その原始的な特徴は、近縁のものと違って、口の中に口蓋がないことや、首の骨が癒合していないことである．

分布：ワイオミング州、モンタナ州、ユタ州（アメリカ合衆国）
分類：装盾類－よろい竜類－ノドサウルス科
名前の意味：トカゲの楯
記載：Ostrom, 1970
年代：アプチアン～セノマニアン
大きさ：8m
生き方：低い植物の枝や葉を食べる
主な種：*S. edwardsorum*

左：サウロペルタは鎌状のかぎ爪をもったドロマエオサウルス類と同じ時代に、同じ地域で生きていた．それらから身を守るためによろいが必要だったのだろう．

シルヴィサウルス *Silvisaurus*

シルヴィサウルスは頭骨を含む骨格前端部によって知られている．これはある川底で発見されたもので、水を飲みにきたウシの群れに踏みつけられて露出され、破壊されていた．一部は鉄のノジュールに埋まっていたため破壊から守られたが、それはまた掘り出して、まわりの岩石を取り除くのに多大の労力を要することにもなった．

特徴：シルヴィサウルスは口の先に短いくちばしをもち、尖った小さな歯があった．大きな頬骨と、きわめて長い首をもっていた．頭骨の中の気道は大きな空洞をなし、大きな鳴き声を立てて仲間に合図を送ることができたと思われる．よろいは背中に何列も並ぶ丸く、厚い骨板と、肩にある鋭いとげからなる．尾にも両側にとげが並んでいた可能性がある．

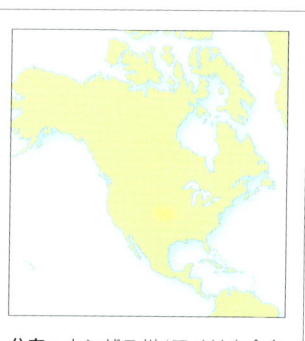

分布：カンザス州（アメリカ合衆国）
分類：装盾類－よろい竜類－ノドサウルス科
名前の意味：森のトカゲ
記載：Eaton, 1960
年代：アプチアン・セノマニアン
大きさ：4m
生き方：低い植物の枝や葉を食べる
主な種：*S. condrayi*

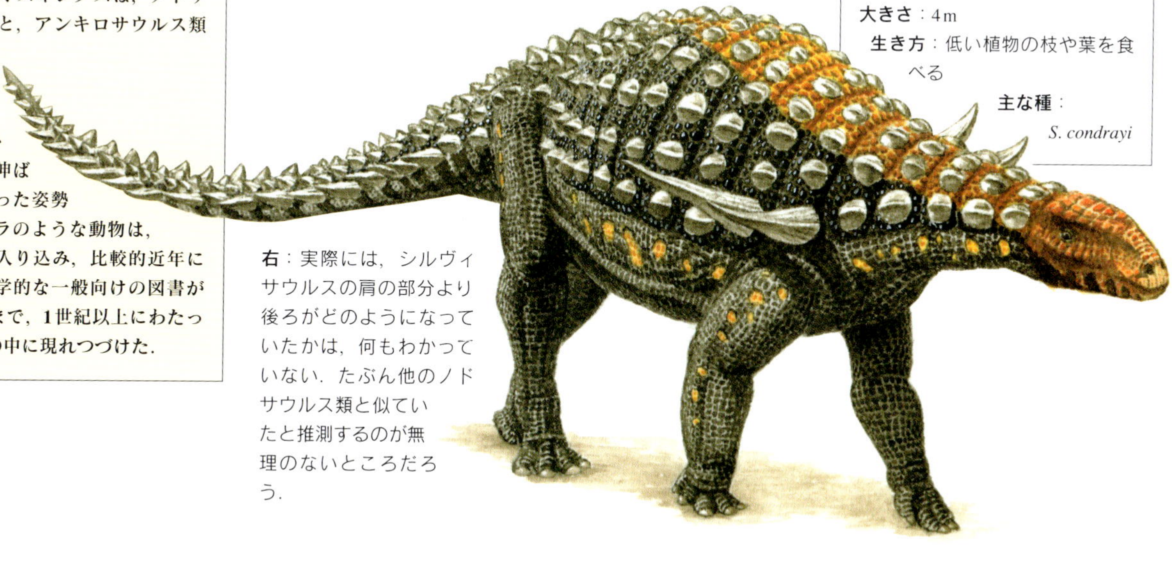

パラエオスキンクスはどんな恐竜？

1970年代以前の古い恐竜の本では、パラエオスキンクスとよばれるよろい竜類が出てくることがある．この属は1855年に米国モンタナ州で化石採集者F・V・ヘイドンによって発見されたただ1本の歯を根拠とするもので、その翌年、米国フィラデルフィアの先駆的古生物学者ジョゼフ・リーディによって命名された．この名前は「古代のスキンク」という意味で、この歯と現代のスキンクトカゲの歯が似ていることを指している．当時、恐竜研究はまだ生まれたばかりの段階にすぎず、その歯以外には、これがどんな恐竜だったかについて知る手がかりはまったくなかった．

19世紀後半には化石の発見にはずみがついてきて、さまざまな種類のよろい竜が明らかにされはじめ、そのすべてがこの独特の歯をもっていた．間もなくパラエオスキンクスは、ノドサウルス類の脇腹のとげと、アンキロサウルス類の棍棒状の尾をもつ、一般化されたよろい竜類として描かれるようになった．常に、トカゲのように脚を横に伸ばしている、はいつくばった姿勢で描かれた．このキメラのような動物は、大衆の意識の中に深く入り込み、比較的近年になってもっと正確で科学的な一般向けの図書が求められるようになるまで、1世紀以上にわたってそのような姿が書物の中に現れつづけた．

右：実際には、シルヴィサウルスの肩の部分より後ろがどのようになっていたかは、何もわかっていない．たぶん他のノドサウルス類と似ていたと推測するのが無理のないところだろう．

大型のよろい竜類

アンキロサウルス類（科）がアジアと北米の両方で繁栄したことは，これらの恐竜が大型の肉食恐竜と同じ時代に生きていて，アンキロサウルス類がそれらから身を守る必要があったことを思わせる．実際，これは大型の恐るべきティラノサウルス類の時代であり，それらが跋扈する地域だった．アンキロサウルス類のような動きの遅い恐竜は，これらの捕食恐竜から身を守るため，厚いよろいを必要としたのだろう．

シャンシーア *Shanxia*

シャンシーアは1993年に河北地質調査所が発見した1体の部分骨格によって知られる．それは頭骨の一部，若干の背骨と四肢骨，それに残念ながら1個だけのよろいの破片からなる．これは他の数点の化石とともに河川堆積層から発見され，これまでのところ正確な年代測定はできていない．

特徴：シャンシーアとその他のアンキロサウルス類は，頭骨後部にある角の形によって区別される．そこには2対の角があり，その角は平べったく，先が尖り，他のアンキロサウルス類のように真っ直ぐ側方に伸びるのではなく，側後方に湾曲している．しかし頭骨と首のつながり方はノドサウルス類に似ているが，古生物学者はそのことが分類上重要な意味をもつとは考えていない．

分布：中国
分類：装盾類－よろい竜類－アンキロサウルス科
名前の意味：山西省産
記載：Brett, You, Upchurch and Burton, 1998
年代：白亜紀後期
大きさ：3.5 m
生き方：低い植物の枝や葉を食べる
主な種：*S. tianzhenensis*

左：シャンシーアはおそらく，尾が根棒状になった当時の他のアンキロサウルスと外見が似ていただろう．

ツァガンテギア *Tsagantegia*

ツァガンテギアは頭骨がただ1個だけ知られており，それによってこれは中型のアンキロサウルス類で，シャモサウルス *Shamosaurus* およびタラルルス *Talarurus* にきわめてよく似たものだったにちがいないことがわかる．この頭骨は，これが独立の属であることを示すのに十分な特徴をもったものだが，骨格のその他の部分の化石がまったく欠けているのはきわめて残念なことである．

特徴：この恐竜の知られている唯一の部分である頭骨は，よろい竜類としては長くて平べったい．眼窩のまわりには，はっきりとした骨の環がある．眼窩は頭骨の中点のすぐ後ろに位置する．頭骨の上面には多数の小さな骨のこぶでできた装甲があるが，これは高さがごく低く，あまり目立たない．鼻先はシャモサウルスやシーダーペルタ *Cedarpelta* よりも幅が広い．ツァガンテギアはモンゴルと中国の国境に近いゴビ砂漠で発見された．

分布：モンゴル
分類：装盾類－よろい竜類－アンキロサウルス科
名前の意味：ツァガン・テグ産
記載：Tumanova, 1993
年代：セノマニアン
大きさ：6 m
生き方：低い植物の枝や葉を食べる
主な種：*T. longicranialis*

左：アンキロサウルス類の尾は木の根棒の柄のようにぴんと真っ直ぐに保たれていた．柔軟性はその根元の部分にのみあり，そこには強力な筋肉があってこの武器を左右に振り回すことができた．

アンキロサウルス類（科）の脳

装甲でおおわれたよろい竜類の頭は十分に保護され，化石となることも多いため，その脳函はよく知られている．脳のうちで運動や全身の活動を支配する部分は，他の恐竜，例えば鳥脚類などにくらべてごく小さい．このことは，この恐竜は動きがごく遅かったことを示す．下腿に比べて大腿骨が長い脚の形も，動きの遅い動物のものである．

脳のうちで最も高度に発達しているのは，嗅覚をつかさどる部分である．このことは，多数のアンキロサウルス類の鼻気道に複雑な迷路がみられることとあわせて，この恐竜が頼りにしていた最も重要な感覚が嗅覚だったのではないかと思わせる．また鼻気道の内面は粘膜でおおわれていて，肺に吸い込まれていく空気を温め，湿気を与えていたのだろう．アンキロサウルス類の多く，特にアジア系のものは，いちじるしく乾燥した環境に住み，このような鼻気道は利点となったと思われる．この鼻気道はまた，意思伝達のための音を出すのに使われていた可能性もある．これに対してノドサウルス類はこのように複雑な鼻気道をもたず，鼻孔からのどまで真っ直ぐに通じるただの1対の管にすぎなかった．

アンキロサウルス *Ankylosaurus*

ノドサウルス類とアンキロサウルス類の両者を含むよろい竜類の天下は，アンキロサウルス（属）そのものによって頂点に達した．これは最もよく知られたアンキロサウルス類だが，頭骨，若干の椎骨，よろいの断片，それに数個の歯が知られているにすぎない．1970年代に改めて研究が行われるまで，アンキロサウルスはアンキロサウルス類のタイプ（棍棒状の尾をもつもの）とノドサウルス類のタイプ（体側面のとげをもつもの）が混じり合っているとされていた．よろい竜のうちで最大で最後のものである．

特徴：よろいは皮膚に埋まった多数の卵円形の骨でできており，そのそれぞれが角質のおおいを支える土台となっている．それらは他のアンキロサウルス類に比べてずっと滑らかである．尾は癒合した骨質の腱で椎骨が結びつけられていて堅く，その先端に骨の棍棒がついている．頭骨は幅が広く，後ろの角（かど）に2対の角（つの）が横向きに突き出す．口の前部には歯がなく，幅の広いくちばしだけがある．

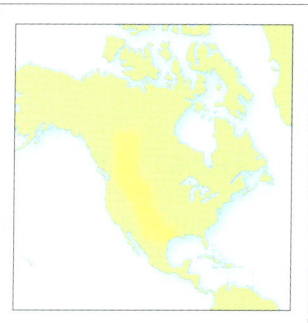

分布：アルバータ州（カナダ），ワイオミング州，テキサス州（アメリカ合衆国）
分類：装盾類－よろい竜類－アンキロサウルス科
名前の意味：癒合したトカゲ
記載：Brown, 1908
年代：マーストリヒシアン
大きさ：11 m
生き方：低い植物の枝や葉を食べる
主な種：*A. magniventris*

下：首や肩の大きな骨板や，体の側面に何列も並ぶもっと小さな骨板が，アンキロサウルスやその他のアンキロサウルス類のよろいの特徴となっている．

最後のよろい竜類

アンキロサウルス類（科）のいくつかのグループは，出現したきた最後の恐竜であり，兄弟グループであるノドサウルス類の後を受け継ぐと同時に，恐竜の時代の最後の最後まで生きていた．これらは**1億6000万年**に及んだ恐竜王朝の絶頂に立ったものということができる．恐竜を地球上から一掃した災害が何であったにせよ，よろい竜類，ティラノサウルス類，角竜類，ハドロサウルス類はそれを目撃したのだった．

マレエヴス *Maleevus*

マレエヴスで知られているのは，1952年にE・A・マレーエフが発見した顎骨と頭骨の一部だけである．これらはタラルルスにきわめてよく似ており，これをタラルルスの一種と考えた学者は多い．なかには，これらの破片に関する情報はきわめてわずかであり，多少でも確実さをもって同定を行うことはできないと考える学者さえいる．

特徴：マレエヴスは頭骨後部の細部を除けば，類縁のタラルルスとほとんど同じと考えられている．タラルルスと同じように，これは大型のアンキロサウルス類（科）である．横列の帯状の装甲をもち，固化した腱によってぴんと固くなった尾の先端に，癒合した3個の骨の塊からなる2つの半球部をもった根棒がある．幅の広い口には，食物を何でも選り好みせずにつみとって口いっぱいに頬ばるのに適応したくちばしがついている．

左：この属名は，ロシアのE・A・マレーエフを称えてつけられた．彼は1950年代にモンゴルを古生物学者に開放するのに大きな功績があった．

分布：モンゴル
分類：装盾類－よろい竜類－アンキロサウルス科
名前の意味：ロシアの古生物学者E・A・マレーエフより
記載：Turmanova, 1987
年代：セノマニアン〜チューロニアン
大きさ：6m
生き方：低い植物の枝や葉を食べる
主な種：*M. disparoserratus*

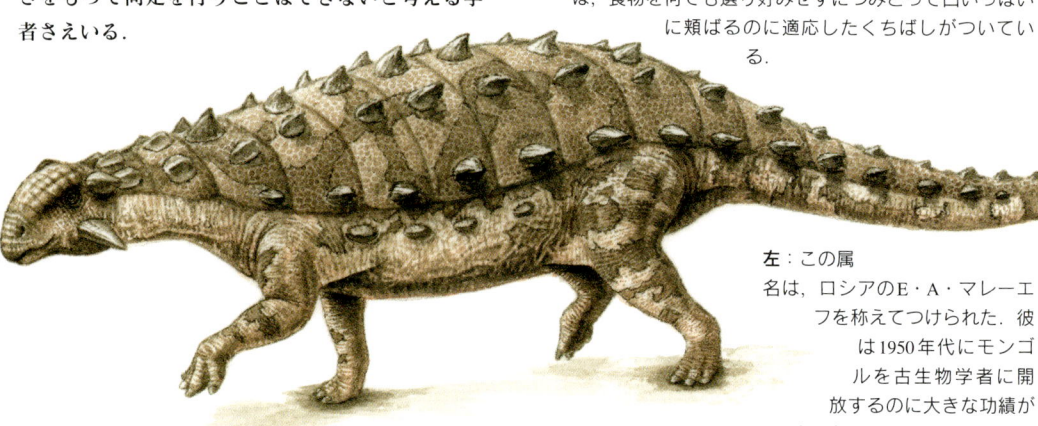

タラルルス *Talarurus*

タラルルスは少なくとも5体の骨によって知られる．これを発見したときマレーエフは，現在ではマレエヴス・ディスパロセラトゥス *Maleevus disparoserratus* のものと考えられている頭骨も発見し，シルモサウルス・ディスパロセラトゥス *Syrmosaurus disparoserratus* と名づけた．タラルルスという名前は「バスケットの尾」を意味し，腱がやなぎ細工のバスケットのようにからみ合って尾をぴんと固くさせ，根棒の固い柄の部分をつくっているのを指す．

特徴：タラルルスは尾の棍棒が，ごく近縁のエウオプロケファルスよりも小さい．骨格は完全で，後足が4本指であることがわかる．これは原始的なアンキロサウルス類にみられた特徴と考えられ，これに対してエウオプロケファルスなどのようにもっと進化したものは足指が3本だった．装甲は横列帯状に並び，エウオプロケファルスのような上を向いたとげの形跡はみられない．他のアンキロサウルス類と同様，尾の半分は癒合した椎骨でできている．

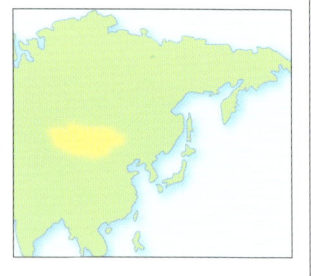

右：タラルルスの骨はマレエヴスときわめてよく似ており，この両者は同じ属だと考える科学者もいる．そうだとすれば，最初に名前がつけられたタラルルスに優先権があることになる．

分布：モンゴル
分類：装盾類－よろい竜類－アンキロサウルス科
名前の意味：バスケットの尾
記載：Maleev, 1952
年代：セノマニアン〜チューロニアン
大きさ：6m
生き方：低い植物の枝や葉を食べる
主な種：*T. plicatospineus*

エウオプロケファルス *Euoplocephalus*

これが科学的に最もよく知られたアンキロサウルス類であることは疑いを入れない．15個の頭骨を含む，40体以上の標本があり，これが当時北米に最も多くいたアンキロサウルス類であるらしいことを示す．集団で発見されたことはなく，おそらくは単独で暮らす植物食恐竜だったのだろう．前肢はきわめて柔軟で，この恐竜は植物の根や土の中の茎を掘り出すことができたと思われる．

下：種の違うものは，形の異なる根棒をもっていたと思われる．E.トゥトゥス *E.tutus* は太く重い根棒をもち，E.アクトスクアメウス *E.acutosquameus* はもう少し小さく，先の尖った根棒をもっていた．

分布：アルバータ州（カナダ）～モンタナ州（アメリカ合衆国）
分類：装盾類－よろい竜類－アンキロサウルス科
名前の意味：完全に装甲でおおわれた頭
記載：Lambe, 1910
年代：カンパニアン～マーストリヒシアン
大きさ：6m
生き方：低い植物の枝や葉を食べる
主な種：*E. tutus*, *E. acutosquameus*

特徴：眼瞼は可動性の骨板でおおわれ，よろい竜類でこのようなものがみられるのはこれが最初である．曲がりくねった気道があって，頭骨はきわめて軽く，この気道は空気が肺に達するまでに温め，湿気を与えるためのものと思われる．背中は革状の皮膚に厚い骨質のこぶが埋まったよろいでおおわれる．大きいものでは15cmに達するとげが，首や肩から上に向かって突き出している．

よろい竜類の地理的分布

前述したように，よろい竜類はほとんど完全に北半球に限られていた．しかし，アルゼンチンの白亜紀後期の岩石中に，筋肉の痕跡や関節の形からよろい竜類のものと思われる骨が単独で発見されている．単独のよろいの骨板もみられている．

これらの化石はきわめて断片的なもので，何らかの同定を行うことは不可能だが，アンキロサウルス類ではなく，ノドサウルス類のもののようには思われる．これらは，やはり南米ではまれなグループであるカモノハシ恐竜と同じ地層から出ている．このころには北米大陸との間に何らかの陸地のつながりがあり，短期間，両大陸の間に動物の往き来があったらしい．しかし，南半球におけるよろい竜類の化石はごく限られているようであり，この進出はあまり成功を収めたとは思われない．恐竜の時代が終わるころ，両大陸は切り離されて，遠ざかりはじめ，それぞれ独自の動物群が発達していった．

ピナコサウルス *Pinacosaurus*

この属については15体以上の標本が知られており，よろいをつけた背中がいかに化石になりやすいかをよく示している．これは未成熟個体の知られている数少ないよろい竜類のひとつであり，数頭が砂嵐の中で折り重なって死んだものが2回発見されている．このような発見は，よろいと骨格との関係についてよい理解を与えてくれる．このようなことは，おとなの標本だけからでは理解を得ることはむずかしい．

特徴：このアンキロサウルス類の骨格は比較的軽く，同じグループの他のものに比べて，四肢の骨は細く，足は小さい．前足は5本の指をもつのに対して，後足は4本指である．肩甲骨は，他のどのアンキロサウルス類よりもはるかに細いが，それがどのような意味をもつかははっきりしていない．頭骨は，ふつうのアンキロサウルス類よりも穴が多い．装甲は中心線に高い隆起をもつ骨板でできている．この一種であるP.メフィストケファルス *P. mephistocephalus* は悪魔のような1対の角をもち，そのため悪魔メフィストの名をとってこの種名がつけられた．

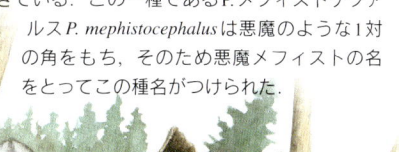

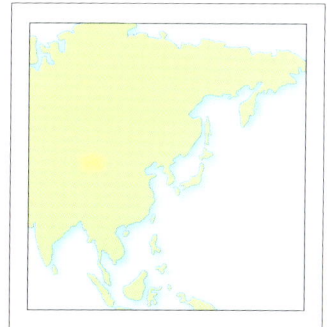

分布：モンゴル，中国
分類：装盾類－よろい竜類－アンキロサウルス科
名前の意味：厚板トカゲ
記載：Gilmore, 1933
年代：サントニアン～カンパニアン
大きさ：5.5m
生き方：低い植物の枝や葉を食べる
主な種：*P. grangeri*, *P. mephistocephalus*

左：他のアンキロサウルス類と同じように，装甲のない腹の部分はこの恐竜の弱点だったと思われる．しかし，その重量のため，体をひっくり返すことはむずかしく，そのため敵の攻撃を受けやすいということはなかっただろう．

監訳者あとがき

　自然科学では一般にそうであるが，恐竜の科学の世界でも，新たな発見は実際に研究を行った科学者によって学術論文として発表される．ところが掲載される雑誌は学者の読む専門誌なので，一般読者の目にふれることはほとんどない．もっとも"Nature"や"Science"などの有名な雑誌の場合には，テレビや新聞などを通じて記事がいちはやく報道されることもある．

　毎年のように夏になると，自然科学系の博物館やマスコミの主催する特別展で世界各地の（レプリカも含めて）恐竜化石やそれに基づいた骨格復元モデルが展示される．特別展では展示品のカタログが発行されるが，ふつうは展示期間中にだけ購入できる限定品で貴重な情報源といえるだろう．

　一般の書店で手に入る書籍としては，学習図鑑のシリーズの一巻として恐竜や古生物がとりあげられることが多い．本によっていろいろな特色をもたせようと工夫されているが，基本的には児童向きの図書である．また，一時期，一般読者を主な対象とした復元画入りの恐竜百科事典が次々と出版され，恐竜研究の最新情報誌まで発刊されたこともあった．しかし，今日ではその多くが絶版となってしまい，残った書籍も日進月歩の分野では内容が古くなりすぎている．

　このような状況を考えてみると，本書の翻訳出版は日本の恐竜ファンや一般の方々にとって意義のあることではないだろうか．著者はサイエンスライターとして定評のあるドゥーガル・ディクソンである．彼はイギリスのセントアンドリュース大学で地質学を専攻し，大学院修士課程修了（1972年）後にロンドンの出版社で古生物学の知識を武器に活躍した．フリーライターとして独立してからは，事典ばかりでなく子供向けの本まで幅広く，恐竜をはじめとしたさまざまな作品で知られている．特に著名なものは『アフターマン』（1980年），『マン・アフターマン』（1990年），『フューチャー・イズ・ワイルド』（2003年）で，これらは遠い過去の恐竜への想いが，反対に遠い未来の動物進化への想像力として結実したものである．

　本書では，まず総論として，古生物学の基礎知識としての地質年代・生物の進化，恐竜の種類や分類，生活のしかた，三畳紀での出現から白亜紀での絶滅などについて解説している．そのうえで各論として，355の恐竜（翼竜，魚竜，首長竜などを含む）をとりあげ，復元図とともに生息地，名前の由来，大きさ，食性などのデータが統一された形式で掲載されている．ディクソンらしく，最近発見された世界各地の恐竜の情報までめくばりがきいた記述になっているが，単純な誤りは訂正し，原著出版後の最新情報なども訳注の形で補った．さらに次ページには本書を読むうえでの予備知識となるような日本語版独自の用語解説を加えている．

　ここで，恐竜の発掘・剖出作業と博物館での展示の間にあるべき，学術論文への記載・命名について少しばかり紹介しておきたい．本書のような一般向けの書籍も記載・命名論文に基づいてまとめられたものだからある．古生物学の記載的論文のスタイルは，論文全体の要約，そして層序や堆積などの項，研究方法や材料，標本の所属機関名などが示されたのちに，正式な系統分類の章に入る．はじめに上位分類の綱・目・科・亜科・属名などの提案者，年号が記される．属の項では，模式種やそれに関するコメント，属の定義を記述したりする．次に属種名を提示する．新種，あるいは既存種の命名者（発表年号）を付記する．実物を明示する写真や付図を明記する．同義語があれば，そのリストを加える．種の記載事項には，完模式標本など・模式地と時代・使用材料・種名の由来・種の特徴・標本の記載と比較・所見などがある．最後の議論や結論では，科の系統発生や属の古地理的分布など，記載属種と関連の深い種類を含めて，グローバルな問題が記述されることが多い．そして，謝辞と引用文献リストが末尾に掲載される．

　学名は，国際動物命名規約，国際植物命名規約，国際細菌命名規約という3つの国際規約でそれぞれ規定されている．これらの規約中に新しい学名を提案・発表する手続きが定められている．種の学名は，ラテン語かラテン語化された2語からなる二名式で表される．属名と種名を併記し，他と明確に区別できる字体（ふつうはイタリック体）で表記される．

　最後に学名のカタカナ表記に関してお断りをしておきたい．日本で一般向けの恐竜展や化石展が催されるようになったころ，博物館の担当者たちは日本でほとんど初出に近い展示属種を日本語（カタカナ）でどのように表記するかという問題をかかえていた．欧米での談話や講演では，それぞれ英語風，ドイツ語風，フランス語風など，その国流に発音されている．たとえば，日本人がアメリカの学会で英語で発表しているときに化石の学名をラテン語風に発音しても通用せずに，英語風にした方が通じることがほとんどである．上記の国際動物命名規約では学名の表記のしかたは規定されているが，学名の読み方は規定されていないのである．

　学名を日本語で表記するにあたっては，ロー

マ字読みのカナ表記が最も自然だと思われる．しかし，せっかくカタカナ表記するのであれば，なるべくラテン語風の発音に近いものにしたいということになる．その場合，私としては自分なりにいくつかのルールを設けている．

① すでに日本での使用が定着しており，日本語化していると思われるものは，その表記を尊重する．たとえば，ティラノサウルス，ヴェロキラプトル，スーパーサウルスとして，テュランノサウルス，ウェロキラプトル，スペルサウルスとはしない．

② 固有名詞の人名や地名に基づくものは元来の呼び名を生かすようにする．アルバートサウルス，シャンシーア，ギルモアオサウルスとし，アルベルトサウルス，シャンクシア，ギルモレオサウルスとはしない．

③ *Kentrosaurus*にはケントロサウルスがあてられるので，*Centrosaurus*は英語風にセントロサウルスとする．

④ 上記にあてはまらない，初出に近いものでも，一般に許容されている読み方として，たとえばナノティランヌス，エオティランヌス，ヴルカノドン，ネオヴェナトルとする．ナノテュランヌス，エオテュランヌス，ウルカノドン，ネオウェナトルなど，ラテン語風の発音にはしない．

⑤ ph［p，プ］は本来ch［k，ク］などと同様にギリシャ語の書き換えによるもので単一子音として扱われるが，現代の慣用に従ってプ（p）ではなく，フ（f）として表記する．

本書においてもこのルールにほぼ従っているが，本来のアルファベット表記も併記し，索引も掲載している．他の文献やインターネットなどで検索する際はあわせて利用されたい．

2008年10月

小畠郁生

用語解説

本書を読むうえでの予備知識をまとめた．

疑問名
研究により十分に確立されていない生物名．

球果植物
裸子植物のうちの一群．針葉樹類ともいう．球果で繁殖するスギやヒノキ，マツ類が含まれる．恐竜の生きていた中生代では，陸上植物生態系の主要な地位を占めていた．

くずかご的な分類群
確定していない化石を暫定的にまとめた分類群．はきだめ分類群ともいう．

収斂進化
進化系統が異なるにもかかわらず，異なる生物が同じような環境の中で同じような特徴を独立に進化させること．さまざまな時代に，いろいろなレベルで生じる．爬虫類の魚竜と哺乳類のイルカは外見が似ているうえに，水中で卵ではなく子を産むという点でも共通している．

食性
食物に関する性質．生きた獲物を狩る肉食，すでに死んだ生物を食べる腐肉食，植物食などがある．肉食か植物食かは歯の形態から区別することができる．動物・植物いずれをも食べる場合などは雑食という．

生態的地位
ニッチ．それぞれの場所・時代によって生物種は異なっていても，生態系としてみれば，同じような役割を果たしているといえるものを指す．

単系統群
生物の分類群のうち，単一の進化的系統，しかもその系統に属する生物すべてを含むもの．系統樹で表現した場合，1つの枝の全体に当たる．竜盤類と鳥盤類は別の系統として恐竜の単系統性が疑われたこともあったが，現在では1つの共通祖先から生まれた単系統群とされている．分岐分類学では単系統群以外を分類群として認めないため，注意が必要である．

被子植物
種子植物のうち，花の特殊化が進んで，胚珠が心皮にくるまれて子房の中に収まったもの．最も古い被子植物の化石は白亜紀前期のアルカエフルクトゥスとされており，白亜紀以降繁栄している．ただし，現在みられる草原を構成するイネ科植物は新生代から出現したので，恐竜の生きていた中生代とは異なる．

プレートテクトニクス
地球表面が十何枚かのプレートで構成されており，プレートが対流するマントルによって移動していくという理論．2億年前にパンゲア超大陸がローラシア大陸とゴンドワナ大陸に分裂し，テーチス海が生まれた．このような地球的な事件は当時の生物に大きな影響を与えた．

分類階級
階層分類で用いられるランク．界―門―綱―目―科―属―種が基本だが，「亜目」などのような中間的なランクも用いられることがある．たとえば，現生人類*Homo sapiens*は動物界―脊索動物門―脊椎動物亜門―哺乳綱―サル目（霊長目）―真猿亜目―狭鼻下目―ヒト上科―ヒト科―ヒト属―ヒト種となる．分岐分類学に基づいた分類群ではランクづけされないため，テタヌラ類のように「―類」という表記が用いられる．

レフュジア
退避地．環境の変化によってある生物が絶滅しても，かぎられた地域で生き残る場合がある．そのような場所をレフュジアという．

索引

●ア行
アウカサウルス　184
アエオロサウルス　209
アギリサウルス　120
アグスティニア　166
アクロカントサウルス　154
アケロウサウルス　236
足跡　30, 181
圧痕　218
アッテンボローサウルス　97
アナトティタン　224
アニマンタルクス　243
アニング，メアリー　95, 98
アノプロサウルス　244
アパトサウルス　140
アパラチオサウルス　203
アブリクトサウルス　108
アフロヴェナトル　155
アベリサウルス　183
アベリサウルス類　182, 184
アマルガサウルス　164
アミグダロドン　119
アメギーノ，フロレンティノ　64
アラモサウルス　211
アラロサウルス　220
アリオラムス　203
アリノケラトプス　239
アリワリア　80
アルヴァレズサウルス　198
アルヴァレズサウルス類　198
アルカエオケラトプス　173
アルカエオラプトル　159
アルカエオルニトミムス　190
アルティリヌス　170
アルバータ州立恐竜公園　53
アルバートサウルス　202
「アロコドン」　121
アロサウルス　133
アンキケラトプス　239
アンキサウルス　104
アンキロサウルス　247
アンセリミムス　191
アンタルクトサウルス　207
アンデサウルス　206
アンテトニトルス　91
アンドルーズ，ロイ・チャップマン　65
アンハングエラ　153
アヴァケラトプス　234

イグアノドン　170
イグアノドン類　168, 170, 214
イクチオサウルス　94
イサノサウルス　91
イリテーター　163
「インシャノサウルス」　147

ウェノサウルス　165
ヴェロキラプトル　201
ウタツサウルス　73
ウネンラギア　201
羽毛恐竜　158
ヴルカノドン　107

営巣地　211
エイニオサウルス　237
エウオプロケファルス　249
エウコエロフィシス　83
エウスケロサウルス　86
エウストレプトスポンディルス　112
エウディモルフォドン　76
エオティランヌス　157
エオブロントサウルス　141
エオラプトル　78
エクウィジュブス　215
エクスカリボサウルス　95
エッグ・マウンテン　189
エドマーカ　131
エドモントサウルス　224
エドモントニア　242
エパクトサウルス　211
エフラアシア　85
エマサウルス　111
エラスモサウルス　178
エラフロサウルス　135

オーウェン，リチャード　64
オウラノサウルス　171
オストロム，ジョン・H　65
オスニエリア　142
オズラプトル　114
オフタルモサウルス　95
オメイサウルス　116

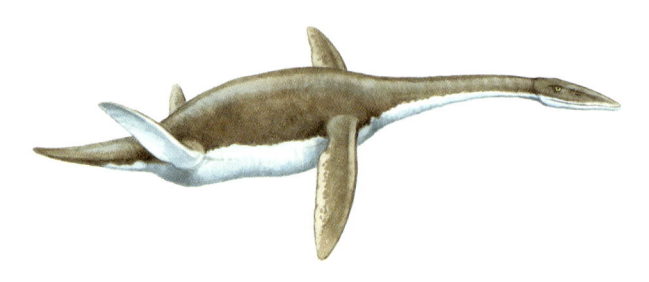

オルニトデスムス　151
オルニトミムス　192
オルニトミムス類　161, 190, 192
オルニトレステス　134
オロドロメウス　212
オロロティタン　219
オヴィラプトル　194
オヴィラプトル類　194

●カ行
カイジャンゴサウルス　114
カウディプテリクス　159
ガストニア　175
ガスパリニサウラ　213
カスモサウルス　238
カスモサウルス類　237, 240
化石生成学　36, 60
化石の森国立公園　41
カマラサウルス　137
カマラサウルス類　136
ガリミムス　191
カルカロドントサウルス　186
カルノサウルス類　154
カルノタウルス　184
ガロダクティルス　129
カロノサウルス　216
カーン　194
カンピログナトイデス　98
カンプトサウルス　142

キアモドゥス　71
ギガノトサウルス　187
マンテル，ギデオン　64
気囊　20
疑問名　106
キャメロティア　89
キャンポサウルス　82
キュムボスポンデュルス　72
恐竜幹線道路　54
恐竜綱　113
恐竜の温血説と冷血説　107
恐竜の巣　223
恐竜の装甲板　145
恐竜の多様化　103
恐竜の歯　91
巨大足跡露頭　30
魚竜類　72, 94
魚類　12
ギラファティタン　136
ギルモアオサウルス　214
キロステノテス　195

「クシャオサウルス」　121
くずかご的な分類群　97,
112, 225, 244
クテノカスマ　128
グナトサウルス　128
首長竜類　96, 124, 178
グラキリケラトプス　230
クリオリンクス　151
クリオロフォサウルス　103
クリダステス　176
クリトサウルス　221
クリプトクリドゥス　124
グリポサウルス　220
クリーヴランド・ロイド　132
グレートリフトヴァレー　92
クロノサウルス　179
グロビデンス　177
「クンミンゴサウルス」　106

K／T境界　59
ケツァルコアトルス　181
ケティオサウルス　118
ケティオサウルス類　118
ケラトサウルス　130
ケラトプス類　234
ケルベロサウルス　221
ケレシオサウルス　74
ケントロサウルス　146
剣竜類　17, 26, 144, 146

厚頭竜類　226, 228
コエルルス　135
コエロフィシス　83
コエロフィシス類　82, 100
小型獣脚類　134
国立恐竜記念公園　137
ゴジラサウルス　81
古生物学者　64
コタサウルス　106
極寒　169
コープ，エドワード・ドリンカー　64
コプロライト　28
コリトサウルス　218
古竜脚類　23, 86, 88, 104
ゴルゴサウルス　205
コルバート，エドウィン　65
コレピオケファレ　226
コロライト　29
ゴンドワナ　148
ゴンドワナティタン　209
コンプソグナトゥス　134

●サ行
サウロファガナクス　133
サウロペルタ　245
サウロポセイドン　165
サウロルニトイデス　188

索引 253

サウロルニトレステス　200
サウロロフス　223
サトゥルナリア　84
砂嚢　22
サルコサウルス　102
「サルコレステス」　123
「サルトリオサウルス」　102
三畳紀　10, 68
サンタナダクティルス　151

ジェホロプテルス　127
自貢恐竜博物館　116
シーダロサウルス　165
シノサウロプテリクス　158
シャモサウルス　175
シャロヴィプテリクス　76
シャンシーア　246
シャントゥンゴサウルス　225
獣脚類　15, 20, 101, 114, 121, 130, 132, 134, 156, 160, 186
州立恐竜公園　53
シュトローマー，エルンスト　65
シュノサウルス　116
ジュラ紀　10, 92
主竜類　14
シュヴイア　199
シュヴォサウルス　80
植物食恐竜　90
ショニサウルス　73
ジョバリア　167
シーリー，ハリー・ゴヴィア　64
シルヴィサウルス　245
進化　12
ジンシャノサウルス　104
心臓　213
ジンゾウサウルス　169
シンタルスス　101

スキピオニクス　161
スクテロサウルス　110
スケリドサウルス　110
スコミムス　162
スタウリコサウルス　79
スターンバーグ，チャールズ・H　64
スティギモロク　229
スティラコサウルス　235
ステゴケラス　226
ステゴサウルス　144
ストークソサウルス　132
ストルティオサウルス　243
ストルティオミムス　192
ズニケラトプス　232
スーパーサウルス　138
スピノサウルス　163
スピノサウルス類　162
スファエロトルス　229

ズンガリプテルス　150
セアラダクティルス　153
生痕化石学　30
セイスモサウルス　139
生命　12
セギサウルス　100
脊椎動物　12
セグノサウルス　196
絶対年代　11
絶滅　58
セレノ，ポール　65
セロサウルス　85
セントロサウルス　234
セントロサウルス類　236

双弓類　14
装盾類　122
相対年代　10
ソノラサウルス　165
ソルデス　127
ゾルンホーフェン　43, 129

●夕行
大山鋪採石場　116
ダイナソー・リッジ　55
退避地　105, 214
ダグラス，アール　65
ダケントルルス　146
多指骨性　97
ダスプレトサウルス　205
ダトウサウルス　117
タニウス　225
タフォノミー　36, 60
タペヤラ　152
卵　32
タラスコサウルス　183
タラルルス　248
タルボサウルス　204
単弓類　14

チアリンゴサウルス　145
地質時代　10
地質年代　10
チュブチサウルス　167
チュンキンゴサウルス　145
鳥脚類　17, 24, 108, 120, 121, 142, 212
鳥盤類　17
鳥類の進化系統　157
チョーチアンゴプテルス　181
チンデサウルス　79

ツァガンテギア　246
ツィンタオサウルス　216
角竜類　17, 27, 172, 230, 231
翼の構造　99

ティアンチサウルス　123
ディクラエオサウルス　141

ディケラトプス　241
ティタノサウルス類　166, 206, 208, 210
デイノケイルス　193
デイノニクス　160
ディプロドクス　138
ディプロドクス類　138, 140, 164
ディモルフォドン　98
ティラノサウルス　204
ティラノサウルス類　202, 204
ティロケファレ　227
ティロサウルス　176
ディロフォサウルス　100
ディロング　156
テクノサウルス　90
テコドントサウルス　84
テスケロサウルス　212
テタヌラ類　155
テノントサウルス　169
テムノドントサウルス　94
テリジノサウルス　196
テリジノサウルス類　196
デルタドロメウス　186
テルマトサウルス　214
テンダグル層　147

トゥオジャンゴサウルス　144
トゥプクスアラ　152
トゥラノケラトプス　233
ドメイコダクティルス　151
トラコドン　225
ドラコニクス　143
ドラトリンクス　151
ドリグナトゥス　99
トリケラトプス　240
ドリコリンコプス　179
ドリンカー　143
トルウォサウルス　131
トロオドン　188
トロオドン類　188
トロサウルス　241
トロマエオサウルス　200
ドロマエオサウルス類　200
ドロミケイオミムス　193
薫枝明　65

●ナ行
ナノティランヌス　202
ニオブララサウルス　242
肉食恐竜　78, 80, 102, 115, 130
ニクトサウルス　180
ニジェールサウルス　164
ネイモンゴサウルス　197
ネオヴェナトル　154

ノアサウルス　182
ノトサウルス　74
ノトサウルス類　74
ノドサウルス類　175, 242, 244
ノトロニクス　197
ノミンギア　195

●ハ行
バイロノサウルス　189
バガケラトプス　231
パキケファロサウルス　228
パキプレウロサウルス　75
パキリノサウルス　236
白亜紀　10
パークソサウルス　213
パタゴサウルス　119
パタゴニクス　198
爬虫類　14
バッカー，ロバート・T　65
発掘　62
バックランド，ウィリアム　64
バトラコグナトゥス　126
ハドロサウルス類　214, 220, 222, 224
パノプロサウルス　244
バハリヤ・オアシス　187
パラエオスキンクス　245
パラサウロロフス　217
バラパサウルス　107
パラプシケファルス　99
パラプラコドゥス　70
パラリティタン　206
バリオニクス　162
バルスボルド，リンチェン　65
バロサウルス　139
パンゲア　68, 92, 148
板歯類　70
ハンスズーエシア　226

ピアトニツキサウルス　115
ピサノサウルス　90
ヒドロテロサウルス　178
ピナコサウルス　249
ヒパクロサウルス　218
皮膚　218, 235

ヒプシロフォドン　168
ヒプシロフォドン類　168
ヒプセロサウルス　208

ファキシアグナトゥス　156
フアヤンゴサウルス　122
プウィアンゴサウルス　167
フォベトル　151
フクイラプトル　155
プシッタコサウルス　172
武装恐竜　26, 110
武装恐竜の分類　123
プテラノドン　180
プテロダウストロ　151
プテロダクティルス　129
プテロダクティルス類　127, 128
ブラキオサウルス　137
ブラキオサウルス類　136, 164
ブラキケラトプス　237
ブラキトラケロパン　140
ブラキロフォサウルス　222
プラコドゥス　70
フラース，エーベルハルト　64
プラタレオリンクス　150
プラテオサウルス　87
プラテカルプス　177
ブリカナサウルス　86
「ブルハトカヨサウルス」　207
「プレウロコエルス」　165
プレオンダクティルス　77
「プレシオサウルス」　97
ブレヴィケラトプス　231
プロケラトサウルス　115
プロコンプソグナトゥス　82
プロサウロロフス　223
プロトアルカエオプテリクス　159
プロトケラトプス　230
プロトハドロス　215
糞石　28

ヘスペロサウルス　147
ペテイノサウルス　77
ヘテロドントサウルス　109
ヘノドゥス　71
ペレカニミムス　161
ヘレラサウルス　78
ペロネウステス　125

ペンタケラトプス　238
ポエキロプレウロン　113
ポドケサウルス　101
ホーナー，ジョン・R　65
ボナパルテ，ホセ　65
ボニタサウラ　210
哺乳類　17
哺乳類型爬虫類　14
ポラカントゥス　174
ポラカントゥス類　174
ホルツマーデン　95, 98
ボロゴーヴィア　189
ボーンベッド　52

●マ行
マイアサウラ　222
マイヤー，ヘルマン・フォン　64
マグノサウルス　113
マクロナリア類　137
マクロプラタ　96
マシアカサウルス　182
マジャーロサウルス　208
マーシュ，オスニエル・チャールズ　64
マジュンガトルス　185
マーショサウルス　132
マッソスポンディルス　105
マメンチサウルス　117
マラウィサウルス　166
マレエヴス　248

ミクソサウルス　72
ミクロラプトル　158
ミンミ　174

無弓類　14
ムッタブラサウルス　171
ムラエノサウルス　124

メガロサウルス　112
メラノロサウルス　89

モササウルス類　176
モノクロニウス　235
モノニクス　199
モリソン層　45, 130
モンタノケラトプス　232

●ヤ行
ヤンドゥサウルス　120
ヤーヴァーランディア　172

ユタラプトル　160
ユンナノサウルス　105

翼竜類　76, 98, 126, 128, 150, 152, 180
翼竜類の卵　153
よろい竜　17, 26, 174, 246, 248

●ラ行
ライディ，ジョゼフ　64
ラナサウルス　109
ラリオサウルス　75
ランフォリンクス　126
ランフォリンクス類　126
ランベオサウルス　217
ランベオサウルス類　216, 218

リアオケラトプス　173
リアレナサウラ　168
リオハサウルス　88
リオプレウロドン　125
竜脚形類　84
竜脚形類の系統の進化　118
竜脚類　16, 22, 106, 116
竜盤類　15
両生類　14
リリエンシュテルヌス　81

ルゴプス　185
ルシタニア盆地　143
「ルシタノサウルス」　111
ルソティタン　136

レクソヴィサウルス　122
レソトサウルス　108
レッセムサウルス　88
レプトケラトプス　233
レフュジア　105, 214

禄豊盆地　105
ロマレオサウルス　96

●ワ行・ン
矮小種　209

ンクウェバサウルス　157

●A
Abelisaurus　183
Abrictosaurus　108
Achelousaurus　236
Acrocanthosaurus　154
Aeolosaurus　209
Afrovenator　155
Agilisaurus　120
Agustinia　166
Alamosaurus　211
Albertosaurus　202
Alioramus　203
Aliwalia　80
Allosaurus　133
"*Alocodon*"　121
Altirhinus　170
Alvarezsaurus　198
Amargasaurus　164
Amygdalodon　119
Anatotitan　224
Anchiceratops　239
Anchisaurus　104
Andesaurus　206
Anhanguera　153
Animantarx　243
Ankylosaurus　247
Anoplosaurus　244
Anserimimus　191
Antarctosaurus　207
Antetonitrus　91
Apatosaurus　140
Appalachiosaurus　203
Aralosaurus　220
Archaeoceratops　173
Archaeornithomimus　190
Arrhinoceratops　239
Attenborosaurus　97
Aucasaurus　184
Avaceratops　234

●B
Bagaceratops　231
Barapasaurus　107
Barosaurus　139
Baryonyx　162
Batrachognathus　126
Blikanasaurus　86
Bonitasaura　210
Borogovia　189
Brachiosaurus　137
Brachyceratops　237
Brachychetrachelopan　140
Brachylophosaurus　222
Breviceratops　231
"*Bruhathkayosaurus*"　207
Byronosaurus　189

●C
Camarasaurus　137
Camelotia　89

Camposaurus 82
Camptosaurus 142
Campylognathoides 98
Carcharodontosaurus 186
Carnotaurus 184
Caudipteryx 159
Cearadactylus 153
Cedarosaurus 165
Centrosaurus 234
Ceratosaurus 130
Ceresiosaurus 74
Cetiosaurus 118
Charonosaurus 216
Chasmosaurus 238
Chialingosaurus 145
Chindesaurus 79
Chirostenotes 195
Chubutisaurus 167
Chungkingosaurus 145
Clidastes 176
Coelophysis 83
Coelurus 135
Colepiocephale 226
Compsognathus 134
Corythosaurus 218
Criorhynchus 151
Cryolophosaurus 103
Cryptoclidus 124
Ctenochasma 128
Cyamodus 71
Cymbospondylus 72

●D
Dacentrurus 146
Daspletosaurus 205
Datousaurus 117
Deinocheirus 193
Deinonychus 160
Deltadromeus 186
Diceratops 241
Dicraeosaurus 141
Dilong 156
Dilophosaurus 100
Dimorphodon 98
Diplodocus 138
Dolichorhynchops 179
Domeykodactylus 151
Doratorhynchus 151
Dorygnathus 99
Draconyx 143
Drinker 143
Dromaeosaurus 200
Dromiceiomimus 193
Dsungaripterus 150

●E
Edmarka 131
Edmontonia 242
Edmontosaurus 224
Efraasia 85

Einiosaurus 237
Elaphrosaurus 135
Elasmosaurus 178
Emasaurus 111
Eobrontosaurus 141
Eoraptor 78
Eotyrannus 157
Epachthosaurus 211
Equijubus 215
Eucoelophysis 83
Eudimorphodon 76
Euoplocephalus 249
Euskelosaurus 86
Eustreptospondylus 112
Excalibosaurus 95

●F
Fukuiraptor 155

●G
Gallimimus 191
Gallodactylus 129
Garudimimus 190
Gasparinisaura 213
Gastonia 175
Giganotosaurus 187
Gilmoreosaurus 214
Giraffatitan 136
Globidens 177
Gnathosaurus 128
Gojirasaurus 81
Gondwanatitan 209
Gorgosaurus 205
Graciliceratops 230
Gryposaurus 220

●H
Hanssuesia 226
Henodus 71
Herrerasaurus 78
Hesperosaurus 147
Hetrodontsaurus 109
Huaxiagnathus 156
Huayangosaurus 122
Hydrotherosaurus 178
Hypacrosaurus 218
Hypselosaurus 208
Hypsilophodon 168

●I
Ichthyosaurus 94
Iguanodon 170
Irritator 163
Isanosaurus 91

●J
Jeholopterus 127
Jingshanosaurus 104
Jinzhousaurus 169
Jobaria 167

●K
Kaijangosaurus 114
Kentrosaurus 146
Kerberosaurus 221
Khaan 194
"*Kotasaurus*" 106
Kritosaurus 221
Kronosaurus 179
"*Kunmingosaurus*" 106

●L
Lambeosaurus 217
Lanasaurus 109
Lariosaurus 75
Leaellynasaura 168
Leptoceratops 233
Lesothosaurus 108
Lessemsaurus 88
Lexovisaurus 122
Liaoceratops 173
Liliensternus 81
Liopleurodon 125
"*Lusitanosaurus*" 111
Lusotitan 136

●M
Macroplata 96
Magnosaurus 113
Magyarosaurus 208
Maiasaura 222
Majungatholus 185
Malawisaurus 166
Maleevus 248
Mamenchisaurus 117
Marshosaurus 132
Masiakasaurus 182
Massospondylus 105
Megalosaurus 112
Melanorosaurus 89
Microraptor 158
Minmi 174
Mixosaurus 72
Monoclonius 235
Mononykus 199
Montanoceratops 232
Muraenosaurus 124
Muttaburrasaurus 171

●N
Nanotyrannus 202
Neimongosaurus 197
Neovenator 154
Nigersaurus 164
Niobrarasaurus 242
Noasaurus 182
Nominigia 195
Nothosaurus 74
Nothronychus 197
Nqwebasaurus 157
Nyctosaurus 180

●O
Olorotitan 219
Omeisaurus 116
Ophthalmosaurus 95
Ornithodesmus 151
Ornitholestes 134
Ornithomimus 192
Orodromeus 212
Othnielia 142
Ouranosaurus 171
Oviraptor 194
Ozraptor 114

●P
Pachycephalosaurus 228
Pachypleurosaurus 75
Pachyrhinosaurus 236
Panoplosaurus 244
Paralititan 206
Paraplacodus 70
Parapsicephalus 99
Parasaurolophus 217
Parksosaurus 213
Patagonykus 198
Patagosaurus 119
Pelecanimimus 161
Peloneustes 125
Pentaceratops 238
Peteinosaurus 77
Phobetor 151
Phuwiangosaurus 167
Piatnitzkysaurus 115
Pinacosaurus 249
Pisanosaurus 90

Placodus 70
Plataleorhynchus 150
Platecarpus 177
Plateosaurus 87
"*Plesiosaurus*" 97
"*Pleurocoelus*" 165
Podokesaurus 101
Poekilopleuron 113
Polacanthus 174
Preondactylus 77
Proceratosaurus 115
Procompsognathus 82
Prosaurolophus 223
Protarchaeopteryx 159
Protoceratops 230
Protohadros 215
Psittacosaurus 172
Pteranodon 180
Pterodactylus 129
Pterodaustro 151

● Q
Quetzalcoatlus 181

● R
Rhamphorhynchus 126
Rhomaleosaurus 96
Riojasaurus 88
Rugops 185

● S
"*Saltriosaurus*" 102
Santanadactylus 151
"*Sarcolestes*" 123
Sarcosaurus 102
Saturnalia 84
Saurolophus 223
Sauropelta 245
Saurophaganax 133
Sauroposeidon 165
Saurornithoides 188
Saurornitholestes 200
Scelidsaurus 110
Scipionyx 161
Scutellosaurus 110
Segisaurus 100
Segnosaurus 196
Seismosaurus 139
Sellosaurus 85
Shamosaurus 175
Shantungosaurus 225
Shanxia 246
Sharovipteryx 76
Shonisaurus 73
Shunosaurus 116
Shuvosaurus 80
Shuvuuia 199
Silvisaurus 245
Sinosauropteryx 158
Sonorasaurus 165
Sordes 127
Sphaerotholus 229
Spinosaurus 163
Staurikosaurus 79
Stegoceras 226
Stegosaurus 144
Stokesosaurus 132
Struthiomimus 192
Struthiosaurus 243
Stygimoloch 229
Styracosaurus 235
Suchomimus 162
Supersaurus 138
Syntarsus 101

● T
Talarurus 248
Tanius 225
Tapejara 152
Tarascosaurus 183
Tarbosaurus 204
Technosaurus 90
Telmatosaurus 214
Temnodontosaurus 94
Tenontosaurus 169
Thecodontosaurus 84
Therizinosaurus 196
Thescelosaurus 212
Tianchisaurus 123
Torosaurus 241
Torvosaurus 131
Triceratops 240
Troodon 188
Tsagantegia 246
Tsintaosaurus 216
Tuojiangosaurus 144
Tupuxuara 152
Turanoceratops 233
Tylocephale 227
Tylosaurus 176
Tyrannosaurus 204

● U
Unenlagia 201
Utahraptor 160
Utatsusaurus 73

● V
Velociraptor 201
Venenosaurus 165
Vulcanodon 107

● X
"*Xiaosaurus*" 121

● Y
Yandusaurus 120
Yaverlandia 172
"*Yingshanosaurus*" 147
Yunnanosaurus 105

● Z
Zhejiangopterus 181
Zuniceratops 232

図版の出典

本書のために写真の転載を許可していただいたことに謝意を表します．

Alamy 28t, 32, 43, 53, 55, 113, 129.
Ardea 10, 22, 28bl, 28br, 30t, 30b, 37tl, 37tr, 58, 62t, 62b, 63b, 131.
Corbis 45, 59br, 37br,
The Natural History Museum 11, 33, 37bl, 63tr.
David Varrichio 34.

イラストの作者は以下のとおり：
Andrey Atuchin 24-5 main, 24bl, 25t, 27b, 61t, 144-5, 186-95, 222-3, 236-7.
Peter Barrett 2, 8-9, 10, 11, 12-17, 21tr, 21bl, 23b, 25c, 26br, 27bc, 30, 31, 32, 33, 34, 35, 36, 38, 39b, 40-1, 42-3, 44, 45, 46-7, 48-9, 50-1, 52-3, 54-5, 58-9, 60b, 61bl, 61br, 64, 66-7, 69-91, 93-131, 134-5, 138-41, 146-7, 149-53, 162-3, 176-81, 198-9, 206-7, 210-15, 218-21, 224-5, 230-3, 238-41, 250-1, 252, 253, 254t, 255t, 256c.

Stuart Carter 6b, 24bl, 24bc, 24br, 25bl, 25br, 25bc, 26bl, 26t, 56-7, 154-61, 164-75.
Julius T. Csotonyi www.csotonyi.com julius@ualberta.net, 1, 3, 6tr, 7t, 7b, 20-1main, 21br, 21tl, 22-3main, 23t, 27t, 27tl, 27br, 29, 39t, 182-5, 196-7, 200-5, 208-9, 216-7, 226-9, 234-5, 242-9, 255b, 256t.
Anthony Duke all maps and timelines.
Alain Beneteau 60t, 132-3, 136-7, 142-3, 254b.

l＝左，r＝右，t＝上，
c＝中央，b＝下

監訳者略歴

小畠郁生（おばたいくお）

1929 年　福岡県に生まれる
1956 年　九州大学大学院（理学研究科）博士課程中退
　　　　 国立科学博物館地学研究部長
　　　　 大阪学院大学国際学部教授を経て
現　在　国立科学博物館名誉館員・理学博士
著　書　『恐竜学』（編著；東京大学出版会）
　　　　『恐竜大百科事典』（監訳；朝倉書店）
　　　　『図解世界の化石大百科』（監訳；河出書房新社）
　　　　『骨から見る生物の進化』（監訳；河出書房新社）
　　　　「白亜紀アンモナイトにみる進化パターン」
　　　　　　（『講座進化 3』所収；東京大学出版会）
　　　　『白亜紀の自然史』（東京大学出版会）
　　　　　　ほか多数

恐竜イラスト百科事典　　　　　　　　定価はカバーに表示

2008 年 10 月 30 日　初版第 1 刷
2009 年　7 月 30 日　　　第 2 刷

　　　　　　　　　　　監訳者　　小　畠　郁　生
　　　　　　　　　　　発行者　　朝　倉　邦　造
　　　　　　　　　　　発行所　　株式会社　朝倉書店
　　　　　　　　　　　　　　　東京都新宿区新小川町 6-29
　　　　　　　　　　　　　　　郵便番号　162-8707
　　　　　　　　　　　　　　　電　話　03（3260）0141
　　　　　　　　　　　　　　　Ｆ Ａ Ｘ　03（3260）0180
　　　　　　　　　　　　　　　http://www.asakura.co.jp
〈検印省略〉

　　©2008〈無断複写・転載を禁ず〉　　　　　真興社・渡辺製本

ISBN 978-4-254-16260-8　C 3544　　　Printed in Japan

R.T.J.ムーディ・A.Yu.ジュラヴリョフ著
小畠郁生監訳

生命と地球の進化アトラスⅠ
—地球の起源からシルル紀—

16242-4　C3044　　　　A4変判　148頁　本体8800円

プレートテクトニクスや化石などの基本概念を解説し，地球と生命の誕生から，カンブリア紀の爆発的進化を経て，シルル紀までを扱う（オールカラー）。〔内容〕地球の起源／生命の起源／始生代／原生代／カンブリア紀／オルドビス紀／シルル紀

D.ディクソン著　小畠郁生監訳

生命と地球の進化アトラスⅡ
—デボン紀から白亜紀—

16243-1　C3044　　　　A4変判　148頁　本体8800円

魚類，両生類，昆虫，哺乳類的爬虫類，爬虫類，アンモナイト，恐竜，被子植物，鳥類の進化などのテーマをまじえながら白亜紀まで概観する（オールカラー）。〔内容〕デボン紀／石炭紀前期／石炭紀後期／ペルム紀／三畳紀／ジュラ紀／白亜紀

I.ジェンキンス著　小畠郁生監訳

生命と地球の進化アトラスⅢ
—第三紀から現代—

16244-8　C3044　　　　A4変判　148頁　本体8800円

哺乳類，食肉類，有蹄類，霊長類，人類の進化，および地球温暖化，現代における種の絶滅などの地球環境問題をとりあげ，新生代を振り返りつつ，生命と地球の未来を展望する（オールカラー）。〔内容〕古第三紀／新第三紀／更新世／完新世

D.パーマー著　小畠郁生監訳　加藤　珪訳

化　石　革　命
—世界を変えた発見の物語—

16250-9　C3044　　　　A5判　232頁　本体3600円

化石の発見・研究が自然観や生命観に与えた「革命」的な影響を8つのテーマに沿って記述。〔内容〕初期の発見／絶滅した怪物／アダム以前の人間／地質学の成立／鳥から恐竜へ／地球と生命の誕生／バージェス頁岩と哺乳類／DNAの復元

日本古生物学会編

化　石　の　科　学　（普及版）

16230-1　C3044　　　　B5判　136頁　本体5800円

本書は日本古生物学会創立50周年の記念事業の一つとして，古生物の一般的な普及を目的に編集された。数多くの興味ある化石のカラー写真を中心に，わかりやすい解説を付す。〔内容〕化石とは／古生物の研究／化石の応用

小畠郁生編

化　石　鑑　定　の　ガ　イ　ド　（新装版）

16247-9　C3044　　　　B5判　216頁　本体4800円

特に古生物学や地質学の深い知識がなくても，自分で見つけ出した化石の鑑定ができるよう，わかりやすく解説した化石マニア待望の書。〔内容〕Ⅰ.野外ですること，Ⅱ.室内での整理のしかた，Ⅲ.化石鑑定のこつ。

C.ミルソム・S.リグビー著
小畠郁生監訳　舟木嘉浩・舟木秋子訳

ひとめでわかる　化石のみかた

16251-6　C3044　　　　B5判　164頁　本体4600円

古生物学の研究上で重要な分類群をとりあげ，その特徴を解説した教科書。〔内容〕化石の分類と進化／海綿／サンゴ／コケムシ／腕足動物／棘皮動物／三葉虫／軟体動物／筆石／脊椎動物／陸上植物／微化石／生痕化石／先カンブリア代／顕生代

H.A.アームストロング・M.D.ブレイジャー著
前静岡大 池谷仙之・前京大 鎮西清高訳

微　化　石　の　科　学

16257-8　C3044　　　　B5判　288頁　本体9500円

Microfossils(2nd ed, 2005)の翻訳。〔内容〕微古生物学の利用／生物圏の出現／アクリターク／渦鞭毛藻／キチノゾア／スコレコドント／花粉・胞子／石灰質ナノプランクトン／有孔虫／放散虫／珪藻／珪質鞭毛藻／介形虫／有毛虫／コノドント

D.E.G.ブリッグス他著　大野照文監訳
鈴木寿志・瀬戸口美恵子・山口啓子訳

バージェス頁岩化石図譜

16245-5　C3044　　　　A5判　248頁　本体5400円

カンブリア紀の生物大爆発を示す多種多様な化石のうち主要な約85の写真に復元図をつけて簡潔に解説した好評の"The Fossils of the Burgess Shale"の翻訳。わかりやすい入門書として，また化石の写真集としても楽しめる。研究史付

侯　先光他著　大野照文監訳
鈴木寿志・伊勢戸徹訳

澄江生物群化石図譜
—カンブリア紀の爆発的進化—

16259-2　C3644　　　　B5判　244頁　本体9500円

バージェスに先立つ中国雲南省澄江（チェンジャン）地域のカラー化石写真集。〔内容〕総論／藻類／海綿動物／刺胞動物／有櫛動物／類線形動物／鰓曳動物／ヒオリテス／葉足動物／アノマロカリス／節足動物／腕足動物／古虫動物／脊索動物

日本古生物学会編

古　生　物　学　事　典

16232-5　C3544　　　　A5判　496頁　本体18000円

古生物学に関する重要な用語を，地質，岩石，脊椎動物，無脊椎動物，中古生代植物，新生代植物，人物などにわたって取り上げて解説した五十音順の事典（項目数約500）。巻頭には日本の代表的な化石図版を収録し，化石図鑑として用いることができ，巻末には系統図，五界説による生物分類表，地質時代区分，海陸分布変遷図，化石の採集法・処理法などの付録，日本語・外国語・分類群名の索引を掲載して，研究者，教育者，学生，同好者にわかりやすく利用しやすい編集を心がけている

前お茶の水大 太田次郎監訳　元常磐大 藪　忠綱訳 図説科学の百科事典1 # 動 物 と 植 物 10621-3　C3340　　　　A 4 変判 176頁 本体6500円	多様な動植物の世界について，わかりやすく発生・形態・構造・進化が関わる様々な事項をカラー図版を用いて解説。〔内容〕壮大な多様性／生命の過程／動物の摂餌方法／動物の運動／成長と生殖／動物のコミュニケーション／生物学用語解説
前お茶の水大 太田次郎監訳　元常磐大 藪　忠綱訳 図説科学の百科事典2 # 環 境 と 生 態 10622-0　C3340　　　　A 4 変判 176頁 本体6500円	ヒトと自然環境のかかわりあいを，生態学の視点からわかりやすく解説する。〔内容〕生物が住む惑星／食物連鎖／循環とエネルギー／自然環境／個体群の研究／農業とその代償／人為的な影響／生態学用語解説・資料
前お茶の水大 太田次郎監訳 長神風二・谷村優太・溝部　鈴訳 図説科学の百科事典3 # 進 化 と 遺 伝 10623-7　C3340　　　　A 4 変判 176頁 本体6500円	急速に進んでいる遺伝研究を，DNAからヒトゲノム計画まで，わかりやすく解説。〔内容〕生命の構造／生命の暗号／遺伝のパターン／進化と変異／地球上の生命の歴史／新しい生命をつくること／人類の遺伝学／遺伝学用語解説・資料
国立天文台 佐々木晶監訳　宮城大 米澤千夏訳 図説科学の百科事典7 # 地 球 と 惑 星 探 査 10627-5　C3340　　　　A 4 変判 176頁 本体6500円	大地の構造や現象から太陽系とその惑星まで，地球科学の成果をもとにわかりやすく解説。〔内容〕宇宙から／太陽の家族／熱エンジン／躍動する惑星／地理的ジグソーパズル／変わりゆく大地／様々なはじまりとおわり／地質学用語解説・資料
A.キャンベル・J.ドーズ編 鯨類研 大隅清治監訳 海の動物百科1 # 哺　乳　類 17695-7　C3345　　　　A 4 判 88頁 本体4200円	"The New Encyclopedia of Aquatic Life"の翻訳（全5巻）。美しく貴重なカラー写真と精密な図を豊富に収め，水生動物の体制・生態・進化などを総合的に解説するシリーズ。1巻ではクジラ・イルカ類とジュゴン・マナティの世界に迫る。
A.キャンベル・J.ドーズ編 国立科学博 松浦啓一監訳 海の動物百科2 # 魚　類　I 17696-4　C3345　　　　A 4 判 100頁 本体4200円	「ヤツメウナギとサメは，トカゲとラクダが遠縁である以上に遠縁である」。多様な種を内包する魚類を分類群ごとにまとめ，体制や生態の特徴を解説。ヤツメウナギ類，チョウザメ類，ウナギ類・エイ類・カタクチイワシ類，エソ類ほか含む。
A.キャンベル・J.ドーズ編 国立科学博 松浦啓一監訳 海の動物百科3 # 魚　類　II 17697-1　C3345　　　　A 4 判 104頁 本体4200円	『魚類I』につづき，豊富なカラー写真と図版で魚類の各分類群を紹介。ナマズ類・タラ類・ヒラメ類・タツノオトシゴ類・ハイギョ類・サメ類・エイ類・ギンザメ類ほか含む。魚類の不思議な習性を紹介する興味深いコラムも多数掲載。
A.キャンベル・J.ドーズ編 国立科学博 今島　実監訳 海の動物百科4 # 無 脊 椎 動 物 I 17698-8　C3345　　　　A 4 判 104頁 本体4200円	多くの個性的な種へと進化した水生無脊椎動物の世界を紹介。美しく貴重なカラー写真とイラストに加え，多くの解剖図を用いて各動物群の特徴を解説。原生動物・海綿動物・顎口動物・刺胞動物など原始的な動物から甲殻類までを扱う。
A.キャンベル・J.ドーズ編 国立科学博 今島　実監訳 海の動物百科5 # 無 脊 椎 動 物 II 17699-5　C3345　　　　A 4 判 92頁 本体4200円	『無脊椎動物I』につづき，水生無脊椎動物の各分類群を紹介。軟体動物(貝類・タコ・オウムガイ類ほか)・ホシムシ類・ユムシ類・環形動物・内肛動物・腕足類・棘皮動物(ウミユリ類・ウニ類ほか)・ホヤ類・ナメクジウオ類などを扱う。
東大 遠藤秀紀監訳　日本生態系協会 名取洋司訳 # 図説 哺 乳 動 物 百 科 1 —総説・アフリカ・ヨーロッパ— 17731-2　C3345　　　　A 4 変判 88頁 本体4500円	〔内容〕総説(哺乳類とは／進化／人類の役割／哺乳類の分類)。アフリカ(生息環境／草原／砂漠／山地／湿地／森林)。ヨーロッパ(生息環境／草原／山地／湿地／森林)
東大 遠藤秀紀監訳　日本生態系協会 名取洋司訳 # 図説 哺 乳 動 物 百 科 2 —北アメリカ・南アメリカ— 17732-9　C3345　　　　A 4 変判 84頁 本体4500円	〔内容〕北アメリカ(生息環境／草原／山地と乾燥地／湿地／森林／極域)。南アメリカ(生息環境／草原／砂漠／山地／湿地／森林)
東大 遠藤秀紀監訳　日本生態系協会 名取洋司訳 # 図説 哺 乳 動 物 百 科 3 —オーストラレーシア・アジア・海域— 17733-6　C3345　　　　A 4 変判 84頁 本体4500円	〔内容〕オーストラレーシア(生息環境／草原／砂漠／湿地／森林／島)。アジア(生息環境／草原／山地／砂漠とステップ／湿地／森林)。海域(生息環境／沿岸域／外洋／極海)

上記価格（税別）は2009年6月現在

恐竜野外博物館

ヘンリー・ジー 著　ルイス・レイ 画
小畠郁生 監訳　池田比佐子 訳

A4変型判 144頁 本体 3800円
ISBN 978-4-254-16252-3 C3044

現生の動物のように生き生きとした形で復元された，仮想的観察ガイドブック．〔内容〕三畳紀（コエロフィシスほか）／ジュラ紀（マメンチサウルスほか）／白亜紀前・中期（ミクロラプトルほか）／白亜紀後期（トリケラトプス，ヴェロキラプトルほか）

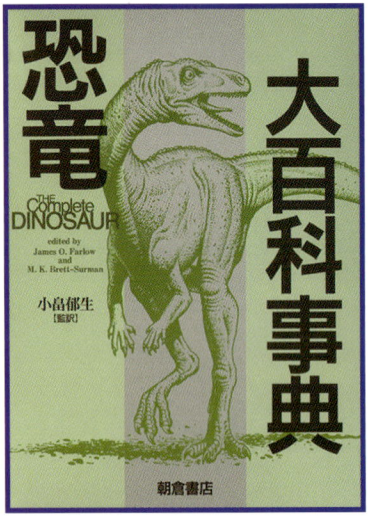

恐竜大百科事典

J.O. ファーロウ　M.K. ブレット–サーマン 編
小畠郁生 監訳

B5判 648頁 本体 24000円
ISBN 978-4-254-16238-7 C3544

時代をこえて最も人気の高い動物である恐竜について専門の研究者47名によって執筆．最先端の恐竜研究の紹介から，テレビや映画などで描かれる恐竜に至るまで，恐竜に関するあらゆるテーマを，多数の図版をまじえて網羅した百科事典．〔内容〕恐竜の発見／恐竜の研究／恐竜の分類／恐竜の生態／恐竜の進化／恐竜とマスメディア

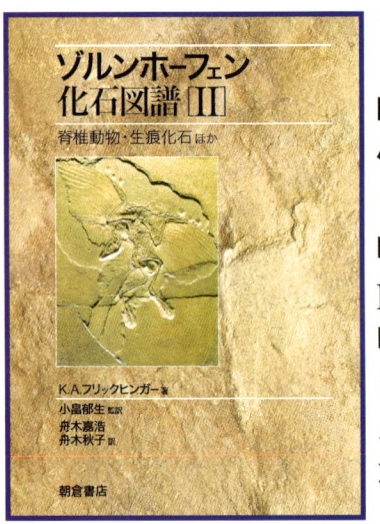

ゾルンホーフェン化石図譜 I・II

K.A. フリックヒンガー 著
小畠郁生 監訳　舟木嘉浩 舟木秋子 訳

I：B5判 224頁 本体 14000円
ISBN 978-4-254-16255-4 C3644

II：B5判 196頁 本体 12000円
ISBN 978-4-254-16256-1 C3644

ドイツの有名なゾルンホーフェン産出の化石カラー写真集．I巻ではジュラ紀後期の植物と無脊椎動物化石など約600点を掲載．II巻では記念すべき「始祖鳥」をはじめとする脊椎動物化石など約370点を掲載．

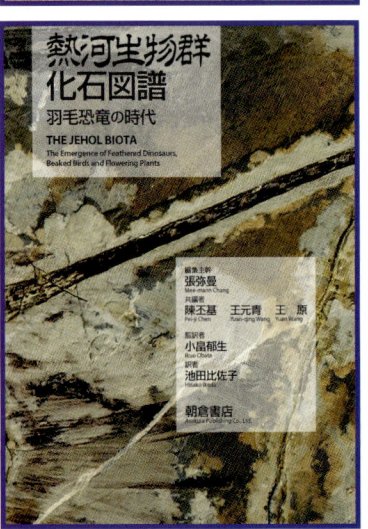

熱河生物群化石図譜
－羽毛恐竜の時代－

張弥曼 陳丕基 王元青 王原 編
小畠郁生 監訳　池田比佐子 訳

B5判 212頁 本体 9500円
ISBN 978-4-254-16258-5 C3644

話題の羽毛恐竜をはじめとする中国遼寧省熱河産出のカラー化石写真集．当時の生態系全般にわたる約250点を掲載．〔内容〕腹足類／二枚貝／介形虫／エビ／昆虫／魚類／両生類／カメ／翼竜／恐竜／鳥類／哺乳類／植物／胞子と花粉

上記価格（税別）は2009年6月現在